창문 너머로

THROUGH A WINDOW:
My Thirty Years with the Chimpanzees of Gombe
by Jane Goodall

Copyright ⓒ Soko Publications Ltd 1990

Korean translation edition is published by arrangement with
The Orion Publishing Group Ltd through EYA.

Korean Translation Copyright ⓒ ScienceBooks 2024

이 책의 한국어판 저작권은 에릭양 에이전시를 통해
The Orion Publishing Group Ltd와 독점 계약한 ㈜사이언스북스에 있습니다.

저작권법에 의해 한국 내에서 보호를 받는 저작물이므로
무단 전재와 무단 복제를 금합니다.

사이언스 클래식 40

제인 구달

창문 너머로

곰베 침팬지들과 함께한 30년

이민아 옮김

Through a Window

야생에서 자유로이 살아가거나, 사람에게 포획당해 갇혀서 살아가며
우리의 이해와 인식에 기여하는 전 세계의 침팬지를 위해.

그리고 아프리카 야생 침팬지 보호 운동에 동참하며
포획 침팬지의 생존 환경 개선과 새 희망을 위해 힘쓰는 모든 분을 위해.

그리고 데릭을 기리며.

추천의 말

❖

제인 구달의 책은 대략 세 부류로 나뉜다. 우선 『제인 구달: 침팬지와 함께한 나의 인생』을 비롯한 일대기 내지는 위인전이 수없이 많다. 몇 권을 빼고는 대개 다른 저자가 그에 관해 쓴 책들이다. 그 다음은 이른바 '희망 시리즈' 책들이다. 『희망의 이유(*Reason for Hope*)』로 시작해 『희망의 밥상(*Harvest for Hope*)』, 『희망의 자연(*Hope for Animals and Their World*)』, 『희망의 씨앗(*Seeds of Hope*)』을 거쳐 『희망의 책(*The Book of Hope*)』으로 그야말로 마침표이자 느낌표를 찍었다. 세 번째는 제인 구달의 연구를 담은 책이다. 나는 평생 동물의 행동을 전공했고 2017년부터는 인도네시아 구눙 할리문 살락 국립 공원(Gunung Halimun-Salak National Park)에서 자바긴팔원숭이(Javan gibbon)를 연구하고 있기에 자연스레 침팬지의 사회 행동과 정신

세계에 관한 그의 연구 결과를 기술한 책들을 가장 관심 있게 읽는다.

제인 구달은 1960년에 야생 침팬지 연구를 시작했고, 초창기 10년의 연구 결과를 정리해서 1971년에 『인간의 그늘에서(In the Shadow of Man)』를 집필했다. 나는 일찍이 이상임 박사(현재 대구 경북 과학 기술원(DGIST) 교수로 있다.)와 함께 이 책을 번역해 우리 독자들에게 침팬지의 행동과 생태를 알리는 데 기여하기도 했다. 이 책 『창문 너머로: 곰베 침팬지와 함께한 30년(Through a Window: My Thirty Years with the Chimpanzees of Gombe)』은 거기에 20년의 연구를 보태어 1990년에 처음 출간한 책인데, 이번에는 거기에 또 20년을 더해 제인 구달의 침팬지 연구 50년을 정리했다. 그래서 이 책은 『인간의 그늘에서』를 곁에 두고 군데군데 비교해 가며 읽으면 좋을 책이다.

예민한 독자라면 두 책의 느낌이 확연히 다르다는 것을 알아챌 것이다. 제인 구달은 연구 초기부터 굵직굵직한 관찰 결과들을 내놓았다. 제인 구달이 자신을 침팬지 세계로 인도한 침팬지 데이비드 그레이비어드가 풀줄기로 흰개미 낚시를 할 뿐 아니라 가지에서 이파리를 떼어내 낚시 도구를 개선하는 행동을 관찰하고 작성한 보고서를 보냈을 때 루이스 리키 박사가 답신으로 보내온 전보는 유명하다. "이제 도구를 재정의하고 인간을 재정의하지 않는다면, 침팬지를 인간으로 인정해야 할 지점에 이르렀다." 너무나 함축적이어서 아름답기까지 하다. 이 중요한 관찰에 힘입어 제인 구달은 케임브리지 대학교에서 박사 학위도 취득하고 내셔널 지오그래픽 등에서 연구비도 확보해 곰베 연구 센터를 키워낼 수 있었다.

『인간의 그늘에서』는 비록 10년밖에 안 된 연구지만 쾌거에 가까운 대단한 연구 결과들에 고무되어 침팬지의 행동과 사회에 대해 사뭇 따뜻한 시선과 소회가 읽힌다. 채식만 하는 줄 알았던 침팬지가 뜻밖에도 육식을 즐긴다는 발견 역시 충격적이었지만, '인간의 비인간성'이라는 소제목에서 보듯이 침팬지와 공통 조상으로부터 갈려 나와 타락의 길을 걸어온 인간에 대한 혹독한 평가가 내려졌다. 이에 비하면 『창문 너머로』에서는 인간과 침팬지 모두를 상당히 냉정한 시각으로 바라본다. 우선 10년간의 초기 연구와는 비교도 되지 않는 어마어마한 양의 데이터가 축적되었다. 일례로 20년의 추가 연구를 통해 침팬지가 원숭이나 멧돼지 같은 다른 동물들을 사냥해서 그 고기를 섭취하는 것에 그치지 않고 서열이 낮은 암컷의 새끼를 가로채 동족 살해 및 포식마저 저지른다는 사실을 알아냈다. 상대 무리 수컷들의 씨를 말리는 수준의 참혹한 '4년 전쟁'을 지켜보며 인간 세계의 전쟁과의 유사성을 떠올리지 않을 수 없다. 침팬지의 다른 면모가 드러난 것이다.

『인간의 그늘에서』와 『창문 너머로』 사이 제인 구달에게는 돌이킬 수 없는 큰 사건이 벌어졌다. 1986년 미국 시카고에서 '침팬지 이해하기(Understanding Chimpanzees)'를 주제로 침팬지를 연구하는 학자들이 모두 모인 학회에서 그는 아프리카 전역에서 침팬지 서식지가 파괴되며 침팬지의 수가 무서운 속도로 감소하고 있다는 현실을 직시하고 말았다. 제인 구달은 스스로 이렇게 말한다. "나는 그 학회에 연구자로 참석했다가 활동가가 되어 떠났다." 그 후 제인 구달은 1977년 설립된 제인 구달 연구소를 기반으로 해 매년 300일 넘도록 80여 나라를 돌며 침팬지와 인간의 환경을 보호하기 위한 캠페인을 지금까지 계속하고 있다. 기껏해야 종이와 연필, 쌍안경, 카메라와 타자기 정도에서 시작해 어느덧 녹음기와 비디오 리코더, 전 지구 위치 파악 시스템(GPS)과 전 지구 지리 정보 시스템(GIS), 그리고 DNA 분석에 이르기까지 이제는 야생 침팬지의 현장 연구에도 최첨단 관찰과 분석 기술이 총동원되고 있다. 그런데 드디어 우리의 사촌을 제대로 이해할 수 있게 된 듯싶은데 둘러보니 정작 그들이 사라지고 있는 것이다.

제인 구달이 시작한 야생 침팬지 연구는 올해 65년째로 접어든다. "산꼭대기나 계곡 물가에 앉아 데이비드 그레이비어드와 골리앗, 플로와 멜리사를 생각하며 많은 시간을 보내고 있다. 새로운 발견에 흥분하고 미지의 영역을 탐험하다가 숲의 세계와 그곳의 매혹적인 주민들에 대해 배워 가던 시절을 기억"할 뿐 제인 구달은 이제 연구는 후학들에게 맡기고, 매년 아주 짧게 곰베로 돌아와 침팬지들을 만난다. 하지만 "나무를 올려다보기만 해도 거기 누가 있는지 곧바로 알아볼 수 있던 지난날이 그립기 그지없다."라며 아쉬워할 따름이다. 2003년부터 2023년까지 일곱 차례의 방한 때마다 가까이 수행한 나로서는 구달 박사가 직접 침팬지를 관찰하는 연구자로 돌아갈 가능성이 거의 없다는 것을 안다.

우리말로 번역되지 않았지만 시카고 학회가 열렸던 바로 그해 1986년 하버드 대학교 벨크냅 프레스(Belknap Press)에서 출간된 본격적인 학술서 『곰베의 침팬지: 행동 유형(The Chimpanzees of Gombe: Patterns of Behavior)』과 더불어 이 책은 그의 현장 연구를 집대성한 마지막 책이 될 것 같다. 현장 생태 연구 분야의 우리 시대 가장 탁월한 과학자 제인 구달의 위대한 족적이 이 책에 고스란히 담겨 있다. 플로와 피피, 길카와 지지, 멜리사와 그렘린, 골리앗과 마이크, 피건과 고블린, 호메오와 에버레드. 그리고 데이비드 그레이비어드는 우리 마음속에 영원히 남을 것이다.

2024년 가을

최재천

(이화 여자 대학교 에코 과학부 석좌 교수, 생명 다양성 재단 이사장)

머리말

♣

2010년에 탄자니아 곰베 국립 공원에서 이루어진 야생 연구 및 보호와 교육 활동이 50주년을 맞았다. 차분히 지난 50년을 돌아보노라니 침팬지와 인간이 생물학적으로만이 아니라 지능과 행동에서도 닮은 점이 아주 많다는 사실을 과학계가 이해하고 인정하게 되었다는 점에 감회가 새롭다. 우리는 인간과 침팬지의 DNA 정보가 겨우 1퍼센트밖에 다르지 않다는 것, 그리고 근년 들어 먼저 인간의 유전체, 다음으로 침팬지의 유전체 해독이 이루어지면서 유전적 구성의 주요 차이가 유전자 발현에 있는 것으로 보인다는 사실을 알게 되었다.

내가 처음 연구를 시작한 1960년에는 인간과 동물계의 나머지 종이 확연히 구분되며, 다만 정도의 차이가 아니라 종류 자체가 다른 존재라는 인식이 여전히 보편적이었다. 우리는 침팬지가 인간과 유전적 구성, 혈액 구성 성분, 면역계의 기능, 뇌 구조가 유사하다는 이유로 의학 실험에 사용했다. 가로세로 150센티미터, 높이 2미터 남짓한 실험실 철창에 단독으로 감금하는 것도 허용되었다. 우리와 달리 침팬지에게는 인격과 마음이 없어서 이성적 사고 능력과 감정이 없다는 것이 당시의 믿음이었기 때문이다.

하지만 영장류, 코끼리, 늑대, 돌고래 등 다양한 종에 대한 연구 데이터가 축적되면서 인간 아닌 동물을 대하는 태도에 대해 다수의 과학자가 반성적 태도를 보이기 시작했다. 환원주의 관점으로는 복잡한 뇌를 지닌 종들의 복잡한 행동이 설명되지 않는다는 것이 갈수록 분명해졌다. 그리하여 오늘날 전 세계의 주요 대학에서는 인간 아닌 동물의 마음, 더 나아가서는 동물의 성격과 감정까지 연구할 수 있게 되었다.

더군다나 이 책 출간 이래 20년에 걸쳐, 서서히 침팬지를 비롯한 지능 있는 동물의 문화적 행동, 즉 '관찰 학습을 통해 다음 세대로 전달되는 행동'을 논하는 것이 받아들여졌다. 아프리카 전역의 침팬지 야생 연구지에서 수집한 데이터에 개체군별 행동 차이를 확인할 수 있는 사례가 풍부하게 나왔는데, 특히 도구의 제작과 사용에서 분명한 차이가 확인되었다. 세인트 앤드루스 대학교의 앤디 휘튼(Andy Whiten, 1948년~) 박사는 아프리카의 모든 장기 야생 연구지에서 어떤 정보도 놓치지 않기 위해 지칠 줄 모르고 작업에 임해 왔다.

지금은 집단 간 공격이 곰베와 마할레(Mahale)에 서식하는 침팬지에게서만 나타나는 행동이 아니라고 받아들여진다. 다시 말해 일부 과학자들의 주장처럼, 사람이 바나나 먹이를 공급해서 유발된 비정상 행동으로 규정하면 안 된다는 뜻이다. 오히려 이는 침팬지 사회에서 상당히 보편적으로 나타나는 특성으로 보인다. 곰베에서는 타 집단 침팬지의 공격이 질병 다음으로 빈도 높은 사인(死因)이다.

  이 책에는 침팬지가 온갖 질병으로 고통을 겪는 암담한 이야기도 종종 나온다. 몇 년간 축적된 데이터 분석 결과, 곰베나 다른 지역 침팬지들의 주된 사인이 질병이었음이 드러났다. SIVcpz(유인원 면역 결핍 바이러스. 이 바이러스의 한 변이가 에이즈(AIDS)의 원인이 되는 HIV-1의 전구체다.)를 비롯해 일부 질병의 병원체는 침팬지 풍토병이지만, 최근에는 치명적 전염병을 유발하는 호흡기 바이러스처럼 침팬지가 인간에게서 감염되는 것으로 밝혀진 경우도 있다. 이렇듯 침팬지가 인간의 질병에 전염될 수 있어서 우리는 관찰자와 침팬지 사이의 거리에 관련한 규정을 수립했다. 그리하여 건강 문제, 특히 인간과 침팬지 및 비비 사이의 전염 관련 사안을 파악할 수 있도록 시카고의 링컨 파크 동물원의 동료들이 건강 감시 프로그램을 구성하는 데 도움을 주었다.

신기술

  1960년에 내가 처음 야생 연구를 시작한 이래로 많은 신기술을 동물 행동 연구에 적용할 수 있게 되어 야생의 데이터를 수집하고 분석하는 작업이 크게 개선되었다. 시작은 종이와 연필, 쌍안경이었다. 다음으로 카메라와 작은 망원경 1대, 그리고 필기한 내용을 옮겨 쓸 수동 타자기였다. 그런 뒤에는 이동 분포 패턴을 찾아내기 위한 조잡한 지도, 녹음기, 시간 표집법, 데이터를 기록하는 도구인 체크 시트가 나왔다. 이런 것들이 내가 이 책 원고를 다 쓴 시점의 기술이다. 오늘날 우리는 비디오 영상, GPS, GIS, 위성 이미지 같은 첨단 기술을 이용해 지도를 제작한다. 또 고성능 마이크와 휴대용 디지털 녹음기, 컴퓨터 프로그램이 침팬지의 목소리 의사 소통을 이해하는 데 도움을 준다.

데이터 전산화

숙련된 컴퓨터 프로그래밍 기술은 정교하고 신속한 데이터 분석을 가능하게 해 준다. 50년에 걸친 관찰과 보고서, 체크 시트, 녹음 테이프, 스틸 사진, 비디오 영상, 이 모든 기록이 장기 데이터베이스로 구축되었다. 앤 엘리자베스 퓨지(Anne Elizabeth Pusey, 1949년~) 박사가 1970년대 초에 곰베에서 착수해 다양한 장소에 흩어져 있던 이 소중한 정보들을 전산화했다. 이 자료들의 일부는 케임브리지와 스탠퍼드 대학교, 그 밖의 대학교에 있었지만 대다수는 곰베와 다르에스살람의 내 집에 있었는데, 이 집에서 『곰베의 침팬지』를 쓸 무렵에는 모든 정보를 손으로 일일이 분석해야 했다. 퓨지 박사 덕분에 높은 습도와 곤충, 심지어 들쥐들의 약탈로부터 이 자료를 지킬 수 있었다. 퓨지 박사의 지도를 받아 학부생들과 대학원생들이 데이터 스캔과 입력, 분석 작업을 수행했으며, 이러한 데이터를 토대로 여러 학술지의 논문이 탄생할 수 있었다.

유용한 정보원, 똥

우리는 초창기에 분변을 검사해 침팬지가 먹이로 거의 섭취하지 않는 음식, 예컨대 육류에 대해 상당히 많은 것을 알아낼 수 있었다. 혈액 표본을 채취해야만(곰베에서는 생각조차 할 수 없던 일이다.) 얻을 수 있는 다양한 정보를 분변에서 구할 수 있다는 것은 이제는 널리 알려진 사실이다. 놀랍게도 분변 표본은 해당 개체의 DNA 분석에도 이용할 수 있다. 퓨지 박사의 미네소타 대학교 대학원 제자 줄리 콘스터블(Julie Constable)과 에밀리 브로블렙스키(Emily Wroblewski)가 곰베 침팬지 거의 모든 개체의 DNA를 검사했다. 이로써 우리는 처음으로 침팬지들의 친부를 식별할 수 있었다. 그러기 전까지는 어느 수컷이 어느 새끼의 아비인지 절대적으로 확신할 방도가 없었다. 그 새끼의 어미가 특정 수컷과 가임기에 반려 기간을 보냈고 그 기간에 어떤 수컷과도 몰래 교미한 적이 없는 경우가 아닌 한, 확신할 근거가 없지 않은가! 아니면 반려 기간 내내 하루도 빠짐없이 그 둘을 따라다녀야 하는데 말이다.

DNA 정보로 우리는 우두머리 수컷들이 자손을 얻는 데 가장 성공적이지만, 중하위 수컷들도 서열로 예상한 수치보다는 훨씬 높은 성공률을 보인다는 사실을 알아냈다. 중하위 수컷들이 암컷과 반려 기간을 보낸다면 암컷을 임신시킬 수 있기 때문이다. 상위 수컷 대부분은 이 전략을 기피하고 무리 안에서 지내기를 선호한다. 상대의 도발에 공격적인 과시 행동으로 대응할 상황을 만들지 않으려는 것이다. 서열 낮은 수컷들은 상위 수컷들이 덜 탐내는 어린 암컷을 노려 자손을 얻을 수도 있다. 끝으로, 아직 어리고 서열은 낮아도 성적 잠재력이 높은 수컷에게는 무리 내 여러 수컷이 한 암컷과 짝짓기를 하는 것이 유리하다는 사실도 알 수 있었다.

DNA 정보는 친부 문제를 해결한 것 이외에도 인간에게 익숙하지 않은 칼란데 공동체(Kalande community)의 개체수를 파악하는 데도 대단히 유용했다. 또 수줍음을 많이 타는 암컷들의 이동 및 분포 패턴을 추적하는 데도 유용했다. 최근 여러 지점에서 수집한 분변 표본에서 한 사춘기 암컷의 DNA가 반복적으로 나타난 사례가 있었다. 이 정보로 우리는 이 암컷이 처음에는 남쪽의 칼란데 공동체에서 지냈고, 그런 다음에는 카세켈라(Kasekela) 공동체 영역(이었던 중부 지역)으로 이주했고, 나중에는 현재 북쪽의 미툼바(Mitumba) 영역에 정착했음을 파악했다.

침팬지 분변 표본으로 호르몬 수치 정보도 얻을 수 있어서, 예를 들면 지배 서열과 심리적 스트레스에 상관 관계가 있는지, 있다면 번식 성공률에 어떤 영향을 미치는지 알아내는 수단으로 사용할 수 있다.

끝으로, 분변 분석 기술은 질병 연구에도 크게 이바지했다. 기생충을 식별해 낼 수 있을 뿐만 아니라 다양한 병원체의 항체를 알아내기 위한 분석 시약이 개발되었다. 분변으로 바이러스의 유전체 분석까지 가능해졌다. 가장 주목해야 할 연구는 앨라배마 대학교 베아트리체 한(Beatrice Hahn, 1955년~) 박사가 이끄는 연구 팀이 수행한 것이다. 이들은 중서부 아프리카 침팬지의 SIVcpz 바이러스에서 유래한 HIV-1 바이러스가 사람들이 침팬지를 사냥하고 도살하는 과정에서 발생했을 확률이 높음을 증명해 내는, 중요한 결실을 거두었다. 한 박사는 SIVcpz 바이러스의 분포 실태와 역사를 이해하기 위해 아프리카 대륙 전체의 침팬지 분변을 조사했다. 그 결과 SIVcpz 바이러스의 분포 범위가 넓은 것은 맞지만 고루 퍼져 있지 않고 콩고 분지 일대 몇 군데에 밀집되어 있으며, 이 바이러스의 변이가 곰베에서도 발생했음을 발견했다. 한 박사는 곰베와 세계 각국의 과학자로 이루어진 연구 팀과 함께 지난 9년 동안 곰베에서 수집한 침팬지 사체 복원본과 분변 연구로 이 바이러스의 유전체 서열을 분석해 바이러스가 한 개체에서 다른 개체로 전이되는 경로를 추적했으며, 이 바이러스가 건강에 미치는 영향을 측정하기 시작했다. 그들은 이 바이러스가 확실히 사망률 증가의 원인이 되었다는 점, 그리고 한 사례에서는 명확한 AIDS의 징후를 보였다는 점을 작은 표본을 가지고도 밝혀냈다. 하지만 이 바이러스의 자연적 이력과 심각성에 대해서는 여전히 밝혀지지 않은 부분이 많다. 곰베는 유일한 SIVcpz 숙주 서식지로 밝혀져 있다. 우리는 곰베에서 비침습적 방식의 조사 연구(피험 동물의 몸에 물리적 해를 가하지 않으면서 정보를 수집하고 분석하는 연구 방법. ─ 옮긴이)를 통해 SIV와 HIV에 관련된 중요한 사실을 밝혀내고, 나아가 인류와 침팬지 모두에게 도움이 될 획기적 치료법과 예방법을 찾아내리라고 기대한다.

지도 제작 기술

정밀한 대축적 지도 제작 기술의 발전 덕분에 우리는 이제 곰베 일대와 그 주변에서 일어나는 일을 상세하게 파악하고 있다. GPS 기술은 찾고자 하는 지점과 이동 위치 등을 더 정확하게 표시해 준다. 1970년대로 거슬러 올라가는 위성 영상 처리 기술 덕분에, 곰베 국립 공원 안팎에서 벌어지는 숲 지대와 삼림의 처참한 파괴 실태뿐만 아니라 화재를 억제하기 위한 직원들의 노력으로 국립 공원 안에서 초목이 자라나 우거지고 더 넓은 면적으로 확장되어 극적으로 증가한 과정까지 기록할 수 있었다.

이 지도 기술을 처음 도입한 연구자는 릴리언 핀티어(Lilian Pintea) 박사다. 미네소타 대학교에서 박사 학위를 받았고, 현재 제인 구달 연구소 소속으로 침팬지 보호 활동에 열심인 핀티어 박사는 아프리카 전역의 영장류 개체군 분포 지도를 작성하려는 목표를 세우고 다수의 조직 및 기관과 손잡고 일하고 있다.

보호 운동의 동반자, 지역 주민

핀티어 박사는 곰베 국립 공원 외곽 마을에 사는 주민들과 오랜 시간을 함께 일하며 마을의 지형 정보 지도화 작업과 토지 이용 계획 사업(탄자니아 정부령 사업)을 지원하고 있다. 인구 밀도가 높고 빈곤한 지역에서 보호 활동이 성과를 얻으려면 지역 주민의 신뢰와 지지를 얻는 것이 무엇보다 우선이다. 제인 구달 연구소는 이를 위해 지역 공동체를 중심에 두는 보전 프로그램인 TACARE를 운영한다.

TACARE는 1990년대 중반에 조지 스트룬덴(George Strunden)과 이매

뉴얼 음티티(Emmanuel Mtiti)가 시작했다. 현재 24개 마을에서 운영되는 이 프로그램은 황폐화된 농지에 가장 적합한 영농 방법을 전파해 주민들의 삶을 개선하고, 마을에서 가까운 곳에서는 땔감용 속성 종 식림지를 지키고, 기본적인 의료 서비스와 수질 개선과 하수 시설을 보급하기 위해 지역 당국과 협력하는 등 다양한 활동을 펼치고 있다. 여성 주민들은 우리의 소액 자금 대출 제도를 활용해 자체적으로 지속 가능한 환경 프로젝트를 시작했으며, 여학생들이 학업을 지속하도록 지원하는 장학 제도도 운영한다. 여성의 교육 수준이 향상될 때 가족 수가 줄어드는 것이 전 세계적 현상이라는 점에 근거를 두고, 우리는 여성 주민들과 함께하는 활동에 집중하고 있다. 애초에 농지 황폐화의 근본적 원인이 곰베 지역의 인구 증가였다. 우리는 (지역 주민 자원 활동가들을 통해) 가족 계획과 HIV/AIDS 정보를 널리 알리고 있다.

우리는 탄자니아 정부와 손잡고 우리가 '그레이터 곰베 생태계(Greater Gombe Ecosystem)'로 명명한 대규모로 황폐해진 여러 마을, 나아가 지금도 상당한 규모의 숲 지대가 남아 있어 많은 침팬지가 서식하는 더 큰 면적의 '마시토-우갈라 생태계(Masito-Ugalla Ecosystem)'와 '마할레 생태계'도 지원하고 있다.

침팬지의 생명줄, 녹음 짙은 서식지 연결 생태 통로

탄자니아 정부는 모든 마을의 토지 가운데 적어도 10퍼센트를 보전 구역으로 할당하는 것을 의무로 규정했다. 마을 주민들은 TACARE 프로그램의 일환으로 핀티어 박사와 우리의 토지 이용 계획 및 GIS 팀과 협력해, 마을의 숲 지대 보전 구역을 서로 연결하는 생태 통로를 세우고 이를 지도로 작성하는 사업을 수행하고 있다. 이 생태 통로는 곰베 국립 공원의 침팬지들뿐만 아니라 그 주변 마을 사람들에게도 도움이 될 수 있는 완충 지대를 만들자는 의도로 설계되었다. 이를 통해 국립 공원 바깥 인근 지역에 잔존하는(농지에 둘러싸인) 숲 지대에 고립돼 있던 침팬지들이 들어와 곰베 침팬지 공동체와 서로 영향을 주고받으며 살아갈 수 있게 하자는 것이다. 이렇게 하면 침팬지의 유전자군(gene pool)을 강화할 수 있다. 그리고 이 초록 생태 통로는 성장하고 있다. 2009년 초에 이미 일부 구역에서 높이 6미터까지 자란 나무도 보였다. 이 생태 통로가 완전히 복원되면 곰베 남부에서 북부 부룬디 국경선 쪽으로 뻗어 나갈 것이다. 그레이터 곰베 생태계와 마시토-우갈라 생태계를 잇는 또 다른 생태 통로도 계획 중이다.

뿌리와 새싹

어린 세대를 우리보다 나은 지킴이로 키우지 않는다면 우리가 동물과 환경을 보호하기 위해 아무리 애써 봤자 소용없는 일이 될 것이다. 뿌리와 새싹(Roots & Shoots)은 제인 구달 연구소가 운영하는, 청소년을 위한 지구 환경과 인도주의 교육 프로그램이다. 1991년에 탄자니아에서 중·고등 학생 그룹 12명으로 시작한 뿌리와 새싹 운동은 오늘날(2009년 6월 현재) 110여 개국에서 약 1만 개 그룹이 참여하고 있다. 성인으로 구성된 그룹도 생겨나고 있다.

뿌리와 새싹 프로그램의 목표는 한 사람, 한 사람이 각자 일상에서 변화를 만들어 낼 수 있다는 메시지를 전파하는 것이다. 각각의 그룹은 구성원들이 속한 공동체, 야생 동물과 가축, 그리고 우리 모두가 공유하는 환경에 대한 이해와 관심을 키울 수 있는 세 종류의 프로젝트를 선택한 뒤 실천 활동을 벌인다. 뿌리와 새싹은 모든 생명체에 대한 존중과 관심을 키우고 모든 문화권과 종교에 대한 이해를 높이며 모든 구성원이 세계를 더 나은 곳으로 만들기 위한 행동을 실천하도록 서로를 자극하며 격려한다. 탄자니아에서 관심과 열정 넘치는 학생 몇 사람으로 시작된 일이 현재는 진정한 전 지구적 운동으로 성장했다.

언제나 곰베와 함께

이 책을 퇴고하고 난 뒤, 나는 1년에 300일 정도 세계를 돌면서 오늘날 우리가 직면한 다른 환경(과 사회) 문제에 대한 인식을 일깨우는 활동을 시작했다. 그러면서도 1년에 두 차례는 곰베를 방문한다. 단지 며칠밖에 머물지 못하지만. 곰베에는 탄자니아는 물론이고 유럽 각국과 미국, 나아가 아시아권에서 온 연구원들로 구성된 멋진 연구 팀이 있다. 데이터 수집도 계속하지만, 넉넉지 않은 일정 속에서도 나는 며칠은 어떻게 해서든 꼭 야생 숲에서 지내면서 재충전의 시간을 갖고는 했다.

빌 왈라우어(Bill Wallauer)의 합류는 우리에게 얼마나 큰 행운이었던가. 왈라우어의 작업은 침팬지의 행동을 영상으로 기록한 독보적 다큐멘터리가 되었다. 그는 침팬지 공동체 속에서 거의 모든 일상을 함께했고, 몇몇 침팬지를 장기간 추적 촬영하기도 했다. 침팬지의 일생을 무한히 흥미롭게 만들어 주는 빌의 영상 기록을 통해 나는 그렘린(Gremlin, 1970년~)이 출산하는 모습을 지켜보았고, 수컷들이 영역의 경계 구역에서 순찰 도는 현장과 다른 무리의 사춘기 수컷을 잔인하게 공격하는 장면을 보았으며, 다정한 순간들, 즐거운 순간들, 때로는 비극적인 사건들의 목격자로서 침팬지들과 다시금 교감할 수 있었다. 침팬지들과 직접 함께 지내며 지켜보는 것과 같다고는 할 수 없어도 아무것도 없는 것보다는 훨씬 좋은 일이다.

곰베 침팬지들에게 많은 변화가 있었지만 우리는 새로운 기술의 도움을 받아 계속해서 다양한 개체들의 사례사와 가족사를 수집하고 있다. 『창문 너머로』 초판에서 소개했던 일부 침팬지들의 뒷이야기를 이 개정판 후기에 수록했다.

곰베 연구 50주년이 되었어도 침팬지의 삶에는 아직도 밝혀지지 않은 사항이 너무나 많다. 다른 집단과의 관계에서 특히 더 폭력적이 되는 경우, 그 원인은 무엇인가? 시야에서 멀어진 다른 침팬지들에게 외침으로 얼마나 많은 정보를 전달할 수 있는가? 침팬지는 어떤 먹이 장소에 특히 흥분해서 '먹이 알림(food-grunt)'을 외치는가? 그들은 (아마도 냄새로) 부계 친척을 알아볼 수 있는가? 나는 희망한다. 이 놀라운 종을 보호하기 위한 우리의 노력이 성공하기를, 곰베 침팬지의 생애를 추적하는 다음 세대 연구자들의 새로운 발견이 계속해서 이어지기를.

2009년 10월

제인 구달

차례

추천의 말　　　　　　　　　　　　7
머리말　　　　　　　　　　　　　11

1장　곰베　　　　　　　　　　　25
2장　침팬지의 마음　　　　　　　41
3장　곰베 연구 센터　　　　　　　59
4장　엄마와 딸　　　　　　　　　71
5장　피건의 부상　　　　　　　　87
6장　권력　　　　　　　　　　　103
7장　변화　　　　　　　　　　　121
8장　길카　　　　　　　　　　　135
9장　성생활　　　　　　　　　　151
10장　전쟁　　　　　　　　　　 169
11장　엄마와 아들　　　　　　　189
12장　비비　　　　　　　　　　 207
13장　고블린　　　　　　　　　 227
14장　호메오　　　　　　　　　 245
15장　멜리사　　　　　　　　　 259
16장　지지　　　　　　　　　　 281
17장　사랑　　　　　　　　　　 299

18장 다리 놓기	319
19장 인간의 어두운 그늘	335
20장 맺음말	361
그후 이야기	375
감사의 말	388
부록 1: 비인간 동물의 이용에 대한 몇 가지 생각	398
부록 2: 침팬지 보호 운동과 보호소	407
곰베 참고 문헌	415
곰베의 연구 활동과 지원	418
찾아보기	424

1장
곰베

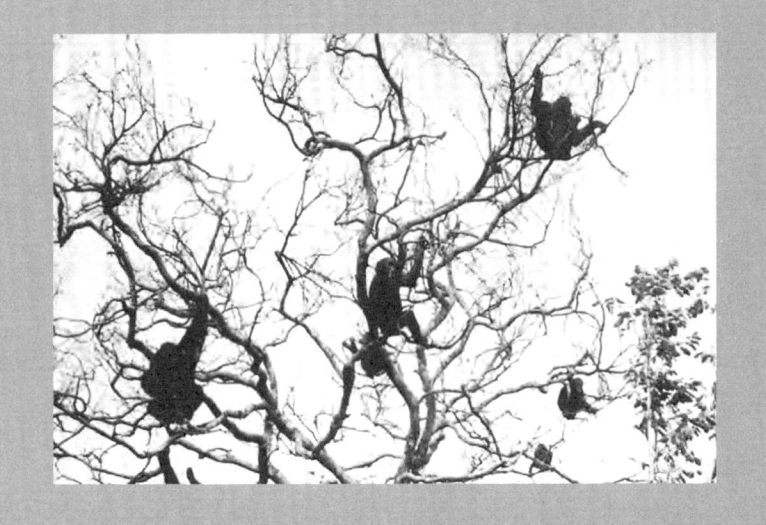

사진 제공: The Jane Goodall Institute.

몸을 굴려 시계를 보았다. 오전 5시 44분. 오랜 세월 일찍 일어난 습관 덕분에 자명종이 요란하게 울리기 직전에 눈뜨는 능력이 생겼다. 곧바로 집 앞 층계로 나가 앉아 탕가니카 호수를 바라보았다. 4분의 1밖에 남지 않은 하현달이 수평선 위에 걸려 있고, 자이르(현재의 콩고 민주 공화국. — 옮긴이)의 산악 해안선이 탕가니카 호수를 둘러싸고 있다. 잔잔하게 찰랑이는 수면 위로 달빛이 반짝이며 다가오는 고요한 밤이었다. 아침 식사는 바나나 1개와 보온병에서 따른 커피 한 잔으로 금방 끝났다. 10분 뒤에는 소형 쌍안경과 카메라, 수첩과 몽당연필, 점심으로 먹을 건포도 한 줌, 그리고 우천 시에 소지품을 보호할 비닐봉지를 주머니에 챙겨 넣고 집 뒤 가파른 비탈길을 오르기 시작했다. 풀잎에 맺힌 이슬에 비친 영롱한 달빛을 따라 걷노라니 길 찾기가 어렵지 않았다. 전날 밤 침팬지 18마리가 자리 잡는 모습을 관찰하던 지점에 도착해 침팬지들이 잠에서 깨기를 기다렸다.

    사위의 우거진 수풀은 아직까지 간밤의 묘한 꿈으로 덮여 있었다. 유달리 조용하고 평화로웠다. 이따금 들려오는 찌르르찌르르 귀뚜라미 소리, 물속에서 호수와 잔돌이 주고받는 졸졸 속삭임 소리가 전부였다. 그곳에 앉아 있으니 기대감에 전율이 일었다. 침팬지와 함께할 하루, 곰베의 숲과 산을 돌아다닐 하루, 새로운 발견과 새로운 통찰로 채워질 하루를 앞두고 매번 찾아오는 감정이었다.

갑자기 들려오는 노랫소리. 울새 한 쌍이 주고받는 형용할 수 없이 아름다운 이중창이다. 빛의 강도가 달라졌다. 시나브로 새벽이 다가왔나 보다. 찬란한 은백색 달빛이, 올라오는 태양의 환한 빛에 거의 뒤덮였다. 침팬지들은 아직 깨어나지 않는다.

5분이 지나 머리 위에서 이파리 바스락거리는 소리가 들린다. 올려다보니 번개 치는 하늘 아래 나뭇가지가 흔들린다. 우두머리 수컷 고블린(Goblin, 1964~2004년)의 무리가 잠자리를 만든 곳이었다. 다시 고요해진다. 고블린이 몸을 뒤척이다가 마지막으로 한잠 더 자는 것임이 분명하다. 잠시 뒤, 내 오른쪽의 잠자리에서 기척이 있고 그런 다음에는 비탈 위쪽으로 또 다른 잠자리에서 기척이 들린다. 이파리가 바스락거리고 잔가지가 끊어지는 소리. 무리가 잠에서 깨어나고 있다. 쌍안경으로 피피(Fifi, 1958~2004년)와 새끼 플로시(Flossi, 1985년~)의 잠자리가 있는 나무를 들여다보니 피피의 발 윤곽이 보였다. 잠시 뒤 8세가 된 딸 패니(Fanni, 1981년~)가 근처 잠자리에서 기어 나와 어미 바로 위쪽에 자리 잡으니 자그마한 그늘이 생겨난다. 피피가 낳은 다른 두 침팬지, 성체 프로이트(Freud, 1971~2014년)와 아직 사춘기인 프로도(Frodo, 1976~2013년)는 비탈 더 높은 곳에 잠자리를 마련했다.

고블린이 처음 몸을 뒤척인 지 9분 만에 불쑥 몸을 일으켜 앉더니 거의 동시에 잠자리를 떠나 팔다리를 뻗으며 나무와 나무 사이를 건너뛰기 시작했다. 숲은 순식간에 북새통으로 돌변했다. 고블린과 가장 가까이 있던 침팬지들이 잠자리에서 나와 제각각 나무를 타기 시작했다. 자리에 앉아 지켜보며 긴장 속에서 출발 채비를 다지는 침팬지들도 있다.

고블린 무리 침팬지들이 거친 고함과 비명으로 대장에게 표하는 경의 혹은 두려움에 이른 아침의 평화가 산산조각 났다. 얼마 뒤 과시 행동을 마친 고블린이 나무에서 뛰어내려 내 곁을 쌩 지나더니 돌멩이를 집어 던지고 마른 나뭇조각을 던지고 또 돌멩이를 던졌다. 그러고는 털을 꼿 꼿하게 세우고 한 5미터 거리에 앉았다. 거칠게 숨을 몰아쉬고 있었다. 내 심장도 빠르게 뛰었다. 고블린이 나무를 타고 내려갈 때 나는 나무를 꼭 붙들고 서서, 전에 이따금 그랬듯이 또다시 나를 공격하지 않기만을 빌었다. 하지만 다행히도 나를 무시하고 지나쳤다. 나는 다시 앉았다.

고블린의 동생 김블(Gimble, 1977년~)이 부드럽게 헐떡이며 내려와 우두 머리 수컷의 얼굴에 입술을 대며 인사했다. 다른 성체 수컷이 고블린에 게 다가오자 김블은 서둘러 자리를 비켜 주었다. 이 수컷은 나의 오랜 친 구 에버레드(Evered)다. 큰 소리로 끽끽거리는 복종 행동을 하며 다가오는 에버레드를 향해 고블린이 한 손을 천천히 들어 인사하자 에버레드는 서둘러 다가왔다. 아침 재회에 흥분한 두 수컷이 활짝 웃으며 포옹하자 어스름 속에서 둘의 치아가 하얗게 빛났다. 둘은 얼마간 서로 털을 골라 준 뒤 차분해졌고, 에버레드는 돌아 나와 근처에 조용히 앉았다.

그다음에 내려온 성체 침팬지는 품에 플로시를 달고 온 피피다. 피피 는 고블린을 피해 나지막이 헐떡이며 에버레드에게 다가가 손을 내밀어 팔을 토닥였다. 그러고는 에버레드에게 털 고르기를 해 주기 시작했다. 플로시가 에버레드의 무릎으로 기어 올라가 그의 얼굴을 올려다보았다. 에버레드는 플로시를 힐끗 보더니 얼마간 머리를 힘주어 쓰다듬다가 피 피의 관심에 응했다. 플로시가 고블린이 앉은 쪽으로 조금 다가갔다. 하 지만 고블린은 여전히 털이 곤두서 있었고, 상황을 파악한 플로시는 피 피 근처에 있던 나무를 타고 올라갔다. 그러고는 언니 패니와 놀기 시작 했다.

다시금 아침의 평화가 찾아왔다. 새벽녘의 그 고요함은 아니었지만. 나무 위에서는 다른 침팬지들이 이리저리 움직이면서 새날을 위한 채비를 하고 있었다. 어디서 식사가 시작되었는지 이따금 툭툭 무화과 씨와 껍질이 땅에 떨어지는 소리가 들려왔다. 나는 가만히 앉아 생각했다. 곰베에 돌아오니 얼마나 좋은지 모르겠다. 이번 외유는 전례 없이 길었다. 강연을 하고 학회에 참석하고 탄원 활동을 하느라 미국과 유럽에서 보낸 시간이 3개월 가까이 된다. 오늘이 침팬지들과 다시 함께하는 첫날, 나는 이 하루를 알차게 누릴 계획을 세웠다. 오랜 벗들과 우정을 환기하고, 사진 찍고, 등반 근육도 회복하고.

30분 뒤, 에버레드가 출발했다. 에버레드는 고블린도 오는지 확인하느라 두 차례 멈추었다. 피피가 뒤를 따랐고, 플로시는 새끼 기수처럼 어미 등을 타고 갔고, 패니도 바로 뒤따랐다. 이제 다른 침팬지들도 내려와 우리 뒤에서 어슬렁거렸다. 프로이트와 프로도, 성체 수컷 아틀라스(Atlas)와 베토벤(Beethoven, 1969~2002년), 잘생긴 사춘기 수컷 윌키(Wilkie, 1972~2012년), 암컷 패티(Patti, 1961년~)와 키데부(Kidevu, 1966~1991년), 그리고 그 둘의 새끼들까지. 다른 침팬지들도 있었지만, 그들은 훨씬 높은 위치에서 이동했기에 내 눈에는 보이지 않았다. 우리는 해안선과 나란히 북쪽을 향해 걷다가 카세켈라 계곡으로 내려왔고, 틈틈이 멈추어 식사를 해 가면서 계곡 건너편 산등성이에 도착했다. 동녘이 밝아 왔지만 태양은 오전 8시 30분이 되어서야 벼랑 끄트머리로 비죽 고개를 내밀었다. 우리는 이미 호반 위쪽으로 올라와 있었다. 침팬지들은 이동을 멈추고 한동안 서로 털을 골라 주면서 따스한 아침 햇살을 즐겼다.

20분쯤 지나, 갑자기 앞서 가던 침팬지들의 외침이 들려왔다. 멀리 의사를 전달할 때 외치는 팬트후트(pant-hoot, 우후후우우후후 하는 숨소리 섞인 외침을 말한다.)와 비명이 섞인 소리였다. 암컷들과 어린 침팬지들 사이에서 덩치 큰 불임 암컷 지지(Gigi)의 목소리를 뚜렷이 들을 수 있었다. 고블린과 에버레드가 털 고르기를 멈추었고, 모든 침팬지가 소리 나는 쪽을 바라보았다. 이번에는 고블린이 앞장섰고, 무리 대다수가 소리 난 방향으로 움직였다.

하지만 피피는 뒤에 남아 패니의 털 다듬기를 계속 이어 가고 플로시는 혼자 어미와 언니 근처 낮은 가지에 매달려서 놀았다. 나도 그대로 있기로 했다. 수시로 나를 난처하게 만들던 무리의 나머지 녀석들을 프로도가 데리고 이동해 주어 나는 기뻤다. 프로도는 내가 자기와 놀아 주기를 바라다가 받아 주지 않으면 공격적으로 굴곤 했다. 이제 12세가 되어 나보다 훨씬 힘센 프로도가 이렇게 행동할 때는 위험하다. 한번은 내 머리를 지끈 밟아서 목이 부러질 뻔한 적도 있다. 나를 가파른 벼랑 아래쪽으로 밀어 버린 적도 있다. 그저 녀석이 어서 성장해 이런 치기 어린 행동을 그만두기를 바랄 뿐이다.

나는 오전 내내 피피, 피피의 두 딸과 함께 먹을 것이 달린 나무를 찾아다녔다. 침팬지는 주로 다양한 열매를 먹이로 삼지만 여린 가지나 줄기를 먹기도 한다. 피피 무리는 45분가량, 단단히 엉킨 관목 줄기를 파헤치고 그 속에서 꿈틀거리는 애벌레를 우적우적 먹었다. 우리가 지나가다 다른 암컷 그렘린과 새끼 갈라하드(Galahad, 1988~2000년)를 마주치자 패니와 플로시는 달려가 인사했지만, 피피는 본 체 만 체했다.

우리는 계속해서 위쪽으로 올라갔다. 탁 트인 푸른 능선에 오르자 또 다른 작은 침팬지 무리와 마주쳤다. 성체 수컷 프로프(Prof, 1971~1998년)와 동생 팍스(Pax, 1977년~), 그리고 새끼를 데리고 있는 다소 수줍은 암컷 둘. 이들은 거대한 자두나무에서 이파리를 따 먹고 있었다. 피피 무리는 이들을 보자 나지막이 끽끽 인사하고는 곧장 함께 이파리를 따 먹기 시작했다. 곧이어 프로프 무리는 이동하기 시작했고 패니가 그들을 따라갔다. 하지만 피피는 쉴 자리를 만들더니 드러누워 낮잠을 청했다. 플로시도 남아 어미 곁의 나무에 올라 그네를 타고 놀다가 어미 곁에 누워 젖을 빨았다.

피피가 누운 아래쪽, 내가 앉은 자리에서 카세켈라 계곡이 한눈에 보였다. 남쪽 맞은편에 피크(Peak)가 보였다. 피크를 마주 보니 정겨운 추억이 밀물처럼 밀려왔다. 풀로 덮인 길고 둥그스름한 능선 위에 자리 잡고 카세켈라와 그 원류 카콤베가 나뉘는 지점. 1960년과 1961년, 곰베에서의 연구 초창기에 매일매일 쌍안경으로 침팬지를 관찰할 때 탁월한 전망을 선사하던 곳. 피크에 올라갈 때는 작은 양철 트렁크에 주전자, 약간의 커피와 설탕, 담요 한 장을 챙겨서 갔고, 침팬지들이 근처에서 잠을 자면 나는 담요에 의지해 산 속 냉기를 버티며 밤을 지새우곤 했다. 나는 침팬지들의 식습관과 이동 경로를 익히면서 그들의 일과를 차츰 구성할 수 있었고, 고유의 조직 구조와 특성을 배워 나갔다. 침팬지는 작은 무리 여럿이 모여 큰 무리를 이루고, 큰 무리는 작은 무리로 나뉘어 움직이며, 잠깐씩 혼자 돌아다니는 시기도 있었다.

나는 피크에서 처음으로 침팬지의 육식 현장을 목격했다. 데이비드 그레이비어드(David Craybeard, ?~1968년)가 강멧돼지 새끼 사체를 움켜쥐고 나무로 뛰어 올라가 암컷과 나누어 먹었고, 그 나무 밑에서는 성체 강멧돼지가 길길이 날뛰었다. 그리고 1960년 10월의 잊을 수 없는 그날, 피크에서 100미터쯤 떨어진 곳에서 데이비드 그레이비어드가 단짝 친구 골리앗(Goliath, ?~1975년)과 함께 풀 줄기로 흰개미 낚시하는 장면을 처음 보기도 했다. 먼 옛날 일을 떠올리자니 그레이비어드가 넓적한 풀잎을 하나 골라잡더니 흰개미 흙집 속 비좁은 통로 안에 찔러 넣기 좋게 정성스럽게 다듬는 모습을 보았을 때 느낀 전율이 되살아났다. 그레이비어드는 단순히 풀을 뜯어 도구로 사용하는 데 그치지 않았다. 구체적인 목적에 맞추어 개량함으로써 조잡하나마 **도구 만들기**의 기원을 보여 주었다. 그날 루이스 세이모어 배제트 리키(Louis Seymour Bazett Leakey, 1903~1972년)에게 전보를 치면서 얼마나 흥분했던가. 내게 곰베 연구를 부추겼던 선견지명의 천재 고고학자. 결국 인간은 도구를 만드는 **유일한** 동물이 아니었으며, 사람들의 짐작과 달리 침팬지도 평온한 채식주의자가 아니었다.

나의 어머니 밴(Vanne)이 다른 일 때문에 잉글랜드로 귀국한 직후였다. 어머니는 곰베에 머무는 4개월 동안 이 프로젝트의 성공에 빼놓을 수 없을 만큼 중대한 공헌을 했다. 말뚝 4개와 이엉 지붕으로 진료소를 세우고, 주로 고기 잡이로 먹고사는 지역 주민에게 의술을 제공했다. 처방은 아스피린, 엡섬 소금(영국 엡섬 마을에서 발견된, 황산, 마그네슘, 산소로 이루어진 소금. — 옮긴이), 아이오딘, 반창고 등 단순했지만 어머니의 관심과 인내심은 한계가 없었고, 어머니의 치료로 적지 않은 주민이 효과를 보았다. 어머니에게 신묘한 치유 능력이 있다고 믿는 주민이 많았다는 이야기는 한참 지나서야 들었다. 내가 지역 주민들과 호의적인 관계를 형성할 수 있었던 것은 어머니의 활동 덕분이었다.

피피가 젖 빠는 새끼 플로시를 흔들어 달랠 때 머리 위쪽에서 진동이 느껴졌다. 플로시는 다시 눈을 감았다. 몇 분 더 젖을 빨다가 잠드는 바람에 입에서 젖꼭지가 미끄러져 나왔다. 나는 계속해서 백일몽 꾸듯 기억에 남아 있는 옛날 일을 되살려 보았다.

데이비드 그레이비어드가 호숫가 캠프에 처음 찾아온 날이 기억났다. 캠프 일대에서 자라는 잘 익은 기름야자나무 열매를 먹으러 왔던 그레이비어드는 천막 바깥 테이블에 있던 바나나를 주의 깊게 살펴보더니 집어 들고서는 숲으로 달아나 먹었다. 바나나의 맛을 알고 난 뒤로 여러 번 다시 왔고 점차 다른 침팬지도 그를 따라 캠프로 찾아왔다.

1963년, 꾸준히 캠프를 찾아오던 암컷 가운데 너덜너덜한 귀에 주먹코인 피피의 어미 플로(Flo, 1919?~1972년)가 있었다. 5년을 새끼에 매여 있던 플로가 다시 성적 매력을 뽐내는 날이니 얼마나 신났겠는가. 플로는 담홍빛으로 부푼 생식기를 과시하며 구애하는 수컷 일행을 유인했다. 수컷들 중 다수는 캠프에 와 본 적이 없었으나 성적 열정에 휩쓸려 조심성 많은 본성마저 무시하고 플로를 따라왔다. 그런데 바나나를 발견한 뒤로 주기적으로 캠프를 방문하는 무리가 빠르게 늘었다. 그러면서 나는 첫 책 『인간의 그늘에서』에서 이야기한, 잊히지 않는 침팬지 무리 전체의 특성에 서서히 익숙해졌다.

지금 내 머리 위쪽에 너무도 평화롭게 누워 있는 피피는 그 초기 무리 가운데 여전히 살아남은, 몇 안 되는 침팬지 중 하나다. 1961년 처음 만났을 때 새끼였던 피피는 1966년에 침팬지와 인간 집단을 휩쓴 무시무시한 유행성 소아마비를 이겨 냈다. 연구 집단의 침팬지 10마리는 죽거나 사라졌다. 나머지 5마리는 장애가 생겼는데, 피피의 큰오빠 페이븐(Faben, 1947?~1975년)도 한쪽 팔을 못 쓰게 되었다.

소아마비가 휩쓸던 당시, 곰베 강 연구 센터(Gombe Stream Research Centre)는 걸음마 단계였다. 처음 연구 조교로 온 박사 과정 학생 2명이 침팬지의 행동 기록을 정리하고 타이핑했다. 그 무렵 캠프에 주기적으로 찾아오는 침팬지가 25마리가량 되어서 우리 연구소 전원이 매달려도 벅찰 지경이었다. 하루 종일 침팬지를 관찰하고 나면 녹음된 내용을 옮겨 적는 작업만 해도 밤늦게까지 이어졌다.

어머니는 1960년대에 곰베를 두 차례 더 방문했다. 한 번은 전미 지리 학회(National Geographic Society)에서 휴고 밴 러윅(Hugo van Lawick, 1937~2002년)이 이 연구를 촬영하러 와 있던 시기였다. 당시에는 전미 지리 학회가 우리의 연구 재정을 지원했는데, 루이스 리키가 내가 젊은 남자와 숲속에 단둘이 있는 것이 적절하지 않을 것 같다는 기발한 주장으로 어머니의 운임과 경비를 확보했다. 사반세기 전만 해도 도덕적 기준이 얼마나 달랐던가! 그래도 휴고와 나는 결혼했고, 1967년에 어머니는 세 번째로 방문해 아들 그럽(Grub, 원이름은 휴고 에릭 루이(Hugo Eric Louis)다.)을 숲에서 키우는 나를 도와 2개월가량 함께 지냈다.

피피의 잠자리에서 작은 움직임이 있어서 살펴보니 피피가 몸을 돌려 나를 내려다보고 있었다. 피피는 무슨 생각을 했을까? 지난 일을 얼마나 기억하고 있을까? 늙은 어미 플로 생각을 하기는 했을까? 오빠 피건(Figan, 1953~1982년)이 우두머리 지위에 오르기 위해 필사적으로 싸웠던 것을 이해했을까? 무리의 수컷들이, 대개는 피건의 선두를 따라, 이웃 무리를 하나하나 충격적일 정도로 잔인하게 공격하며 일종의 전쟁을 일삼던 무시무시한 시절을 알까? 패션(Passion, 1951~1982년)과 성체가 된 딸 폼(Pom, 1965~1987년)이 무리 안의 갓 태어난 새끼 침팬지를 잡아먹던 소름 끼치는 동족 포식 공격은 알고 있을까?

나는 다시 현재로 주의를 돌렸다. 이번에 회상을 뒤흔든 것은 한 침팬지의 울음 소리였다. 씩, 웃음이 나왔다. 패니일 것이다. 암컷 침팬지들은 어릴 때 어미 품에서 벗어나 다른 성체들과 어울려 돌아다니는 모험심 넘치는 시기를 거친다. 그러다 갑자기 어미가 사무치게 그리워져서 어울리던 무리를 떠나 어미를 찾아다니는 것이다. 울음 소리가 점점 커지더니 패니가 금세 시야에 들어왔다. 피피는 주의를 기울이지 않았지만 플로시가 잠자리에서 뛰어나가 허둥지둥 내려가더니 언니를 껴안았다. 패니는 아까 떠났던 자리에서 피피를 발견하고는 아기 울음을 그쳤.

피피는 패니를 기다리고 있었음이 분명하다. 그제야 잠자리에서 내려가 출발했고, 아이들은 장난치면서 어미 뒤를 따랐다. 피피의 가족은 가파른 비탈을 빠르게 내려가면서 남쪽으로 향했다. 나도 서둘러 피피

일행을 따라갔는데 가지마다 머리카락이 걸리지 않으면 셔츠가 걸려 댔다. 나는 지독하게 뒤엉킨 덤불 사이를 미친 사람처럼 기어 빠져나갔다. 저 앞에선 검은 그림자로 보이는 침팬지들이 물 흐르듯 가뿐하게 움직였다. 우리 사이의 거리는 갈수록 벌어졌다. 덩굴에 신발 버클이며 카메라 끈이 걸리고 가시에 팔을 긁히고 나뭇가지에 엉킨 머리카락을 잡아당겼을 때는 얼얼해서 눈물이 났다. 10분 만에 온몸이 땀범벅이 되고 셔츠는 찢기고 돌투성이 땅을 기어가느라 무릎이 멍투성이가 되었다. 침팬지들마저 시야에서 사라져 버렸다. 나는 가만히 서서 덤불 사이로 사방팔방 살피면서, 뛰는 심장 너머로 무슨 소리가 들리는지 귀를 기울였다. 아무 소리도 들리지 않았다.

그 뒤 35분 동안 나는 카세켈라 개울의 바위투성이 둑을 따라 돌아다니며 이따금 멈추어 귀를 쫑긋 세우고 머리 위쪽 가지를 살펴보곤 했다. 나무 꼭대기로 건너뛰면서 특이한 고음으로 지저귀며 우는 붉은콜로부스원숭이 무리 밑을 지났다. 한쪽 눈 시력을 잃고 꼬리가 두 번 말린 늙은 프레드(Fred)가 속한 'D 무리'의 비비 몇 마리도 만났다. 이제 어디로 가야 하나 생각하고 있는데 멀리 계곡 위쪽에서 어린 침팬지의 비명이 들려왔다. 그러고는 10분 뒤 어린 갈라하드와 지지, 그리고 곰베에서 가장 어리고 가장 최근에 고아가 된 멜(Mel)과 다비(Darbee, 1984년~)와 함께 있는 그렘린을 만났다. 멜과 다비 둘 다 3세를 넘겨서 어미를 잃었는데, 지지가 근래에 부쩍 둘의 '이모 노릇'을 하고 있었다. 이 무리는 물이 거의 마른 시내 위쪽 키 큰 나무에서 이파리를 뜯어 먹고 있었고, 나는 바위에 누워 이들을 관찰했다. 내가 피피를 따라잡느라 애쓰는 사이에 태양이 사라졌고, 울창한 숲 지붕 사이로 보이는 하늘은 비가 쏟아질 듯 잿빛으로 변해 있었다. 하늘이 점점 어두워지면서 폭우 직전에 흔히 나타나는 고요함, 정적이 흘렀다. 점점 더 가까워지는 천둥 소리, 침팬지들 바스락거리는 움직임만이 이 정적을 흔들었다.

비가 내리기 시작하자 갈라하드는 근처 나무에서 대롱거리며 발가락을 만지작거리고 있다가 재빨리 올라와 어미 품으로 피신했다. 두 고아 침팬지도 부랴부랴 지지 곁에 뭉쳐 앉았다. 하지만 김블은 위쪽 가지에서 바로 아래쪽 가지로 오르락내리락 힘차게 그네를 타면서 나무 꼭대기로 뛰어올랐다. 빗줄기가 굵어져 울창한 나뭇잎을 뚫고 빗방울이 들이치자 김블의 도약은 거세지고 훨씬 과감해져 가지 타기가 한층 격렬해졌다. 이런 행동은, 나이가 찰 무렵이면 성체 수컷의 근사한 장대비 쇼 혹은 장대비 춤으로 거듭나리라.

3시가 막 지났을까, 갑자기 우르릉 쾅쾅 번쩍, 천지를 뒤흔드는 우레가 메아리처럼 울려 퍼지더니 먹구름이 하늘과 땅을 하나로 합쳐 버릴 듯 폭우를 쏟아부었다. 김블은 그제야 놀이를 멈추고 다른 침팬지들처럼 나무 몸통 옆에 바짝 붙어 얌전히 웅크리고 앉았다. 나도 야자나무에서 뻗어 나온 이파리 아래에서 최대한 비를 피했다. 끝날 줄 모르고 쏟아지는 억수 같은 비에 점점 추워졌다. 이렇게 세계에서 고립되어 혈혈단신으로 있다 보니 시간이 어떻게 지났는지 모르겠다. 나는 이제 더는 아무것도 기록하지 않았다. 기록할 것이 있었겠는가. 묵묵히 끈기 있게, 참을성 있게 견디는 수밖에.

1시간은 지났을 것이다. 폭우의 기운이 남쪽으로 밀려가면서 빗줄기가 잦아들었다. 4시 30분에 침팬지들이 나무에서 내려와 물방울 뚝뚝 떨어지는 수풀을 뚫고 들어갔다. 나는 젖은 옷이 거치적거려 엉성한 자세로 따라 걸었다. 우리는 계곡 바닥을 따라 이동하다가 계곡 반대편으로 올라가 남쪽으로 향했다. 이제 호수가 내려다보이는, 풀이 우거진 산마루에 이르렀다. 희미하게 모습을 드러낸 물기 머금은 햇빛이 넓적한 잎사귀, 가느다란 풀 줄기에 맺힌 빗방울에 스며들어 온 세상에 다이아

몬드가 매달린 듯 반짝거렸다. 나는 숲길 곳곳에 아슬아슬하게 걸린, 이 보석 박힌 거미줄을 혹여 망가뜨릴세라 몸을 납작 낮추고 움직였다.

침팬지들이 어느 키 작은 나무를 타고 들어가 갓 돋은 어린잎을 따 먹었다. 나는 자리를 옮겨 서서 오늘의 마지막 끼니를 즐기는 이들의 모습을 서서 관찰했다. 숨 막히도록 아름다운 정경이었다. 은은한 햇빛에 선명한 연둣빛으로 빛나는 이파리, 물에 흠뻑 젖어 칠흑처럼 까만 몸통과 가지, 언뜻언뜻 구릿빛을 발하는 침팬지들의 검은 털가죽. 이 인상적인 정경 너머로 장막을 드리운 검은빛 띤 쪽빛 하늘에서는 이따금 번개가 명멸하고 저 멀리 천둥이 우르릉거렸다.

우리는 많은 창을 통해 세계를 들여다보며 의미를 찾는다. 그 가운데 과학이 열어젖힌 창, 통찰력 있는 훌륭한 지성들이 빚낸 창이 있다. 그 창을 통해 우리는 더욱더 멀리, 더욱더 명쾌하게 인류의 지식이 닿지 않던 영역까지 들여다볼 수 있다. 나는 오랜 세월 그런 창을 통해 침팬지의 행동과 자연계에서 그들이 차지한 위치에 대해 많은 것을 배웠다. 그리고 역으로 그 창이 인간 행동의 여러 측면을, 자연계에서 우리가 놓인 자리를, 좀 더 확실히 이해하는 데 도움을 주었다.

하지만 다른 창도 있다. 철학자들의 논리로 열린 창, 신비주의자들이 진리를 모색하는 창, 경이로움과 아름다움만이 아니라 추악함과 비열함도 존재하는 세계에서 목적을 추구하는 위대한 종교 지도자들이 응시하는 창. 우리 대부분은 자신의 존재에 관련해 풀리지 않는 물음을 떠올릴 때 이러한 창 가운데 하나를 통해 세계를 들여다본다. 그 창조차 우리 유한한 실존이 내쉰 숨으로 뿌예지곤 한다. 우리는 그 뿌연 창을 닦아 내고 만든 자그마한 구멍으로 세계를 응시한다. 이는 결국 신문지를 둘둘 말아 그 구멍으로 보면서 앞에 펼쳐진 사막이나 바다 전체를 이해하겠다고 드는 것이나 진배없다.

흐릿한 햇빛 아래 가만히 서서 짧은 순간이나마 만나는 또 하나의 창, 또 하나의 시야 속에서 이곳을 바라보았다. 비에 씻긴 숲 지대와 이곳에서 살아온 생명체들. 이는 자연 속에서 홀로 지내 본 사람에게 초대 없이 찾아오는 순간이다. 대기는 깃털 교향곡, 새들의 저녁 노래로 가득하다. 새들의 노래 속에서 새로운 주파수가 들려오고, 벌레들의 노래도 놀랍도록 감미로운 고음으로 울려 퍼진다. 나는 잎새 하나하나의 모양과 빛깔, 어느 하나 같은 것이 없는 잎맥의 다양한 패턴을 또렷이 감지한다. 냄새도 또렷해서 하나하나 쉽게 식별된다. 무르익어 발효가 시작된 열매들의 향, 물에 잠긴 흙 내음, 젖은 나무 껍질 향, 축축한 침팬지 털 냄새, 물론 나의 체취도. 으깨진 어린잎이 풍기는 향은 가히 압도적이다. 임바발라가 있는 것 같더니만 시야에 들어왔다. 맞바람 속에서 조용히 풀 뜯는 임바발라의 나선형 뿔이 빗속에서 검게 빛났다. 그 순간 나는 "사람의 헤아림을 뛰어넘는"(「빌립보서」 4장 7절) 평화 속에서 충만했다.

그러더니 저 멀리 북쪽에서 침팬지 무리가 자신들이 거기 있음을 알리는 팬트후트가 들려왔다. 무아경은 산산이 부서졌다. 지지와 그렘린이 응답으로 자신들을 알리는 팬트후트를 보냈다. 멜과 다비, 어린 갈라하드가 합창에 목소리를 보탰다.

나는 침팬지들이 잠자리를 마련할 때까지 함께 있었다. 비 그친 이른 시각, 침팬지들이 잠자리를 잡으면서 갈라하드는 아늑한 어미 곁에 자리를 틀고 멜과 다비는 지지 이모 가까이 자기네만의 작은 보금자리에 들자, 나는 그곳을 떠나 숲길을 따라 걸어서 호숫가의 캠프로 돌아왔다. 돌아오는 길에 D 무리의 비비 몇 마리를 다시 만났다. 그들은 잠자리로 잡은 나무 주위에 모여 어스름 저녁 빛 속에서 티격태격 장난치면서 서로 털을 골라 주고 있었다. 내 발걸음에 해변의 조약돌이 달그락거렸다. 태양은 호수 위로 거대한 붉은 원반처럼 떠올랐다. 태양이 구름을 비추자 또 다른 장관이 펼쳐졌고, 이글거리는 하늘 아래 황금빛으로 물든 호수에는 보랏빛 띤 붉은 잔물결이 일렁였다.

캠프로 돌아온 뒤, 집 밖에 모닥불을 피우고 쪼그려 앉아 콩과 토마토, 달걀 한 알을 조리해 먹었다. 그때까지도 그날 오후 내가 만난 경이로운 세계에서 여전히 빠져나오지 못한 채였다. 그건 마치 침팬지만이 알 수 있는 창으로 들여다본 세계 같았다. 일렁이는 불꽃 옆에서 나는 생각에 젖었다. 찰나일지언정 한 번만이라도 침팬지의 눈으로 세계를 볼 수 있다면 얼마나 많은 것을 배울 수 있을까.

마지막 커피 한 잔을 마신 뒤 안으로 들어가 강풍용 등잔에 불을 켜고 그날, 그 멋진 날의 메모를 깨끗이 옮겨 적었다. 우리는 침팬지의 마음으로 배울 수 없기에 근면하고 세심하게 일을 해 나가야 한다. 지난 30년 동안 그랬듯이. 우리는 계속해서 일화를 모으며 차곡차곡 생애사를 구성해야 한다. 장기적으로 계속해서 관찰하고, 기록하고, 해석해야 한다. 우리는 이미 많은 것을 배웠으며, 지식이 축적되고 점점 더 많은 사람이 협력해 정보를 한데 모으면서 점차 창을 가렸던 장막을 들어 올리고 있다. 언젠가는 이 창을 통해 침팬지의 마음을 더 분명하게 들여다볼 수 있을 것이다.

2장

침팬지의 마음

사진 제공: B. Gray.

나는 종종 침팬지와 눈을 맞추면서 저 뒤에선 무슨 일이 일어나고 있을지 묻는다. 특히나 플로의 눈을 자주 바라보았는데, 긴 역사와 지혜를 간직한 눈이었다. 플로는 어린 시절의 일 중에 무엇을 기억할까? 그들 가운데 데이비드 그레이비어드의 눈이 가장 아름다웠다. 미간이 넓어 멀찍이 떨어진 크고 반짝이는 두 눈. 그레이비어드의 성격을 그대로 보여주는 눈. 평온한 자신감, 타고난 위엄, 그리고 가끔은 자기 뜻대로 하겠노라는 단호함도 읽혔다. 나는 오랫동안 침팬지의 눈을 똑바로 쳐다보는 것을 좋아하지 않았다. 대다수 영장류 동물에게는 이것이 위협으로 해석되거나, 적어도 예절에 어긋나는 행동으로 받아들여지리라는 것이 나의 짐작이었다. 아니었다. 오만한 태도 없이 다정한 눈빛이라면 침팬지도 이해하며, 나아가 같은 눈빛으로 응하는 경우도 있다. 그러고 나면, 아니면 그저 나의 공상일지도 모르겠지만, 침팬지의 눈이 마치 마음이 들여다보이는 창처럼 느껴진다. 다만 유리가 불투명해서 그 비밀을 다 알아낼 수 없을 따름이다.

사람의 집에서 자란 8세의 루시(Lucy, 1964~1987년)와의 만남은 영원히 잊지 못할 것이다. 루시는 다가와서 소파의 내 옆자리에 앉더니 얼굴을 바짝 들이밀고 내 눈을 수색했다. 무얼 찾으려고? 아마도 불신, 비호감 혹은 두려움의 신호를 찾았을 것이다. 사람들이 성체 침팬지와 처음으로 대면할 때면 보통 당황하고 불안한 기색이 되기 때문이다. 루시가 내 눈에서 읽어 낸 것이 무엇이었든지 간에 만족했음이 분명하다. 한쪽 팔을 내 목에 두르고 입을 크게 벌리더니 내 입에 겹쳤다. 아주 인심 좋고 침팬지다운 입맞춤이었다. 나를 받아들여 준 것이다.

그 만남 이후로 나는 오랫동안 심각한 혼란을 겪었다. 곰베에서 활동한 지 15년째여서 야생 침팬지에 대해 알 만큼 안다고 생각했다. 하지만 인간의 아이로 키워진 루시는 침팬지의 가장 본질적 특성이라고 할 만한 것에다 그동안 살아오면서 획득한 인간의 다양한 행동이 덧칠된, 이도 저도 아닌 존재였다. 완전한 침팬지도 아니며 인간은 더욱더 아닌, 사람 손에 의해 어떤 별난 생명체가 되어 버린 그런 존재. 나는 루시가 냉장고며 찬장을 열고 술병과 유리 잔을 찾아 직접 진토닉을 만드는 모습을 지켜보면서 놀라움을 금치 못했다. 그러고는 술잔을 들고 앉아 텔레비전을 켜고 채널을 이리저리 돌려 보더니 지긋지긋하다는 듯 꺼 버리고는 술잔을 손에 든 채 탁자에 놓인 광택 나는 잡지를 한 권 골라 안락의자에 느긋하게 앉았다. 잡지를 훑으면서 미국 수어로 거기서 본 것을 표현하기도 했다. 나는 수어를 이해하지 못해서 집주인(루시의 '어머니') 제인 테멀린(Jane W. Temerlin)이 통역해 주었다. 루시는 작고 하얀 푸들 사진에서 잠시 멈추고는 "저 개."라고 말했다. 다음 페이지에서 밝은 파란색 복장으로 가루 비누를 광고하는 여성을 가리키면서는 "파란색."이라고 수어로 말했다. 몇 가지 알아보기 어려운 손동작(수어로 뭔가 중얼거린 것이 아닌가 싶다.)을 한 루시는 끝으로 "이거 루시 꺼, 이거 내 꺼."라고 하더니 잡지를 덮고 무릎 위에 놓았다. 당시 루시는 3주짜리 수어 수업을 받고 있었는데, 바로 전 수업 시간에 소유 대명사 용법을 배운 참이라고 제인

이 알려 주었다.

　루시의 인간 '아버지' 모리스 테멀린(Maurice K. Temerlin, 1924~1988년)은 저서에 『인간으로 자란 루시(Lucy, Growing Up Human)』라는 제목을 붙였다. 사실 침팬지는 다른 어떤 동물보다도 우리와 닮았다. 우리 두 종은 생리적 기능이 매우 닮았고, 유전학적 측면에서도 DNA 구조에서 침팬지와 인간의 차이는 1퍼센트밖에 안 된다. 이것이 의학 연구자들이 약물이나 백신을 테스트하면서 인간을 대신할 실험 동물이 필요할 때 침팬지를 이용하는 이유다. 침팬지는 B형 간염과 후천성 면역 결핍증을 비롯해, 지금까지 밝혀진 거의 모든 인간의 감염병에 감염될 수 있다. 인간이 아닌 다른 동물들은 (고릴라, 오랑우탄, 긴팔원숭이를 제외하면) 감염병에 면역이 있다. 인간과 침팬지는 신체 구조는 물론 뇌와 신경망도 놀라울 정도로 닮았으며, (많은 과학자가 인정하기를 꺼리지만) 사회 행동과 지능, 감정도 매우 닮았다. 대다수 과학자는 선행 인류 유인원에서 현생 인류까지 신체 구조가 진화적 연속성 속에서 발달해 왔다는 개념을 도덕적으로 받아들였다. 하지만 마음에도 같은 개념이 적용된다는 가설은 터무니없는 주장이라는 것이 일반적 생각이었다. 실험실에서 동물을 이용하거나 오용하는 사람들에게는 특히 더. 어쨌거나 실험에 사용하는 생명체가, 인간처럼 반응하는 것이 불쾌하기는 해도, 실은 마음도 없고 무엇보다도 감정도 없는 '아둔한' 짐승일 뿐이라고 믿는 쪽이 편했을 것이다.

　내가 1960년에 곰베에서 연구를 시작할 때는 동물의 마음을 논하는 것이 허용되지 않았다. 적어도 비교 행동학계에서는 그랬다. 마음이 있는 것은 인간뿐이었다. 동물의 성격을 논하는 것도 적절하지 않은 일이었다. 물론 사람들은 동물이 저마다 개성이 있다는 사실을 잘 안다. 개나 여타 애완 동물을 키워 본 사람이라면 다 아는 일이다. 하지만 비교 행동학자들은 자신들의 분야를 사회 과학이 아닌 자연 과학으로 정립하고자 분투하면서 동물의 개성 같은 주제를 객관적으로 설명하는 작업은 회피해 왔다. 한 권위 있는 비교 행동학자는 "개별 동물들의 다양성"은 인정하지만, 이 사실은 "양탄자 밑에 감춰 두는 것"이 최선이라고 썼다. 당시 비교 행동학의 양탄자는 그 밑에 감춰 둔 온갖 비밀로 어지간히 불룩했다.

나는 얼마나 고지식했던가. 대학에서 과학을 공부하지 않았던 나는 동물에게는 성격이 있어서는 안 되며, 생각하거나 감정과 통증을 느끼는 능력이 있어서도 안 된다는 사실을 알지 못했다. 친해진 침팬지에게 이름을 붙이는 것보다는 번호를 붙이는 것이 더 적절하다든지, 동물의 행동에서 동기나 목적을 설명하는 것이 과학적이지 못하다든지 하는 관행을 나로서는 알 길이 없었다. **유년기**나 **사춘기** 같은 용어는 문화적으로 규정된 개념으로 인간의 생애 주기에만 써야지 어린 침팬지를 설명할 때 써서는 안 된다고 아무도 나에게 말해 준 적이 없었다. 연구 초창기에 나는 아무것도 모르는 채로 곰베에서 관찰한 경이로운 모든 내용을 최대한 잘 기술하겠다고 온갖 금지된 용어며 개념을 멋대로 가져다 썼다.

내가 한 학술 세미나에서 발표할 때 비교 행동학자들이 보인 반응이 평생 잊히지 않는다. 나는 피건이 사춘기 때 연장자 수컷이 떠난 뒤 캠프에 남아 있으면 우리한테 바나나를 몇 개 더 얻어먹을 수 있음을 학습한 일을 설명했다. 피건은 처음에 과일을 보고 고성으로 기쁨의 먹이 신호를 울려 댔다. 그러자 다른 연장자 수컷 두어 마리가 호통을 치면서 피건을 쫓아오더니 그 바나나를 빼앗았다. 이 설명을 한 다음, 나는 요점으로 들어가서, 그다음에 캠프를 방문했을 때 피건이 실제로 외침을 억누른 일을 설명했다. 우리는 피건이 다른 침팬지들이 듣지 못하게 들릴락 말락 하게 목으로 내는 소리를 들었다. 우리는 다른 어린 침팬지들에게도 연장자 침팬지들 몰래 과일을 주려고 해 보았다. 하지만 그 침팬지들은 그 같은 자제력을 끝까지 익히지 못하고 번번이 좋아서 꽥꽥거리다가 돌아온 형님 수컷들에게 전리품을 빼앗기고 말았다. 나는 세미나 청중이 이 에피소드에 나만큼 매료되고 감명하리라 예상했다. 침팬지에게도 지능이 있다는 의심할 여지 없는 사실에 대한 의견이 오가기를 기대했다. 하지만 돌아온 것은 싸늘한 정적뿐이었고 사회자는 급히 화제를 돌렸다. 그렇게 냉대받은 뒤로 아주 오랫동안 어떤 과학 모임에서도 무언가 발언하기를 무척 꺼렸음은 말할 것도 없다. 되돌아보면, 모든 이가 흥미를 느꼈을 테지만 그저 하나의 '일화'를 무언가의 근거로 발표하는 것이 허용되지 않던 시기였기 때문에 그렇게 반응하지 않았을까 생각된다.

내가 첫 논문을 발표하려 했을 때 편집 위원은 **그** 혹은 **그녀**를 **그것**으로, **누구**는 **무엇**으로 전부 수정하라고 요구했다. 나는 격분해서 편집 위원이 **그것**으로 바꾼 부분을 전부 찾아서 줄을 좍좍 긋고는 원래의 인칭 대명사로 돌려놓았다. 나는 과학계에서 한자리하겠다는 야망은 없었다. 다만 계속해서 침팬지들과 살아가며 그들에 대해 배우고 싶었고, 학술지 편집 위원들이 어떻게 반응할지 고민하고 싶지는 않았다. 사실 그 판은 내가 이겼다. 학술지가 내 논문을 게재했을 때, 마침내 침팬지들에게 각각 맞는 성별을 부여하고 '그것'에서 자신의 본성이 있는 '존재'로 격상시켰다.

태도가 다소 반항적이기는 했어도 나는 정말로 공부하고 싶었고 케임브리지에 입학 허가를 받는 것이 나에게는 엄청나게 놀라운 행운임을 알 정도의 분별력은 있었다. 나는 루이스 리키를 비롯해 추천서를 써 준 분들에게 누가 되지 않기 위해서라도 박사 학위를 받고 싶었다. 지도 교수로 로버트 오브리 하인드(Robert Aubrey Hinde, 1923~2016년)를 만난 것은 또 얼마나 큰 행운이었던가. 하인드는 탁월한 지성과 명쾌한 사고로 내게 큰 가르침을 주었을 뿐만 아니라 내 까다로운 성격에 더없이 적합한 스승이었다. 하인드의 지도를 받으면서 나는 점차 과학자로서 갖추어야 할 최소한의 덕목을 갖출 수 있었다. 비록 내가 본래 품었던 신념, 즉 동물에게는 각자 성격이 있다, 동물도 기쁨과 슬픔, 두려움을 느낄 수 있다, 동물은 계획한 목표를 이루기 위해 노력하며 강력한 동기가 있을 때 더 큰 성공을 이룰 수 있다는 믿음은 거의 고수했지만, 이런 개인적 신념은 실로 증명하기가 어렵다는 것을 깨달았다. 이런 문제에 관한 한 신중하게 접근하는 것이 최선이었다. 적어도 내가 어느 정도 자격과 신뢰를 쌓을 때까지는. 하인드는 내게 과학적 '훈장'에 대한 반항적 태도를 드러내지 않고 지내는 것이 최선이라며 근사한 조언을 해 주었다. 한번은 그가 이렇게 훈계했다. "피피가 질투심이 있다는 것을 우리가 알 방법은 없어요." 잠시 언쟁이 있었지만 그는 이렇게 조언했다. "**피피가 인간의 아이였다면 우리는 피피가 질투심을 느꼈다고 말할 것이다.** 이런 식으로 말해 보면 어때요?" 나는 그렇게 했다.

사람의 감정도 연구하기 쉬운 분야는 아니다. 나는 내가 슬프거나 기쁘거나 화날 때 어떤 감정인지 알고, 친구가 슬프다거나 기쁘다거나 화난다고 말하면 그의 감정이 내가 느끼는 것과 비슷하다고 가정한다. 물론 확실하게 알 수는 없다. 연구 대상이 우리와 다르면 다를수록 그들의 감정을 이해하는 것은 점점 더 어려운 과제가 된다. 인간이 아닌 동물의 감정을 인간의 감정처럼 다루면 의인화한다고 비난을 듣는다. 비교 행동학에서는 의인화가 일종의 대죄(cardinal sin)이다. 하지만 그게 그렇게 나쁜 일인가? 침팬지가 생물학적으로 우리와 비슷하기 때문에 그들을 이용해 약물 효과를 실험한다면, 침팬지와 인간의 뇌와 신경계가 놀랍도록 비슷하다는 점을 인정한다면 이 두 종의 기분, 감정, 정서에도 닮은 점이 있다고 가정하는 것이 논리적으로 타당하지 않은가?

사실 침팬지와 오랜 기간 밀착해서 연구한 사람들은 하나같이 우리가 쾌락, 기쁨, 슬픔, 화, 지루함 등으로 이름 붙이는 것과 비슷한 감정을 침팬지가 경험한다고 일말의 망설임도 없이 단언한다. 어떤 침팬지의 감정은 경험 없는 관찰자의 눈에도 어떤 상태인지 파악할 수 있을 만큼 명백하다. 유아 침팬지가 소리를 질러 대고 몸을 던지고 일그러진 얼굴로 팔을 닥치는 대로 휘둘러 주변에 있는 아무것이나 때리고 박치기하는 것은 생떼를 부리는 행동이다. 어미 주변에서 공중제비 넘고 빙글빙글 돌면서 장난치고 수시로 어미에게 달려와 품에 뛰어들어 간지럽혀 달라고 손을 톡톡 치거나 끌어당기는 어린 침팬지는 누가 보아도 삶의 즐거움(joie de vivre)이 넘치는 모습이다. 이 모습을 걱정 없이 행복하고 평안한 상태로 여기지 않을 사람은 없을 것이다. 젖먹이 침팬지를 오랜 시간 관찰한 사람이라면 이들에게 인간 아기와 마찬가지로 사랑과 안심에 대한 감정적 욕구가 있음을 인지하지 않을 수 없을 것이다. 성체 수컷 침팬지가 흡족하게 식사를 마친 뒤 그늘에 누워 새끼 침팬지에게 살살 장난을 걸거나 나른하게 성체 암컷의 털을 골라 주는 모습을 보면 기분 좋은 상태임을 알 수 있다. 그러던 수컷이 서열 낮은 침팬지들이 너무 가까이 다가오면 털을 곤두세우고 노려보면서 성난 동작으로 위협하는 경우가 있는데, 이는 언짢고 성가신 기분을 보여 주는 행동이다. 우리가 이렇게 판단하는 것은 침팬지의 행동이 우리의 행동과 너무나 닮아서 자신도 모르게 그들의 감정 상태에 이입되기 때문이다.

자신이 직접 경험하지 않은 감정에는 공감하기 어려운 법이다. 나는 암컷 침팬지가 출산하는 동안 경험하는 쾌감을 어느 정도는 상상할 수 있다. 하지만 그 암컷의 짝인 수컷이 어떤 감정인지는 알 길이 없다. 같은 맥락에서, 인간 남성의 감정에 대해서도 마찬가지다. 나는 어미 침팬지와 새끼의 상호 작용을 헤아릴 수 없이 오랜 시간 관찰했다. 하지만 내

아이가 생기기 전까지는 모성이라는 기본적이고도 강력한 본능을 전혀 이해하지 못했다. 누군가 실수로 그럽을 겁먹게 하거나 그럽의 안전을 어떤 식으로라도 위협하는 경우, 나는 상당히 비합리적인 분노가 치밀어 오르는 것을 경험했다. 그 뒤로는 새끼 침팬지에게 과도하게 가까이 접근하는 상대라든지, 같이 놀다가 부주의하게 자기 새끼를 다치게 한 상대에게 맹렬하게 팔을 휘두르며 위협적으로 소리 지르는 어미 침팬지의 감정에 십분 공감할 수 있었다. 또한 나는 두 번째 남편의 죽음으로 슬픔에 사로잡히는 경험을 한 뒤에야 비로소 어미를 잃고 슬퍼하다가 죽음에 이르는 어린 침팬지의 상실감을 가늠할 수 있었다.

행동이 정확하고 객관적으로 기록되기만 한다면, 공감과 직관은 일련의 복합적 상호 작용 행동을 이해하는 데 엄청난 가치를 발휘할 수 있는 능력이다. 다행히도 나는 강렬한 감정이 끓어오르는 상황에서도 사실을 질서 정연하게 기록하는 데 어려움을 겪은 적이 거의 없다. 또한 이러한 능력은 침팬지가 (예컨대 어떤 공격 행위를 벌인 뒤에 어떤 기분인지) 직관적으로 '알' 때 다음에 어떤 일이 일어날지 파악하는 데 도움이 될 수 있다. 적어도 침팬지의 복합적 행동을 해석할 때 그들이 우리와 가까운 친척 관계라는 사실을 활용하는 것을 두려워해서는 안 될 것이다.

찰스 로버트 다윈(Charles Robert Darwin, 1809~1882년)의 시대에 그랬듯이, 오늘날 동물의 마음을 논하고 연구하는 것이 다시 유행하는 중이다. 이 변화는 서서히 찾아왔으며, 적어도 어느 정도는, 야생 동물 사회에 대한 면밀한 연구를 거쳐 수집된 정보의 힘이 컸다. 이 연구들이 널리 알려지면서 수많은 종에서 발견되는 사회 행동의 복잡성을 무시할 수 없게 되었다. 비교 행동학의 양탄자 밑에 넣어 둔 갖가지 지저분한 잡동사니가 하나하나 세상 밖으로 나와 검증을 받았다. 연구자들은 지적 행동을 명확하고 상세히 설명하지 않아 오해를 불러일으키는 경우가 많다는 사실을 인식하게 되었다. 그러면서 이어지는 연구를 통해 인간 고유의 특성으로 믿어 왔던 많은 지적 능력이 다른 많은 종에게도 있음이 증명되었다. 물론 비인간 영장류, 특히 침팬지를 통해서였다.

내가 인류의 진화에 대한 책을 처음 읽으면서 배운 것은 우리 종의 특성이 도구를 만들 줄 안다는 것, 그리고 이 능력이 우리 종만의 특성이라는 것이었다. 심지어 볼프강 쾰러(Wolfgang Köhler, 1887~1967년)와 로버트 여키스(Robert Yerkes, 1876~1956년)가 철저하고도 광범위한 연구를 통해 침팬지가 도구를 이용하고 만드는 능력이 있음을 밝혀냈는데도 그 가르침은 바뀌지 않았다. 1920년대 초에 각각 수행된 그들의 연구에 학계는 회의적이었다. 쾰러와 여키스 모두 평판 높은 과학자들로, 침팬지의 행동에 대한 이해가 깊었다. 실로 쾰러의 저서 『유인원의 정신(*Intelligenzprüfungen an Anthropoiden*)』에 기록된 개체군 내 다양한 침팬지들의 성격과 행동은 지금까지도 가장 생생하고 다채로운 기술로 평가된다. 침팬지가 상자를 쌓는 능력, 불안정한 구조물을 타고 올라가 천장에 매달린 과일을 잡는 능력, 손이 닿지 않는 거리에 있는 과일을 잡기 위해 짧은 막대기 2개를 이어 기다란 장대 만드는 모습을 보여 준 그의 실험은 비인간 영장류의 지적 능력을 설명하는 거의 모든 교재에 등장하는 고전적 예시로 자리 잡았다.

곰베에서 침팬지의 도구 사용 기술에 대한 체계적 관찰이 이루어질 무렵, 그들의 선구적 연구는 거의 잊힌 상태였다. 게다가 실험실에서 인간처럼 훈련된 침팬지가 도구를 사용할 수 있는 것과 야생에서 자연스럽게 그런 기술을 습득하는 것은 사뭇 다른 일이다. 나는 데이비드 그레이비어드가 풀로 만든 대롱을 이용해 흰개미 낚시를 할 뿐만 아니라 나뭇가지에서 이파리를 다 떼어 내고 흰개미 낚시를 위한 도구로 **만들기까지** 하는 모습을 보고 루이스 리키에게 보낸 첫 보고서를 지금도 생생하

2장 침팬지의 마음　51

게 기억한다. 또 지금은 많은 곳에서 인용되는, 그가 답신으로 보낸 전보도 기억한다. "이제 **도구**를 재정의하고 **인간**을 재정의하지 않는다면 침팬지를 인간으로 인정해야 할 지점에 이르렀다."

처음에 몇몇 과학자는 흰개미 낚시 보고서를 깎아내리려 했고, 심지어 내가 그 침팬지들을 가르쳤다고 주장한 과학자도 있었다. 하지만 대체로 이 보고와 곰베 침팬지들이 사물을 도구로 이용하는 그 밖의 상황에 흥미로워하는 반응을 보였다. 침팬지가 도구를 사용하는 전통을 관찰과 모방, 연습을 통해 다음 세대로 전수하는 것으로 보이므로 개체군마다 고유의 도구 사용 문화가 있을 것으로 봐야 한다고 내가 주장했을 때, 이의를 제기한 인류학자는 소수뿐이었다. 나의 주장은 상당히 옳았음이 드러났다. 내가 침팬지 마이크(Mike, ?~1975년)가 도구를 이용해 새로운 문제를 해결한 사례(내 손에 있는 바나나를 가져가기가 무서웠는지 나뭇가지를 꺾어 바나나를 때려 땅으로 떨궈서 가져갔다.)를 기술했을 때 과학자들 사이에서 미심쩍은 반응이 나온 것 같지는 않다. 쾰러나 여키스가 인간만이 추론과 통찰 능력을 지닌 종은 아니라고 주장했을 때만큼 심하게 공격받지 않았던 것만은 분명하다.

1960년대 중반에 이르자 한 가지 프로젝트가 출범해 침팬지의 마음에 대해 우리에게 많은 것을 알려 주게 되는데, 베아트릭스 투겐트후트 가드너(Beatrix Tugendhut Gardner, 1933~1995년)와 로버트 앨런 가드너(Robert Allen Gardner, 1930~2021년) 부부가 시작한 '워쇼 프로젝트'다. 그들은 유아 침팬지를 구입한 뒤 미국 수어(American Sign Language, ASL)를 가르치기 시작했다. 20년 전, 또 다른 부부 연구 팀 키스 제임스 헤이스(Keith James Hayes)와 캐서린 헤이스 니슨(Catherine Hayes Nissen, 1921~2008년)이 어린 침팬지 비키(Viki, 1947~1954년)에게 말 가르치기를 시도했으나 실패로 돌아간 바 있었다. 헤이스 부부의 프로젝트는 침팬지의 마음에 대해 많은 것을 알려 주었으나, 지능(IQ) 테스트에서 좋은 성적을 받아 지능이 높은 침팬지임이 분명했던 비키가 인간의 말을 배우지는 못했다. 하지만 가드너 부부는 제자 워쇼(Washoe, 1965~2007년)가 눈부신 성공을 거두는 것을 보았다. 워쇼는 손짓 신호를 쉽게 익혔을 뿐만 아니라 금세 여러 손짓을 연결해 의미를 전달하기 시작했다. 각각의 신호가 워쇼의 마음속에서 그것들이 나타내는 사물의 심상을 불러일으키는 것이 분명했다. 예를 들어 수어로 사과를 가져오라는 요구를 받으면 워쇼는 그 자리에서는 보이지 않는 사과를 다른 방으로 가서 찾아냈다.

다른 침팬지들도 프로젝트에 들어왔는데, 일부는 수어를 사용하는 농인 가족과 살다가 합류했다. 끝으로, 워쇼는 어린 룰리스(Loulis, 1978년~)를 입양했다. 그전에 룰리스가 머물렀던 연구소는 수어를 가르치는 것이 통할 것이라는 생각은 전혀 떠올려 본 적 없는 곳이었다. 룰리스가 워쇼와 함께 지내게 되었을 때도 언어 획득에 관한 한 어떠한 훈련도 받지 않았다. 적어도 인간이 개입한 수업은 없었다. 하지만 룰리스는 8세 무렵에 48개의 수어 손짓을 정확한 맥락에서 사용했다. 어떻게 배웠을까? 주된 방법은, 워쇼와 수어를 사용하는 다른 세 침팬지인 다르(Dar, 1976~2012년), 모자(Moja, 1972~2002년), 타투(Tatu, 1975년~)의 행동을 모방하면서 획득한 듯하다. 가끔 워쇼에게서 직접 수업을 받는 경우가 있기는 했다. 예를 들면 어느 날 워쇼가 털을 곤두세우고 거들먹거리는 몸짓으로 두 발로 걸으면서 "먹이! 먹이! 먹이!" 하며 아주 신이 나서 노래를 불렀다. 초콜릿을 들고 자기한테 다가오는 사람을 보고 한 행동이었다. 겨우 18개월이던 룰리스는 소극적으로 지켜보기만 했다. 워쇼가 갑자기 거들먹거리던 몸짓을 멈추고 룰리스에게 다가가더니 그의 손을 잡고 '먹이'를 뜻하는 손 모양(손가락으로 입을 가리키는 손짓)을 만들었다. 비슷한 상황에서 워쇼는 **껌**을 뜻하는 손 모양을 만든 적도 있다. 그런데 손을 자기 몸이 아닌 **룰리스** 몸에 갖다 댔다. 또 한번은, 난데없이 작은 의자를 집어 들어 룰리스에게 주더니 명확히 **의자**를 뜻하는 수어를 세 차례 하고는 룰리스가 따라 하는지 유심히 지켜보았다. 먹을 것을 의미하는 두 가지 수어 신호는 룰리스의 어휘가 되었지만, **의자**를 의미하는 수어는 그렇지 않았다. 어린 침팬지가 중하게 여기는 것이 인간 아이가 중하게 여기는 것과 다르지 않음을 보여 주지 않는가!

위쇼의 성취 소식이 과학계에 처음으로 알려졌을 때, 신랄한 저항의 폭풍이 일어났다. 이 성취는 침팬지가 인간의 언어를 익혀서 능숙하게 구사할 수 있으며, 따라서 이는 일반화, 추상화, 개념 형성 능력은 물론 추상적 기호를 이해하고 사용할 능력이 있음을 시사했다. 이러한 지적 기술은 엄연히 호모 사피엔스(*Homo Sapiens*)의 특권이었다. 가드너 부부의 연구 결과에 흥분하고 흥미를 보인 과학자도 많았으나 그보다는 연구 자체를 비난하는 사람이 더 많았다. 그런 이들은 데이터가 의심스러우며 방법론이 엄밀하지 못하고 결론이 잘못되었거니와 터무니없다고까지 주장했다. 이 논쟁으로 다양한 언어 프로젝트가 촉발되었다. 이 프로젝트들에는 크게 두 가지 흐름이 있었다. 처음부터 회의적 시각에서 가드너 부부의 연구를 반증하는 것이 목적인 경우도 있었고, 같은 결과를 새로운 방식으로 증명해 침팬지의 지성에 관련된 새로운 정보를 얻고자 하는 프로젝트도 있었다.

또한 새로운 동기를 얻은 심리학자들이 침팬지의 정신 능력을 다양한 방식으로 실험하기 시작했다. 거듭해서 나오는 결과는 그들의 정신이 무서울 정도로 인간과 비슷하다는 것을 보여 주었다. 오로지 인간만이 이른바 '2감각 통합 정보 처리' 능력이 있다는 것, 다시 말해 눈을 감은 채로 이상한 모양의 감자를 만져 본 뒤 눈을 뜨면 다른 모양의 감자들 가운데에서 그것을 골라 낼 수 있다는 것, 그리고 그 반대로도 마찬가지라는 것이 오랜 믿음이었다. 그런데 이제는 다른 비인간 영장류도 같은 일을 할 수 있다는 사실을 안다. 나는 모든 생물 종이 같은 능력을 지녔으리라고 본다.

그러고는 침팬지가 거울에 비친 자신을 알아볼 수 있다는 것, 따라서 침팬지에게는 일종의 자기 개념이 있다는 것이 실험을 통해 의심할 여지 없이 증명되었다. 사실 워쇼는 그 몇 해 전에 이미 이 능력을 증명했다. 어쩌다가 거울 속의 자신을 알아보고는 그 모습을 응시하다가 수어로 자신의 이름을 말했다. 하지만 이는 일화적 관찰이었을 뿐이다. 그 능력을 증명하기 위한 실험으로, 침팬지들에게 거울을 갖고 놀게 하고 거울로만 볼 수 있는 귀나 정수리 부위를 마취한 뒤 무향(無香) 물감을 찍었다. 마취에서 깨어난 피험 침팬지들은 거울에 비친 자신의 모습에 흥미를 보였을 뿐만 아니라 즉각적으로 손가락으로 물감 자국을 더듬어 살폈다.

침팬지의 놀라운 기억력에 놀란 사람은 없었다. 우리는 어릴 때부터 '코끼리는 잊어버리는 법이 없다고' 배웠는데, 침팬지라고 달라야 할 이유가 있겠는가? 워쇼가 자기를 키워 준 어머니 베아트릭스 가드너와 헤어진 지 11년 만에 다시 만났을 때 어머니의 이름을 수어로 말했다는 사실이, 그 정도 되는 긴 세월 헤어져 지낸 주인을 알아보는 개의 놀라운 기억력보다 더 놀라운 것은 아니다. 침팬지는 개보다 수명이 훨씬 길기도 하고. 침팬지는 미리 계획하는 능력도 있다. 적어도 가까운 미래에 관한 한 그렇다. 이 능력은 곰베에서 낚시철에 잘 증명되었다. 침팬지들이 몇 백 미터 떨어져 있어서 눈에 보이지도 않는 흰개미 둔덕에서 사용할 도구를 미리 장만하는 모습을 나는 종종 볼 수 있었다.

실험실에서 연구된 침팬지의 다른 인지 능력을 자세히 다룰 자리는 아니지만, 그중에서도 유아 교육 수준의 수학 능력을 들 수 있다. 예를 들어 침팬지는 **적고 많은** 차이를 구별할 줄 안다. 사물을 주어진 범주에 따라 분류하는 능력도 있다. 그들은 먹이를 **과일** 더미와 **채소** 더미로 분류하는 데 아무런 어려움을 겪지 않으며, 한 더미로 쌓인 먹이를 **큰** 것과 **작은** 것으로 나눌 수 있을 뿐만 아니라, 그 안에서 채소와 과일을 따로 구분해야 할 때도 거뜬히 해낸다. 언어를 배운 침팬지는 수어 기호가 없는 사물을 설명해야 할 때 수어 기호를 창의적으로 조합해 낸다. 예를 들어 위쇼가 반복적으로 **돌멩이 딸기**를 달라고 요구해서 돌보는 사람이 당황한 일이 있었다. 결국에 가서 위쇼가 가리킨 것이 브라질 너트임을 알아냈는데, 위쇼는 브라질 너트를 얼마 전에 난생처음 보았다. 언어 훈련을 받은 다른 침팬지는 오이를 **초록색 바나나** 기호로 설명했고, 또 다른 침팬지는 **잘 듣는 음료**(listen drink)를 표시해 아스피린을 가리켰다. 침팬지는 기호를 고안할 줄도 안다. 루시는 나이가 들면서 소풍 나갈 때면 목줄을 매어야 했다. 어느 날 빨리 출발하고 싶었는데 **목줄**에 해당하는 기호가 없었기에 집게손가락을 갈고리처럼 구부려 목에 갖다 대어서 원하는 바를 표현했다. 그 뒤로는 이 기호가 루시의 어휘가 되었다. 어떤 침팬지는 그림 그리기, 특히 색칠하기를 좋아한다. 수화를 배운 침팬지는 자신의 작품에 누가 시키지 않아도 알아서 제목을 붙이곤 한다. "이거 사과."라고 하거나, 혹은 새, 사탕옥수수 등으로. 우리 눈에 그림이 이 화가가 묘사한 대상과 너무나 비슷하지 않다는 사실은 침팬지가 데생 화가로서는 형편없다는 뜻이거나, 아니면 유인원의 표현 양식에 대해 우리가 아직 배워야 할 점이 많다는 뜻 아니겠는가!

사람들은 침팬지가 야생에서 살면서도 그렇게 지적 능력이 복합적으로 진화한 이유가 무엇인지 묻는데, 답은 아주 간단하다. 야생에서 살아가는 일이 그렇게 단순하지가 않기 때문이지 무엇 때문이겠는가! 복잡한 침팬지 사회에서 살아가자면 일상적으로 온갖 지적 기술을 사용한다. 그리고 그런 기술이 필요하다. 그들은 언제나 어떤 것을 선택해야 한다. 어디로 갈지, 누구와 갈지. 그들에게는 높은 수준의 사회 기술이 필요하다. 지배 서열에서 높은 지위를 차지하겠다는 야심을 품은 수컷들에게는 특히 더 그렇다. 낮은 서열의 침팬지는 속임수를 배워야 한다. 이는 상위자 앞에서 자기 몫을 챙기고자 할 때, 자신의 의도를 숨기거나 몰래 무슨 일을 하고자 할 때 반드시 필요한 기술이다. 야생 침팬지 연구는 일상 생활을 잘 해내기 위해 수천 년에 걸쳐 지적 능력이 진화해 왔음을 보여 준다. 현재 실험실 환경에서 엄격하게 수집되는 충실한 데이터는 야생 침팬지에게서 관찰되는 지적 능력과 합리적 행동을 평가하기 위한 바탕이 된다.

지적 역량을 실험실에서 연구한다면 정밀하게 설계한 실험과 적절한 보상을 활용할 수 있고, 침팬지를 격려함으로써 그들이 가진 능력을 최대한 이끌어 낼 수 있으므로 더 용이할 수 있다. 야생의 개체를 연구하는 것은 그보다 훨씬 의미 있지만 훨씬 어렵다. 더 의미 있는 이유는, 침팬지 사회에서 지적 능력의 진화를 유도한 환경 압력을 더 잘 이해할 수 있기 때문이다. 더 어려운 이유는, 야생에서는 거의 모든 행동이 무수한 변수로 인해 좌절되기 때문이다. 야생 실험으로 결과를 얻으려면 몇 해에 걸쳐 관찰하고 기록하고 분석해야 하며, 그렇게 하고도 표본 규모는 다섯 손가락 안에 드는 경우가 허다하다. 야생에서 허락되는 실험은 자연이 수행하는 실험뿐이며, 오로지 시간만이 언젠가는 반복 실험의 기회를 허락할 것이다.

야생에서는 한 번의 관찰만으로도 여태까지 침팬지의 행동에서 풀리지 않던 수수께끼의 단서를 찾아낼 수 있으며, 예컨대 어떤 변화된 관계를 이해할 열쇠를 찾아낼 수 있다. 물론 이런 경우를 최대한 자주 마주하는 것이 중요하다. 내가 곰베에서 연구하던 초반에 이미 한 사람의 힘으로는 허락된 시간 내에 침팬지 사회에서 일어나는 일들의 작은 부분 이상은 배울 수 없음이 명확했다. 그래서 1964년부터 우리와 가장 가까운 친척의 행동에 대한 정보를 모으기 위해 연구 팀을 구성하기 시작한 것이다.

3장
곰베 연구 센터

사진 제공: P. McGinnis.

곰베 연구 센터는 시작은 작았지만 세계 동물 행동학 연구 분야에서 가장 역동적인 현장 거점의 한 곳이 되었다. 1964년에 처음으로 연구 보조원 2명이 합류했는데, 얼마 지나지 않아서 할 일이 많아져 우리 셋으로는 감당하기 힘들다는 판단이 들었다. 남편 휴고도 힘을 보탰지만 역부족이었다. 우리는 추가로 학생을 고용하기 위한 기금을 더 모색했다. 그렇게 해서 참여한 거의 모든 사람이 곰베의 마법에 걸려, 침팬지의 삶에 대한 정보를 더 많이 수집함으로써 우리의 신뢰에 보답했다.

1972년 무렵이면 많을 때는 학생이 20명이나 되었다. 그 시기에는 침팬지만이 아니라 비비까지 연구했던 까닭이다. 미국과 유럽의 여러 대학에서 다양한 학과 출신 대학원생이 모였고, 주로 인류학과, 비교 행동학과, 심리학과 소속이었다. 스탠퍼드 대학교의 인간 생물학 학제 간 프로그램과 다르에스살람 대학교 동물학과의 학부생도 있었다. 학생들은 잠은 별도의 소형 숙소(캠프 근처 숲에 가려 잘 보이지 않는 작은 알루미늄 오두막)에서 자고 식사 때 한자리에 모였다. 이곳은 나의 오랜 벗 조지 도브(George Dove)가 시멘트와 돌로 지어 준 기능적인 건물이었는데, 그럽이 아기였을 때 휴고와 나는 조지의 세렝게티 캠프에서 살았다. 조지는 사무실과 장작 화덕을 갖춘 주방도 지어 주었다. 또 우리가 전기를 사용할 수 있도록 발전기도 설치해 주었다. 그 덕분에 야간 작업이 수월했고, 냉동 저장이 가능해져 우리는 큰 불편 없이 음식을 보관할 수 있었다. 심지어 조지는 암실로 사용할 작은 석조 건물까지 지어 주었다.

연구 센터 생활은 늘 분주했다. 주요 업무인 동물 관찰과 데이터 수집 이외에도 주말 세미나를 통해 연구 결과를 토론하고, 다양한 연구에서 수집된 정보를 더 효과적으로 대조하고 점검할 방도를 구상하는 활동을 했다. 학생들은 서로 협력하고자 하는 정신, 기꺼이 데이터를 공유하려는 태도를 견지했는데, 내가 아는 한 이는 상당히 이례적인 분위기였다. 이런 관대한 태도는 쉽게 형성될 수 있는 것이 아니었다. 이해가 되는 일이지만, 처음에는 대학원생 다수가 소중한 정보를 중앙 정보 풀(pool)로 넘기는 것을 내키지 않아 했다. 하지만 이 일은 대단히 복잡한 침팬지의 사회 구조를 이해하고 그들의 생애사를 최대한 많이 자료화해야만 가능했다. 학생들만이 아니라 스탠퍼드 대학교 정신 의학과 과장 데이비드 앨런 햄버그(David Allen Hamburg, 1925~2019년)의 도움도 컸다. 인간 생물학 전공 학생들을 소개한 사람도 그였다. 이 젊은 학생들이 곰베에서 6개월 이상 머무는 경우는 드물었어도 아프리카에 들어오기 전에 워낙 준비가 잘 되어 있었기에 이들의 기여는 무척이나 중요했다.

당시에는 몰랐지만, 곰베 연구 활동의 장기적 미래를 위해 무엇보다 중요한 것은 탄자니아 주민 인력을 훈련시키는 일이었다. 1968년, 한 학생이 침팬지를 따라가다가 벼랑에서 떨어져 목숨을 잃는 비극적인 사건이 발생한 뒤로 숲속에 들어가는 학생 1명당 탄자니아 현지인 1명이 동반하는 게 관례로 자리 잡았다. 그 뒤로는 사고가 일어나면 2인조 중 1명이 구조에 도움을 주었다. 차츰 이들의 지원이 없으면 안 될 정도로 이들은 지식과 기술을 갖추게 되었다. 그들은 모든 침팬지의 이름을 익히고 처음 보는 침팬지를 식별할 줄 알게 되었고, 험한 지형에서 길 찾기 명수가 되었다. 1972년 무렵에는 학생들 스스로가 데이터를 수집하기 시작했다. 예를 들면 지도 상에 표적 침팬지의 이동 경로를 표시하고, 활동 시간에 누구와 함께했는지 기록하고, 침팬지들이 먹은 다양한 식물 종을 알아낼 수 있었다. 대학원생들은 이 정보 풀에 상당히 의지했던 터라 현장 보조 인력을 잘 훈련시키는 데 비중을 두었다. 세미나는 동아프리카에서 두루 쓰이는 스와힐리 어로 진행되기도 했으며, 주로 침팬지와 비비의 행동에 대해 토론하고 내가 세계 각지의 다른 비인간 영장류 동물에 대해 이야기하는 식이었다. 세미나는 현장 인력이 더 많은 정보를 획득하면서 흥미와 열정도 깊어 가는 시간이었다.

나는 그들을 총괄하는 책임을 맡으면서 엄청난 자부심을 느꼈다. 이들이 모으는 정보는 양적으로도 질적으로도 놀라웠다. 하지만 초창기 곰베 시절, 그러니까 동료라고는 어머니와 요리사 도미니크(Dominic), 작은 동력선으로 키고마를 오가며 물자를 조달하던 하산(Hassan)뿐이던 시절을 회고하다 보면 그리움에 푹 젖기도 한다. 그 시절의 나는 스스로도 믿어지지 않을 만큼 열심히 일했다. 동틀 녘이면 피크에 올라가 해 떨어져 어둑해질 때까지 머물던 시절, 주말도 휴가도 없이 일했다. 신체 건강한 젊은 시절이었고 딸린 식구도 없었다. 온종일 있어 봐야 마주칠 것은 침팬지나 비비 혹은 푸르른 계곡이나 트인 산비탈에 서식하는 다른 야생 동물뿐이라는 것을 알았기에 나는 마음 놓고 숲을 돌아다닐 수 있었다. 하지만 그런 상태가 영원히 지속될 수는 없었다. 아무리 헌신한들 복잡하기 짝이 없는 곰베 침팬지 연구를 한 사람이 다 해낼 도리는 없었다. 그렇게 해서 연구 센터가 세워지고 곰베 숲으로 모여드는 사람이 늘어나면서 철저한 고독 속에서 보내던 시간은 점점 줄어들었다.

곰베가 영구 거주지였어도 1972년 무렵에는 1년에 3개월을 스탠퍼드에서 인간 생물학 강의를 한 것 말고도 실제로 내가 침팬지와 함께한 시간은 길지 않았다. 침팬지 어미의 육아를 몇 해 동안 관찰하던 나도 아이를 키워야 했기 때문이다. 나는 침팬지를 지켜보면서 어미와의 다정하고 밀접한 유대가 새끼 침팬지의 행복한 미래에 중요하다는 점을 실감했다. 나는 사람도 그렇지 않을까 생각했고, 르네 스피츠(René Spitz, 1887~1974년)와 존 볼비(John Bowlby, 1907~1990년) 같은 학자들의 연구가 이를 뒷받침해 주었다. 인생을 시작하는 내 아들에게 최고의 시간을 선사하고 싶었다. 학생들이 대부분의 시간을 현장에서 보낼 때, 나는 대부분의 시간을 그럽과 보냈다. (그럽의 진짜 이름은 휴고지만 가족과 가까운 친지들 사이에서는 여전히 그럽으로 통한다.) 보통은 아침에 행정적인 일을 처리하고 글을 썼고, 오후 시간을 그럽과 보냈다.

물론 침팬지 사회에서 일어나는 일도 전부 따라잡고 있었다. 밤마다 다 같이 모여서 나누는 대화는 침팬지와 비비에 관한 내용에서 벗어나는 경우가 드물었다. 비록 대리 경험이었으나, 나는 험프리(Humphrey, 1947?~1980년)와 피건, 에버레드 사이에서 벌어지는 우위 경쟁의 구체적인 상황을 따라잡을 수 있었다. 플린트(Flint, 1964~1972년)와 고블린, 폼과 길카(Gilka)의 사춘기, 지지의 성적 모험에 대한 일일 보고도 받았다. 그뿐만 아니라 캠프 방문 일과 중 적어도 침팬지 한두 마리는 거의 매번 직접 만날 수 있었다.

가끔은 호숫가 우리 집에서 그럽과 함께 침팬지 손님을 맞는 날도 있었다. 한번은 멜리사(Melissa, 1950~1986년)가 가족과 함께 베란다를 돌아다니면서 창살이 용접된 창문 너머에서 우리 집 거실을 들여다보았는데, 누군가가 그럽에게 토끼 2마리를 키워 보라며 데려다 준 직후였다. 곰베에 토끼가 없어서인지 침팬지들에게는 굉장히 신기한 모양이었다. 사춘기의 호기심으로 충만했던 고블린은 어미와 여동생이 흥미를 잃고 자리를 뜬 지 한참 뒤에도 창문에 달라붙어서 눈길을 떼지 못했다. 토끼는 잘 길들여져서 유순했을뿐더러 아주 재미난, 탁월한 반려 동물이었다. 나에게 많은 것을 가르쳐 주기도 했다. 예컨대 그전에는 토끼도 육식을 즐긴다는 사실은 전혀 몰랐다. 토끼가 거미를 사냥해서 잡아먹는 모습을 보았을 때 얼마나 놀랐던지!

침팬지가 인간 아기를 잡아먹는다고 알려져 있었기 때문에 그럽이 최대한 안전하게 있도록 휴고와 나는 침팬지가 좀처럼 찾아오는 일 없는 호숫가에 집을 지었다. 하지만 비비들이 호숫가에 종종 왔고, 집이 해변 경비 구역 한복판에 있어서 비비 관찰에 전에 없이 많은 시간을 보냈다. 이는 그 자체만으로도 훌륭한 배움의 장이었지만, 비비 같은 원숭이의 행동과 어떤 차이가 있는지 명확하게 볼 수 있어서 침팬지의 행동에 대해 새로운 관점을 얻는 기회까지 되었다. 침팬지는 비비보다 명백히 '지적 능력'이 높은 존재다. 예컨대 사물을 도구로 이용하는 능력이 보여 주듯이. 하지만 적응성에서는 비비가 침팬지보다 훨씬 뛰어나다. 비비는 아프리카 전역 동서남북으로 두루 서식하는 반면에 경계심 강하고 보수적인 특성에 생식 속도까지 훨씬 더딘 침팬지는 적도 삼림과 그 일대에서만 발견된다.

과감하고 기회주의적인 곰베의 비비는 사람의 음식이 손에 들어오기만 하면 어떤 것이든 가리지 않고 빠르게 맛을 보았다. 그리고 거의 예외 없이 이들이 탐내는 품목이 되었다. 곰베에서는 사람과 비비 사이에서 줄곧 기지 대결이 펼쳐졌는데, 비비가 너무나 자주 이긴 전투였다. 우리가 외부에서는 절대로 음식을 먹지 않는다, 음식물 쓰레기는 반드시 구덩이에 묻고 흙으로 덮는다, 운반하는 음식물은 반드시 덮개를 씌운다, 문은 항상 닫아 둔다, 이런 규칙들을 정해 보았지만, 허사였다. 모든 사람이 규칙을 지키려고 노력했지만, 매번 누군가가 깜박하거나 급한 상황이어서 규칙을 못 지키는 일이 생겼고, 누군가는 '지금은 개코 녀석들이 없는걸.' 하고 넘어갔다. 그게 바로 비비들이 기다리던 순간이었다.

비비 크리즈(Crease)는 상습적인 도둑이었다. 자기 무리와는 멀리 떨어져서 우리가 사는 가옥 뒤켠 잎이 빽빽한 나무에 숨어 몇 시간이고 앉아서 기다리곤 했다. 우리가 아주 잠깐이라도 문 잠그는 것을 깜박하면 크리즈는 기회를 놓치지 않고 기습했다. 식품 선반에서 식빵 몇 덩어리에 달걀 한 움큼, 파인애플, 포포 열매 따위를 낚아채 가는 바람에 우리는 이런 약탈 행위를 야기하는 부주의한 행동에 무거운 벌금을 부과하기까지 했다. 한번은 새로 딴 900그램짜리 마가린 깡통을 훔쳐서는 자리에 앉아 2시간에 걸쳐 느긋하게 맛을 음미하며 내용물을 먹어 치운 적도 있다.

하루는 그럽이 몹시 흥분해서 크리즈가 벌인 엄청난 일을 들려주었다. 이야기는 연구 센터 근처에서 수상 택시(호수에서 사람들을 운송하는 작은 배를 그렇게 불렀다.)가 고장 나는 사건으로 시작한다. 호숫가에 배를 대고 수리하기 위해 갑판 엔진을 떼어 냈고, 승객들은 배에서 내려 기지개를 켜기도 하고 몸을 움직거렸다. 어떻게 알았는지 크리즈 녀석이 아무도 없는 배에 카사바가 잔뜩 실린 것을 알고는 망설임 없이 올라탔다가 육지가 멀어지고 있다는 사실을 깨닫고 겁에 질려 배 안에서 이리 뛰고 저리 뛰다가 찢어진 자루에 부딪히는 바람에 하얀 가루가 자욱하게 날리면서 재채기가 나왔다. 한 학생이 깔깔대고 웃나가 크리즈가 가엾어졌는지 배를 당겼다. 볼품없이 허둥지둥 배에서 내리는 크리즈의 모습이 꼭 눈 덮인 크리스마스 장식 같았다.

사실 비비는 침팬지와 달리 헤엄을 칠 수 있다. 물이 잔잔할 때면 어린 비비들이 호수에 들어가 놀이를 하기도 하고, 심지어 잠수해 물속에서 헤엄치기도 한다. 공격받을 때 호수 속으로 뛰어들어 국면이 진정될 때까지 기다리는 경우도 있다.

탕가니카 호수는 오염되지 않은 호수 중에 세계에서 가장 큰 규모의 수역이자 세계에서 가장 길고 세계에서 둘째로 깊은 호수로 알려진 곳이다. 때로는 강력한 폭풍이 호수 전체를 휩쓸어 수면에 거대한 파도를 일으킨다. 매년 어부 여러 명이 자이르 방향으로 몇 킬로미터 떠내려가는 사고가 발생했고, 몇몇은 영영 돌아오지 못했다. 수정처럼 맑은 이 호수 심연에는 다른 위험도 도사리고 있다. 현재 크로커다일은 사라졌지만 만마다 곳의 커다란 바위 사이에 살고 있는 가짜물코브라가 호수로 출동하곤 한다. 목 둘레에 검은 띠가 있는, 이 윤기 나는 기다란 갈색 뱀에게 물렸다가는 해독제란 없다. 그럽이 호수에서 헤엄치고 놀 때 내가 노심초사하는 것도 이 동물 때문이었다. 이런 위험만 제외하면 곰베는 아이 키우기에 멋진 환경이었다.

그럽은 유아 시절 대부분의 시간을 호숫가에서 노닐며 보냈는데, 아마도 낚시 열정을 키운 것도 지역 어부들에게 둘러싸여 자란 환경의 영향이 컸을 것이다. 어린 시절 그럽은 구제할 길 없이 뒤엉킨 고기 잡이 그물 푸는 일에 놀라운 인내심을 보였다. 나라면 5분도 못 버티고 두 손 들었을 텐데 그럽은 오전 내내, 때로는 오후까지 끈덕지게 매달렸고, 일몰 전에 마침내 베란다에는 부표까지 부착한 그물이 깔끔하게 널리곤 했다. 하지만 이튿날 아침에 잡힌 물고기를 살펴보는 신나는 시간만 지나면 다시 이 고단한 과정을 거쳐야 했다.

그럽은 5세 때 가정 교사들의 지도 아래 통신 교육 과정을 시작했다. 이 일을 하는 대가로 고등 학교를 졸업하고 대학에 들어가기 전 1년 동안 곰베와 침팬지를 만나고 싶어 하는 젊은이들이 교대로 자리를 채워 주었다. 거기에다가 호수에서 낚시와 수영을 즐길 기회도 있었다. 마울리디 얀고(Maulidi Yango)가 그럽의 인생에 들어온 것이 이 시기다. 숲 길잡이로 고용된 마울리디는 엄청난 체구에 힘이 장사였다. 곰베를 처음 방문한 사람들은 앞에서 나무가 길을 따라 움직이는 줄 알고 혼비백산했다가 조금 지나서 그 나무가 마울리디였음을 깨닫기도 했다. 태평한 성격에 유머가 넘치는 마울리디는 그럽의 어린 시절 영웅이었다. 그럽은 자신의 성격이 형성되는 데 마울리디가 가족 다음으로 중대한 영향을 미쳤다고 말한다. 마울리디는 모래밭에서 큰대자로 누워서 쉬고 그럽은 헤엄치거나, 마울리디는 마상이 노를 젓고 그럽은 물고기 잡는 장면이 곰베의 일상이었다. 혹은 점심 먹고 낮잠 자는 마울리디를 그럽이 앉아서 기다리는 모습이다. 두 사람은 서로에게 변치 않는 친구로 남았다.

어느 날 아침, 그럽이 와서 플로와 플린트에게 난리가 났다고 말했다. 이 무렵 플로는 고령의 할머니가 되어 있었다. 이가 다 닳은 플로에게 필요한 부드러운 먹이가 귀해서 우리가 캠프에서 남은 바나나를 주었고 플로가 집 근처에 오면 내가 항상 달걀을 챙겨 주었다. 그럼에도 플로는 점점 쇠약해졌다. 가끔은 불굴의 기상이 빛나는 순간이 오기도 했는데, 이것이 플로를 그 같은 고령까지 살게 한 힘이었을 것이다.

그날 아침, 플로는 어깨를 움츠리고 추위에 떨며 비통한 얼굴로 땅바닥에 앉아 있었다. 그 직전에 한바탕 비가 내린 참이었다. 건기 중에도 한 번씩 짧지만 억수 같은 비가 내리곤 했다. 플로 곁에서는 플린트가 크리즈를 괴롭히고 있었다. 나이 많은 크리즈는 자기 일에 몰두하고 있는데, 플린트가 그의 머리 위에서 비에 젖은 나뭇가지를 흔들어 물방울을 떨궈 댔다. 고개를 수그리고 플린트를 무시하던 크리즈가 급기야 성질이 폭발해 벌떡 일어서서 플린트를 위협했다. 플린트가 비명을 지르자 플로가 곧장 행동에 나섰다. 몇 가닥 남지 않은 성긴 털을 빳빳이 세운 채 크리즈를 향해 맹렬하게 우아아 소리를 냈는데, 이는 위협을 의미하는 행동이다. 크리즈는 달아났다!

몇 주 뒤, 내가 플로에게 주려던 달걀을 크리즈가 훔치려고 했다. 이때 플로는 즉각 털을 곤두세우고 벌떡 일어서더니 크리즈에게 달려들어 팔을 앞뒤로 휘둘러 겁주고 실제로 때리기도 했다. 크리즈는 물러나 먼 발치에 앉아서 노령 침팬지가 달걀을 하나하나 음미하며 풀잎과 함께 씹어 먹는 모습을 구경했다.

플로가 플린트와 함께 우리 집을 지나갈 때면 내가 가끔 뒤를 따라가 보았다. 플린트는 그때까지도 가끔 이 노모의 등에 업히고 싶어 했는데, 내 생각이지만, 플로가 힘만 있었다면 얼마든지 아들을 업어 주었을 것이다. 하지만 아들을 등에 업지 않아도 수시로 앉았다 가야 하는 상태였다. 플린트는 그런 어미를 답답해하면서 앞장서 갔고 빨리 따라오지 못한다고 칭얼댔다. 가끔은 입이 쭉 나온 부루퉁한 얼굴로 어미를 밀어 억지로 움직이게 했다. 더 쉬겠다고 버티면 그대로 내버려 두는 법 없이 손을 끌어당겨 털 고르기를 해 달라고 끈질기게 졸랐고, 그래도 거부하면 토라져서 울음을 터뜨렸다. 기운이 없어 잠자리에서 쉬는 어미를 끌어내다가 결국 땅으로 굴러떨어지는 수모를 겪게 한 적도 있었다. 그런 꼴을 보면 한 대 때려 주고 싶은 마음이 굴뚝같았다. 그런 아들이었지만 플린트가 없었다면 플로는 무척 외로웠을 것이다. 딸 피피마저 이동할 때면 움직임이 굼뜬 어미와 함께하려 들지 않았기에 플로는 그즈음엔 거의 플린트에게 의지하며 지냈다. 한번은 갈림길에서 플로와 플린트가 각자 딴 길로 들어선 적이 있다. 나는 플로를 따라갔다. 플로는 몇 분 지나자 발을 멈추고 뒤돌아보더니 나지막한 소리로 구슬피 훌쩍였다. 그러고는 잠시 기다렸는데, 플린트가 마음을 바꾸었기를 기대하는 눈치였다. 플린트가 돌아오지 않자 플로는 방향을 돌려 아들 쪽으로 갔다.

청명한 아침이었다. 플로가 죽었다는 전갈이 왔다. 플로는 카콤베 개울에 엎어져 죽은 모습으로 발견되었다. 마지막이 멀지 않았겠다고 꽤 오래전부터 마음의 준비를 했건만, 그렇다고 아픔이 덜한 것은 아니었다. 플로의 시신을 내려다보면서 북받치는 슬픔을 달랠 길이 없었다. 함께한 세월 11년. 나는 플로를 사랑했다.

그날 나는 강멧돼지가 습격해 해치지 못하도록 밤새 플로 곁을 지켰다. 플린트가 아직도 떠나지 않고 있는데 어미의 시신이 찢기고 뜯어먹히는 모습을 본다면 얼마나 슬프겠는가. 환한 달빛 아래에서 밤샘하면서 나는 플로의 일생을 생각했다. 플로는 15년 가까운 세월을 곰베의 산을 누비고 다녔다. 내가 이곳에 들어와 기록하겠다고 그 험한 지형에서 벌어지던 은둔의 사생활을 침해하지 않았더라도, 그 자체로도 중요하고 가치 있는, 목적과 활력과 생에 대한 사랑으로 충만한 삶이었을 것이다. 플로와 알고 지낸 그 긴 세월, 얼마나 많은 것을 배웠던가. 플로는 내게 사회 안에서 어머니의 역할이 얼마나 중요한지 가르쳐 주었다. 그를 통해서 나는 좋은 어미 노릇이 아이에게 헤아릴 수 없이 중요하다는 사실만이 아니라 그 관계가 어머니에게 가져다주는 순수한 기쁨과 만족감까지 이해할 수 있었다.

4장
엄마와 딸

사진 제공: E. Tsolo.

"예절이 사람을 만든다. (Manners makyth man.)" 시인 위컴의 윌리엄(William of Wykeham, 1320/ 1324~1404년)의 말이다. 아하, 그러면 예절은 무엇이 만들지? 사람들은 과감하게 "어머니가 예절을 만든다."라고 말하곤 한다. 물론 소량의 생애 초기 경험과 소량 이상의 유전자도 첨가해야겠지만. '유전' 대 '환경'의 상대적 역할이 한동안 과학계에서 격한 논쟁 거리였다. 하지만 이 논쟁은 현재 잠잠해지고 아무리 하등한 동물이라도 성장한 개체의 행동은 유전자 구성과 생애 경험이 결합해 형성된다는 것이 일반적인 설명이다. 뇌가 고등할수록 행동을 형성하는 데 학습의 역할이 크며, 개성은 더 다양하다. 행동의 적응성이 가장 높을 영아기와 유아기에 획득하고 학습한 정보와 지혜가 특히 더 중요한 역할을 하는 것으로 보인다.

어떤 생물 종보다 우리와 뇌가 비슷한 침팬지에게도 생애 초기의 경험이 성체의 행동에 심오한 영향을 미칠 것이다. 새끼에게 특히 중요한 것은 어미의 성격과 가족 내 위치, 그리고 손위가 있는 경우에 그들의 성별과 성격이라고 나는 생각한다. 안정된 유년기를 보내면 자립적이고 독립적인 성체로 성장하는 듯하다. 생애 초기의 불안한 환경은 영구적 상처를 남길 수 있다. 야생에서 어미들이 새끼를 보살피는 방식은 상당히 효율적이다. 그럼에도 양육법은 개체마다 명확한 차이를 보인다. 플로의 딸 피피와 패션의 딸 폼만큼 어린 시절에 상반된 양육 방식으로 자란 경우는 찾기 어려울 것이다. 대다수 어미 침팬지는 이 두 극단의 중간 어디쯤에 들어가고, 플로와 패션은 양극단에 서 있다고 할 수 있다.

피피는 무사태평한, 아주 멋진 유년기를 보냈다. 젊은 날의 플로는 다정다감하고 포용력 있고 장난 좋아하고 방어적인, 어미 노릇을 제대로 하는 어미였다. 피피의 유년기에는 피건이 이 가족에게 없어서는 안 될 존재였다. 플로가 기분이 좋지 않을 때는 피피와 같이 놀아 주고 아이들 사이에 티격태격 싸움이 벌어지면 여동생을 지원해 주기도 했다. 플로의 큰아들 페이븐도 거들었다. 내가 처음 만났을 때 최상위 암컷의 지위를 지키던 플로는 사교적인 성격이었다. 많은 시간을 무리와 어울려 보냈고, 대다수 성체 수컷과도 편안하고 친밀한 관계를 유지했다. 이런 친목적인 환경에서 피피는 자기 뜻을 확고하게 밝히는 자신감 넘치는 암컷으로 성장했다.

폼의 유년기는 피피와 대조적으로 암울했다. 성격부터 플로와는 분필과 치즈만큼이나 달랐다. 1960년대 초에 내가 처음 만났을 때부터 폼은 남과 어울리지 못하는 성격이었다. 가까운 암컷 친구도 없고 어쩌다가 성체 수컷 무리와 같이 있을 때도 긴장하고 불편한 모습이었다. 딸에게는 차갑고 무뚝뚝하고 참을성 없는 엄마여서 새끼 때도 놀아 주는 일이 드물었는데, 첫 2년 동안은 특히 더 그랬다. 패션의 새끼 가운데 유일하게 살아남은 폼은 함께 놀 형제자매 없이 어미와 단둘이 긴 시간을 보내야 했다. 유아기 몇 달간 힘든 시기를 보낸 폼은 많이 불안해하고 어미에게 의존적인 아이로 성장해, 어미가 화내거나 자기를 놔두고 가 버릴까 봐 늘 겁에 질려 있었다.

그러니 폼과 피피가 야생에서 자라는 어린 암컷들이 직면하는 갖가지 문제에 다르게 반응하는 것도 놀랄 일이 아니다.

모든 새끼 침팬지는 어미가 갈수록 자주 그리고 단호히 젖을 빨지 못하게 하고 업어 주지도 않는 젖 떼는 시기(이유기)에 혼란과 우울을 겪는다. 대개는 4세 때 겪는 일인데, 피피는 몇 달 동안 눈에 띄게 덜 쾌활하고 장난도 덜 치면서 점점 더 많은 시간을 어미 가까이에 붙어서 슬픈 얼굴로 앉아 있었다. 하지만 빠르게 우울에서 회복했고, 동생 플린트가 태어날 무렵에는 본래의 사교적이고 자신감 넘치고 자기 주장이 명확한 모습을 되찾았다.

하지만 폼의 우울증은 끝나지 않을 듯이 보였다. 그런데 흥미로운 것은, 딸이 3세가 되자 패션의 태도가 누그러져 좀 더 참아 주고 더 많이 놀아 주는 어미가 되었다는 점이다. 아마도 이 변화의 직접적인 결과이겠지만, 폼의 불안도 서서히 줄어들었다. 하지만 이런 심리적 안정감이 개선된 징후가 이유기 외상을 겪는 동안에는 사라졌다. 이 외상은 확실히 피피보다 폼에게 훨씬 큰 충격을 준 경험이었다. 하지만 이 시기에 패션이 폼을 대하는 너그러운 모습에 나는 무척 놀랐다. 폼이 걸핏하면 털 고르기를 해 달라고 했는데 거의 매번 즉각 응해 주었고, 약간 싫은 기색은 내보였으나 폼이 등에 업히도록 놔두었다. 우리가 이제 젖이 다 말랐을 것이라고 확신한 뒤로도 몇 주 동안 패션은 폼이 곁에 앉아 젖을 물게 해 주었고, 눈 감고 젖 물린 채로 길게는 20분까지도 앉아 있었다. 하지만 아무것도 소용없는 듯이 보였다. 이유기를 견디지 못하는 폼의 상태는 가혹했던 젖먹이 때 경험에서 기인했음이 거의 확실했다. 그나마 유일하게 도움이 되었던 것이 어미 젖이었는데, 갑자기 젖을 떼니 새끼 때의 불안감이 돌아온 것이다. 패션이 다음 새끼를 낳기 몇 주 전이 되어서야 폼은 젖 빨기를 그만두었다.

어린 침팬지들에게 새끼가 새로 태어나는 것은 한 시기가 끝나는 것, 곧 독립으로 나아가는 중대한 단계에 돌입한다는 신호다. 어미를 떠나 성체의 세계로 나아가기까지는 3년에서 6년이 더 걸리는 일이긴 하지만. 피피가 5세 반이 되었을 때 플린트가 태어났다. 돌봐야 할 갓난아기가 생겼으므로 플로는 피피에게만 관심을 기울일 수는 없었다. 하지만 피피는 불안해하기는커녕 즐거워하며 갓 태어난 새끼에게 관심과 마음을 쏟고 첫 2년 동안은 몇 시간씩 같이 놀아 주고 털 고르기를 해 주고 가족이 이동할 때면 자기가 업어 주고는 했다. 다른 새끼 침팬지들이 플린트와 놀고 싶어 할 때면 경계심을 보이며 쫓아 보냈다. 또 플린트가 아주 어렸을 때는 위험할지 모르는 상황에서 동생을 구해 내는 식으로 어미를 거들었다.

폼도 피피처럼 동생 프로프가 태어나자 처음에는 호기심을 보이며 관심을 기울였다. 하지만 그런 신기한 마음은 얼마 가지 않아 사그라들었고 프로프가 태어나기 바로 직전의 우울한 상태로 돌아갔다. 그러고는 프로프의 첫돌까지 거의 대부분의 시간 동안 새끼에게 별다른 흥미 없이 무기력하고 무관심한 상태가 이어졌다. 프로프가 아장아장 걷기 시작한 생후 5개월(이때 피피는 동생이 귀여워서 어쩔 줄 모르던 단계였다.)에도 폼은 프로프에게 아무런 반응을 보이지 않았다. 동생을 업어 준 적도 거의 없었고, 흔한 일은 아니었지만 같이 놀 때조차 대개는 프로프가 놀이를 주도했다. 하지만 우울증에서 서서히 회복되어 차츰 마음을 열면서 동생을 업어 주기 시작했고 놀아 주는 시간도 늘었다. 또한 동생을 잘 보호하는 누나이기도 했다. 예를 들면 언젠가 폼이 가족을 이끌고 숲을 통과하다가 길 옆에 똬리 튼 큰 뱀을 보았다. 폼은 자그맣게 경고의 '후우' 소리를 내면서 빙그르르 돌아 나무를 올라탔다. 아장아장 뒤를 따르던 세 살배기 프로프는 그 뱀을 보지 못한 듯했다. 설사 보았더라도 위험을 떠올리지 못했던 듯하고, 아마도 폼의 차분한 경고도 이해하지 못했을 것이다. 후방에서 오고 있던 패션은 한참 뒤처져 있었다. 프로프와 뱀 사이가 몇 미터로 좁혀지자, 공포로 전신의 털이 곤두선 폼이 내려오더니 어린 동생을 챙겨서 안전한 곳으로 올라갔다.

어린 암컷 침팬지의 생애에서 다음 대격변은 10세 무렵, 처음으로 실력자 수컷에게 성적으로 끌리는 시기다. 피피는 이 새로운 경험에 매혹되었다. 수컷이 자신의 제안에 관심 없어 보이면 피피는 바짝 붙어 누워서 기대를 버리지 않고 수컷을 뚫어지게 바라보았다. 아니, 실망스럽게도 축 늘어져 버린 수컷의 특정한 부위만을 응시했다고 말해야겠다. 한번은 그 다리의 부속물을 잡아서 비튼 적도 있다. 그러고는 아주 만족스러운 결과를 얻었다! 얼마 가지 않아, 플로가 한때 빛났듯이 피피도 수컷들이 성적 상대로 가장 탐내는 암컷이라는 점이 명백해졌다. 하지만 그때는 피피가 어려서 경험이 부족했다.

폼이 때가 되어 처음으로 성체 수컷들에게 성적 매력을 발산한 시기에는 피피와 마찬가지로 이 새로운 경험을 기쁘게 여겼고, 수컷이 흥미를 보이는 것 같으면 누구든 가리지 않고 재촉했다. 하지만 수컷의 성적 요구에 차분하고 느긋하게 응하던 피피와 달리, 폼은 심신이 긴장한 상태로 몸을 웅크렸고 성교가 끝나면 보통은 비명을 지르면서 바로 달려 나갔다. 수컷은 이런 행동에 짜증을 냈고 어떤 때는 폼을 위협하거나 공격하는 경우조차 있었다. 폼의 신체적, 심리적 긴장은 갈수록 강화되는 악순환의 길을 걸었다. 폼이 피피와 같은 나이일 때 수컷들 사이에서 성적 상대로 인기가 덜했다는 사실은 전혀 놀라운 일이 아니다.

인간의 경우와 마찬가지로, 사춘기 암컷 침팬지는 초경과 첫 임신 사이에 불임 생식 주기를 거친다. 피피와 폼 둘 다 이 기간이 2년가량 지속되었다. 이 2년 동안 매달 10일 정도씩 발정기에 들어가 성적 매력을 발산하며 성체 수컷들에게 매우 순응적으로 행동한다. 이 기간이 피피에게는 아주 유익하게 작용했다. 플로가 상대를 찾아 나설 때 딸을 데려가는 경우도 있었지만, 나이가 찬 뒤로는 종종 피피 혼자 다녔다. 그러면서 서열 높은 어미의 도움에 의지하지 않고도 성체 사회에서 처세하는 법을 습득했다. 사회성이 성숙해 자립력이 높아지면서 피피는 살이 붙고 힘도 세졌다. 피피도 어미가 되었을 때 상황에 잘 대처할 능력을 갖춘 것이다.

피피는 점점 독립심이 강해졌고 세상 물정에도 밝아졌지만, 수컷들과의 애정 유희 기간이 끝난 뒤에는 항상 어미와 다시 결합했다. 따라서 플로가 마지막 새끼를 낳은 1968년에도 피피는 여전히 가족 안에서 아주 큰 역할을 맡고 있었다. 슬프게도 플로의 새끼 플레임(Flame, 1968~1969년)은 6개월밖에 살지 못했다. 하지만 이 시기에 피피는 기회만 있으면, 말하자면 성적 활동에 몰두하지 않을 때면, 이 갓난아기 동생을 업어 주고 털을 골라 주고 다정하게 놀아 주면서 어미 노릇 경험을 더 축적할 수 있었다.

이 2년의 불임 생식 주기가 끝나 갈 무렵, 피피는 수컷 구애자 둘 가운데 한쪽에게 이끌려 빈번하게 무리 구역의 외곽으로 나갔다. 수컷이 피피를 데려가는 데 성공한 경우, 그들은 피피의 성기가 부풀어 오른 기간 내내 다른 수컷들과는 떨어져 지냈다. 이 구애 기간이 수컷이 새끼를 볼 확률을 높일 기회다. 사실 피피의 첫 새끼는 무리 내 수컷이 아닌 남부 칼란데 공동체의 한 수컷에게서 생겼음이 거의 확실하다. 피피가 대다수 사춘기 끝 무렵의 암컷에게서 관찰되는 방랑 충동, 즉 낯선 수컷과 만나 짝짓기 하고자 하는 충동에 이끌려 그들 영토로 들어간 일이 수차례 있었는데, 그런 나들이 중에 임신했던 것 같다. 피피는 임신하자 고향으로 돌아왔다. 성욕이 잠잠해진 기간에 어미 플로와 7세 동생 플린트와의 관계는 한층 더 가까워졌다.

폼의 사춘기는 더 파란만장했다. 이 무렵 어미와의 유대는 매우 강했다. 어떤 면에서 보면 피피와 플로의 관계보다 더 돈독했다. 패션은 폼이 다른 공동체의 암컷들과 딸 사이에 싸움이 나면 언제나 딸 편을 들어 주었고, 폼도 다른 암컷들과 어울릴 때 자기 주장을 밀어붙이는 공격적인 모습으로 바뀌었다. 패션이 곁에 없을 때면 다른 암컷들이 폼에게 싸움을 걸어 보복하는 경우도 많았지만, 패션이 지근거리에 있다가 딸의 비명을 들으면 지켜 주러 달려왔고, 모녀는 힘을 모아 다른 암컷을 응징했다. 폼 역시 대체로 어머니를 같은 식으로 돕고 지원했다.

한 사건이 또렷이 기억난다. 나는 아침 내내 폼을 따라다니면서 다른 암컷 노프(Nope)와 함께 흰개미 낚시하는 과정을 관찰했다. 곧바로 팬트 후트 소리, 이어서 비명이 들려왔는데, 서쪽으로 약 800미터 거리, 계곡 한참 아래쪽에서 나는 소리였다. 패션과 폼 모두 소리 나는 쪽을 응시했지만 노프는 막바로 새끼 젖 먹이는 일로 돌아갔고, 폼이 계속해서 서쪽을 지켜보았다. 잠시 뒤, 울부짖는 소리가 또다시 울려 퍼졌다. 노프는 신경 쓰지 않았지만 폼은 두려움에 이를 약간 드러내면서 노프를 향해 팔을 뻗으면서도 눈길은 저 멀리 있는 무리에서 떨어질 줄을 몰랐다. 잠시 후 공격당하는 한 침팬지가 광적으로 울부짖는 소리가 들렸다. 폼은 공포로 끼익 소리를 내더니 소리가 들려오는 쪽으로 달려갔다. 나에게는 다행히도 길이 험해서 그리 멀리 뒤처지지 않고 따라갈 수 있었다. 우리는 500미터 정도 달렸다. 내가 뒤엉킨 넝쿨을 밀어서 헤치자 어미와 만난 폼이 털 고르기를 해 주는 모습이 보였다. 패션과 프로프 둘 다 위쪽 나무에서 방금 전에 다친 부위에서 피를 뚝뚝 흘리고 있었는데 말이다. 두말할 것도 없이 우리가 조금 전에 들은 공격 중에 얻은 상처였다. 한 성체 수컷이 우리를 향해 달려와 패션과 폼을 때리더니 그대로 남겨

두고 다시 떠났다.

　　패션은 폼이 생식기가 분홍빛으로 부풀어 올라 성적 희열을 찾아다니는 발정기일 때조차 같이 다니지 않은 적이 드물었다. 수컷들과 혼자서 떠날 때조차 폼은 보통은 상당히 빠른 시일 내에 어미와 어린 프로프의 든든한 동반자 역할로 돌아오곤 했다. 폼은 여섯 번째 발정기가 지난 뒤에야 가족에게서 멀리 떨어져 수컷 무리와 잠자는 모습이 관찰되었다.

　　폼은 피피와 달리 좀처럼 구애를 받는 일이 없었다. 이는 적어도 어느 정도는 유달리 가까웠던 패션과의 관계에서 기인한다. 1976년 9월 어느 날 정오, 폼이 평소대로 어미와 남동생과 함께 있던 장면이 기억에 선하다. 그 자리에 같이 있던 세이튼(Satan)이 폼을 북쪽으로 데려가려고 필사적이었다. 하지만 폼은 세이튼과 가고 싶은 생각이 없었다. 세이튼은 털을 곤두세운 채 이글거리는 눈빛으로 이 젊은 암컷에게 풀을 휘둘러대다가 자기가 선택한 방향으로 떠나면서 폼이 혹시라도 따라오지 않나 뒤돌아보고 또 돌아보았다. 폼은 이 호소를 번번이 무시했다. 세이튼은 부아가 치밀어 예닐곱 번을 거들먹거리는 몸짓으로 폼 주위를 돌며 위협했다. 이럴 때마다 폼은 시끄럽게 소리 지르며 패션에게 달려가 안겼다. 누구에게든 호락호락하지 않은 상대인 패션은 이 수컷을 노려보며 우아아 하고 성난 일성을 질렀다. 필시 욕설이었을 것이다. 한번은 세이튼이 폼을 공격하자 패션이 맹렬하게 짖으며 이 덩치 큰 수컷한테 덜려들어 주먹질을 했다. 세이튼도 나만큼이나 놀랐겠지! 세이튼은 딸은 놔두고 그 어미를 공격했다. 하지만 그 강도는 미약했다. 세이튼이 근처에 앉아 찡그린 낯으로 노려보는데도 폼과 패션은 오랫동안 서로의 털을 골라 주었다. 그 후 세이튼은 단 두 차례 거들먹거리는 몸짓으로 의지를 표명한 것이 다였다. 세이튼은 내가 이들을 만난 지 거의 4시간 만에 단

넘하고 홀로 떠났다. 이것이 바로 철통 방어다!

첫 출산은 어머니의 인생에서 한 획을 긋는 중대사다. 피피의 경우, 피피의 출산은 나에게도 중대사였다. 피피의 임신 기간 8개월 동안 나는 거의(완전히는 아니고!) 내가 4년 전 임신했을 때만큼이나 초조하게 보냈다. 내가 예측했던 것처럼, 피피가 플로 같은 유형의 어머니가 될까? 우리는 1971년 5월, 출생 이틀째에 피피의 첫 새끼를 처음 보았다. 우리는 제 어미의 열광적인 사춘기다운 모험을 기념하며 녀석에게 안성맞춤으로 프로이트라는 이름을 붙여 주었다. 피피는 기대했던 대로, 시작부터 어미 역할이 적격인 역량 있는 어미였다. 앞 세대 플로가 그랬듯이, 피피도 참을성 있고 다정하고 재미있는 어미였다. 또한 어미 플로에게서만 보였던 행동 몇 가지도 나타났다.

프로이트가 태어난 지 겨우 몇 달 지났을 때 한 학생이 나에게 소리쳐 말했다. "저거 플로가 하던 행동 아닌가요?" 피피가 프로이트를 한쪽 발에 매달고 간지럼을 태우고 있었다. 플로가 플린트와 놀아 줄 때 하던 행동 아닌가! 그때까지는 다른 어떤 어미 침팬지에게서도 이런 놀이 행동은 관찰된 적이 없었다. 피피가 어릴 때 새끼 플린트하고 놀면서 이런 행동을 시도하기는 했지만 그때는 다리가 너무 짧아서 해내기 어려웠는데, 이제 플로를 완벽히 모방할 수 있었다.

피피는 프로이트가 태어난 첫해 대부분의 시간을 어미와 함께 지냈다. 하지만 실망스럽게도 플로는 손자에게 별로 관심을 보이지 않았다. 가끔은 프로이트를 가만히 바라보았고, 더 늘어 가면서는 손자가 할머니 털을 붙잡고 늘어질 때도 참아 주었다. 하지만 이 무렵 플로는 이미 너무 늙어서 하루하루 자기 몸 건사하기조차 힘든 처지였으니, 딸의 갓난아기와 놀아 주는 것은 바랄 수 없는 사치였다. 플로는 프로이트가 생후 15개월일 때 죽었다.

폼과 폼의 첫 새끼는 어땠는가? 폼이 딱 13세가 되었을 때 팬(Pan, 1978~1981년)이 태어났다. 나는 폼이 새끼 때 받은 대로 하리라고 예상했는데, 이 경우에는 (팬에게는 다행히도) 나의 예상이 크게 빗나갔다. 폼은 패션보다 훨씬 더 새끼에게 세심하고 참을성 있는 어미였다. 내가 처음 본 장면은 새끼와 이동할 때였는데, 새끼가 손을 놓칠 때마다 조심스럽게 붙잡아 주는 것이 아주 배려심 넘치는 어미처럼 보였다. 하지만 무언가 부족했는데, 어미로서 유능함과 그 역할에 대한 이해도 면에서 피피의 수준과는 거리가 멀었다.

어떤 면에서 폼의 행동은 자신이 새끼 때 다루어진 방식을 반영한다고 볼 수 있었다. 팬이 아주 작았을 때도 품에 안고 흔들어서 달래는 일을 어려워했다. 좀 더 커서는 애조차 쓰지 않았다. 폼이 나무에 앉아 있을 때 새끼 팬이 무릎에서 미끄러져 빠져나가는 경우가 있었다. 팬은 원래 위치로 되돌아가려고 거칠게 발버둥 쳤다. 그제야 폼은 낑낑거리는 팬을 내려다보고는 조금 놀란 얼굴로 안아다 다시 무릎에 앉혔다. 그러고 나서도 무릎의 자세를 고치려는 시도는 하지 않아, 몇 분 지나면 팬이 또다시 미끄러져 떨어졌고, 이 과정은 되풀이되었다. 패션과 마찬가지로 폼은 팬을 먼저 챙기지 않고 출발해 버리곤 했다. 하지만 팬이 불안감에 낑낑거리면 거의 예외 없이 황급히 돌아가는 모습은 패션과 달랐다. 폼은 항상 팬이 따라올 수 있을 것이라고 생각했다가 그렇지 않다는 사실을 깨닫고는 곧장 걱정하는 듯했다. 폼은 패션과 패션의 갓난아기 팍스와 함께 대부분의 시간을 지냈기 때문에, 패션과 마찬가지로 새끼와 잘 놀아 주지 않는 폼의 성격이 팬에게는 큰 타격이 되지 않았다. 게다가 팍스가 팬보다 겨우 한 살 많아서 완벽한 놀이 친구가 될 수 있었다.

폼은 내가 예상했던 것보다 훨씬 더 훌륭한 어미였으나, 첫아이를 잃었다. 나는 팬을 죽음으로 몰아간 그 끔찍한 사고를 현장에서 직접 보았다. 포효하는 돌풍이 계곡 아래 숲 우듬지를 뒤흔들고 호수의 수면을 강타하는 8월의 바람 거친 아침이었다. 나는 1시간 30분 정도 바닥에 누운 자세로 10여 미터 머리 위쪽 나무에서 폼과 팬이 기름야자 열매 먹는 모습을 관찰하고 있었다. 팬은 거의 3세가 되어 어쩌다가 단단한 껍데기 속에서 열매를 꺼내 먹을 줄 알긴 했지만 여전히 어미가 절반쯤 씹은 것을 얻어먹는 쪽을 선호했다. 바람이 거세지자, 대부분의 침팬지들처럼 팬도 겁이 나서 한참을 어미 털을 꼭 움켜쥐고 있었다. 그러더니 과감히 강풍에 맞서 앞으로 나아가는 것이 아닌가. 순간 맹렬한 돌풍이 몰아쳐 나뭇잎과 팬이 솜인형처럼 나무에서 휩쓸렸다. 독수리 날개처럼 팔다리를 활짝 편 채 허공에 뜬 모습이 마치 가상의 구명 뗏목을 타고 누운 자세였다. 그러다가 떨어졌고 뜨거운 여름 햇살에 바위처럼 단단해진 땅에서 섬뜩한 굉음이 울렸다. 쿵. 잠시 뒤, 두 차례 가슴 미어지는 숨소리, 그러고는 정적이 흘렀다.

나는 덜덜 떨면서 팬을 향해 다가갔다. 땅바닥으로 떨어진 팬은 두 눈이 감겨 있었다. 위를 보았다. 창졸간에 혼자가 된 폼이 나무 위에 남아 있었다. 땅 쪽을 한동안 바라보더니, 무척 두려운 듯이, 느릿느릿 나무를 기어 내려와 새끼에게 다가갔다. 조심스럽게 팔을 뻗어 작은 몸뚱이를 품에 안았다. 놀랍게도, 팬이 어미의 털을 움켜쥐고는 등에 꼭 달라붙었다. 누가 부축해 주지도 않았는데. 폼은 그대로 걸어갔다. 나는 당연히 이미 죽었을 것이라고만 생각했다.

폼은 2시간 동안 쉬면서 팬의 털을 골라 주었다. 세상에 어떤 어미가 새끼에게 이보다 더 애틋할 수 있을까. 팬은 한참 동안 젖을 빨다가 폼에게 기대어 눈을 감았다. 몸을 움직여도 굉장히 느렸고, 당연한 일이겠지만, 멍해 보였다. 나는 적어도 뇌진탕이 일어났을 것이라고 추측했다. 폼은 곧이어 탈진한 새끼를 추슬러 등에 업고는 키 큰 나무로 올라가 끼니를 먹였다.

안타깝게도 이 사고가 일어난 날, 나는 곰베를 떠나기로 되어 있었다. 배가 기다리고 있어서 이 비극을 마지막까지 기록하지 못했다. 3일 뒤에 폼이 모습을 드러냈고, 다음으로 모습을 드러낸 3일 뒤에 팬이 죽었다. 장기 손상이나 두개골 골절이 있었을 것으로 추정된다. 어쩌면 둘 다였을 수도 있다. 무슨 우연의 일치인지, 3주 뒤에 다르에스살람에서 내 이웃 요리사의 7세 아들이 코코야자나무에서 떨어져 하늘을 향해 누워 있었다. 팬처럼. 병원으로 급히 이송했으나 간 파열을 비롯해 광범위한 장기 손상이 발견되었다. 최선을 다해 수술했지만 아이는 얼마 버티지 못하고 죽었다.

그 사고가 전적으로 폼 탓이라고, 폼이 소홀해서 벌어졌다고 비난하는 것은 부당하다. 어떤 새끼한테도 일어날 수 있는 일이었다. 하지만 피피라면 새끼를 이런 식으로 잃는 일은 없었을 것이다. 어미 플로를 비롯해 정말로 새끼의 일거수일투족에 주의를 기울이는 모든 침팬지 어미가 그렇듯이, 피피는 혹시 있을지 모를 온갖 위험에 촉각을 곤두세웠다. 피피는 새끼가 불안이나 공포의 신호를 보이기 전에 먼저 '구출'하는 경우가 많았다. 팬이 죽은 뒤, 나는 피피가 강풍 속에서 코코야자나무에서 새끼에게 수유하는 상황을 면밀하게 관찰하기 시작했다. 새끼는 항상 피피와 밀착해 있었다. 피피가 새끼를 염려해서 그런 것이라고 단언하기는 어렵지만, 어쨌거나 결론은 하나다. 새끼가 조심성이 매우 많다면, 십중팔구, 적어도 어느 정도는 과거에 비슷한 상황에서 누군가가 움직임을 강력하게 제어해 준 경험이 있기 때문이다.

폼은 어린 팬을 비극적인 사고로 잃은 뒤로 자주 앓고 무기력해지고 너무 야위어서 저러다가 영영 회복하지 못할지도 모르겠다는 생각이 들었다. 어미 패션과의 관계는 오히려 더 가까워져서 웬만해서는 떨어지는 일이 없었다. 둘이 뜻하지 않게 떨어졌던 날이 기억난다. 폼은 패션을 거의 1시간 동안 낑낑거리며 찾아다니면서 높은 나무에 올라가 사방을 샅샅이 훑었다. 폼은 돌아다니면서 수시로 허리를 굽히고 킁킁거리며 숲길의 냄새를 맡아 보거나 이파리를 집어 세심하게 냄새를 맡고는 내버리는 행동을 반복했다. 아마 패션 고유의 체취가 바람결에 실려 왔다면 도움이 되었을 것이다. 둘은 마침내 다시 만났다. 폼은 흥분과 기쁨으로 작은 소리로 끽끽거리며 패션에게 달려가 안겼고, 둘은 1시간 넘게 서로의 털을 골라 주었다.

앞으로 살펴보겠지만, 피피와 폼의 생애사는 매우 상이한 경로를 그린다. 폼은 어미가 죽은 뒤 점차 혼자 지내는 시간이 늘어나다가 결국 공동체를 완전히 떠났다. 피피는 무리 내에서 가장 높은 서열과 권위를 누리는 암컷의 지위에 올라 성체 수컷들과 가까운 관계를 유지했고 다른 암컷들과도 마찬가지였다. 또한 번식 면에서도 현재까지 카세켈라 공동체에서 가장 성공적인 암컷이 되었다. 플로의 주요한 공헌이 유전자였든 양육 방식이었든 아니면 둘의 결합이었든, 매우 성공적이었다. 유전자 절반을 어미에게서 물려받았으며 아마도 같은 방식으로 양육되었을 큰아들, 작은아들도 플로의 처방에 힘입어 성공적인 삶을 살았다. 특히 둘째 피건은 곰베 역사에서 가장 강한 우두머리 수컷으로 기록되었으며, 상당 기간 이 지위를 유지했다.

5장
피건의 부상

사진 제공: Hugo van Lawick.

피건은 처음부터 이례적 지능을 타고났음이 뚜렷이 드러났다. 이 점은 나의 전작 『인간의 그늘에서』에서 여러 사례로 다루었다. 수컷 사회에서 높은 지위를 획득하겠다는 의지도 마찬가지로 확연해서, 일찌감치 인상적인 과시 행동을 보이기 시작했다. 그런 행동은 실제보다 더 크고 위험해 보이는 효과를 발휘한다. 온몸의 털을 곤두세우고 이리저리 뛰어다니면서 초목을 뒤흔들고 굵직한 나무 줄기를 요란하게 땅으로 끌고 다니다가 머리 위로 집어 던지고 혹은 돌을 집어 들어 맹렬하게 던지는데, 앞으로 갈지 뒤로 갈지 옆으로 튈지 알 수 없는 마구잡이 행동이었다. 땅이나 나무 몸통을 짓밟거나 시끄럽게 두드려 대기도 했다. 그럴 때면 입술을 앙다물고 얼굴을 일그러뜨려 포악한 표정을 지었다. 거칠고 강한 과시 행동일수록 더 정교한 계획하에 실행되었고 그럴수록 (상대는 물론 피건 자신도 다칠 수 있는) 물리적 싸움에 의존하지 않고도 성공적으로 상대를 겁먹게 할 수 있었다. 몸집이 작은 개체일수록 과시 행동을 연마할 필요가 있다.

피건은 사춘기 때 이미 성체 수컷 가운데 누구라도 병들거나 다치는 등 약점을 보이면 빠르게 알아차리고 이용하는 능력을 보였다. 또 서열 높은 성체가 불리한 상황에 처하면 곧바로 인상적인 과시 행동을 펼치며 도전하고 또 도전했다. 피건은 무시당하기 일쑤였고, 심지어 위기에 몰리기도 했다. 하지만 때로는 과감함이 열매를 맺어 연장자 수컷이, 적어도 피건이 다시 힘을 추스를 때까지, 서둘러 자리에서 빠져나가는 경우도 있었다. 이런 식으로 짧은 시간 동안 누리는 승리의 경험이 피건의 자신감을 드높이는 데 이바지했다.

마이크가 골리앗을 쫓아내고 무리의 최상위를 차지했을 때 11세였던 피건은 신흥 우두머리 지위에 오른다는 상상에 매료되었다. 마이크는 경쟁자들을 향해 달리며 발길질하고 주먹질하면서 과시 행동에 15리터짜리 빈 양철통을 활용함으로써 자신보다 훨씬 큰 수컷들을 포함해 모두를 겁주는 데 성공했다. 하지만 마이크가 내버린 양철통으로 '연습'하는 모습을 우리가 관찰한 개체로는 피건이 유일했다. 말썽 일으키지 않고 넘어가는 데 일가견 있는 피건은 이 연습을 사춘기 침팬지가 그런 행동을 했다면 좌시하지 않을 연장자 수컷들이 보지 않을 때만 했다. 우리가 녀석의 동선에서 양철통이란 양철통을 다 갖다 치워 두지 않았더라면 단연 마이크만큼 노련한 솜씨를 획득했을 것이다.

높은 서열로 올라가고자 하는 강한 욕구에 뛰어난 지능까지 겸비한 피건에게 장차 우두머리 수컷의 지위는 따 놓은 당상이었다. 단 한 가지 심각한 약점은 극도로 예민한 성격이었다. 일례로 무리 전체가 격하게 흥분한 상황이면, 피건은 걷잡을 수 없이 소리를 지르거나, 때로는 다른 침팬지에게 달려가 몸을 만지거나 얼싸안아 불안을 달래는 행동을 취하기도 했다. 심지어 자기 음낭을 움켜쥘 때도 있었다. 그럼에도 『인간의 그늘에서』를 마치는 대목에서 나는 "결국에는 피건이 최상위 수컷이 될 것" 같다고 썼다.

피건이 최상위에 오르기까지 이어진 기나긴 분투의 여정에서는 굉장히 흥미로운 이야기가 펼쳐졌다. 이는 피건과 다른 수컷 셋, 그러니까 형 페이븐, 유아기 친구 에버레드, 그리고 이 넷 중 가장 나이 많고 힘세고 유달리 공격적인 험프리와의 복잡다단하고 변화무쌍한 관계를 둘러싸고 벌어졌다.

페이븐이 소아마비에 걸려 한쪽 팔을 잃자 피건이 형을 누르고 올라서는 데 성공했다. 그 후로 3년 동안 이 두 젊은 수컷은 거의 함께하는 일이 없었다. 어미에게 이끌려 함께 지낸 시간이 없었다면 둘의 사이는 그대로 벌어졌을 것이다. 이 시기에 페이븐이 험프리와 가깝게 지냈는데, 피건 자신보다 훨씬 크고 힘센 수컷과 페이븐이 같이 있는 모습을 피건이 거북해한다는 것이 누가 보아도 분명했기 때문이다.

피건이 16세가 되던 해, 페이븐과의 관계는 다시 한번 바뀌었다. 형제는 차츰 친해졌고, 둘이서 힘을 합해 피건의 어릴 적 놀이 친구이자 경쟁자인 에버레드와 싸우는 모습을 우리는 처음으로 목격했다. 형제는 똘똘 뭉쳐 싸움에서 쉽사리 이겼을 뿐만 아니라 에버레드에게 상당히 심한 부상을 입혔다.

이 공격이 있기 전 얼마 동안 피건와 에버레드 사이에 팽팽한 긴장감이 돌았다. 마주칠 때면 서로 상대를 겁주겠다는 의도로 격렬한 과시 행동을 보이곤 했다. 보통은 에버레드가 나이 덕을 보았지만, 피건 형제에게 패한 뒤로는 피건을 볼 때마다 초조하게 헐떡이며 인사하기 시작했다. 적어도 몇 달은 그렇게 했다. 하지만 젊음이란 회복력이 있는 법이어서, 피건이 그랬듯이 에버레드도 서열 사다리를 오르고자 하는 욕구가 강했고, 점차 자신감을 되찾았다. 물론 이렇게 된 데에는 피건이 항상 형과 함께 있는 것은 아니라는 점이 어느 정도 작용했다. 페이븐은 험프리와 여전히 친하게 지냈는데, 피건은 요령 좋게 이 힘센 수컷과의 충돌을 피했다. 그뿐만 아니라 형제가 같이 있을 때조차 페이븐이 '늘' 피건을 도와준 것은 아니었다. 페이븐은 그저 가만히 앉아서 구경할 때도 있었다.

그 무렵 마이크는 여전히 서열의 최상위를 지키고 있었지만 노화 징후가 나타나고 있었다. 이가 다 닳고 송곳니도 부러지고 없어졌으며 탁한 갈색 털이 가늘어지고 있었다. 눈치 빠르고 눈썰미 매서운 피건이 이 쇠약해지는 우두머리의 권위에 가장 먼저 도전한 것은 새삼스러운 일도 아니었다. 처음에는 그저 마이크의 과시 행동을 무시하는 식이었다. 그냥 딴전을 피웠다! 이 행동은 확실히 마이크를 불안하게 만들었다. 마이크는 피건이 근처에 있으면 과시 행동을 몇 번이고 반복했는데, 어떻게 해서든지 경의를 받으려는 필사의 노력이었다. 하지만 피건은 심드렁한 태도를 보였고, 몇 주 지나서는 마이크가 근처에 있으면 더 자주 과시 행동을 일삼았다. 얼마 뒤 에버레드도 마이크의 지위에 의문을 제기하기 시작했다.

하지만 이 젊은 수컷들은 험프리에게는 계속해서 극도로 복종적인 모습을 보였다. 험프리는 오로지 관례에 따라 (실제로 싸움을 벌인다면 얼마든지 마이크를 때려눕힐 수 있었기에) 이 늙은 우두머리에게 공손하게 굴었다. 1969년에 나는 이렇게 기록했다. "머잖아서 우리는 어느 수컷도 단독으로 매사에 지배적 지위를 행사하지 못하는 상황을 보게 될지도 모르겠다. 얼마 안 가서 바로 무슨 일이 일어날 것 같다."

그 일이 실제로 일어났다. 1970년 1월 잿빛으로 흐린 날 이른 시각, 마이크가 캠프에 혼자 앉아서 조용히 바나나를 먹고 있는데 난데없이 험프리가 밧줄을 타고 올라와 공격을 시작했다. 그 뒤로 페이븐이 바짝 붙어서 따라왔다. 다짜고짜, 뚜렷한 이유 없이, 과시 행동 따위 없이. 마이크가 비명을 지르며 나무 위로 피신하자 험프리가 따라가 땅바닥으로 끌어내리더니 다시 때리고 발로 짓밟았다. 페이븐은 덤으로 끼어서 두어 번 주먹질을 했다. 험프리는 자기가 한 행동에 스스로도 놀란 듯한 표정으로 자리를 떠났고, 페이븐이 그 뒤를 따랐다. 두 공격자는 사라졌고, 마이크는 만신창이가 되어 공포와 불안으로 힘없이 신음했다.

이 모든 과정이 느닷없이 시작되어 너무나 빠르게 끝났다. 하지만 한 시대, 마이크가 우두머리 수컷으로 군림한 6년이 끝났음을 의미하는 역사적 사건이었다. 마이크는 이렇게 하룻밤 사이에 무리 내 최하위 수컷으로 전락해 사춘기 어린 수컷들한테도 도발을 당하는 처지가 되었지만 자신을 지키려는 행동은 거의 보이지 않았다.

싸움이 일어나고 일주일 뒤, 나는 캠프를 떠나는 폐위 군주의 뒤를 따랐다. 마이크는 느릿느릿 걸었고, 이따금 발걸음을 멈추고 이파리와 열매를 따서 우적우적 먹었다. 정오 무렵 날이 뜨거워지자 키 작은 어린 나무의 가지들을 구부려서 잠자리 삼아 쉬었다. 나는 근처의 옹이 굵은 늙은 무화과나무 몸통에 기대어 앉았다. 조용하고 평화로운 시간이었다. 마이크는 누워서 허공을 응시했다. 나는 마이크를 지켜보며 생각했다. 마이크는 무슨 생각을 하고 있을까? 우두머리 지위를 잃어서 아쉬워할까? 자아상에 사로잡힌 우리 인간들이나 굴욕을 느낄 줄 아는 것일까? 마이크가 고개를 돌렸다. 나를 보더니 내 눈을 직시했다. 번민 같은 것이 느껴지지 않는 고요한 눈빛이었다. 어쩌면 권력을 내려놓고 쉴 수 있어서 기뻐했는지도 모르겠다. 우두머리 지위를 지킨다는 것은 젊고 힘센 침팬지에게도 고된 일이니까. 마이크는 바로 눈을 감고 잠들었다. 얼마 뒤 잠에서 깨더니 숲으로 걸어 들어갔다. 거대한 나무 아래에서 홀로 걷는 뒷모습이 무척 작아 보였다.

험프리가 자동으로 마이크의 우두머리 자리를 승계했다. 싸움에서는 완승했으나 영광스러운 승리라고 하기는 어려웠다. 그는 원래 힘이 센 데다 한창때였고, 몸무게도 노쇠한 마이크보다 적어도 10킬로그램은 더 나갔다. 필사의 각오로 위력적인 적을 상대로 힘겹게 싸워서 거둔 승리가 아니라는 점이 이 패권 뒤에 부인할 수 없이 도사린 진실이었다. 큰 몸집과 불같은 성격에도 험프리는 결코 훌륭한 우두머리는 되지 못했다. 마이크나 그의 전임 골리앗이 보여 준 추진력, 지능, 용기와 같은 놀라운 자질을 갖추지 못한 험프리는 우격다짐하는 불량배 이상은 되지 못하는 존재였다.

사실 말이지, 험프리가 무리에서 가장 무서워하는 수컷 휴(Hugh)와 찰리(Charlie)가 무리를 떠난 요행이 아니었더라면 험프리는 결코 최상위에 올라서지 못했을 것이다. 이 일이 일어난 것은 험프리가 싸움에서 마이크를 이기기 몇 달 전, 내가 10년 동안 관찰한 이 공동체가 나뉘기 시작한 시점이었다. 무리 중 일부가 그동안 무리의 모든 침팬지가 함께 지내던 영토에서 한참 남쪽으로 내려가 지내는 시간이 늘었다. 남쪽으로 이동하는 무리는 휴와 찰리가 이끌었다. 형제임이 거의 확실한 이 둘은 항상 서로를 지원하는 가까운 관계였고, 거의 늘 함께 이동했다. 둘은 강력한 팀이었기에 이따금 도와주는 외팔이 페이븐 이외에는 가까운 친구가 없는 험프리가 이 둘을 무서워하는 것도 이상하지 않은 일이었다. 휴와 찰리는 다른 '남부' 수컷들과 함께 어쩌다 한 번씩 북부로 나들이를 나왔기 때문에 험프리는 용케 이들을 피해 다녔다. 이 나들이도 점차 줄어들다가 결국에는 완전히 발길을 끊었다.

만사가 험프리 편으로 흘러가는 듯했다. 주요 경쟁자에게서 벗어났을 뿐만 아니라, 공동체가 나뉜 덕분에 이제 통세를 유지해야 할 수컷이라고 해 봤자 8마리밖에 남지 않았다. 비교하자면, 마이크와 그 전임 우두머리 골리앗이 권력을 행사해야 할 대상은 14마리였다. 출발은 이렇듯 순조로웠으나, 험프리가 우두머리 자리를 지킨 기간은 고작 1년 6개월밖에 되지 않았다. 그 지위를 빼앗은 것이 피건이다.

험프리는 통치 초반부터 피건이 위험한 존재가 될 수 있음을 지각한 듯했다. 피건이 있으면 여느 때보다 더 자주 털을 곤두세우고 기골을 과시했다. 스스로 자신감을 세우면서 동시에 피건에게도 강한 인상을 남기기 위한 행동이었다. 피건도 처음에는 되도록 험프리와 부딪치지 않고 지냈고, 적어도 표면적으로는 신임 우두머리를 아주 정중하게 대했다. 에버레드를 압도하기 위한 오랜 싸움이 여전히 진행 중이기도 했고. 이 질풍노도의 시기에 일어난 사건들을 돌이켜 보면, 피건은 시종 험프리보다도 에버레드가 자신에게 더 위협적인 경쟁자임을 알아차렸던 듯하다.

우두머리 수컷이 교체되고 얼마 지나지 않아 곧바로 에버레드와 피건 사이에 심각한 싸움이 벌어졌다. 나무 우듬지에서 벌어진 작은 싸움에서 연장자 수컷 한 마리가 에버레드에게 가세했고 수적으로 불리해진 피건이 10미터가량 밑으로 떨어졌다. 기세등등해진 에버레드가 나뭇가지 사이로 과시 행동을 펼치는 동안 피건은 땅바닥에 앉아 비명을 질러댔다. 피건은 팔목을 접질리고 손의 작은 뼈까지 일부 부러지는 심한 부상을 입어 3주 동안 도무지 볼품없는 신세로 지냈다.

이 사건이 일어난 것은 플로가 죽기 바로 2개월 전이었다. 늘 둔하고 멍한 상태로 쪼그라든 몸을 느릿느릿 움직이던 플로는 말도 못 하게 늙어 보였다. 그런 플로가 아들의 필사적인 비명이 들려오자, 적어도 300~400미터는 떨어진 거리였는데도 벌떡 일어나 얼마 남지 않은 털을 쭈뼛 세우더니 소리 난 지점을 향해 질주했다. 추적하던 사람이 뒤처질 정도의 속도였다. 현장에 도착하기는 했지만, 막강한 공격자로부터 아들을 지키기 위해 이 연약한 늙은이가 할 수 있는 일은 없는 듯했다. 하지만 플로가 나타난 것만으로도 피건은 안정을 되찾아 필사적 비명이 낑낑거림으로 바뀌었고, 절뚝거리며 어미를 향해 걸어왔다. 플로가 털 고르기를 시작하자 긴장이 풀리면서 젖먹이 때부터 어린 시절까지 자신을 달래 주던 그 손길을 받으며 쉬었다. 플로가 자리를 뜨자 피건은 다친 손으로 땅을 짚으며 뒤를 따랐다. 피건은 상처가 완전히 낫고 나서야 긴장과 위험, 활기와 흥분 넘치는 성체 수컷 사회로 돌아왔다.

다음으로 기록에 남은 드라마는 피건과 험프리의 싸움. 대단히 극적이지도 않고 어느 쪽도 다치지 않았으나, 한 우두머리 수컷의 최후가 시작되는 싸움이었다. 이 싸움이 끝나자 두 수컷은 상대 진영에 있는 수컷 중 한 마리와 접촉하거나 껴안는 행동을 반복했다. 이는 위안을 구하는 동시에 동맹을 요청하는 행동이었는데, 피건만이 성공했다. 상대 진영 수컷 한둘이 피건에게 넘어와 함께 험프리에게 덤볐고, 험프리는 며칠간 혼자 돌아다닌 것으로 보인다. 험프리의 통치 기간은 이렇게 끝났다. 하지만 아직은 피건의 시대가 아니었다.

나는 침팬지의 권력 다툼에 대해 알아 갈수록 협력이 얼마나 중요한 요소인지 깨닫는다. 무리 최상위에 오르고자 하는 성체 수컷이라면 동맹이 있는 경우에 성공 확률이 크게 상승한다. 어려움에 처할 때마다 와서 충직하게 도와줄 동료, 그리고 이것이 심리적으로 훨씬 중요한데, 내 적수와 편을 먹지 않을 친구이자 내 편이 필요하다.

이제 험프리와 에버레드 사이에 일시적으로 동맹이 형성되었다. 어딘가 갈 때면 서로를 찾았고 털 고르기 할 때도 자주 짝꿍이 되었다. 둘은 피건의 열광적인 과시 행동을 무시해도 될 만큼 서로에게 힘을 주는 정신적 버팀목이 되었다. 몇 달 뒤에는 실제로 둘이 힘을 합해 피건과 싸워서 이기기도 했다. 하지만 크게 달라진 점은 없었다. 험프리는 웬만하면 피건을 피했고, 피건과 에버레드 사이의 긴장감과 적대감은 오히려 더 높아져, 상대가 근처에 있을 때 나타나는 과시 행동이 한층 더 격렬해졌다. 상대를 향한 과시 행동을 주거니 받거니 족히 1시간이나 지속한 적도 있다. 피건이 털을 곤두세우고 달리다가 에버레드를 향해 커다란 돌멩이를 집어 던지고 그 곁을 지나치자 무리의 침팬지들이 뿔뿔이 흩어졌다. 그런 뒤 피건은 앉아서 숨을 거칠게 몰아쉬었다. 잠시 뒤 에버레드가 시작했다. 공중으로 뛰어올라 경쟁자 가까이에 있는 초목을 뒤흔들고 그네 타기로 옮겨 다니다가 가지를 땅에 끌면서 피건의 곁을 지나쳤고, 이어서 앉아 숨을 거칠게 몰아쉬었다. 5분 뒤 피건이 또 한 차례 과시 행동을 선보였고, 그런 식으로 계속되었다. 둘의 행동에 구경꾼들은 흥분과 긴장에 휩싸였다. 마침내 둘의 행동이 멈추었는데, 십중팔구는 지쳐서 그랬을 것이다. 우리가 볼 때 최종 점수는 동점이었다.

피건은 높은 지능, 높은 서열로 올라가겠다는 강한 욕구를 가졌음에도 페이븐의 갑작스러운 심경 변화가 아니었더라면 갈망하던 우두머리 지위를 획득할 수 없었을 것이다. 페이븐은 그때까지 동생의 **경쟁자** 편에 가담하는 일은 거의 없었지만 그렇다고 늘 동생을 지원한 것도 아니었다. 그런데 1972년 말에 별안간 둘의 관계가 전에 없이 가까워졌다. 피건이 다른 수컷과 대결하는 경우, 페이븐은 가까이에 있으면 동생의 과시 행동에 발맞추어 움직였다. 도움이 필요하다 싶으면 망설이지 않고 나서는 모습이 피건이 우두머리 지위를 차지하도록 혼신을 다해 지원하는 듯했다.

페이븐이 이렇게 갑작스레 심경의 변화를 일으킨 이유는 무엇이었을까? 어느 정도는 플로의 죽음과 관련이 있었을까? 플로가 죽고 바로 형제 간의 돈독한 유대가 나타난 것은 아니었다. 하지만 시신을 보지 못한 페이븐이 어미가 영원히 떠났다는 사실을 알 리 없었고, 이 점에서는 피건도 매한가지였다. 어미가 곁에 있음을 말해 주는 단서 없이 몇 주가 흐르자 비록 다 큰 수컷이지만 마음속 빈자리, 어떤 상실감을 느끼기 시작한 것일까? 알 수 없는 외로움을 달래고 싶어서 동생과 더 붙어 지내려고 한 것일까?

페이븐은 물론 피건도 성체가 되어서까지 친숙하면서도 위협 요소

없는 어미에게서 위안을 얻곤 했다. 페이븐은 발을 다치자 (피건이 팔목을 접질렀을 때와 마찬가지로) 완쾌될 때까지 플로와 함께 다녔다. 페이븐이 남부에 장기 체류했다가 마비된 팔에 깊은 염증이 생겨 돌아온 일이 있었다. 누가 보아도 통증이 심한 상태였다. 쓸 수 있는 손으로 부어오른 손가락을 받치고 몸을 꼿꼿이 세운 채 느리게 이동하는데, 계곡 쪽을 자꾸 살피는 모습이 누군가를 찾는 듯했다. 우리로서는 알 길이 없으나, 위안을 받고 싶어서 어미 플로를 찾은 것은 아니었을까? 조금만 있으면 아들이 돌아왔을 텐데 그 며칠을 버티지 못하고 세상을 떠나다니, 이 얼마나 얄궂은 운명의 장난인가?

페이븐이 전력을 다해 동생을 돕기로 한 이유가 무엇이든, 1973년 4월 이후로 둘은 서로가 없이는 못 사는 사이가 되었다. 험프리의 몰락을 가져왔을 뿐만 아니라 피건이 마침내 에버레드까지 항복시킬 수 있었던 것은 바로 이 굳건한 형제의 동맹 덕분이었다. 피건은 세 차례 큰 규모의 싸움을 거쳐 이 승리를 얻어 냈다.

그 첫 싸움은 4월 말에 벌어졌다. 피건과 페이븐이 함께 에버레드를 공격하자 에버레드는 나무 위로 도망쳐 낑낑거리고 비명을 질렀다. 형제는 거기서 멈추지 않고 밑에서 30분 가까이 과시 행동을 이어 갔고 에버레드는 소강 상태를 틈타 달아났다.

2차전은 4일 뒤에 벌어졌다. 이번에 피건의 목표는 험프리였다. 피건이나 에버레드보다 몸무게가 7~8킬로그램 더 나가는 험프리는 실전에서 에버레드보다 훨씬 더 위협적인 존재였다. 싸움은 수컷 주역 넷이 한자리에 모인 저녁에 시작되었다. 그들은 하루 종일 여러 무리가 어우러진 가운데 기나긴 우기가 끝날 무렵의 풍성한 수확물을 즐기고 있었다. 과시 행동과 티격태격 소소한 시비 따위로 흥분된 분위기였지만, 평소와 다를 바는 없었다. 호수 서쪽으로 해가 떨어졌고, 피건은 무리에서 약간 떨어져 혼자 먹고 있었다. 여기저기서 나뭇가지 꺾이는 소리, 이파리 바스락거리는 소리가 들려왔다. 침팬지들이 잠자리를 만들고 있다는 뜻이었다. 배불리 먹은 뒤 기지개 펴면서 길었던 하루 끝에 편안한 휴식을 즐기는 평화로운 시간이었다.

피건이 식사를 멈추었다. 한동안 나무에서 움직임 없이 앉아 있더니 꽤 침착하게 나무를 내려왔다. 하지만 다른 침팬지들에게 다가갈 때 털이 서기 시작했고, 내려오는 속도가 빨라지면서 몸집이 평소보다는 배는 커 보였다. 그러고는 느닷없이 격한 그네 타기로 이 가지와 저 가지 사이를 옮겨 다니고 이 우듬지에서 저 우듬지로 펄펄 날았다. 순식간에 복마전이 벌어졌다. 침팬지들이 비명을 지르며 피건을 피해 도망쳤고, 많은 침팬지가 잠자리에서 튀어나왔다. 피건은 잠시 한 늙은 수컷을 따라가 찰싹 때리고는 격앙된 몸짓으로 기를 다진 뒤, 잠자리에 앉아 있던 험프리를 향해 뛰어내렸다. 한데 뒤엉켜 싸우던 두 수컷이 못해도 10미터 아래로 떨어졌다. 험프리는 피건에게서 벗어나 비명을 지르며 달아났고, 피건은 잠시 따라가다가 숨 고를 겨를도 없이 나무로 도로 기어 올라가 계속해서 이 가지, 저 가지를 타고 뛰어다녔다.

다음 15분 동안 피건은 다섯 차례 이상 과시 행동을 선보였다. 피건에게 두 차례 공격당한 서열 낮은 한 수컷의 광적인 비명까지 더해지자 아수라장이 따로 없었다. 이윽고 피건이 잠잠해지며 (꽤나 지쳤을 법하다.) 신음과 함께 앉았다. 이미 얌전히 나무 위로 도로 올라가 있던 험프리가 그 모습을 보더니 다시 잠자리 만드는 일을 했다. 성급하기는! 보드라운 푸른 이파리에 머리를 채 뉘기도 전에 피건이 또 한 차례 과시 행동을 시작하더니 덤벼들었다. 둘은 다시 땅으로 떨어졌고, 험프리는 또다시 피건에게서 빠져나와 고래고래 비명을 지르며 덤불 속으로 달아났.

하늘이 컴컴해진 시각이었다. 피건은 잠시 땅바닥에 앉아 있다가 나무를 타고 올라가 잠자리를 만들었다. 그제야 험프리가 돌아와 아주 살금살금, 세 번째 잠자리를 만들었다. 이번에는 중단되지 않고 밤을 보낼 수 있었다.

형 페이븐은 이 접전을 잠자리에서 내내 지켜보기만 했다. 페이븐이 그 자리에 없었어도 피건이 이 힘센 상대에게 감히 공격을 시도했을까? 아닐 거라고 본다. 피건은 도움이 필요한 상황이면 페이븐이 나서 주리라는 것을 분명히 알고 있었다. 어쩌면 더 중요한 점일 텐데, 험프리도 그럴 것임을 알고 있었다.

이 결정적 승리, 카세켈라 공동체 성원 절반이 넘게 직접 지켜본 승리를 거둔 뒤, 피건은 우두머리 지위를 굳힌 듯했다. 험프리가 자신에게 표하는 복종의 인사는 으레 그래야 하는 일이라도 되는 양 제법 의연하게 받아들였지만, 에버레드는 여전히 위협으로 여기는 듯했다. 어쨌거나 지난 4년간 자신을 지배했던 우두머리였고, 피건이 이 위치로 오르기까지 그 지난한 과정에서 불굴의 위용을 과시하며 험프리보다 더 강건하게 버틴 것이 에버레드였다. 둘의 줄기찬 대결은 5월 말, 앞의 접전과 마찬가지로, 처음부터 끝까지 페이븐의 지원을 받는 가운데 대단원에 이르렀다.

뜨겁고 후텁지근한 오후였다. 형제가 평화로이 앉아서 식사하는데 계곡 저편에서 에버레드의 헐떡이며 웅얼거리는 소리가 뚜렷이 들려왔다. 둘은 눈빛을 교환하고 털을 꼿꼿이 세우며 이빨이 훤히 보이도록 입을 크게 벌려 흥분을 드러냈다. 그러더니 땅으로 뛰어내려 헐떡이는 웅얼거림이 들려온 쪽을 향해 달려갔다. 그들은 가파른 비탈의 한 나무 위에서 에버레드를 찾아냈다. 피건 형제가 앞뒤로 왔다 갔다 하며 과시 행동을 벌이고 나뭇가지를 땅에 질질 끌고 다니며 돌을 던지는 동안 에버레드는 겁에 질려 쭈그리고 있었다. 형제는 한몸처럼 나무 위로 번쩍 뛰어

오르더니 이 제물에게 달려들었다. 둘이 똘똘 뭉쳐 수컷 3마리를 땅으로 끌어내렸지만 에버레드는 빠져나가 비탈 위쪽 다른 나무로 피신했다. 피건 형제는 쫓아가서 1시간 동안 그 나무 밑에서 과시 행동을 펼쳤다. 가엾은 에버레드는 두려움에 떨며 이따금 낑낑거리거나 비명을 질렀고, 피건과 페이븐도 결국에는 물러났다. 에버레드는 형제가 꽤 멀어져 시야에서 사라지고 나서야 조용히 나무에서 내려와 도주했다.

피건이 우두머리 지위에 올라섰다.

6장
권력

사진 제공: The Jane Goodall Institute.

무리에서 최상위로 올라가는 것과 그 위치를 날이면 날마다, 달이면 달마다 긴 세월 유지하는 것은 완전히 다른 이야기다. 피건은 형의 도움으로 목표를 달성했다. 하지만 페이븐이 1년 365일 하루 24시간 붙어 다닐 수는 없는 노릇이다. 그렇다면 피건은 이 신생 서열에 도전할 다른 수컷을 어떻게 다룰 것인가?

시험은 너무 빨리 찾아왔다. 페이븐이 한 암컷과 애정 행각을 벌이느라 무리의 영토 북부로 떠나 3주를 통째로 비운 것이다. 피건의 불안은 극도에 달했다. 그도 그럴 것이, 험프리와 에버레드가 자기네 정적의 동맹이 그렇게 멀리 갔다는 것을 알아챈다면 당연히 새 우두머리에게 덤비지 않겠는가. 피건은 높은 나무 위로 수시로 올라가 우듬지에서 사방을 살폈다. 사라진 형이 보내는 신호가 없는지 찾는 모양이었다. 그러다가 곤경에 처했을 때 친구에게 관심을 호소하는 긴 부름 소리를 이따금 크게 외쳤다. 우리는 이것을 구원 요청 비명이라고 부른다. 하지만 페이븐이 너무 멀리 있어서 그 소리를 들을 수 없었기에 피건은 마지못해 자신이 지닌 수단에 의지해야 했다.

마이크의 우두머리 시대가 시작될 때 우리가 마이크의 양철 깡통을 치웠던 일이 기억에 생생하다. 우두머리 지위를 차지하기까지 분투하는 동안 피건이 페이븐에게 의지했듯이, 마이크에게는 양철 깡통이 의지처였다. 이 상실감을 메우려는 노력으로 마이크의 과시 행동은 다른 방면으로 강렬해졌다. 아주 큰 돌을 집어 던지고 커다란 가지를 골라 땅에 끌다가 휘둘러 댔다. 어떤 때는 큰 가지 2개를 동시에 휘두르기도 했다. 한번은 양손에 야자나무 잎사귀를 들고 성체 수컷 무리를 향해 돌진하다가 잠시 멈추더니 거기에 가지를 하나 더 추가했다. 마이크는 애지중지하던 깡통 없이도 매우 서서히 다른 수컷들의 복종을 유지할 수 있다는 것을 깨달으면서 비로소 느긋해졌다.

그리고 10년이 흐른 지금, 피건은 그와 유사한 상황에서 아주 유사한 방식으로 대응했다. 과시 행동의 빈도와 강도가 갑자기 엄청나게 상승했고, 이러한 행동을 계획하고 수행하는 면에서는 대가가 되었다. 어떤 식이었냐면, 되도록이면 수상한 낌새가 없는 무리와 함께 있다가 조용히 높은 비탈로 올라가 과시 행동을 하며 아래쪽으로 돌진했다. 이렇게 하면 상대를 놀라게 할 수 있을 뿐만 아니라, 바깥에서 안으로, 높은 곳에서 낮은 곳으로 덮치기 때문에 상대의 기선을 제압할 수 있다. 물론 아래로 달리는 것이 체력 소모가 덜해 힘도 비축할 수 있는데, 상대가 저항하거나 반격해 이 과정 전체를 반복해야 할 때 이 비축해 둔 힘을 쓸 수 있다.

가장 효과적인 것은 아직 어둡고 무리의 나머지는 잠들어 있는 동틀 무렵에 나무 위에서 펼치는 과시 행동이었다. 이 행동이 시작되면 당황한 침팬지들이 비명을 지르고 잠자리에서 빠져나와 사방팔방으로 방방 뛰면서 숲은 난장판이 되었다. 피건은 이 가지에서 저 가지로 건너뛰고 풀며 나무를 뒤흔들고 큰 가지를 마구 꺾고, 덤으로, 운 나쁘게 걸린 하위 침팬지들을 두들겨 패기도 했다. 이런 혼란과 소음은 보고 들으면서도 믿어지지 않을 정도였다. 모든 것이 끝나자 신임 우두머리는 온몸의 털을 곤두세운 채 위엄 있게 앉아, 위대한 부족장이 그러듯, 수하들이 바치는 복종의 경례를 받았다.

강한 의지와 결단력, 엄청난 체력 소모 끝에 피건은 우두머리 지위를 지켜 냈다. 얼마 뒤 페이븐이 무리 영토의 중심지로 돌아오자 피건은 비로소 긴장을 늦추고 직접 싸워서 얻은 결실, 그러니까 무리 내 모든 구성원의 복종, 먹이 장소, 마음에 드는 성적으로 매력적인 암컷에 대한 선취권을 누릴 수 있었다. 권력 말이다.

페이븐이 돌아온 지 얼마 안 된 어느 날, 한동안 따로 행동하던 두 형제가 떨어진 열매를 평화롭게 먹고 있는 수컷 3마리에게 다가갔다. 페이븐이 뒤를 바짝 따르는 가운데 피건이 겁주는 행동을 하자 그 셋은 비명을 지르며 부리나케 나무 위로 도망쳤다. 뜻한 바를 달성한 피건 형제는 털을 곤두세운 채 앉아 위쪽 가지를 올려다보았다. 신임 우두머리보다 몸집이 훨씬 크고 한창때인 수컷 세이튼이 황급히 내려오더니 큰 소리로 헐떡거리며 복종의 의사를 표하고는 입으로 피건의 허벅지를 눌렀다. 자신감이 충만해져서 긴장이 완전히 풀린 피건은 자기 앞에 조아리는 머리를 너그럽게 만져 주었다. 세이튼이 피건에게 붙어 털 고르기를 시작하자 호메오(Jomeo)와 험프리도 다가와 문안했고, 피건은 한동안 세 수컷에게 털 고르기를 받았다.

마비된 한쪽 팔 때문이었겠지만, 페이븐은 끝내 상위에 올라가지 못했다. 하지만 우두머리의 형으로서 다른 수컷들에게 전과는 다른 대우를 받았다. 적어도 피건이 있는 자리에서는 그랬다. 페이븐은 이 점을 상당히 빨리 알아차렸던 듯하다. 처음 3주간 자리를 비운 북부 외유 이후로는 피건 곁에서 2~3일 이상 떨어진 적이 거의 없었다.

성체 수컷들은 자신만의 활동에 상당히 많은 시간을 할애한다. 마이

6장 권력 107

크는 우두머리일 때조차 이따금 혼자만의 시간을 가졌다. 하지만 피건은 아주 어릴 때부터 무리에서 중심을 차지하고 싶어 했고 시끌벅적하고 걸핏하면 흥분하는 무리 속에 있을 때 가장 행복한 침팬지였다. 그에게는 암수 불문 다다익선이었다. 많은 시간을 피건과 함께 보내게 된 페이븐도 전보다 사교적으로 바뀌었다. 피건 형제는 공동체라는 바퀴의 회전축 같은 역할을 맡았다. 다른 침팬지들, 그중에서도 수컷들은 늘어져서 건들거리는 외팔과 곤두선 털로 이미 충분히 장엄한, 우두머리의 과시 행동에 합류하는 페이븐의 우람찬 걸음걸이에 매료되는 동시에 두려움에 떨었다.

우두머리를 차지한 첫 2년 동안 피건의 지위는 무소불위에 가까웠다. 말하자면 원하기만 하면 자기 눈에 들어온 어떤 암컷과도 짝짓기 독점권을 행사할 수 있었다는 뜻이다. 피건은 자기와 가까이 있는 암컷 친구에게 구애하려고 접근하는 수컷이 보이면 곧바로 겁박하며 그 암컷에게 관심을 표명했는데, 대개는 피건이 그 자리에 있는 것만으로도 다른 수컷들의 성적 접근은 저지되었다. 피건에게는 무리 내 암컷들을 돌아가면서 하나씩 그들이 가장 매력적인 시기(성기 부위 팽창 기간의 마지막 4~5일)에 차지하는 패턴이 정립되었다.

피건이 고기처럼 귀한 먹거리뿐만 아니라 성적 소유물도 대개는 형과 공유했기에 페이븐이 특권적 지위를 누린 것은 분명한 듯했다. 그리고 피건에게는 이렇게 너그럽게 베푼 데 대한 보상이 따라왔다. 피건이 다른 일로 잠시 현재의 여자 친구에게 신경 쓸 수 없는 동안 페이븐이 대신 감시해 준 것이다. 하지만 피건과 페이븐이 똘똘 뭉쳤다 해도 자기네 암컷들이 욕구가 좌절된 낮은 서열의 수컷들과 몰래 성교를 즐기는 것까지는 막을 수 없었다. 그런 기회는 이 우두머리 수컷과 그 형이 잠깐씩 다른 데 주의를 돌릴 때 찾아왔다. 예를 들면 피건과 페이븐이 고기를 노리며 콜로부스원숭이 무리 관찰에 집중하고 있을 때 수컷 3마리가 두 형제의 암컷과 연달아 교미에 성공한 적이 있다. 두 형제는 눈치조차 못 챘다.

암컷들이 이런 부정한 성행위를 기꺼이 받아들인다는 사실은 언제 봐도 놀랍다. 왜냐하면 잘못 들켰다가는 피건이 그냥 봐주고 넘어가는 법이 없는 데다가 바람 피운 대가로 심하게 두들겨 맞는 일도 잦았으니까. 이런 경우에는 암컷을 공격하는 것이 상대 수컷을 공격하는 것보다 더 말이 된다. 상대 수컷과 싸움을 벌인다면 암컷은 다시 무방비 상태가 될 것이고 그러면 또다시 부정한 짝짓기 기회를 주는 셈이 되니 말이다.

피건의 암컷과 몰래 짝짓기하는 데 가장 많이 성공한 것은 사춘기 수컷 고블린이다. 고블린은 섹스에 환장했고 피건에게도 환장했다. 피건이 고블린을 경쟁자로 여기지 않았던 까닭에(피건이 권좌를 차지했을 때 겨우 9세였으니까.) 고블린은 이 우두머리 수컷이 성욕을 해소하는 상대 암컷 곁에 놀라울 정도로 가까이 접근하는 것이 매번 허용되었다. 덕분에 피건이 주의를 아주 잠깐 다른 데로 돌려도 그 틈을 이용할 수 있었다. 골반 밀기 10회에서 12회면 성교가 성립하므로 아주 짧은 틈이면 충분했다. 암컷이 협조하는 한 그렇다는 뜻인데, 무슨 이유에서인지 대부분은 협조했다. 피건이 무성한 덤불 속을 앞장서서 나아가는 동안 고블린은 유혹적인 분홍빛 엉덩이에 바짝 접근해 다니다가 수시로 몇 초간의 성적 희열을 낚아채곤 했다.

사춘기 수컷에게는 성체 수컷 중 누군가를 '영웅'으로 선택하는 습성이 있다. 어린 수컷은 모든 성체 수컷에게 주의를 기울이지만 그중에서도 자신이 영웅으로 정한 성체 수컷을 제일 면밀하게 지켜보면서 영웅이 가족을 떠나 다른 지역으로 여행할 때 십중팔구는 동행한다. 의심의 여지 없이 고블린에게는 피건이 영웅이었다. 고블린은 피건을 골똘히 관찰한 뒤 그 행동을 따라하곤 했다. 어느 날 피건이 큰 나뭇가지를 끌어당겨 바닥에 때려 대고 쿵쿵거리며 땅을 짓밟고 큰 나무를 탕탕 두드려 대는 웅장한 과시 행동을 펼치고 있었는데, 신중하게 거리를 두고 지켜보던 고블린이 피건의 과시 행동을 모방해, 그 순서 그대로, 동일한 나뭇가지를 땅에 끌어당기고 동일한 나무를 두드려 댔다. 피건이 마이크의 빈 양철 깡통으로 연습하던 때가 떠올랐다.

피건은 끈질기게 그림자처럼 따라다니는 이 어린 수컷에게 대단히 너그러웠지만 고블린이 너무 가까이 붙는다는 느낌이 들면(가령 식사할 때) 살짝 위협하는 동작을 취하는 경우도 아주 가끔 있었다. 이 동작이 나오면 고블린은 냉큼 잘못했다고 빌었다. 자신을 섬기는 이 어린 수컷이 다른 수컷들과 말썽에 휘말리면 피건이 나서서 편들어 주기도 했다. 우리는 두 수컷의 이 특별한 관계가 미래에 둘 모두에게 얼마나 광범위한 영향을 미칠지 미처 알아보지 못했다.

권력자 수컷의 통치 아래에서 무리 내 다른 구성원들의 갈등은 최소한으로 유지된다. 우두머리가 자신의 지위를 이용해 하위 구성원들이 서로 싸우는 상황을 막기 때문이다. 우두머리의 그런 행동이 어떤 동기에서 비롯되는지 항상 명확하지는 않다. 순수하게 약자를 돕고 싶은 욕구인 경우도 있겠지만, 다른 수컷이 싸움을 벌이는 것을 자신의 지위에 대한 도전으로 여기는 경우도 있다. 나는 재회로 흥분한 피건과 페이븐이 뭉쳐서 암컷을 공격한 일을 기억한다. 하지만 몇 달 뒤 어린 셰리(Sherry)가 같은 암컷을 공격하자, 피건은 마치 중세 기사라도 된 양 돌진하더니 셰리를 때려눕히고는 공격당하던 암컷을 '구조'했다. 하위 구성원들에게 일어나는 일에 개입하는 동기가 무엇이든 간에 피건이 행동에 나섬으로써 무수히 일어나는 소소한 다툼이 마무리되었다. 그뿐만이 아니다. 싸움을 벌이려다가도 피건이 있는 자리에서는 조금 더 자제하는 모습을 볼 수 있었는데, 우두머리를 화나게 할 수도 있다는 생각이 작동했을 것이다. 이렇듯 피건은 우두머리 지위에 있는 동안 공동체의 화합 분위기를 고양하고 유지하는 데 이바지했다.

피건 통치기 2년 차에 학생 데이비드 리스(David Riss)와 커트 버시(Curt Busse)가 피건을 관찰해도 될지 물었다. 50일 연속 추적으로 피건의 이동 경로, 행동, 다른 침팬지들과의 관계를 기록하고 싶다는 요청이었다. 자신이 없었다. 이것이 과도한 침범이 되어 피건을 불편하게 하거나 짜증 나게 만들지도 몰랐다. 하지만 전례가 없지는 않았다. 6년 전 플로의 마지막 출산 과정을 지켜보기 위해 16일 연속 추적을 시도한 바 있다. 비록 플로가 밤중에 출산하는 바람에 실패로 돌아갔지만. 플로는 우리의 추적을 전혀 개의치 않는 모습이었는데, 피건도 플로만큼이나 인간에게는 관대했다. 결국 두 학생의 요청을 승낙했다. 피건의 기분이 상한 듯이 보이면 뒤따르기를 취소한다는 조건을 달았다.

이 마라톤 추적은 1974년 6월 30일에 시작해 8월 18일까지 이어졌다. 데이비드와 커트는 현장 보조를 1명씩 동반해 4일마다 교대해서 움직였다. 한 사람이 피건을 따라 산을 돌아다니는 동안 다른 한 사람은 수집해 온 정보를 정리해서 기록하기 위한 방법이었다. 4일간의 고된 추적 뒤에는 휴식도 필요했고. 50일 동안 피건과 함께하면서 곰베 역사에서 가장 강대한 우두머리의 하나로 꼽히는 수컷의 전성기 행동과 사회생활에 관한 소중한 정보를 얻을 수 있었다.

그 시절 캠프 내 학생 전원이 모이는 저녁 식사 시간은 방대한 정보 교환의 장이었다. 식탁을 둘러싸고 많은 이야기가 오갔다. 캐럴라인 튜틴(Caroline Tutin)은 여러 암컷의 성생활을 이야기했고, 퓨지 박사는 침팬지의 사춘기에 대해, 리처드 월터 랭엄(Richard Walter Wrangham, 1948년~)은 식생활과 영역 활동에 대해 이야기했다. 침팬지 모자 장기 연구에 참여

중인 학생들은 유아 침팬지의 발달과 관련된 일화를 수없이 들려주었다. 이제 여기에 피건 일일 보고회가 추가되었다.

50일 추적기 동안 생식기가 분홍으로 부풀어 오른 두 암컷이 성적으로 인기가 높았는데, 피건이 그 둘을 하나씩 돌아가면서 독점했다. 그 상대 중 첫 번째가 지지다. 덩치가 크고 불임이어서 임신과 출산으로 중단되는 일 없이 1965년부터 꾸준히 성적 주기를 보여 온 지지는 많은 면에서 남성적이었다. 성격이 독립적이고 수컷의 협박에 쉽사리 굴하는 법이 없었다. 지지는 생식기의 분홍빛이 절정에 이른 며칠 동안 피건의 활동을 통제했고, 그럼으로써 무리 전체를 지배했다. 예를 들면 어느 날 무리가 콩과 식물인 키품베가 있는 곳으로 향할 때였다. 지지가 갑자기 진로를 이탈해 덤불 속으로 뛰어들자 피건과 페이븐은 곧장 지지를 뒤따랐다. 다른 침팬지들은 어슬렁거리며 기다리다가 일부는 근처 나무에 올라가 다른 열매를 먹었고, 나머지는 땅에 앉거나 드러누웠다.

지지는 군대개미의 집으로 향했다. 강력한 턱으로 물어뜯어 공격하는 이 군대개미가 침팬지들에게는 더할 나위 없는 별미다. 목표점에 도달하자 지지는 근처 덤불에서 기다란 직선 모양의 가지를 하나 부러뜨려 잔가지는 쓸어내고 껍질을 살살 벗겨 1미터가량 되는 탄력 좋은 낚싯대를 완성했다. 그러고는 주저 없이 개미집 입구로 손을 집어넣어 마구 쑤시자 개미들이 떼 지어 나오기 시작했다. 재빨리 낚싯대를 개미집 속으로 밀어 넣고 잠시 기다린 뒤 꺼내자 개미 떼가 바글바글 붙어 있었다. 지지는 노련한 동작으로 막대를 쓸어서 떨어져 나온 개미 덩어리를 입속에 밀어 넣고는 아작아작 씹었다. 아닌 밤중에 침입을 당한 군대개미 군체가 밖으로 쏟아져 나오자 지지는 근처에 있던 어린 나무 위로 올라가 낚싯대를 드리우고 식사를 이어 갔다. 이 습격의 주범을 찾아 응징하려는 개미들을 물리치느라 간간이 발을 구르거나 나무 줄기를 발로 차기도 했다. 한 손으로 어린 나무를 붙들고 다른 손으로 낚시를 하던 지지는 낚싯대를 발로 옮기고 자유로워진 손으로 개미를 입속에 밀어 넣었다. 결코 쉬운 동작이 아니었으나, 지지는 포기할 줄을 몰랐다.

그사이에 피건도 군대개미 낚시를 시작했다. 하지만 10분 만에 낚싯대를 놓고는 자기 팔다리로 올라오는 개미를 뜯어 내기에 바빴다. 피건이 내던진 낚싯대를 페이븐이 집어 들었지만 1~2분 해 보고 그만두었다. 두 형제는 바로 맞난 키품베 열매 쪽으로 떠났다.

하지만 지지는 따라가지 않고 개미집 바로 위 낮은 가지에 아예 자리를 잡고 앉았다. 상대적으로 안전한 이 자리에서 지지는 계속해서 개미를 잡아먹었다. 피건과 페이븐은 앉아서 기다리는 수밖에 없었다. 얼마 뒤 페이븐은 누워서 눈을 감았다. 하지만 피건은 점차 인내심을 잃어 갔다. 일곱 차례나 '가자!'라는 의미의 헐떡거림으로 종용해 보았지만 지지는 완전히 무시했다. 피건은 어쩌다 한 번 작은 가지를 지지 쪽으로 흔들어 자기를 따라오라는 의사를 표시했지만 아주 격한 행동은 아니었다. 지지는 눈길도 주지 않고 45분 동안 개미 낚시에 열중하고 나서야 그만두고 피건에게 합류했다. 그런 뒤 셋은 나머지 무리 뒤를 따라 이동했다.

그다음 날 지지가 선호하는 먹이가 자기와 맞지 않자 페이븐은 나머지 무리와 함께 떠났다. 하지만 피건은 신의를 지켰다. 5건의 각기 다른 사건으로 나뉘지만, 피건이 그날 지지를 기다려 준 시간은 도합 1시간 20분이다. 지지가 식사하는 동안 피건은 참을성 있게 기다리면서 한 번씩 '그만 가자!'라는 의미로 나긋하게 투덜거린 것이 전부였다. 지지는 식사를 다 마치고 나서야 밑으로 내려와 앞서가는 피건을 차분히 따라갔다. 이튿날 아침, 지지의 팽창했던 생식기가 가라앉자 피건의 독점욕도 끝났다.

피건과 페이븐이 동시에 지지의 춤을 보는 관객이 되는 짧은 며칠 동안 좀처럼 만나기 힘든 사건이 일어났다. 커트가 추적한 날에 벌어진 일이었다.

"잠자리에서 나서자마자 페이븐과 지지가 짝짓기하는 장면을 제가 보았습니다." 저녁 식사 시간에 커트가 이야기를 시작했다. "갑자기 피건이 이 일을 알아차리고는 온몸의 털을 곤두세우고 공격하기 시작했어요. 정말로 페이븐의 등을 짓밟는 겁니다. 세 번 밟았어요. 상당히 강했어요. 그러자 페이븐이 마구 비명을 지르더니만 우아아 소리로 짖었습니다. 피건은 공격을 멈추고 곧장 지지와 짝짓기를 하더군요."

"피건이 자기 암컷을 페이븐과 공유하는 것에 싫은 내색을 한 것은 이번이 유일하지 않나요?" 내가 물었다.

"전에 한 번 본 적 있어요." 캐럴라인이 말했다. "페이븐이 무성한 덤불 속에서 짝짓기할 때였어요. 피건이 한동안 그게 누구인지 알아차리지 못했던 게 아닌가 싶어요. 서로를 알아보고는 둘 다 어찌나 놀라던지요!"

어느 날 저녁, 커트가 이와 관련한 흥미진진한 이야기를 들려주었다. 피건은 페이븐, 세이튼, 고블린, 그리고 네 암컷과 함께 비비를 사냥하기 위해 출발했다. 페이븐과 고블린이 앞에 앉아서 감시하고 피건이 한 비비 모자(어미와 작고 까만 새끼)가 있는 나무 위로 느릿느릿 올라갔다. 하지만 비비 어미는 기민하게 알아채고 움직였고 피건이 허둥지둥 뒤쫓았지만 가뿐하게 달아났다.

"그게 누구였는지 확인됐나요?" 비비를 연구하는 학생 토니 콜린스(Tony Collins)가 물었다.

"네. 그 D 무리의 시각 장애 새끼의 어미였어요. 이름이 뭐였더라…… 호키티카(Hokitika) 아닌가요?"

"무사히 달아났다니 다행입니다." 비비 연구 팀의 다른 학생 크레이그 패커(Craig Packer)가 말했다. 우리 모두 안도했지만, 눈이 보이지 않는 새끼 비비의 미래가 장밋빛일 리는 없었다. 결국 이 새끼 비비는 일주일 뒤에 어미를 잃었다.

그 뒤로 피건은 한동안 나무 위 자리를 지키면서 사방을 살피더니 갑자기 땅으로 내려와 서둘러 비탈을 내려갔다. 가지는 다 잘려 나가고 그루터기만 남은, 그저 기둥에 지나지 않는 키 큰 고목으로 다가갈 때는 움직임이 더 조심스럽고 조용해졌다. 이파리 사이로 지켜보던 커트는 그 고목 우듬지 가까이에 아주 작은 비비가 있는 것을 알아보았다. 갓난아기에 지나지 않는 어린 비비였다. 30미터 거리에서 성체 수컷 비비가 먹이를 먹고 있었지만 피건이 새끼를 노리며 살금살금 내려오는 것은 알아차리지 못했다.

"피건이 갑자기 새끼를 향해 속도를 높였어요. 거의 다 잡았죠. 그런데 어떻게 했는지 빠져나와서 땅으로 뛰어내린 거예요. 놀라웠습니다. 적어도 10미터가 넘는 높이였는데, 거기서 뛰어내리더라고요. 그런데 고녀석이 착지한 지점이 딱 페이븐과 고블린 사이였다는 것 아닙니까!"

"이제 잔학한 살해 장면을 묘사하려는 것 같은데요." 비비 연구 팀의 다른 학생 줄리 존슨(Julie Johnson)이 말했다. "전 이제 듣고 싶지 않군요."

"아닙니다. 녀석은 무사했어요." 커트가 줄리를 안심시켰다. "바로 그 순간 성체 비비가 돌아와 엄청난 소란이 일어났어요. 새끼 비비는 도망갔고, 성체 수컷 비비가 고블린에게 맹렬하게 울부짖더니 굉장한 싸움이 벌어졌어요. 어떻게 한 건지는 모르겠는데, 어쨌거나 고블린이 싸움에서 이기고 새끼를 쫓아갔죠. 그 순간, 다른 성체 수컷 비비가 나타났어요. 우린 바로 알았죠. 브램블(Bramble)이라는 걸. 브램블이 페이븐을 위협하기 시작할 때 암컷 비비 둘이 합류했어요. 페이븐은 겁먹고 나무 위로 후다닥 도망쳤어요."

"피건이 도와주지 않았나요?" 내가 물었다.

"아뇨. 가만히 앉아서 구경하더라고요. 그 새끼 비비를 잡을 뻔했던 그 자리에서요. 그러고는 잠시 뒤에 밑으로 내려왔고 침팬지들은 모두 떠났어요."

그 50일의 추적 관찰 기간에 피건이 사냥에 나선 날은 상대적으로 드문 편이었다. 그는 거의 사냥에 나서지 않았다. 콜로부스원숭이 8마리를 사냥해 7마리를 죽인 것이 전부였다. 그런데 이 7마리 중 3마리가 유능한 사냥꾼 피건의 몫이었다.

피건이 무리의 영토 변두리로 이동하는 날도 많지 않았다. 남단 인근 카하마(Kahama) 공동체와 겹치는 영토로 딱 한 번 여행했을 뿐이다. 카하마 침팬지들로 추정되는 무리의 외침을 듣자 몹시 흥분해 서로 껴안고 싱글벙글하면서 소리를 내지 않고 이동하면서 이따금 높은 능선에 올라 남쪽을 관찰했다. 하지만 더는 아무 일도 일어나지 않자 곧바로 다시 북쪽으로 돌아오면서 여러 차례 요란한 외침과 과시 행동을 펼쳤는데, 타 집단에 접근하는 동안 쌓인 긴장을 해소하는 행동으로 보였다.

예상한 대로, 피건은 다른 어느 수컷보다 페이븐과 많은 시간을 함께 보냈고, 어린 고블린이 이들을 자주 따라다녔다. 피건은 지지와도 많은 시간을 함께 보냈는데, 생식기가 팽창하는 배란기만이 아니라 지지가 성적 흥미를 느끼지 않는 동안에도 그랬다. 여동생 피피와 어린 조카 프로이트와도 자주 같이 지냈다. 무리 구성원 가운데 이들과 보내는 경우는 주로 편안하게 노는 느긋한 시간이었다. 이들과의 관계에서 서열 상위는 명확히 유지하더라도, 재회하는 동안 잠시 긴장된 순간을 제외하면, 강한 힘과 지배력을 과시해야 할 필요를 느끼지 않았다.

단 에버레드가 주변에 있는 경우, 거의 예외 없이 페이븐과 연합해 유별나게 격렬한 과시 행동을 보였고 횟수도 훨씬 잦았다. 최상위 권력을 차지한 것은 자신이며 형이 굳건히 힘을 보태 주고 있고 에버레드에게 완승을 거둔 것이 1년도 지나지 않아 기억 속에 생생하게 살아 있음에도 피건은 이 사춘기 시절의 경쟁자에게 여전히 위협을 느끼는 듯했다.

어느 날 저녁, 평소와 다름 없이 모두가 모인 식사 자리에 데이비드가 흥분해서 뛰어들어 왔다.

"오늘 제 두 눈이 의심스러운 장면을 봤습니다. 에버레드가 공격당했어요. 장장 2시간 가까이 끝날 줄을 모르더라고요." 데이비드가 말했다.

사건은 에버레드가 혼자 무리 속에 들어갔을 때 일어났다. 에버레드에게는 피건과 페이븐이 보이지 않았다. 무리가 무성한 덤불 속에서 식사하고 있었기 때문이다. 둘이 순식간에 공격해 오자 에버레드는 비명을 지르며 곧장 나무 위로 도망갔다. 피건과 페이븐은 그 밑에서 몇 차례 과시 행동을 한 뒤, 아래쪽 가지에 앉아 털 고르기를 시작했다.

"측은했어요. 에버레드가 5~6미터 위쪽에서 거의 쉴 새 없이 낑낑거리고 나지막한 소리로 울부짖었죠. 에버레드는 내내 눈을 떼지 않고 지켜보는데, 그 둘은 본 체 만 체하고 계속 털만 고르더군요.

그러고 나서 피건과 페이븐은 나무에서 내려가더니 근사한 과시 행동을 한 차례 했습니다. 30분 동안 네 차례 둘이 뭉쳐서 과시하고 다녔어요.

그러다가 진짜 공격이 시작됐습니다. 피건이 시작했어요. 에버레드가 있는 나무로 펄쩍 뛰어오르더니 가지를 옮겨 타면서 에버레드를 쫓았어요. 에버레드가 아슬아슬하게 다른 나무로 건너뛰었지만 피건이 곧장 따라갔어요. 페이븐은 밑에서 으르렁댔고, 에버레드는 기겁해서 계속 비명을 지르며 피건과는 되도록 거리를 좁히지 않으려 애썼죠."

데이비드가 잠시 말을 멈췄다. "지켜보는 내내 정말 끔찍했어요. 고양이가 생쥐를 데리고 노는 격이었죠. 피건과 페이븐이 봐준다면 모를까,

에버레드가 거기서 벗어날 길이 없다는 건 누가 봐도 뻔하니까요."

우리는 모두 그다음은 어떻게 되었을지 잔뜩 긴장해서 기다렸다. 데이비드가 이야기를 이어 갔다.

"에버레드가 갑자기 건너뛰었습니다. 또 다른 나무로요. 피건이 뛰어서 쫓아가는데, 밑에 있던 페이브도 갑자기 뛰어 올라왔죠. 에버레드가 그 중간에 끼어 버린 셈이죠. 둘이 동시에 에버레드를 덮쳤어요. 셋이 한 덩어리가 되어 땅바닥에 떨어져 한참을 치고받았죠. 가엾은 에브 형님이 도망칠 때까지요."

'가엾은 에브 형님'을 피건 형제는 계속 쫓아가 다시 꼼짝 못 하게 몰아넣고 공격했다. 에버레드는 가까스로 한 나무로 도망갔지만 공격자들은 흥분해서 10분 넘게 과시 행동을 지속하다가 (아마도 다른 성체 수컷이 현장에 나타난 덕분일 텐데) 에버레드를 놔주었다. 그때까지 비명을 지르던 에버레드는 마침내 도망갈 수 있었다.

1개월 뒤에 피건과 페이브은 2주 동안 나타나지 않던 에버레드와 다시 마주쳤다. 커트가 이들이 높은 나무 위에서 재회하는 순간을 포착했다. 팽팽한 긴장이 감도는 극적인 순간이었다. 피건과 에버레드는 포옹했고, 둘 다 소리를 질러 댔다. 현장에 있던 다른 침팬지들은 골똘히 지켜보았다. 모두가 굉장히 흥분해서 요란하게 비명을 질렀다.

"저는 밑에서 이 현장을 올려다보고 있었습니다. 벌어지는 상황을 최대한 그대로 보기 위해서 최선을 다한 겁니다." 커트가 말했다. "그 순간, 무슨 일이 일어났는지 상상이 가십니까." 커트는 극적으로 말을 멈추었다. 우리는 다음에 어떤 일이 벌어졌을지 궁금해서 견딜 수 없었다. "공포와 흥분이 내장에 무슨 일을 일으키는지는 다들 익히 아실 겁니다." 커트가 말을 이었다. "그 더러운 무리의 한 놈이, 지지였을 거라고 장담할 수 있습니다만, 갑자기 확 풀어 버렸지 뭡니까. 내가 온몸에 흠씬 뒤

집어썼습니다. 그 뜨뜻미지근한 똥을요!"

물론 안타까운 마음이 없지는 않았으나 괴로우면서도 아닌 척 애쓰는 커트의 모습에 우리는 배를 잡고 굴렀다. 흥분된 상황이 한창인데 그 와중에 냇물에 몸을 씻으러 가야 했다니, 가엾은 커트. 그나마 냇물이 가까이 있었기에 망정이지! 다행히도 한 조로 나간 에슬롬 음퐁고(Eslom Mpongo)가 그때 벌어진 싸움을 상세히 기록했다.

그 싸움에서 에버레드는 총 5회 침팬지의 공격을 받았다. 험프리와 지지, 사춘기 수컷이 피건과 페이븐에게 가세했다. 공격은 눈으로 보고도 믿기 어려울 정도로 폭력적이었다. 이야기로 전해 듣는 우리도 믿기 어렵기는 매한가지였다. 에버레드가 그 공격에서 몇 군데 작은 부상만 입고 버텨 냈다는 사실이 놀라웠다. 에버레드는 그 공격 이후 나무에 오르지 않고 바닥에 있다가 다른 침팬지들이 잠자리에 든 뒤에 그곳을 떠나 2주 동안 나타나지 않았다.

이 가혹한 박해 이후 에버레드가 공동체 영토 중심부에서 보내는 시간이 점차 줄어든 것은 결코 놀라운 일이 아니었다. 페이븐의 도움을 받은 피건이 에버레드를 카세켈라 공동체에서 완전히 몰아내려고 했던 것이 아닌가 싶다.

그러더니 상황이 급변했다. 우두머리 수컷 지위를 차지한 지 거의 만 2년 만에 피건의 절대 권력 시대는 막을 내렸다. 페이븐이 사라진 것이다. 이번에는 영구적이었다. 다른 수컷들도 서서히 바뀐 상황을 파악한 듯 노출된 피건의 약점을 이용하기 시작했다. 두셋 혹은 그 이상의 수컷이 집단으로 우두머리를 공격하곤 했고, 피건은 권좌를 탈환하지 못했다.

하지만 그 무렵인 1975년 6월에 곰베에는 그 사건을 기록할 미국 학생도 유럽 학생도 더는 남아 있지 않았다.

7장

변화

사진 제공: The Jane Goodall Institute.

1975년 5월, 공포의 밤이 닥쳤다. 무장한 남자 40명이 자이르에서 호수를 건너와 곰베의 학생 4명을 납치한 것이다. 이 사건에 관해 많은 이야기가 떠돌았는데, 용감한 이야기와 공포스러운 이야기가 뒤섞여 있었다. 나의 오랜 벗 라시디(Rashidi)는 주유소 열쇠가 어디 있는지 말하라는 무장한 무리에게 저항하다가 머리를 맞아 몇 개월간 한쪽 귀가 들리지 않았다. 당시 곰베에서 일하던 젊은 두 탄자니아 여성, 파크 워든(Park Warden), 에타 로하이(Etha Lohay)와 학생 애디 리아루(Addie Lyaruu)가 어둠을 틈타 한 학생 집에서 담장을 넘어 옆집으로 피한 뒤, 빠르게 숲을 헤치고 도망 나와 모두에게 납치 사실을 알렸다.

피해자들은 어디로 갔는가? 살아는 있을까? 호수에서 총소리가 들렸다는 기사가 나온 뒤로 한동안 우리는 인질들이 살해됐을지도 모른다고 생각했다. 비통한 시간이었다. 모두 곰베를 떠나야 했던 것은 말할 것도 없고. 우리는 얼마간 키고마에 묵으면서 가망이 없다고 생각하면서도 친구들의 소식이 들려오기를 빌었다. 감감무소식이었다. 나는 이 납치 사건이 일어나기 몇 달 전 재혼했는데, 두 번째 남편 데릭 브라이슨(Derek Bryceson, 1922~1980년)이 다르에스살람에 집이 있어서 모두 그리로 옮겼고, 학생들은 비좁은 손님 방에서 묵었다. 우리는 그곳에서 지내며 소식이 오기만을 기다리고 또 기다렸다. 영원 같은 시간이었다. 아무리 그 기다림이 지옥 같은들 납치된 친구들, 또 그 부모님과 일가친척이 겪을 정신적 고통에 비하겠는가.

일주일이 흘렀다. 한 달 같은 일주일이었다. 납치범들이 몸값을 요구하며 한 학생을 탄자니아로 돌려보냈다. 네 사람 모두 살아 있고 적어도 몸은 다치지 않았다는 사실을 알고 안도했던 순간, 미칠 듯이 기뻤던 그 순간은 영원히 잊지 못하리라. 하지만 협상은 지루하게 늘어졌다. 탄자니아, 자이르, 미국, 세 나라가 얽힌 정치적으로도 매우 민감한 문제였다.

다행히도 네 젊은이 모두 신체적으로만이 아니라 정신적으로도 건강했고, 서로 기운을 북돋울 수 있었다는 것도 다행한 일이었다. 하지만 몸값이 지불되고 동료들은 석방되는데 한 학생만 인질로 남겨진 그 며칠은 견딜 수 없는 고통의 시간이었다. 다시 2주가 지나서 마지막 학생도 석방되었다. 마침내 먹구름이 걷히고 환한 햇살이 쏟아지는 듯했다.

4명 모두가 시간이 지나면서 그 공포스러운 시련으로부터 회복되었다. 적어도 겉으로 보기에는 그랬다. 하지만 그 사건이 남긴 정신적 상처로부터 완전히 자유로워지는 것이 가능하겠는가. 없는 듯이 기억 속에 남아 있다가 몸이 아프거나 외로울 때, 혹은 우울할 때면 악몽으로 터져 나올 태세로 기억 속에 잠복하고 있지 않았을까.

납치 사건 당일 밤부터 마지막 인질이 석방된 날까지, 나는 근심과 절망에 짓눌려 곰베에서 진행하던 연구에 대해서는 아무 생각도 할 수 없었다. 한동안 나는 데이터 분석 작업을 조금씩 진행하면서 다르에스살람에 모인 이 소규모 인재들이 의욕을 잃지 않도록 애썼지만, 우리는 집중하기가 어려웠다. 나는 소설을 읽으며 소일했다. 학창 시절 이후로 그렇게 많은 소설을 읽은 것은 처음이었다. 하지만 인질이 석방되자 다시 연구소의 미래가 고민되었다. 나는 그 악몽 같은 몇 주 동안 데릭과 그럽을 데리고 국립 공원을 짧게 여러 차례 방문했다. 우리는 현장에서 일하는 사람들에게 용기와 힘을 불어넣어 주어야 했다. 우리가 기본적인 데이터를 지속적으로 기록할 수 있었던 것은 오로지 그들이 주도적으로 이끌어 간 작업 덕분이었다.

인질범들의 습격 직후에 경찰서 공안부에 소속된 별도의 특수 경찰대가 곰베에 파견되었다. 이 부대는 각종 긴급 상황에서 작전을 수행하도록 훈련된 정예 인력으로, 사건 이후 우리가 곰베를 방문하던 초반에 든든한 지원군이 되어 주었다. 이들은 몇 달 뒤 소규모 일반 경찰로 대체되었다. 아주 서서히 활동해도 안전하겠다는 판단이 들었고, 방문할 때 수상해 보이는 배가 있는지, 경찰이 우리를 숲까지 동행해 줄지 아닐지, 더는 애태우지 않아도 되었다. 하지만 1년 남짓 한밤중에 동력선이 멈추는 소리를 들으면 심장이 쿵쾅거리며 뛰기 시작했고 산으로 도망가야 하는 상황인지 아닌지 호수를 살펴보았다.

데릭의 도움이 없었더라면 나는 아마 그 인질 사건 이후 곰베에서 계속 남아서 활동하지 못했을 것이다. 1973년에 다르에스살람을 방문했을 때 데릭을 처음 만났는데, 우리는 서로에게 강하게 끌렸다. 데릭은 1951년에 처음 탄자니아에 들어왔다. 그는 제2차 세계 대전 때 영국 공군 전투기 조종사로 실전에 참가한 지 바로 몇 달 만에 중동 지역에서 격파당했다. 목숨은 건졌으나 척추에 부상을 입어 다시는 걷지 못할 것이라는 말을 들었다. 그때 나이 19세였다. 의사들이 틀렸다는 것을 증명하겠다고 결심한 데릭은 오로지 굳은 의지 하나로 지팡이 사용 요령을 익혀 한쪽 다리 근육만으로 걸을 힘을 키웠다. 다른 쪽 다리는 엉덩이에 매달려 대롱거렸지만. 운전도 배웠다. 발을 클러치에서 브레이크로 이동할 때는 왼쪽 다리를 손으로 들어서 움직여야 했지만 빠르고 능숙하게 차를 몰 수 있었다. 이동이 가능해지자 케임브리지 대학교에 진학해 농학 학사 학위를 받았다. 잉글랜드에서 일자리 제안을 받았지만 바로 거절했다. "의자에 앉아서 하는 편안한 농사일이었습니다, 장애인에게 맞는." 데릭이 내게 한 말이다. 그는 이 제안을 수용하는 대신 자금을 모아 케냐로 가서 2년 동안 농사를 지은 뒤, 당시 영국 보호령이었던 킬리만자로 산 기슭의 한 아름다운 농장에서 일하기 위해 영국 정부에 지원서를 제출했다. 여기에서 밀 농사로 승승장구하다가 탄자니아의 독립을 이끈 운동가 줄리어스 니에레레(Julius Nyerere, 1922~1999년)를 만났다. 그는 니에레레에게 깊이 감화되어 탄자니아 독립이라는 대의에 공감하게 되었고, 이것이 그의 인생 진로를 바꾸어 놓았다. 그는 탕가니카 아프리카 민족 연합(Tanganika African National Union, TANU)에 가입해 정치에 깊이 관여하면서 그토록 아끼던 농장을 포기하고 자산을 다르에스살람으로 옮겼다. 이렇게 자신이 선택한 나라에서 뿌리내리고 정치 활동에 참여하다가 1961년에 마침내 독립을 맞이했다. 내가 곰베에 들어온 직후였다.

데릭은 탄자니아(잔지바르 섬을 통합한 뒤 탕가니카에서 탄자니아가 되었다.)를 위해 많은 일을 했다. 다르에스살람 키논도니 선거구 의원으로 선출되었고, 5년마다 압도적 표차로 재선되었다. 내각의 여러 부처를 거쳤지만 5년 임기 농업부 장관을 연임하면서 탄자니아 농업 정책의 기틀을 닦은 일과 보건부 장관 5년 임기 동안 예방 의학 프로그램과 국민 영양 개선에 기여한 일로 가장 높이 평가받는다. 나와 만났을 때는 장관직에서는 물러났지만 현직 키논도니 의원이었고, 니에레레 대통령으로부터 탄자니아 국립 야생 동물 공원 원장으로 임명된 직후였다.

데릭과 결혼한 뒤, 나는 계속 곰베에서 지냈고 데릭은 4인승 단발 경비행기 세스나로 와서 이틀씩 묵고 가곤 했다. 데릭은 침팬지를 보고 싶어 했지만 산길이 워낙 가팔라서 야영지까지 올라가기가 쉽지 않았다.

우리는 가장 가파르고 위험한 산길을 깎아 층계를 놓고 그중에서도 가장 험악한 곳에는 밧줄을 설치했다. 매번 누군가가 부축해 줘야 했지만, 그는 이제 한 손은 지팡이를 짚고 다른 손으로는 이 줄에 의지해 혼자 힘으로 산을 오를 수 있었다. 아무리 그래도 우리에게는 10분 정도면 끝날 길이 데릭에게는 45분 동안 치러지는 인내력 테스트였다. 한번은 미끄러져서 꼬리뼈 부위로 떨어지는 바람에 며칠 동안 극심한 통증에 시달렸다. 그 자신은 전혀 내색하지 않았지만, 넘어졌다가 무릎이 뒤틀려 무시무시하게 부어오른 적도 있다. 이런 고생길인데도 데릭은 충분히 모험할 가치가 있는 여행이라고 우겼다.

데릭은 곰베를 방문하는 동안이면, 국립 공원 원장으로서 곰베에서 일어나는 모든 일을 속속들이 알려고 노력했다. 그렇기에 인질 사건 이후에 우리에게 그야말로 적재적소의 도움을 줄 수 있었다. 스와힐리 어에 능통하고 탄자니아 인의 기질을 잘 이해하는 데릭이 도와준 덕분에 나는 그들 스스로 훌륭한 일을 해낼 수 있다고 현지 직원들을 설득할 수 있었다. 그들은 지난 몇 해 동안 많은 경험과 지식을 쌓아 산악 지대 숲의 침팬지를 능숙하게 따라다니면서 이동 일지를 기록하고 행동 패턴과 먹이 식물을 알아낼 수 있었지만, 그래도 늘 학생들의 지침이 필요했고 '제인 박사님'이 항상 곁에 있어 줘야 했다. 이제는 우리 없이도 스스로 작업을 수행할 수 있음을 설득해야 했다.

나는 단기 방문 때마다 주민 직원들과 밀착해 작업하면서 그들이 정확하게 일하는지, 신뢰할 수 있는지를 지켜보았다. 우리는 다 같이 모여 토론도 했고, 내가 다르에스살람에서 진행하던 분석 결과로 강의도 했다. 우리의 연구를 과학 책으로 출판하기 위해 연구 결과를 종합해 정리하는 작업을 내가 시작했기 때문이다. 그들은 자신들이 수집하는 정보가 어떻게 사용될지 이해한 뒤로 일지를 작성할 때 도표와 지도를 그려 넣는 등 기록에 더 정성을 들였고, 서서히 작업에 자신감을 얻었다. 그들은 자발적으로 리더를 선출했다. 1968년부터 침팬지 연구 활동을 함께하기 시작한 힐랄리 마타마(Hilali Matama), 바로 뒤에 우리 팀에 합류한 에슬롬, 이 두 사람이었다. 1975년 무렵, 침팬지의 행동에 대한 이 두 사람의 지식은 이른바 전문가 못지않은 경지에 이르렀다. 아니, 웬만한 전문가보다 더 잘 알았다. 이 일이 그들에게는 삶의 보람이었고, 리더와 다른 팀원 모두가 침팬지들의 생애를 관찰하는 데 전념했다. 나는 곰베를 방문할 때마다 데이터를 더 정교하게 수집하는 법을 가르쳤고, 그들의 보고서는 갈수록 풍부해졌다. 뭔가 흥미진진하고 못 보던 일을 목격하는 경우에 사용하라고 녹음기를 지급한 뒤로는 관찰 내용을 구술했는데, 종이에 적는 보고서보다 훨씬 소상했다. 그들 대다수는 필기를 힘들어했고 속도가 느렸다. 한두 명은 우리 연구소의 직원이 되기 위해 최근에야 글을 깨친 판국이었으니.

탄자니아 현지인 직원들은 2인 1조로 일과 동안 최대한 긴 시간을 선정한 '표적' 침팬지를 따라다녔다. 가장 바람직한 방법은 밤새 머물렀던 잠자리를 떠난 순간부터 일몰 시각까지 추적하는 것이었다. 한 사람은 표적의 행동을 상세히 기록했다. 다른 한 사람은 이동 경로를 그리고, 먹이 목록을 작성하고, 도중에 만나는 다른 침팬지들에 대해 간단히 메모하는 등 그들이 표적 침팬지와 보낸 시간을 기록했다. 또 표적 이외의 개체들에 대해서도 흥미로운 일이 발생하면 기록으로 남겼다. 보통은 저녁 식사가 끝난 뒤에 추적조가 그날 본 일을 우리에게 이야기해 주었다. 우리는 집 앞 부드러운 모래밭에 옹기종기 모여 앉아서 정강이를 찰랑이는 물에 적시며 침팬지들의 사냥과 영토 경계선 순찰, 혹은 그날 관찰한 여타 재미난 사건을 묘사하는 스와힐리 인들의 음악 같은 말소리에 귀를 기울였다.

여러 무리가 섞여 새순으로 식사하는 장면.

휴식 중인 프로프.

침팬지는 우리 인간을 제외하면 다른 어떤 종보다 많은 목적으로 다양한 도구를 사용한다. 투비가 보여 주는 이 기술은 곰베 침팬지 고유의 전통으로 보인다. 포악한 군대개미를 국자로 푸듯이 퍼 먹는 기술이다.

그렘린과 갈라하드의 흰개미 낚시. (사진 제공: Ken Regan/Camera 5)

플로는 내가 곰베에서 만난 어떤 침팬지보다 나이가 많아 보였다. 40세보다는 50세에 더 가까울 것이다. (사진 제공: B. Gray)

플로가 플린트를 발에 매달아 놀아 주고 있다. 플로만의 놀이 방식이다. (사진 제공: Hugo van Lawick)

플린트를 안아 보라고 받은 피피가 어미의 동작을 모방해서 놀아 주고 있다. 나중에 피피도 자신의 새끼를 이렇게 잡는 모습을 종종 볼 수 있었다. (사진 제공: Hugo van Lawick)

폼. 사춘기에 겪는 문제들. (사진 제공: C. Tutin)

성체 수컷들과 마주쳐 불안해하고 긴장한 패션. (사진 제공: P. McGinnis)

어쩌면 폼은 이래서 긴장했는지도 모른다. 폼은 가끔 수컷의 얼굴을 특이하게 두드린다.

나이 든 플로(맨 왼쪽)가 손자를 들여다보고 있고, 플린트가 누나에게 털 고르기를 해 주고 있다.
(사진 제공: Hugo van Lawick)

피건과 그의 강한 가족. 왼쪽에서 오른쪽으로: 플린트(피피 앞), 플로와 새끼 플레임, 페이븐과 피건. 피건 가족이 다른 침팬지들의 부름 소리에 팬트후트로 답하고 있다. (사진 제공: P. McGinnis)

험프리가 지나가자 사춘기 피건이 팔과 손목을 굽히고 몸을 바깥 방향으로 기울여 경의를 표한다.

과시 행동을 하는 수컷은 실제보다 더 몸집이 크고 더 위험해 보일 수 있다. 공격하려는 의지 없이도 경쟁자를 위협할 수 있는 행동이다. (사진 제공: Hugo van Lawick)

에버레드의 과시 행동.

페이븐은 한쪽 팔이 마비되었지만 웅장한 과시 행동을 펼쳐 보였다. (사진 제공: Hugo van Lawick)

우두머리 수컷 시절의 피건. (사진 제공: Hugo van Lawick)

피건과 페이븐 형제. 피건이 페이븐에게 털 고르기를 해 주고 있다.

50일 동안 피건을 추적 관찰한 커트 버시와 데이비드 리스.

과시 행동 중인 피건. (사진 제공: Hugo van Lawick)

그럽과 마울리디. (사진 제공: Hugo van Lawick)

어느 날 집 베란다에 앉아 있는데 비비 암컷 앨지(Algae)가 갑자기 데릭의 어깨에 올라탔다. 데릭은 놀라움에 꼼짝도 못 하면서도 즐거워하고 있다.

고블린과 함께 있는 나, 왼쪽에서 오른쪽으로 음사피리와 힐랄리 마타마. (사진 제공: Earl Bateman)

오리온을 안고 있는 길카.

아기 사냥꾼 패션(뒤에서 엿보고 있다.), 폼, 프로프가 셋째 아기 오리온을 노리고 있지만, 험프리가 털 고르기를 해 주고 있어서 길카는 평온하다.

패션 가족의 소름 끼치는 식사 시간. 길카의 생후 3주 새끼 오리온을 나눠 먹고 있다. (사진 제공: E. Tsolo)

에버레드의 합류로 든든해진 길카가 앞서 함염 막대 쟁탈전에서 자기를 공격했던 피피에게 위협적인 행동을 하고 있다.

플린트가 험프리와 피피의 짝짓기를 훼방 놓는다. (사진 제공: P. McGinnis)

찰리와의 짝짓기에 편안하고 느긋한 피피. (사진 제공: P. McGinnis)

찰리의 구애. 땅을 주먹 관절로 때린다.

카세켈라 수컷들이 남부 카하마 공동체 영역을 향해 이동하고 있다. (사진 제공: C. Busse)

카세켈라 수컷들이 적대적인 북부 미툼바 공동체의 영역을 감시하고 있다. (사진 제공: C. Busse)

수컷들은 종종 무리 지어서 타 공동체 암컷을 공격한다. 자신이 속한 공동체 암컷들에 대한 공격은 짧게 끝나는 반면에 타 공동체 암컷에 대한 공격은 10분 이상 지속되어 심각한 부상을 입히며, 심지어 죽음에 이르게 하는 경우도 있다. (사진 제공: B. Gray)

휴와 찰리 형제. 이 형제에게서 카세켈라 공동체의 분열이 시작되었다. 이들은 나란히 과시 행동을 펼쳐 북부 수컷들을 공포에 몰아넣었다. 찰리(카메라와 가까운 쪽)는 카하마 공동체의 우두머리 수컷이 되었다. (사진 제공: B. Gray)

직원들이 흥미를 보이는 대목은 저마다 달랐다. 힐랄리는 우두머리 수컷에 관심이 있었다. 페이븐이 죽은 뒤 다른 수컷들이 무리를 짜서 피건에게 도전하던 그 어수선한 몇 달 동안 힐랄리는 (다른 남자 직원들도 마찬가지였지만) 이 상황에 대해 점점 더 자주 보고했고 갈수록 더 열광했다. 평생 가까운 동맹(처음에는 어머니, 그다음에는 형)의 지원에 의지해 온 피건에게 페이븐의 역할을 대신할 누군가가 필요하다는 점이 누가 보아도 분명했다. 피건의 선택은 왕년에 모질게 싸웠던 경쟁자, 험프리였다. 이해할 만한 선택이었다. 험프리가 모든 수컷 중에 피건에게 가장 두려운 존재였다가 가장 대대적인 패배로 크게 타격을 입었기에 이제는 가장 덜 위협적인 존재였다. 험프리는 다른 수컷들이 덤볐을 때 적극적으로 피건을 도운 적이 없기에 페이븐의 지위를 대신할 수는 없겠지만, 그렇다고 다른 수컷들과 무리 지어 **맞선** 적도 없기에 피건이 불안을 달래고 싶을 때 의지할 만한 상대는 될 수 있었다.

페이븐이 사라진 지 8개월 정도 되는 3월의 어느 날 저녁, 힐랄리가 그날 있었던 일을 어서 이야기해 주고 싶어서 안달 난 얼굴로 찾아왔다. 그는 평소처럼 큰 무리와 함께 움직이는 피건을 따라다녔다. 세이튼이 무리에 합류하면서 갑자기 소란이 일어났는데, 성체 수컷 4마리(세이튼, 에버레드, 호메오, 셰리)가 연합해서 우두머리를 향해 연달아 과시 행동을 전개했다. 40분 간격으로 3회에 걸쳐 자신을 향해, 혹은 자기 주위를 빙빙 돌면서 펼쳐진 과시 행동에 피건은 비명을 지르며 달아났다. 겨우 높은 나무 위로 피신했지만 넷은 봐주지 않고 우듬지까지 쫓아왔다. 피건은 겁에 질려 옆 나무로 와락 뛰다가 땅에 쿵 떨어져 한 500미터를 고양이에게 쫓기는 생쥐처럼 꽁무니 빠지게 달아났다. 힐랄리는 기진맥진하고 눈썹에서 땀이 쏟아지는데도 간신히 따라붙어 피건을 보았는데, 여전히 큰 소리로 비명을 지르면서 험프리 주위에서 팔을 휘두르고 있었다. 힐랄리는 피건이 그 높은 나무에서 자기를 도와줄 동맹을 발견한 것 같다고 했다. 어쩌면 우연히 만났는지도 모르지만. 연합한 네 수컷은 피건과 험프리를 향해 계속 도발했고, 둘은 꼭 붙은 채 서로에게서 위안을 구했다.

성체 수컷들 간에 긴장이 팽팽했던 그 소란스러운 몇 달 동안 이와 비슷한 사례가 다수 보고되었다. 험프리는 피건 곁에 있을 때는 매번 피건에게 정신적으로 힘이 되어 주었다. 피건이 험프리에게 어느 정도로 의지했는지는 하미시 음코노(Hamisi Mkono)가 추적한 어느 날에 벌어진 일이 잘 보여 준다. 무성한 덤불 속에서 식사하는 동안 두 친구는 잠시 떨어졌다. 험프리가 곁에 없다는 사실을 갑자기 깨달은 피건이 울더라면서 "알리안자 쿨리아 카마 음토토. (Alianza kulia kama mtoto. 어미 잃은 아이처럼 낑낑 울었다.)"라고 하미시가 웃음을 터뜨리며 말했다. 피건은 나무에 올라가 사방을 살피더니 급히 친구를 찾으러 나서면서 수시로 온 힘을 다해 외쳤다. 그 구원 요청 비명이었다. 20분쯤 지나 험프리를 발견하고는 와르르 달려가더니 형님의 털을 골라 주기 시작했다. 그러고는 차츰 진정했다.

피건이 우두머리 수컷의 지위를 영원히 잃었을 것이라고 생각하기 쉬울 것이다. 사실 9개월 정도 곰베에는 확실한 우두머리 수컷이 없었다. 혼자 있거나 둘이 있는 수컷을 만날 때는 우두머리 지위를 지키는 일이 가능하다. 실제로도 그랬고. 하지만 서넛이 무리를 지어 공격할 때면 피건은 비명을 지르며 달아났다. 나는 지금까지도 묻곤 한다. 다른 수컷들은 그런 기회가 생겼을 때 왜 힘을 합해 피건을 확실하게 공격하지 않았을까? 아무도 그러지 않았다. 가장 격한 공격이라고 해 봐야 털을 곤두세우고 초목을 세차게 흔들어 대고 돌멩이를 던지는 과시 행동이었고 매번 참여자들이 갑자기 몰려들어 소리 지르다가 다 같이 열광적으로 털 고르기를 해 주는 순서로 끝났다. 털 고르기를 하면서 모든 참여자가 서서히 진정했고 얼마 뒤에는 다 같이 떠났다.

이 동요의 기간에 성적으로 인기 있던 암컷 팔라스(Pallas)가 새끼를 잃은 뒤 처음으로 다시 발정기에 돌입했다. 확실한 우두머리가 없는 상황에서 팔라스의 발정기는 수컷들 사이에 대혼돈을 야기했다. 피건에게는 이제 팔라스처럼 인기 높은 암컷을 독점할 힘이 없었다. 그 경쟁자들도 마찬가지였다. 그러자니 덩치 큰 수컷이 팔라스의 나무(팔라스는 거의 대부분의 시간을 나무 위에서 보냈는데, 단순한 자기 보호 행위였을 것이다.)로 기어오를 때마다 수컷들 사이에서는 아수라장이 벌어졌다. 이런 대담한 구애자는 나무 위로 쫓아 올라온 다른 수컷 1~2마리에게 공격당해 구애에 실패하거나, 구애에 성공할 경우에는 성행위 장면이 기폭제가 되어 구경꾼들의 공격이 개시되었다. 그러면 얼마 동안 털 곤두세운 수컷들이 험악한 표정으로 돌을 던지는 공격이 벌어졌고 가끔은 재수 없이 걸린 암컷이나 어린 수컷이 이들에게 붙잡혀 얻어맞기도 했다. 자기네끼리 짧지만 격렬한 싸움을 벌이는 경우도 있었다. 팔라스가 직접 공격당하는 경우는 드물었지만, 그럼에도 극도로 긴장된 이런 상황이 벌어지는 내내 고통을 겪는 것은 피할 수 없었다.

이 엄청난 10일간 고블린(자신의 영웅이 잠정적으로 권좌에서 쫓겨났음에도 여전히 충성스럽게 피건을 추종했다.)은 시종일관 팔라스에게 가까이 붙어 지냈다. 이 용맹함 탓에 공격받기도 했지만 연장자들이 접근권을 놓고 싸우는 동안 신속한 짝짓기에 여러 차례 성공했다.

9개월간의 긴장과 불안을 견뎌 낸 피건은 다시 한번 우두머리 수컷의 지위에 올랐다. 비록 절대적 군림의 시절은 영원히 돌아오지 않았지만. 페이븐이 우두머리의 형이라는 위치에서 덕을 보았다면, 험프리는 우두머리의 '절친'이라는 지위로 덕을 보았다. 힐랄리는 피건(힐랄리가 제일 좋아하는 침팬지였다.)이 어느 사냥에서 새끼 붉은콜로부스원숭이 2마리를 포획한 일을 기록했다. 첫 번째는 보자마자 어미를 붙잡아 품속에서 새끼를 잡아챈 뒤 잽싸게 머리를 물어서 죽였다. 그러고는 바로 먹지 않고 그저 앉아서 한 손으로 축 늘어진 포획물을 잡고 여전히 사냥하던 다른 두 수컷을 유심히 지켜보았다. 얼마 뒤 험프리가 피건 쪽으로 빠르게 올라와 곁에 앉았다. 험프리는 그때 진행되던 사냥에는 흥미를 보이지 않았다. 그저 피건의 포획물을 얻어먹을 생각뿐이었다. 피건이 새끼 원숭이의 사체를 통째로 험프리 손으로 넘기는 장면을 보고 힐랄리는 얼마나 놀랐는지 모른다. 그리고 나서 피건은 나무에서 뛰어내려 다시 사냥에 가세해 몇 분 만에 두 번째 콜로부스원숭이 어미를 잡았고, 그 어미의 새끼를 잡아 죽였다. 이번 포획물은 피건 혼자 먹어 치웠다!

"니 푼디, 크웰리! (Ni fundi, kweli!, 그놈이 진정한 명수!)"라고 힐랄리가 키득거리며 말했다. 잠시 불을 응시하던 힐랄리는 평가받을 만한 행동에는 응당한 평가가 필요하다고 느낀 듯 덧붙였다. "나 쿰부카 셰리, 아나포파냐 히브요. (Na kumbuka Sherry, anapofanya hivyo., 셰리가 같은 행동을 하는 것을 본 적 있어요.)" 사실 셰리가 한 수 위였다. 셰리는 거의 온전한 첫 번째 포획물을 손에 쥔 채로 두 번째 먹이를 잡았다. 그러고는 혼자서 2마리를 다 먹어 치웠다!

납치 사건이 발생한 뒤로 몇 해 동안 데릭은 계속해서 곰베 연구소의 운영과 조직을 도왔다. 얼마나 업무가 분주한지 사실상 선거구 두 군데를 관할하는 셈이었다. 둘 다 시급한 도움과 문제가 산적한 지역으로, 하나는 19년 동안 현직 의원으로 활동하던 다르에스살람의 키논도니 행정구였고, 다른 하나는 가죽과 깃털이 무성한 구성원들이 키논도니 구민들 못지않게 그의 정치적 역량과 지혜를 필요로 하는 곳, 탄자니아 국립 공원이었다. 곰베 국립 공원의 비인간 주민들은 철저하게 관리되는 환경에서 안전하게 살고 있어서 다른 지역만큼 그의 도움이 절실하지 않았다. 그런 까닭에 침팬지를 그토록 사랑하는 데릭이었지만 필요한 경우에 아주 짧게 방문하는 것 이상으로는 관심을 쏟기가 어려운 실정이었다.

하지만 그 무렵 곰베는 나 혼자 방문해도 충분히 안전한 곳으로 간주되었다. 한동안 다르에스살람의 내 사무실 옆 작은 방에서 '학교 교육'을 받은 그럽이 사립 중학교 진학을 위해 잉글랜드로 간 뒤로 나는 더 많은 시간을 곰베에서 보낼 수 있었다. 처음에는 탄자니아 인들 틈에 나 혼자라는 사실이 어색했다. 곁에 벗이라고는 하산, 도미니크, 라시디뿐이던 초반의 분위기가 그랬다. 나는 학생들이 그리웠다. 학생들 없이 연구소가 돌아갈 수나 있을까 생각했던 것도 사실이다. 하지만 점차 새로운 환경에 적응하면서 다르에스살람에서 살며 최대한 자주 곰베를 방문할 수 있는 이 생활 방식이 확실히 유리하다는 것을 깨달았다. 다르에스살람에 있을 때는 분석과 저술에 집중할 수 있었다. 사무실은 데이터를 보관하는 곳이라 바람이 잘 통하게 만들었고, 책상에 앉아 일하다 고개를 돌리면 보라, 분홍, 진홍, 감귤색, 주황, 하양과 초록의 다채로운 빛깔이 매혹적인 부겐빌레아부터 인도양의 군청색 바다까지 한눈에 들어왔다. 그뿐만 아니라 곰베에서 지낼 때는 침팬지와 함께하는 작업에 온전히 몰두해 숲을 누비는 그들을 따라다니면서 그들의 삶 속에 스며들 수 있었다.

곰베를 떠나 지내는 동안에도 데릭과 나는 매일 무선 통신으로 긴밀하게 연락을 주고받으며 곰베의 상황을 파악했다. 어느 날 아침, 무전기로 길카의 출산 소식을 들었다. 기뻤다. 첫 새끼가 생후 1개월에 쥐도 새도 모르게 사라진 일을 겪었던 터라 무척이나 기뻤다. 하지만 기쁨은 오래가지 않았다. 3주 뒤에 길카에 관한 또 다른 무선 메시지가 왔다.

1,000킬로미터가 넘는 장거리를 오느라 불명료하고 굴절된, 끔찍한 소식이었다. 데릭과 나는 도저히 믿을 수가 없었다. "패션 아메무와 나 아멤라 음토토 와 길카. (Passion amemwua na amemla mtoto wa Gilka.)" 즉 "패션이 길카의 새끼를 잡아먹었다." 데릭은 통신기를 끄고 나를 바라보았다.

"그럴 리 없어요. 아니에요." 내가 말했다. 하지만 그게 사실이라는 것은 알았다. 그렇게 끔찍한 일을 지어내 말할 사람이 어디 있겠는가. "악!" 나도 모르게 비명을 질렀다. "왜, 왜, 왜! 어째서 길카가 그런 일을 당해야 하는 거야!"

8장

길카

사진 제공: The Jane Goodall Institute.

길카에게 태평한 나날은 4세에 끝났다. 새끼 때는 부족함 없이 사랑받았다. 오빠 에버레드가 늘 곁에 있었다. 어미 올리(Olly)는 플로네 가족과 많은 시간을 함께 보냈다. 하지만 에버레드가 길카보다 8세 많았기 때문에(올리는 이 오빠와 누이동생 사이에 최소한 한 새끼를 잃은 것 같다.) 길카가 겨우 5세일 때 장기간 가족을 떠나 여행하는 시간이 늘어났다. 거의 같은 시기에 올리는 플로를 피하기 시작했다. 피건이 사춘기에 들어서면서 어미 친구를 향해 거친 과시 행동을 하는 경우가 드물지 않았기 때문이다. 그러면서 길카는 며칠씩 이 겁 많은 어미와 단둘이 지내곤 했다. 그런 길카에게 남동생이 생겼을 때 우리가 얼마나 기뻐했던가. 동생이 길카와 어울려 놀 만큼 자라면 그 외롭던 나날도 끝날 것이라고. 하지만 1966년의 무시무시한 소아마비 유행으로 올리의 1개월 된 새끼가 감염되어 죽었고, 길카는 한쪽 손목과 손에 마비가 왔다. 그것으로도 부족했는지 2년 뒤에 기이한 곰팡이 감염이 발생해 11세가 되면서는 요정 같던 하트 모양 얼굴이 흉하게 망가졌다. 코와 눈썹뼈에서 눈두덩까지 기괴한 부종이 퍼져 눈을 뜨기 어려운 상태가 되었다.

우리는 그것이 무슨 병인지 알아내고 난 뒤로는 약으로 증상을 제어

할 수 있었다. 하지만 길카가 잠시 남부의 공동체로 이동한 시기에는 바나나에 약을 타서 먹일 수 없었고, 6개월 뒤에 거의 눈이 보이지 않는 상태로 돌아왔다. (그 시기에 길카가 임신했을 수도 있는데, 그랬다면 새끼를 잃었을 것이다.) 우리가 바로 다시 부종을 제어하자 성체 수컷들이 길카에게 매력을 느끼면서 중단되었던 길카의 생식기 팽창도 재개되어 보통 성체 암컷들처럼 길카도 성관계를 즐겼다. 하지만 소아마비로 쇠약해진 왼팔 근육 문제로 빠르게 이동하는 무리의 속도에 맞추어 움직이는 데는 어려움을 겪었다. 길카는 다소 안도한 듯이 보였지만, 그럼에도 성적으로 활발한 기간 사이사이에는 외롭게 지냈다. 이 무렵 어미 올리가 죽었고 에버레드와는 따로 지내는 시간이 늘어났기 때문이다.

그러다 1974년이 되면서 상황이 좋아지는 듯했다. 길카가 어느 날 작은 새끼를 데리고 나타난 것이다. 우리는 이제 길카의 외로움이 끝나기를 바라며 그 새끼에게 간달프(Gandalf)라는 이름을 붙여 주었다. 암컷 침팬지에게 가족이 생기면 앞으로 여생은 좀처럼 혼자 지낼 일이 없어지기 때문이다. 그뿐만 아니라 암컷이 첫 새끼를 낳으면 무리 내 암컷, 수컷 가리지 않고 다른 구성원들에게 어머니로서 존중받는다. 털 고르기 시간이나 휴식 시간이면 주로 변두리에 앉아 혼자 보내던 길카가 마침내 공동체 안에서 능동적 역할을 맡을 수도 있었다. 새끼의 탄생으로 길카에게 생긴 변화는 또 있다. 우리는 새끼에게 해로울지도 모른다는 판단에 곰팡이 감염 치료약 먹이기를 중단하기로 했다. 그런데 우리가 우려했던 바와 달리 부종이 악화되지 않고 눈에 띄게 줄어들었다. 얼마 뒤 다른 부종은 다 사라졌는데 코만 큼직하게 부어 있다 보니 조금 우스꽝스러워 보였다.

길카는 올리처럼 새끼를 세심하게 보살필 줄 아는 어미였다. 당시 생후 1개월의 간달프는 건강하고 발육 좋은 새끼인 듯했다. 그러다가 사라졌다. 무슨 일이 생긴 건지 알 도리가 없었다. 길카가 어느 날 간달프 없이 나타났을 뿐이다. 길카는 분홍빛 팽창기를 제외하고는 다시 혼자 돌아다니기 시작했고, 곰팡이 감염 부종은 악화했다.

간달프가 사라진 지 거의 정확히 1년 뒤, 길카가 다시 출산했다는 무선 메시지를 받았다. 새끼는 암컷이었는데, 우리는 오타(Otta)라는 이름을 붙여 주었다. O자를 돌려 씀으로써 올리를 기리자는 뜻이었다. 오타가 패션에게 죽임을 당한 그 새끼다.

데릭과 나는 곰베에 도착해 그 끔찍한 이야기를 소름 끼치도록 상세하게 들었다. 이야기는 이렇다. 길카가 오후 햇볕을 받으며 평화롭게 갓난아기를 흔들어 재우고 있는데 패션이 불쑥 나타났다. 패션은 길카와 새끼를 잠시 바라보며 서 있더니 털을 곤두세우고 공격하기 시작했다. 길카는 비명을 지르며 달아났지만 지켜 줘야 하는 새끼와 못쓰게 된 손목이 이중 장애물로 작용했다. 패션이 순식간에 따라잡아 길카를 덮치더니 오타를 낚아챘다. 길카는 새끼를 구하려고 몸부림쳤으나 가망 없는 싸움이었다. 아주 잠깐 버티는가 싶었지만 패션에게 다시 오타를 빼앗겼다. 이때 가장 소름 끼치는 장면이 벌어진다. 패션은 훔친 오타를 가슴에 대고 짓눌렀다. 그런데 필사적으로 버둥거리는 오타를 계속 짓누르면서 동시에 또다시 길카를 덮친 것이다. 이때 당시 사춘기였던 폼이 달려와 어미에게 가세했고, 수적으로 불리해진 길카가 도망가려 했지만 패션이 맹렬하게 쫓아갔고, 오타는 아직까지 패션의 가슴에서 짓눌린 채 버둥거리고 있었다. 승리를 자신한 패션이 바닥에 앉아 겁에 질린 새끼를 가슴에서 떼어 내더니 그 작은 머리를 깊게 물어뜯었다. 새끼는 순식간에 죽었다. 길카가 극도로 조심하면서 천천히 돌아왔다. 어느 정도 다가왔다가 축 늘어져 피 흘리는 시신을 보더니 큰 소리로 외마디 비명을 질렀다. 짖는 소리에 가까웠는데, 공포였을까, 절망이었을까? 그러고는 돌아서서 떠났다.

패션은 5시간에 걸쳐서 가족, 즉 폼과 청소년인 프로프와 함께 길카의 새끼를 나누어 먹었다. 마지막 남은 한 조각까지 이들은 전부 먹어 치웠다.

우리는 놀라서 말을 잇지 못했다. 곰베에서 우리가 목격한 최초의 동족 포식 현장이었다. 5년 전에도 한 성체 수컷 무리가 이웃 무리의 암컷을 잔인하게 공격했는데, 공격하는 동안 새끼를 붙잡아서 죽이고 사체를 조각조각 나누어 먹은 사건이 있었다. 하지만 그 암컷은 다른 무리 소속이어서 적개심을 불러일으켰다는 점에서 완전히 달랐다. 외부 무리의 침입으로부터 영토를 지키려는 지속적인 방어 행동의 일환으로 나왔던 공격이었고, 그 암컷의 새끼를 죽인 것은 우발적 사고에 가까워 보였다. 그리고 사체의 아주 작은 부분만 먹었고, 그것도 그 자리에 있던 수컷 2마리만 관여했다. 공격자 수컷 대다수는 새끼의 사체로 과시 행동을 벌였고, 쿡쿡 찔러 보거나 심지어는 털 고르기를 했다. 이와 대조적으로 패션의 길카 공격은 단 하나의 목적을 위해 수행된 것으로 보였다. 간단히 말해, 길카의 새끼를 노린 것이다. 게다가 사체를 다룬 방식도 여느 먹이와 다를 바 없이 한입 물 때마다 싱싱한 이파리 몇 장과 함께 씹으며 느긋하게 맛을 즐기면서 먹었다. 우리는 길카의 첫 새끼 간달프도 이와 비슷하게 죽은 것이 아닐까 추측한다.

이듬해에 길카는 건강한 아들 오리온(Orion)을 출산했다. 길카는 패션을 두려워했다. 새끼가 태어난 지 며칠 만에 처음으로 패션과 마주쳤다. 다행히도 두 성체 수컷이 근처에 있었다. 패션은 10미터 반경 안으로 접근하더니 가만히 서서 처다보기만 했다. 길카가 덩치 큰 수컷들과 패션을 번갈아 보면서 즉각 큰소리로 비명을 지르기 시작했다. 수컷들은 무슨 일이 벌어질지 안다는 듯이 하나하나 뛰어들어 패션을 공격했다.

이때는 패션이 비명을 지르면서 도망갔다.

그다음 2주 동안 길카는 캠프가 위치한 카콤베 계곡에서 거의 나가지 않았다. 어떻게 해서든지 덩치 큰 수컷들이 보호해 주는 범위에서 벗어나지 않으려는 듯했다. 나는 길카가 피건과 함께 캠프에서 나갈 때 한번 따라갔다. 길카는 10분 정도는 보조를 맞추어 따라갔지만 점점 뒤처졌다. 신체 장애를 가진 데다 갓난아기를 도와주느라 빈번하게 멈춰야 했기 때문이다. 결국 한참을 앞서가던 피건이 숲길로 사라지고 길카는 혼자가 되었다. 내가 곁에 남았다. 길카는 수유를 마친 뒤 한동안 오리온을 내려다보며 앉아 있었다. 피건을 놓친 지 2시간쯤 지나서 캠프에서 험프리의 팬트후트 소리가 들려왔다. 길카는 곧바로 온 길로 되돌아가 험프리와 만났다. 둘은 잠시 털 고르기를 해 주었고, 험프리가 캠프를 떠나자 길카도 따라갔다. 아까와 마찬가지로 길카는 점차 뒤처졌고 20분쯤 뒤에는 또다시 혼자가 되었다.

조만간 근처에 도움을 줄 수컷이 없는 상황에서 길카와 패션이 맞닥뜨릴 날이 올 터였다. 작열하는 정오, 길카가 새끼와 그늘에서 쉬고 있을 때 그 순간이 찾아왔다. 오리온이 생후 3주가 된 시점이었다. 먼저 덤불 속에서 소리 없이 움직이던 폼이 나타났다. 폼은 잠시 서서 길카 모자를 바라보다가 근처에 엎드렸다. 좀 더 명민한 침팬지였다면 즉각적으로 위험을 감지했을 텐데, 길카는 자기 어미와 마찬가지로 어느 모로 보나 지적 역량으로 인정받는 쪽은 아니었다. 아무 생각도 없는 듯 그냥 그 자리에 있었으니. 5분 뒤 패션이 나타났다. 폼이 허겁지겁 어미 쪽으로 달려가 신나서 함박웃음을 보이며 어미 등에 얼굴을 비볐다. 맛난 열매가 주렁주렁 매달린 나무에 다가가는 모녀에게서 나오는 분위기였다. 패션과 폼이 하나로 뭉쳐 길카를 향했다. 길카는 패션을 보자 그제야 도망가기 시작했다. 달리면서 계속해서 비명을 지르고 또 질렀으나 주위에 이 절박한 도움 요청에 응할 수컷이 없었다.

　이들을 피하려고 옆으로 방향을 튼 길카를 폼이 달려서 앞질렀다. 패션까지 따라붙어 길카를 붙잡아 땅에 패대기쳤다. 길카는 싸우려고 덤비지 않고 소중한 새끼를 지키려고 몸을 웅크렸다. 그러자 폼이 몸을 날려 길카를 때리고 발로 차는 사이에 패션이 새끼를 붙잡아 머리를 물었다. 길카는 이 잔인한 공격자를 향해 부질없이 주먹질을 하면서 다른 손으로는 온힘을 다해 오리온을 잡고 버텼다. 패션이 길카의 얼굴을 물어뜯자 눈썹이 깊이 찢기면서 피가 흘러내렸다. 패션과 폼이 힘을 합해 길카를 넘어뜨렸고, 힘이 더 센 패션이 길카를 붙잡는 동안 폼이 새끼를 들고 달아났다. 그러고는 앉아서 새끼 머리의 앞쪽을 깊숙이 물어뜯었다. 그렇게 오리온도 1년 전 새끼 오타와 똑같이 잔인한 방식으로 죽었다.

　길카는 몸을 비틀어 패션의 손아귀에서 빠져나와 폼을 붙잡으려고 달렸지만 패션이 눈 깜짝할 사이에 다시 잡아 손이며 발을 물어뜯으면서 공격했다. 길카는 온몸에 수없이 상처를 입고 피를 흘리면서도 용감하게 덤벼들어 갈기갈기 찢긴 새끼를 구해 내려 했으나 허사였다. 패션은 길카를 내버려 둔 채 전리품을 챙겨 들고 황급히 떠났고, 폼도 바로 뒤따랐다. 안전하게 나무 위에서 생사를 건 싸움을 구경하던 어린 프로프도 밑으로 내려와 어미를 따라갔다. 길카는 비틀거리며 이들을 잠시 쫓아갔지만 금세 사이가 벌어졌고, 몇 분 뒤 포기하고 몸에 난 상처를 매만지고 핥았다. 한편 패션네 가족은 조용히 숲속으로 사라졌다.

　패션과 폼이 이렇게 소름 끼치는 행동을 한 이유를 우리는 영영 알아내지 못할 것이다. 희생자는 길카만이 아니었다. 멜리사도 새끼를 잃었는데, 어쩌면 새끼 둘이 이 동족 포식자들에게 살해되었을 것이다. 4년 동안 이 무리에서 갓난아기 6마리가 사라졌다. 나는 이 모든 죽음의 원인이 패션과 폼이라고 본다. 이 으스스한 시기 전체를 통틀어 이 무리의 영토에서 새끼를 잃지 않고 키워 낸 암컷은 피피뿐이었다. 그러다가 패션이 임신했고, 그 뒤로는 살해 사건이 멈추었다. 즉각적으로 멈춘 것은 아니었다. 세 차례 더 시도가 있었지만, 이런저런 이유로 실패로 끝났다. 그러고는 폼도 임신했고, 더는 어미에게 협력하려 들지 않았다. 그 후로 동족 살해 공격은 끝났고, 어미들은 다시금 갓난아기들과 돌아다닐 때 두려움에 떨지 않게 되었다.

하지만 길카에게는 이미 늦은 일이었다. 상황은 바뀌었지만 패션의 잔인한 공격에서 끝까지 회복하지 못했다. 손의 열상은 나은 듯이 보이더니 몇 달 뒤 손가락에 화농이 나타났다. 그것도 없어지자마자 다시 전보다 훨씬 악성으로 다시 생겨났다. 원래도 불편한 몸이었으나 이제는 심각하게 손상되어 다리를 절면서 걷는 것조차 힘들어하곤 했다. 만성 설사까지 생겨 도통 낫지를 않으면서 갈수록 야위었다. 겨우 15세였지만 너무나 병약해서 더는 발정기가 나타나지 않았고 가임기도 끝났다. 전에도 혼자 있는 시간이 많았지만 갈수록 외롭게 고립되었다. 이 시기에 가장 자주 곁에 있어 준 것은 새끼를 낳지 못하는 지지와 그때까지 출산하지 않은 외부 무리 출신 패티였다. 우리는 이 셋이 같이 흰개미 낚시를 하거나 제철 열매를 나눠 먹는 모습을 이따금 보았지만, 그런 경우는 지지와 패티가 고향 골짜기를 찾을 때뿐이었다. 몸놀림이 편치 않은 길카가 그 너머로는 이동한 적이 거의 없었기 때문이다. 친구들이 새로운 활동을 하기 위해 떠나면 길카는 혼자가 되었다.

길카는 우리 캠프에 자주 오기 시작했는데, 바나나를 얻어먹으려는 생각보다는 친구가 그리워서 그랬으리라 생각한다. 길카는 작은 몸으로 외로이 앉아 골짜기를 응시하거나 무언가를 지켜보거나 기다리곤 했다. 가끔은 내가 옆에 앉았다. 마음을 쓰고 도움을 주고 싶어 하는 사람이 있다는 것을 알아주기를 바라며. 길카와 나의 관계는 그런 식이었다. 근심 없던 새끼 시절부터 자기를 알고 사랑해 준, 심지어 손에 생긴 고통스러운 상처에 항생제 연고도 바르게 해 주는 이 인간을 절대적으로 신뢰해 주는 길카.

이 우울한 시기에 길카와 오빠의 관계가 새로운 의미로 발전했다. 둘이 함께 있는 시간이 길지는 않았지만, 곁에 있을 때면 에버레드가 아주 특별한 반려가 되어 주었다. 에버레드가 근처에 있으면 길카는 다만 조금이라도 느긋해지고 자신감을 얻었다. 에버레드는 전에 어미 올리가 죽었을 때도 길카에게 위안이 되어 주었다. 길카는 당시 이미 충분히 혼자 살아갈 수 있는 나이인 9세였지만 동생이나 가까운 친구가 없어서 대체로 외롭게 지냈다. 그렇다 보니 항상 에버레드가 같이 있어 주기를 바랐다. 에버레드는 소아마비 탓에 자꾸만 뒤처지는 길카를 기다려 주었다. 어쩌다가 에버레드가 먼저 이동하면 혼자 남겨진 길카는 발자국을 추적해 에버레드가 간 경로를 따라갔고, 에버레드가 1시간 전쯤 식사했던 지점에서 자기도 먹이를 취했다. 결국 어쩌면 에버레드의 냄새를 따라간 것일 수도 있다. 침팬지는 다른 침팬지들이 지닌 특유의 냄새를 분간할 줄 아니까. 아니면 약 700미터 떨어진 키 큰 나무의 높은 가지에서 함께 먹이를 먹던 에버레드를 언뜻 보았을 수도 있다.

길카와 에버레드가 함께 지내는 시간은 점차 줄어들었지만, 오랫동안 서로의 털을 골라 주는 행동이 보여 주듯이 둘 사이는 변함없었다. 다른 형제들과 달리, 에버레드는 여동생이 성기가 부풀어 오른 기간에 자신의 성적 흥미를 강요하는 모습이 관찰된 적이 없다. 몇 번은 작은 가지를 살살 흔드는 것 같은 구애 행동을 보였지만 길카가 무시하거나 피하면 더는 귀찮게 굴지 않았다. 길카는 에버레드가 곁에 있는 것만으로도 위안을 얻는 모습이 여러 차례 관찰되었다. 예를 들어 누군가에게 위협당하거나 공격받은 뒤에 에버레드가 같은 무리 속에 있는 경우, 그 옆으로 가서 바짝 붙어 앉았다. 그렇게 하고 나면 눈에 띄게 편안해지는 모습이었다. 캠프에서 길카와 피피 사이에 작은 다툼이 벌어진 적이 있다. 우리가 함염 막대(동물의 생명 유지 활동에 필요한 무기 염류가 풍부한 자연 발생 지역인 함염지를 본떠 작은 크기로 만든 장치. ─옮긴이)를 설치해 놓았고, 한동안 두 암컷을 한 구역 안에서 관찰할 수 있었다. 길카가 실수로 피피와 부딪히자 피피가 즉시 호통쳤다. 그러자 길카는 곧바로 성을 내며 호통쳤다. 피피는 서열 높은 자신에게 반항하는 어릴 적 놀이 친구 길카를 공격했다. 위험한 수위는 아니었고, 주먹으로 가볍게 난타하고 발을 구르는 정도였다. 길카는 비명을 지르며 잠깐 달아났다가 금세 돌아왔다. 길카가 손을 내밀자 피피가 안심시키키듯 토닥였고, 둘은 함염 막대 핥기를 재개했다. 다시 평화가 돌아온 것 같았다.

그러더니 놀라운 일이 일어났다. 느닷없이 길카가 우아아 소리로 크게 짖으며 위협하더니 비명을 지르면서 피피에게 덤벼들어 붙잡고 때리는 것이었다. 대체 길카가 웬일이지? 그럴 만한 상황이었다. 에버레드가 온 것이다. 에버레드는 털이 약간 곤두선 상태로 서서, 싸우는 두 암컷을 지켜보았다. 피피도 불현듯 에버레드가 온 것을 알아차리고는 뒤로 물러나면서 작은 소리로 두려움의 비명을 질렀다. 어쩌면 분노의 비명이었을지도! 길카는 으스대며 함염 막대를 지키다가 피피를 향해 몇 차례 조롱조로 짖었다. 그러고는 오빠 옆에 앉아서 소금을 핥았다. 피피는 적당한 틈을 두었다가 남매에게 다가와 얼마 동안 에버레드의 털을 골라준 뒤, 길카와 에버레드에게서 조심스레 거리를 두고 소금 핥기에 합류했다. 길카에게는 아주 행복한 날이었다. 방심하지 않고 지켜 주는 오빠가 있으면 심지어 패션까지 위협하는 과감한 행동을 보이기도 했다. 에버레드가 지켜 줄 때면 패션이 할 수 있는 일은 아무것도 없었다!

짧은 생애가 끝나 갈 무렵, 길카에게 어떤 용기가 숨어 있었는지를 선명하게 보여 주는 사건이 있었다. 비비의 외침과 침팬지의 비명이 들려와 나는 급히 숲으로 들어갔다. 도착해 보니 놀라운 장면이 펼쳐지고 있었다. 한 작은 나무 위에 젊은 수컷 비비 소라브(Sohrab)가 작은 임바발라의 사체를 먹고 있었다. 그 근처 가지 위에는 길카가 있었다. 놀랍게도 길카는 그 사체를 먹어 보려고 시도하는 중이었다. 길카가 고기를 잡으려고 할 때마다 소라브가 몸을 돌려 무시무시한 송곳니를 내보이고 눈썹을 세워 허옇게 번쩍거리며 위협했다. 이 행동에 길카는 비명을 지르면서도 물러나지 않고 오히려 다시 덤볐다. 이제 소라브는 길카를 밀치며 양손으로 고기를 입에 밀어 넣었다. 힘이 약한 길카는 나뭇가지에서 떨어졌지만 다행히 다른 아래쪽 가지에 안착했다. 잠시 뒤, 길카는 도로 위로 올라갔다. 소라브가 다시 눈을 흘겼고 길카는 더 크게 소리를 질렀다.

나는 지켜보는 동안 놀라서 입을 다물지 못했다. 나무 밑에서는 여러 마리 비비가 늘어서서 서로 남은 쪼가리를 찾겠다고 옥신각신하고 있었다. 이들의 야단법석에 위축된 듯한 암컷 침팬지 둘이 안전하게 거리를 지키며 앉아서 구경만 하고 있었다. 그런데 허약한 데다 몸도 자유롭지 않은 길카가 이 덩치 큰 수컷 비비를 계속해서 공략한 것이다. 어쩌면 이 새끼 영양을 먼저 차지한 것은 길카인데 소라브가 낚아챘는지도 모르겠다. 소유권을 빼앗긴 자만이 그런 무모한 행동에 나설 수 있는 것 아니겠는가.

길카가 갑자기 소리를 지르며 두 손을 들어 비비를 힘껏 때렸다. 소라브는 격분해서 다시 임바빌라 사체를 입에 물고는 벌떡 일어나 길카를 붙들고 늘어졌다. 이번에는 둘 다 땅으로 떨어졌다. 지켜보던 한 암컷이 즉각 달려와 사체를 잡아당겼다. 소라브가 한쪽 다리를 꽉 붙잡았지만 침팬지 암컷이 나머지를 떼어 내 달아났다. 다른 비비들과 침팬지들이 그 뒤를 따랐다. 길카는 다시 나무로 올라가 소라브를 쫓아갔다. 이것이 소라브에게는 마지막 한계였던 듯했다. 자기가 잡은 먹이를 왕창 빼앗긴 분노로 이 작고 호기 넘치는 암컷을 향해 달려들었고, 둘은 다시 한번 땅으로 떨어졌다. 그러고는 열의를 다해 공격해 길카를 짓누르고는 물려고 했다. 하지만 입에 먹이를 물고 있었기에 망정이지 길카에게는 치명적인 상황이 될 뻔했다. 길카는 다치지는 않았지만 더욱더 큰 소리로 고함을 지르며 울화와 분노를 표출했다. 소라브는 할 만큼 했는지 남은 포획물을 들고 달아났다. 소라브의 속도를 따라잡을 수 없던 길카는 앉아서 소라브가 떠난 쪽을 한동안 바라보았다. 그러고는 침팬지 무리로 들어가 조금 나눠 달라고 애원했다. 하지만 침팬지들은 짜증 내며 겁주는 동작으로 물리쳤고, 길카는 금세 단념하고 느릿느릿 다리를 절며 소라브와 싸웠던 현장으로 돌아왔다. 부스러기라도 찾을까 싶어서 땅을 뒤졌지만 비비들이 남김 없이 다 챙겨 간 뒤였다.

에버레드가 근처에 있어서 도와 달라는 외침을 듣기만 했어도 상황은 사뭇 다르게 끝났을 것이다. 하지만 에버레드는 가까이에 있지 않았다. 피건과 페이븐에게 패한 뒤로 오랜 시간을 무리의 영역 북부에서 보내야 했기 때문이다. 위험을 무릅쓰고 돌아올 때마다 번번이 이 힘센 두 적에게 공격을 받았고, 그러면 다시 더 오랜 기간을 떠나 있어야 했다. 나는 그때까지도 무리 안에서 함께 자란 수컷들이 그렇게 적대적 관계로 변할 수 있다는 사실을 알지 못했다. 피건과 페이븐 형제는 에버레드를 숫제 무리 밖으로 쫓아내려는 듯이 굴었다.

이 어수선한 시기에 나는 오빠와 병약한 여동생의 사이좋은 관계가 길카만이 아니라 에버레드에게도 힘이 되곤 한다는 것을 알아차렸다. 예를 들면 어느 날 내가 캠프에 있을 때였는데, 좀처럼 모습을 보이지 않던 에버레드가 나타났다. 피건과 페이븐이 영역 남부로 갔을 때인데, 우연의 일치만은 아니었을 것이다. 두 형제가 근처에 없다고 생각했을 텐데도 에버레드는 긴장을 늦추지 못하고 초조하게 두리번거렸고 바스락 소리가 날 때마다 소스라쳤다. 그러다가 갑자기 전신의 털을 곤두세운 채 덤불 속에서 무언가 움직이는 동쪽을 노려보았다. 그런데 나타난 것은 길카였다. 길카가 나지막이 헐떡이는 소리로 인사하자 에버레드는 긴장이 풀렸다. 둘은 한동안 서로의 털을 골라 준 뒤 캠프를 떠났다.

나는 뒤따라 나섰다. 둘은 그날 내내 같이 다녔는데, 에버레드는 분명히 길카의 속도에 맞추어 움직였다. 예닐곱 번은 길카가 아직 먹는 일이 끝나지 않았을 때 먼저 출발했으나 나중에 뒤돌아보고는 식사를 마칠 때까지 차분히 기다렸다. 자기가 너무 앞질러 갔을 때마다 길카가 따라잡을 때까지 기다렸다. 자신에게 위협이 되지 않는 익숙한 길카가 곁에 있는 것이 에버레드에게도 어미가 살아 있을 때 언곤 했던 위로와 휴식의 시간이었을 것이다. 에버레드는 이 시간을 통해 용기백배했는지 이튿날 아침에는 앙숙 형제와 정면으로 맞섰다.

하지만 또다시 패했고, 결국 길카만 홀로 남겨 두고 또다시 북부로 피신했다.

길카는 20세도 채 되지 않아 죽었다. 어느 날, 나는 물살 빠른 카콤베 개울가에 미동도 없이 누워 있는 길카를 보았다. 가까이 가서 보지 않아도 알 수 있었다. 길카가 다시는 움직이지 않으리라는 것을. 나는 그 자리에 서서, 거의 처음부터 길카를 짓누른, 잇따른 불운을 떠올리며 생각에 잠겼다. 그토록 희망찬 출발에서 그토록 끝도 없는 슬픔의 이야기가 되어 버린 삶. 어미의 침착하고 비사교적인 성격에도 어릴 때 길카는 장난기 넘치고 환희가 뿜어 나오는 매력적인 새끼였다. 수컷들과 어울리기를 좋아했고, 어쩌다가 올리가 큰 무리 속에 들어갈 때면 흥분해서 타고난 끼를 주체하지 못하고 발끝으로 빙글빙글 돌고 엉덩이를 실룩대고 공중제비를 돌며 기쁨을 발산하곤 했다. 그랬던 길카가, 그 요정 같던 얼굴은 흡사 괴물의 형상처럼 일그러지고 비참한 불구의 몸이 되어, 곰베에서 가장 쓸쓸한 외톨이 침팬지로 살아가야 했다니.

머리 위 하늘을 가린 나뭇잎 지붕의 바스락거리는 이파리 사이로 늦은 오후의 햇살이 얼룩져 숲은 불투명한 초록빛이었다. 개울물 흐르는 소리가 들려오고, 영롱한, 사무치도록 아름다운 울새의 지저귐이 그 한가운데를 뚫고 지나갔다. 다시 발아래를 내려다보니 불현듯 평화가 느껴졌다. 길카가 무거운 짐이었을 뿐인 그 몸뚱이를 벗어던지고 마침내 떠났다.

9장

성생활

사진 제공: The Jane Goodall Institute.

올리는 죽을 때 성체가 된 후손 둘을 남겼으나 가계가 끊어질 운명으로 보였다. 딸 길카는 새끼를 키우는 데 실패했고, 무리를 떠나 도피해야 했던 아들 에버레드는 영역 주변을 홀로 떠돌 운명으로 보였다.

어느 일요일 아침, 하미시가 해안선을 따라 장에 가는 길이었다. 장은 국립 공원 경계 지역 바로 바깥에 위치한 음왐공고 마을 북부에서 열렸다. 열곡(裂谷) 정상에서 호수로 흘러드는 작은 개울을 차례차례 건너야 한다. 먼저 연구소 캠프가 있는 카세켈라 개울을 건너면 카세켈라가 나오고, 다음으로는 린다(Linda), 루탕가(Rutanga), 부삼보(Busambo)로 이어진다. 이제 넓게 트인 계곡 들머리에 도달하면 미툼바 개울과 카부신디 개울이 하나로 모인다. 거기, 해변에서 멀지 않은 지점의 기름야자나무 위에서 한 침팬지가 열매를 먹고 있었다.

하미시가 호기심에 살짝 다가갔다. 이 일대는 인간에게 아직 익숙하지 않은 수줍음 많은 미툼바 공동체의 영역이었기에 당연히 달아나리라고 생각했는데, 이 침팬지는 태연하게 식사를 계속했다. 다름 아닌 에버레드였다. 잠시 뒤, 한 야자나무 잎 뒤에서 에버레드를 지켜보는 침팬지가 눈에 들어왔다. 분홍빛으로 완전히 부풀어 오른 엉덩이를 뽐내는 암컷이었다. 에버레드가 주변에 사람이 있어도 침착함을 잃지 않는 데 반해, 이 암컷은 긴장해서 빠르게 나무에서 내려가더니 서둘러 떠났다. 에버레드도 서둘러 따라갔고, 둘은 미툼바 계곡의 무성한 숲속으로 사라졌다.

고독한 도피는 아니었던 셈이다! 에버레드는 보통 암컷 짝꿍도 아니고 성적 반응 절정기에 도달한, 매우 매력적인 암컷과 함께 있었다. 자기 무리에서는 쫓겨났으나 그 상황을 최대한 활용한 셈이다. 그는 이웃 무리의 한 암컷을 반려로 삼았다. 말하자면 독점적 짝짓기 관계를 맺을 수 있었다. 무리로부터 쫓겨나 있던 기간에 대체 얼마나 많은 성적 편력을 즐겼단 말인가?

이 우연한 목격이 있던 무렵에 페이븐이 죽었다. 더는 형의 지원을 받지 못하게 된 피건의 지배력도 약해졌고, 그리하여 에버레드의 시련도 끝이 났다. 에버레드는 손아래 피건에게 여전히 복종했지만 카세켈라 공동체의 일원으로서 본래 위치를 되찾을 수 있었다. 그렇다고 주기적으로 즐기던 애정 행각까지 끝난 것은 아니었다. 오히려 더 활발해졌다. 이따금 미툼바 암컷들과 짝지어 다녔을 뿐만 아니라 무리 내 암컷들과도 쉽게 짝을 지을 수 있었다. 불임 생식 주기가 끝나 가면서 임신할 준비가 된 사춘기 암컷들과도, 출산하고 다음 새끼를 임신하기 전 생식기가 팽창하는 발정기가 재개된 성숙한 암컷들과도. 그뿐만 아니라 아직까지 반려가 정해지지 않아 다수 혹은 무리 내 모든 수컷에게 둘러싸이는 발정기 암컷들과도, 에버레드는 어느 수컷보다도 짝짓기할 기회를 쉽게 잡았다. 우리는 에버레드가 동 세대 어느 수컷보다 많은 후손을 남겼을지도 모른다고 생각한다. 어쨌건 올리의 유전자는 곰베의 미래 공동체에도 뚜렷이 이어질 것이다.

수컷이 암컷의 반려로 동행하는 목적은 임신 확률이 가장 높은 기간에 경쟁 수컷들로부터 자기 짝을 지키려는 것이다. 암컷은 생식기가 분홍빛으로 팽창한 마지막 며칠이 지나면 갑자기 무력하게 위축된다. 곰베의 모든 수컷이 암컷과 반려로 동행하는 기간을 두지만, 특히 더 성공적인 수컷이 있었다. 에버레드는 암컷을 구슬려 자기를 따라오게 하는 기술만이 아니라 자기가 임신시킬 기회를 갖기 전에 도망치지 못하게 하는 기술까지 신묘한 경지를 선보였다. 미툼바 암컷들이 수줍음이 심해 에버레드가 이들과 어울리는 과정을 기록할 수는 없었지만, 그의 기교는 수없이 목격되었다. 좋은 사례가 1978년에 에버레드가 주도해 윙클(Winkle, 1959~1988년)과 이어 간 관계일 것이다.

이 관계는 어느 날 아침 에버레드가 카세켈라 계곡의 북쪽 비탈에서 윙클, 그리고 당시 6세이던 윙클의 아들 윌키와 우연히 마주치면서 시작되었다. 몸집 큰 수컷이 다가오자 윌키는 달려가 품으로 뛰어들어 반기더니 잠시 털 고르기를 해 주었다. 윙클은 제법 차분하게 뒤따르면서 몇 차례 작은 소리로 우후후 우후후 하고 외쳤다. 윙클은 생식기 팽창이 갓 시작된 참이었는데, 에버레드는 즉각 관심을 보이면서 윙클의 엉덩이를 조심스럽게 검사하고는 손가락 냄새를 맡았다. 이 과정이 끝나자 둘의 털 고르기 순서가 시작되었다.

10분 뒤, 에버레드가 자리를 떠났다가 돌아서서 윙클을 응시하며 빠른 단속적 동작으로 이파리가 우거진 나뭇가지를 흔들기 시작했다. 이 행동을 거칠게 번역하면 이런 뜻이다. "어서 날 따라와!" (가지 흔들기에 발기된 음경이 수반되면 이런 뜻이다. "이리 와! 너랑 교미하고 싶어.") 윙클이 네 걸음 에버레드를 향해 걷다가 멈추었다. 에버레드는 가지를 한 번 더 흔들긴 했지만 조금 건성이었다. 윙클이 무시했을 때는 밀어붙이지 않았다. 10분이 지나 다시 시도했는데, 이번에는 윙클도 호응해 윌키와 함께 에버레드의 뒤를 따랐다. 에버레드는 평소에 좋아하던 짝짓기 영역을 향해 북쪽으로 출발했다.

겨우 몇 분 뒤, 꽁무니에서 따라가던 윌키가 나무 위에 올라가 최상품 열매를 몇 개 먹었다. 윙클은 이 핑계가 반갑다는 듯 바로 발걸음을 멈추고 앉아서 아들을 기다렸다. 에버레드가 돌아서서 다른 가지를 흔들었지만 윙클은 아랑곳하지 않았다. 다음 20분 동안 에버레드가 재촉하는 행동을 반복해도 윙클이 계속해서 무시하자 나뭇가지 흔들기가 점점 격해졌다. 점차 인내심이 바닥나는가 싶더니 재촉하는 행동을 그만두었다. 그러고는 온몸의 털을 꼿꼿이 세운 채 입을 앙다물고 달려들어 몸으로 찧고 끌어당겼지만 윙클이 결국 빠져나와 소리 지르며 달아났다. 격렬한 행동 끝에 숨을 헐떡이던 에버레드가 다시 한번 윙클을 불렀는데도 여전히 복종을 거부했다. 윙클은 그저 앉아서 에버레드를 바라보았지만 외침이 점차 작은 끽끽 소리로, 그러고는 낑낑거림으로 바뀌었다.

에버레드의 인내심은 놀라웠다. 거의 30분을 기다리면서 이따금 짜증 난다는 듯이 나뭇가지를 흔들어 댔다. 하지만 욕구 불만이 심해져 결국에는 다시 윙클을 다잡았는데, 이번에는 훨씬 더 강도 높게 공격했다. 에버레드가 부딪치기를 멈추고 가까이 오라고 부르자 마침내 윙클이 즉각 호응했다. 긴장된 소리로 우후후 우후후 외치며 황급히 에버레드 앞에 몸을 숙이고 입으로 에버레드의 허벅지를 눌러 키스했다. 그러자 에버레드가 공격적 행동을 취한 수컷 침팬지들이 보통 그러듯이, 윙클의 털을 골라 주고 손가락으로 다정하게 어루만져 안심시켰다. 벌이 끝나면 보상의 시간, 화해의 시간이 돌아오는 법이다. 20분 뒤에 에버레드가 다시 출발하면서 돌아보며 가지를 흔들자 윙클은 순순히 따랐고, 윌키는 아까처럼 꽁무니를 맡았다.

그들은 한동안 이렇게 더는 마찰 없이 여행을 하다가 카세켈라 계곡과 린다 계곡 사이 능선에서 멈추고 식사를 했다. 1시간 뒤, 에버레드가 다시 출발했다. 이제는 익숙해진 에버레드의 따라오라는 요청에 윙클도 따랐지만 한 번에 몇 걸음씩만 움직이는 것이 누가 봐도 내키지 않는 모양새였다. 익숙한 환경을 떠나 낯선 북부 영토로 가기가 싫었던 모양이다. 에버레드의 인내심은 아까만 못해서 얼마 가지 않아 다시 공격했는데, 이번이 최악이었다. 윙클을 잡아 주먹으로 내려치다가 한데 엉켜 골짜기 아래로 굴러 커다란 바위에 쿵, 쿵, 쿵 세 차례 충돌했다.

다음 2시간 동안 에버레드는 거침없이 북쪽을 향해 앞장섰다. 그러면서 린다 계곡 개울을 건널 때 윙클이 멈추고 건너지 않으려고 할 때 한 번, 갑자기 남쪽으로 도망치기 시작했을 때 한 번, 끝으로 에버레드에게 저항할 때까지 한 번 해서 총 세 차례 공격했고 마침내 루탕가 계곡으로 내려갔다.

이 작은 무리는 날이 거의 어둑해져서야 잠자리를 잡았다. 윌키는 평소처럼 어미의 잠자리를 같이 썼다. 작고 친근한 아들의 몸뚱이와 밀착한 이 시간이 길었던 여행으로 멍들고 지친 윙클에게 위로가 되었을 것이다.

이튿날 아침은 분위기가 사뭇 달랐다. 결국 낯선 영역 안으로 들어온 윙클은 불안이 커져 에버레드 곁에서 떨어지지 않으려 했고, 에버레드가 움직일 때면 거의 매번 선뜻 따라나섰다. 에버레드의 나뭇가지 흔들기 행동은 빈도와 강도 모두 훨씬 약해졌다. 10시 30분에 벌써 카부신디에 도착했고, 그날 밤은 에버레드가 암컷 짝이 생기면 거의 항상 찾는 곳인 미툼바 계곡 물가에서 함께 잤다. 그리고 이곳에서 8일을 함께 보냈다.

다른 카세켈라 수컷들에게 발견되지 않을 안전한 곳에 자리 잡은 뒤로 에버레드는 온화해지고 너그러워졌다. 출발하려다가도 윙클이 아직 식사 중이거나, 쉬고 있거나, 아들에게 털 고르기를 해 주고 있으면 바닥에 드러누워 침착하게 기다렸다. 윙클에게 털 고르기도 자주 해 주었고, 뜨거운 한낮에는 셋이 땅에 나란히 누워 있곤 했다. 에버레드는 윌키에게도 굉장히 너그럽게 대해서 꽤 길게 털 고르기를 해 주었고 윌키가 달라고 하면 먹을 것을 나눠 준 적도 몇 번 있다. 하지만 윌키는 주로 부루퉁하고 의기소침했다. 이유기의 마지막 단계를 지나고 있었기 때문이다. 많은 시간을 윙클과 붙어 지내며 끊임없이 관심을 확인했는데, 젖이 말라 가는 어미에게서 안정감을 찾고자 하는 절박한 행동이었다.

윙클은 에버레드와 동행한 셋째 날 생식기가 완연한 분홍빛이 되었다. 무르익은 가임기로, 성적 매력이 절정에 도달하고 상대에게 가장 적극적으로 호응하는 기간이었다. 하지만 에버레드는 별로 교미를 시도하지 않아서 절대로 하루에 5회를 넘기지 않았고, 윙클은 에버레드가 구애할 때마다 빠르고 평온하게 응했다. 목가적인 밀월 여행인 양 평화롭기 그지없었다.

자신이 선택한 짝짓기 영역에 짝을 데려오고 난 뒤에 온화해지고 너그러워지는 것은 에버레드에게서만 나타난 변화는 아니다. 곰베 수컷들의 전통이다. 소기의 목적을 달성한 수컷은 폭력적 공격 행동을 보이지 않으며, 일과는 얼마든지 짝에게 맞추어 조정해 준다. 피건이 아테나(Athena)를 북부 루탕가 계곡으로 데려갔을 때의 일화가 떠오른다. 아테나가 유별나게 동행하고 싶어 하지 않아 둘 다에게 괴로운 하루였다. 몸싸움은 없었지만 폭력적인 과시 행동을 반복한 끝에 피건은 결국 자기 의지를 관철했다. 그다음 날 아침, 아테나는 늦도록 누워 있고 싶은 눈치였다. 피건은 평소의 기상 시각에 일어나 아테나의 잠자리 아래로 가서 앉았다. 아테나는 아래를 슬쩍 내려다보더니 나지막한 헐떡거림으로 졸음 가시지 않은 아침 인사를 하고는 그 자리에서 움직이지 않았다. 10분쯤 지나 피건은 위를 응시하면서 작은 덤불을 흔들었다. 위에서는 아무 반응도 없었다. 8분 뒤, 다시 시도했지만 아테나는 피건에게 눈길도 주지 않고 그대로 잠자리에 누워 있었다. 피건이 우쭐대며 과시 행동을 선보이는데도 아테나는 계속 무시했다. 그러자 피건은 아침 허기를 해결하기 위해 결국 아테나 없이 혼자 출발했다. 피건은 즙 가득한 무화과가 주렁주렁 달린 나무 위로 올라갔는데, 거리는 멀지 않았지만 맨 꼭대기 가지에서도 아테나가 보이지 않았다. 피건은 몇 분 만에 한입 가득 무화과를 쑤셔 넣고는 허겁지겁 가지를 타고 내려와 조금 되돌아가 초조하게 아테나의 잠자리 쪽을 살펴보고는 아테나가 아직 그대로 있는지 확인하고는 다시 무화과나무로 돌아갔다. 다음 45분 동안 아테나가 도망가지 않았는지 확인하느라 피건의 아침 식사는 다섯 차례 더 중단되었다. 이튿날 피건은 아테나를 데리고 한참 더 북쪽으로 들어갔다. 그런 뒤에는 느긋해져서 남은 13일 동안 평온하고 고요한 짝짓기의 나날을 즐길 수 있었다.

그러던 성체 수컷 무리가 성적으로 매력적인 암컷이 등장할 때면 상황이 백팔십도로 바뀐다. 그 암컷이 성적 상대로 인기가 높은 경우에는 수컷들끼리 짝짓기 기회를 놓고 서로 경쟁하며 긴장감이 형성된다. 이런 상황에서 암컷은 약 10분 안에 6회 이상 교미하기도 한다. 또 다른 침팬지들과 재회하거나 먹이 장소에 도착하는 등 흥분을 일으킬 만한 상황이 발생할 수 있는데, 이런 행동은 대개 무리 안에서 다시금 성적 활동을 분출시키는 기폭제로 작용한다. 한창때 플로는 하루 12시간 동안 교미를 50회 한 적도 있다. 무리 내에서 긴장이 고조되다가 별 시덥잖은 이유로 격한 싸움으로 발전하는 경우도 빈번하다. 그 매력적인 암컷이 희생자가 되는 경우는 드문데도 그런 상황은 암컷 당사자에게 상당한 스트레스 요인이 된다.

성적 상대와 함께하는 기간에는 평화롭고 우호적인 분위기가 임신에 더 도움이 될 것이다. 분명 윙클은 에버레드와의 밀월 여행에서 돌아온 지 8개월 만에 딸을 낳았다. 곰베 역사에서 처음으로 사람이 목격한 출산이라는 점에서 우리는 그 새끼에게 원다(Wunda, 1978년~?)라는 이름을 붙여 주었다. 침팬지의 임신 기간이 8개월이니, 원다는 의심의 여지 없이 에버레드의 딸이었다.

암컷 침팬지의 임신 상태는 적어도 한동안은 비밀로 유지되는 듯하다. 암컷 비비는 임신하면 엉덩이 색이 갑자기 변하는데, 침팬지에게는 이런 가시적 신호가 전혀 없다. 수컷들에게 자신의 상태를 알리는 특별한 냄새인 페로몬이 없는 듯하다. 그뿐만 아니라 임신 초기 몇 달 동안 암컷 침팬지는 평상시와 다름없이 생식기 팽창이 나타나며, 적어도 첫 팽창기 때 성체 수컷들에게 성적 관심을 유발할 수 있다. 그러다 보니 수컷들은 이미 경쟁자의 씨앗을 잉태한 암컷을 자기한테 열중하게 하려고 용쓰는 어처구니없는 상황을 맞닥뜨리곤 한다.

수컷은 반려 기간을 함께할 짝을 구하고 지키기 위해 무진 노력해야 한다. 암컷이 새끼를 임신한다면 그만한 노력을 기울일 가치가 있을 것이다. 그러나 결과를 미리 알 방도는 없다. 일부 수컷이 같은 암컷과 연달아 2회 반려 기간을 갖기 위해 수고를 아끼지 않는 것도 이 때문일 것이다. 어떤 면에서는 이것이 이미 투자한 것을 지키기 위한 방법이다. 첫 기회에 암컷을 임신시키지 못했다면 두 번째 밀월 여행으로 다시 기회를 노리는 것이다. 게다가 이렇게 하면 자기 짝이 경쟁자와 떠나는 일을 막을 수도 있다. 이미 임신이 이루어진 경우에도 암컷을 무리의 흥분된 난교, 즉 암컷에게나 수컷에게나 태내에 있는 자식에게 해가 될 상황이 야기할 긴장과 압박을 받지 않도록 할 수 있다. 에버레드는 같은 암컷과 이런 유형의 밀월 여행을 세 차례 가졌다.

성체 수컷의 반려 행동에는 개체마다 고유의 방식이 있다. 에버레드는 반려 기간을 길게 가졌다. 많은 경우, 반려 기간이 윙클과 보낸 10일을 크게 상회했다. 한번은 북부 영역에서 카세켈라 공동체의 한 암컷과 3개월 가까이 보냈던 것 같다. 하지만 그 기간 내내 둘이 함께 있었는지는 확실하지 않다.

밀월 여행을 매우 짧게 가는 수컷들도 있다. 그들은 암컷의 생식기가 부풀어 오르기 시작하는 초반이 아닌 분홍빛으로 완전히 팽창했을 때 관계를 시작한다. 이 방식에 성공하는 수컷에게는 뚜렷한 이점이 있다. 첫째, 성적으로 가장 적극적인 시기가 된 암컷과 교미에 성공할 확률이 높다. 또 이 관계를 오래 지속할 필요가 없다는 점인데, 서열에서 높은 지위를 지키려는 수컷에게는 매우 중요한 사항이다. 자리를 비우는 기간이 길수록 돌아왔을 때 경쟁자들의 도전에 직면할 확률도 높아지기 때문이다.

하지만 이 전략에는 결점도 있다. 성적 매력 전성기를 구가하는 암컷을 반려로 삼기란 쉬운 일이 아니다. 더군다나 성적으로 인기 높은 암컷이라면 일거수일투족을 지켜보는 성체 수컷 다수에게 둘러싸여 있을 테니 짝으로 독점하는 일은 꿈도 꿀 수 없을 것이다. 그런 암컷을 반려로 삼고자 한다면 바짝 붙어 지내면서 호시탐탐 둘만의 장소로 데려갈 기회를 노려야 한다. 반려 기회까지는 잡지 못한다 해도 한결같이 가까이 있다 보면 교미할 기회를 얻을 확률을 높일 수 있으며 이로써 아비가 될 확률도 높일 수 있다.

짧고 달콤한 반려 관계를 가장 앞서 실천하는 수컷이 세이튼이었다. 세이튼의 기법은 흥미로웠다. 교미하고 싶은 암컷에게 바짝 붙어서 지냈을 뿐만 아니라 털 고르기를 자주 해 주었다. 이런 식으로 '내가 얼마나 매력적인 짝이 될지 보렴.' 하는 메시지를 전함으로써 자신의 친절한

면을 드러내면서 기회가 오기를 기다렸다. 어떤 이유로든 그 암컷과 둘이서 무리로부터 조금이라도 떨어지면 재빨리 나뭇가지를 흔들어 암컷이 뒤따라오기를 바라며 무리와 반대 방향으로 이동했다. 두어 번은, 암컷이 성적으로 분주한 기간에 부족한 먹이 섭취량을 보충하느라 밤늦게까지 깨어 있을 때면 세이튼도 같이 깨어 있었다. 그러다가 암컷이 식사를 끝내고 다른 수컷들도 잠자리에 들어 안전한 시간이 되면 조금 떨어진 곳으로 암컷을 이끌었다. 이 계획이 성공하면 그다음 날 아침 아주 일찍 일어나 암컷을 깨우고 빨리 빠져나가자는 신호를 보냈다.

이런 전략은 암컷이 협조적일 때만 통한다. 만약 암컷이 따라가기를 거부한다면 수컷에게 공격받을 때 내는 비명을 질러 반드시 다른 구애자들을 현장으로 불러들이게 마련이다. 세이튼은 이런 상황에 능숙해 상당히 인기 높은 암컷들과 동반으로 떠나는 데 곧잘 성공했다. 이 전략이 세이튼에게 유리하지만은 않았다. 이틀 정도 함께 보내고 나면 암컷이 거의 예외 없이 빠져나가, 여전히 생식기가 완전히 부풀어 오른 상태로 공동체의 영토 한복판에 다시 등장하기 때문이다. 그러면 다른 수컷들이 놓친 시간을 벌충하느라 다급하게 서둘러 짝짓기를 했다. 세이튼은 실패할 것이 분명한 이 전략을 계속해서 구사했다.

어떤 수컷은 '짧고 굵게' 전략과 정반대 전략을 택해 완전히 '납작한' 암컷, 즉 생식기가 부풀어 오를 기미조차 보이지 않는 암컷과 반려 여행을 떠난다. 그런 수컷들은 바로 얼마 전에 납작해진 암컷을 반려로 택하기도 하는데, 다른 수컷과의 장기 반려 여행에서 방금 돌아온 암컷일 수도 있다. 이는 서열 낮은 수컷이 짝을 구하는 방법 중 하나인데, 상위 수컷들이 이 단계의 암컷에게는 흥미가 없어서 작전의 대상으로 삼지 않기 때문이다. 서열 낮은 수컷이 암컷과 떠나는 데 성공해 암컷이 가임기가 될 때까지 함께 지낼 수 있으면 이제 팔자 펴는 것이다. 이런 수컷은 자기가 그 며칠 동안은 생식기 팽창 절정기의 암컷을 독차지할 수 있음을 안다. 상위 수컷이 방해할까 봐 떨지 않고도 원할 때면 언제든 교미할 수 있는 것이다. 그뿐만 아니라 이 평화로운 분위기에서, 암컷이 이미 임신한 상태가 아닌 한, 자기도 자식을 얻어 유전자를 후대에 퍼뜨릴 기회가 생긴다는 것도.

'납작한' 암컷을 데리고 나가려는 수컷에게 닥치는 큰 문제는 대개 이 '무욕한' 성적 단계에 있는 암컷이 수컷과 동행하기를 특히나 내키지 않아 한다는 것이다. 우리는 어린 프로이트가 첫 반려 관계를 시도했을 때 일어났을 법한 상황을 전반적으로 관찰했다. 당시 프로이트는 15세였고 상대는 멜리사의 딸 그렘린이었다. 그렘린은 완전히 의욕이 없는 상태였다. 일주일간 세이튼과의 밀월 여행에서 갓 돌아와서 그런지 프로이트와는 어디로도 가고 싶지 않다는 의사가 강경했다.

나와 마주쳤을 때, 그렘린은 나무 둥치 옆에 앉아 있었고 프로이트는 그런 그렘린을 응시하며 나뭇가지를 흔들고 있었다. 프로이트가 초목을 격렬하게 흔드는 과시 행동을 예닐곱 번 하고 나서야 그렘린은 비로소 일어나 따라 나서서 북쪽을 향해 움직이기 시작했다. 그러면서도 입을 삐죽 내민 채로 계속해서 뒤를 돌아보았고, 괴로운 듯 작게 내뱉는 신음이 자주 들려왔다. 그날 오전에 같이 다녔던 어미에게 돌아가고 싶은 것이 분명했다. 하지만 돌아서서 왔던 길로 되돌아가려 할 때마다 프로이트가 그렘린을 향해 나뭇가지를 휘둘러 댔다. 프로이트는 그렘린이 따라가기를 거부할 때마다 벌떡 일어나 덤불을 흔들고 휘둘러 대며 또다시 웅장한 과시 행동을 펼쳤다. 그렘린은 무모하게 저러다 또 공격받겠구나 싶은 순간까지 프로이트를 무시했다. 그러다가 마지막 찰나에 헐떡거림과 화해의 몸짓으로 다급하게 프로이트에게 따라붙었다. 그러고 나면 대개 한 차례 짧게 털 고르기 시간을 가졌는데, 프로이트는 털 고르기가 끝나면 또 한 번 시도했다. 프로이트는 그렘린보다 2년 어렸지만 힘이 훨씬 셌기 때문에 싸움을 벌였다가는 그렘린이 크게 다칠 수 있었다. 결국 그렘린이 항복했다.

하지만 그렘린은 금세 이 싸움에 대처할 방법, 자기만의 고유한 저항 방식을 찾아냈다. 오라는 방향으로 몇 걸음 가다가 근처 나무로 올라가 식사를 하는 것이었다. 프로이트는 나무 위를 올려다보고는 건성으로 풀을 한 줌 흔들다가는 앉아서 기다렸다. 기다리고, 기다리고, 또 기다렸다. 드러누워 눈을 감아 보기도 했고 일어나 앉아 자기 털을 고르기도 했다. 1시간가량 지나자 인내심이 바닥났다는 징후가 나타나기 시작했는데, 그렘린 쪽을 올려다보면서 몸을 벅벅 긁는 행동이 점점 잦아졌다. 프로이트는 밑에서 또 한바탕 웅장한 과시 행동을 펼쳤다. 그런데도 그렘린은 미동도 없이 앉아서 구경만 했다. 프로이트가 털을 곤두세운 채로 직접 나무 위로 올라왔을 때 비로소 저항을 멈추고 화해의 뜻으로 손을 내밀어 어루만져 주었다.

프로이트가 출발해 계속해서 북쪽을 향해 가자 그렘린도 따라갔다. 하지만 몇 미터 가다가 또 다른 나무에 올라가 다시 식사를 시작했다! 그렇게 짧은 간격으로 그렇게 많은 나무에 오르는 침팬지는 처음 봤다. 시간 끌기 핑곗거리만 보이면 여지 없었다. 프로이트는 앞서 그랬듯이 털 고르기를 하거나 큰대자로 드러누워 기다렸고, 그러면 생색 내며 내려와 다시 뒤를 따랐다. 또 몇 미터만. 5시간을 여행하고도 둘이 이동한 거리는 500미터도 안 되었다! 잠자리에 들기 약 1시간 30분 전에 그렘린이 또다시 나무에 올라가 나뭇잎으로 잠자리를 만들었다. 프로이트는 위를 올려다보다가 단념한 듯 다 들리게 한숨을 내쉬고는 근처에 자기 잠자리를 만들었다.

공동체 영역 중심부에서 벗어나지 못한 그들은 이튿날 다른 카세켈라 수컷 2마리와 마주쳤다. 이것으로 프로이트의 반려 만들기 도전은 끝이 났고, 그렘린은 다시 어미에게 돌아갈 수 있었다.

암컷이 선호하는 수컷이 따로 있는 것이 확실한 만큼 적극적으로 기피하는 수컷도 따로 있다. 공격성 높은 험프리를 많은 암컷이 무서워하는 것도 무리가 아니었다. 상대가 내키지 않은 암컷이 소리를 질러 다른 수컷들을 불러들이거나 기회를 노려 달아나거나 해서 자기 쪽에서 관계를 끝내는 경우도 있다. 하지만 대부분은 어떤 상대가 되었건 자기를 반려로 데려가겠다고 작정한 수컷의 기분에 따라 준다. 암컷이 기꺼이 수컷을 따라가는 것으로 보이는 경우도 있는데, 이는 순전히 앞서 불복종했다가 당한 호된 벌의 결과일 수도 있다.

패션은 생식기가 4분의 1 정도 부풀어 오른 시점에 북쪽으로 가자는 에버레드에게 저항하다가 2시간도 안 되는 동안 4회에 걸쳐 아주 심하게 공격받았다. 세 번째 공격 때 당한 손 부상은 땅을 짚지 못할 정도로 심각했다. 절뚝거리면서 이동하느라 에버레드의 고압적인 요구에 빠르게 응하지 못하자 네 번째로 최악의 공격을 받아야 했다. 이번에는 패션이 미친 듯이 비명을 질렀고 흥분한 폼과 프로프까지 같이 소리를 질러 다른 수컷들의 주의를 끌 수 있었다. 수컷 둘이 전신의 털을 바짝 세우고 무슨 일인지 보러 왔다. 에버레드는 서둘러 반기면서 패션을 슬쩍 한 번 돌아보고는 두 친구와 떠났다. 작은 소리로 낑낑거리면서 자기 처지를 한탄했을 패션은 에버레드가 그냥 가는 것을 보며 무척이나 기뻐했을 것이다.

하지만 에버레드를 떼어 내는 일이 쉽지는 않았다. 그다음 날 에버레드가 다시 패션을 찾아내자 이번에는 즉각 고압적인 소환에 순응해 절뚝거리면서 힘껏 속도를 내 따라갔다. 전날 자신의 처신이 잘못이었음을 단단히 깨달은 것이다. 우리가 본 바로는, 에버레드는 2개월 가까이 다른 수컷들이 패션에게 접근하지 못하게 막았다. 생식기가 부푼 전체 기간에 해당하는 시간이다. 패션이 원래 지내던 서식지에 다시 모습을 드러냈을 때는 임신한 상태였다. 아마도 에버레드의 자식이었을 것이다.

에버레드의 장기 반려 관계에서 한 가지 흥미로운 측면은, 생식기가 완전히 부풀어 오르지 않은 상태의 암컷과도 상당히 자주 교미한다는 사실이다. 야생에서는 대단히 흔치 않은 행동이다. 수컷 성체는 암컷이 팽창 절정기인 10일 동안 이외에는 절대로 교미하지 않으며, 암컷도 나머지 기간에는 수컷이 관심을 강요해도 기꺼이 응하는 법이 없다. 그런데도 수컷이 고집할 경우에는 겁을 먹고 피하려 애쓴다. 하지만 에버레드는 장기 반려로 삼은 두 암컷인 아테나, 도브(Dove, 1959년~?)와 이들이 완전히 납작하거나 기껏해야 4분의 1 정도 부풀어 올랐을 때 여러 차례 교미했다. 두 암컷도 에버레드의 성적 요구를 매번 상당히 평온하게 받아들였다. 십중팔구 다른 암컷과 여러 주를 보내는 동안에도 상황은 같았겠지만, 우리가 현장에서 직접 목격한 적은 없다.

장기간의 배타적 반려 관계, 이 기간 전반에 걸친 평온하고 느긋한 분위기, 이례적인 교미로 이루어지는 이 행동 양태는 침팬지에게 좀 더 장기적인 이성애 반려 관계를 형성하는 능력이 잠재함을 시사한다. 이 반려 관계는 주류 서구 문화권에서 관습으로 자리 잡은 일부일처, 혹은 적어도 연속적 일부일처 유형과 유사하다.

하지만 아무리 평화로워 보이는 반려 기간에도 부정한 씨앗은 나올 수 있다. 에버레드가 가장 좋아하던 북부 짝짓기 영역에서 도브와 거의 2개월을 함께 지낸 적이 있다. 이 기간이 끝날 무렵의 어느 화창한 날 아침, 에버레드의 헌신적 애정을 시험하는 사건이 발생한다. 에버레드와 도브, 도브의 어린 딸은 잠자리를 떠난 뒤 30분 동안 연노랑 꽃잎을 먹었다. 두 침팬지가 붙어 앉아 서로의 털을 골라 주는 동안 새끼는 근처

에버레드의 빈 잠자리에서 혼자 놀았다. 당시 도브는 납작한 시기에 돌입한 상태였고, 우리는 도브가 에버레드의 새끼를 임신했음을 나중에 발견했다.

그런데 갑자기 인근 덤불에서 바스락 소리가 났다. 긴장한 에버레드는 온몸의 털이 빳빳하게 서면서 소리 난 쪽을 노려보았다. 바로 며칠 전 에버레드가 작은 무리와 함께 근처 미툼바 공동체 수컷들의 우후-후 우후-후 외침을 듣고 조용하게 남쪽으로 도망친 일이 있었는데, 또 한 차례 퇴각에 대비하는 모양이었다. 한 침팬지가 100미터쯤 떨어진 거리에서 나무를 올라타기 시작하자 에버레드는 소리 없이 웃는 얼굴로 이를 드러냈고, 또 다른 침팬지가 앞선 침팬지의 뒤를 따르자 기운을 얻고자 손을 뻗어 도브를 만졌다.

하지만 얼마 뒤 에버레드는 긴장을 늦추었다. 상대가 자기네 공동체 침팬지들임을 알아본 것이다. 바로 한창때의 젊은 수컷 셰리와 생식기 팽창 절정기의 암컷 윙클이었다. 밀월을 즐기는 또 한 쌍의 커플이었다! 에버레드는 잠시 응시하더니 털을 곤두세운 채 달려 커플들이 있는 나무로 재빠르게 올라가 윙클을 향해 나뭇가지를 흔들었다. 윙클이 이 소환에 호응할 의사가 있었는지 없었는지는 알 수 없다. 평소 같으면 에버레드에게 복종했을 셰리가 즉각 자기 권리를 지키겠다고 나섰기 때문이다. 곧바로 에버레드를 향해 도발하다가 공격했다. 싸움은 오래가지 않았다. 셰리보다 몸집이 작고 가벼운 에버레드가 소리 지르며 후퇴했다. 하지만 그대로 떠나지 않자 몇 분 뒤 셰리가 다시 공격했다. 이번에는 발길질에 에버레드가 나무 아래로 꽤 멀리 나가떨어졌다.

에버레드는 영락없는 패잔병이 되어 소리 지르면서 조강지처 도브에게 돌아갔다. 도브는 아까 있던 자리에서 이 과정을 전부 지켜보고 있었다. 옆에 앉아 낑낑거리면서 피 흐르는 발가락을 핥는 에버레드에게 도브가 털 고르기를 해 주자 점차 조용해졌다. 에버레드는 윙클에게서 시선을 떼지 않았다. 하지만 세리를 따라 떠나면서 윙클도, 윙클의 자극적인 생식기도, 숲속으로 사라졌다.

이 사건은 암컷의 부푼 생식기가 수컷의 성욕을 얼마나 강하게 일으키는 효과를 발휘하는지를 보여 준다. 에버레드가 윙클과 몰래 신속하게 교미를 한번 하고 싶었던 것인지, 아니면 내 짐작처럼 세리와의 관계를 망가뜨리고 자기가 윙클을 차지하려 했던 것인지는 확실하지 않다. 에버레드가 이 계략에 성공했다면 도브는 어떻게 되었을까? 10년 전 선배 수컷 리키(Leaky)가 그랬듯이 두 암컷 다 지키려고 했을까? 그랬을 것 같지는 않다. 에버레드는 팽창기가 끝나고 성적 흥미를 잃었을 도브는 버리고 분홍빛으로 부풀어 오른 매력적인 윙클을 택했을 것이다.

그러면 도브의 위치는 매우 취약해졌을 것이다. 남쪽에서 서식해 온 도브는 이방인 구역에서 수컷의 보호 없이 홀로 남겨졌을 테니까. 그랬다면 도브와 도브의 새끼의 운명은 강력한 미툼바 공동체 수컷들의 처분에 맡겨졌을 것이다.

10장

전쟁

사진 제공: C. Busse.

미툼바 공동체의 영역 안쪽으로 들어가는 카세켈라 공동체의 순찰단은 천천히 조심스럽게 전진했다. 세이튼이 앞장서고 다른 수컷 5마리와 완연한 팽창기의 지지가 뒤를 바짝 따랐다. 불안과 공포로 모두가 털이 곤두서 있었다. 누군가 몸을 굽혀 땅 냄새를 맡자 다른 침팬지도 따라 했다. 에버레드가 나뭇잎을 하나 집더니 꼼꼼하게 냄새를 맡았고, 피건은 직립해서 한 나무에서 가장 낮게 뻗은 가지의 냄새를 맡았다. 순찰단 일행은 반복적으로 멈춰 서서 주변의 소리에 집중하며 양옆의 빽빽한 덤불 속을 들여다보았다. 귀를 찌르는 매미들의 주기적인 합창 소리를 제외하면 바람마저 잠잠해 고요한 숲이었다. 갑자기 어디선가 딱 하고 가지 꺾이는 날카로운 소리가 들려왔다. 세이튼이 일행을 돌아보았다. 두려움과 흥분 섞인 표정으로 이를 드러내는데, 연분홍 잇몸 위로 틈새 크게 벌어진 하얀 앞니가 두드러져 보였다. 그러고는 조용히 바로 뒤에 있던 호메오를 포옹했다. 피건과 에버레드도 어깨를 걸었다. 머스터드(Mustard)가 팔을 뻗어 고블린을 잡았다. 모두가 세이튼 같은 표정으로 이를 허옇게 드러내고 있었다.

이들이 소리 난 곳을 조용히 응시하는 사이에 다른 곳에서 또 가지가 뚝 부러지고 낙엽 짓밟히는 소리가 났다. 이윽고 침팬지들은 긴장을 풀었다. 앞에 나타난 시커멓고 커다란 형상이 강멧돼지였기 때문이다. 녀석은 주변에 관객이 있는지 어떤지 괘념치 않고 덤불을 뚫고 자기 길 가느라 바빴다. 그러더니 금세 시야에서 사라졌다.

세이튼이 다시 출발했지만 돌아보고는 일행이 따라오지 않는 것을 알아채고 발을 멈췄다. 혼자 갈 생각은 아니었다. 하지만 잠시 뒤 호메오가 뒤를 따랐고, 나머지도 따라서 출발했다.

10분 뒤, 앞쪽에서 새끼 칭얼거리는 소리가 났다. 수컷들과 지지는 눈빛을 주고받더니 곧장 소리 난 곳으로 달려갔다. 이파리 성긴 키 큰 나무에서 한 암컷 침팬지가 뛰어내렸다. 어미는 도망쳤는데 2~3세 되어 보이는 새끼가 아직 나무에서 벗어나지 못한 듯 겁에 질려 비명을 지르고 있었다. 어미가 급히 돌아와 새끼를 잡고 다시 땅으로 뛰어내렸다. 하지만 그 바람에 타이밍을 놓치고 말았다. 카세켈라 순찰단에게 붙잡힌 것이다. 고블린이 먼저 와서 붙잡아 때리고 물어뜯고 발로 밟아 댔다. 나무에 같이 있던 유아 침팬지는 슬그머니 나무에서 내려와 빽빽한 덤불 속으로 사라졌다. 세이튼과 머스터드가 공격 중인 고블린에게 합세했고, 잠시 뒤 피건과 호메오도 뛰어들었다.

난폭한 공격이 벌어지는 동안 에버레드는 새끼를 거머쥐고는 덤불에 대고 나뭇가지 휘두르듯 도리깨질을 하다가 앞에다 내던지고는 돌아서서 어미를 공격하던 다른 수컷들에게 가세했다. 지지도 괴성으로 고함을 질러 대는 패거리 끄트머리에 서 있다가 기회가 오면 한 대씩 때리곤 했다.

공격이 시작된 지 10분가량 지나 이방의 암컷은 가까스로 빠져나와 여전히 공포에 휩싸여 비명을 지르면서 눈에 띄는 나무 아무 데나 기어 올라갔다. 수컷 중에서 고블린만 뒤따라가 짧게 공격한 뒤, 이 공격은 내 손으로 끝내겠다고 작심한 듯한 지지가 올라가 최후의 일격을 가하는 모습을 지켜보았다. 이방 암컷은 다시 빠져나와 옆 나무로 펄쩍 뛰었다가 땅으로 뛰어내려 덤불 속에서 소리 지르던 새끼를 향해 달렸다. 이 충돌의 전 과정은 약 15분에 걸쳐 진행되었다. 가장 격한 싸움이 벌어진 덤불, 그리고 고블린과 지지의 마지막 공격이 벌어진 나무 아래에는 유혈이 낭자했다.

다음 5분 동안 카세켈라 침팬지 무리는 흥분인지 광란인지 분간하기 어려운 상태로 충돌 지점을 중심으로 전진과 후퇴를 거듭하며 나뭇가지를 끌고 던지고 돌을 던져 댔다. 그러면서 저음의 우-후-후 우-후-후 외침이 포효처럼 들려왔다. 그들은 여전히 소란스럽고 난폭한 분위기 속에서 왔던 길로 출발했다.

곰베의 수컷들은 적어도 일주일에 한 번은 보통 셋 이하의 규모로 무리를 지어 공동체 영역의 변두리 구역을 방문한다. 인접한 공동체들 사이에 명확히 표시된 경계선 같은 것은 없다. 오히려 상당히 넓은 면적이 중첩되는 경우가 흔하다. 수컷들이 그런 중첩 지대에서 풍족한 먹이 원천을 발견하면 그다음 날 암컷들과 어린 것들을 데리고 그 지점으로 돌아가 식사를 하곤 한다. 이런 유형의 원정을 떠나면 진수성찬을 들기 전에 미리 이웃 무리의 소재를 확인한다. 수컷들은 이웃 공동체의 영역이 내려다보이는 높은 산마루에 이르면 멈춰 서서 일대를 매우 치밀하게 살펴본다. 상황이 확실해 보이면 보통 큰 소리로 팬트후트 소리를 외친 뒤 반응이 있는지 집중해서 듣는다. 그러고는 아무 소리도 들리지 않을 때, 혹은 아주 멀리서 답이 올 때만, 확신을 가지고 전진해서 식사를 시작한다.

침팬지 무리가 식량을 찾아 돌아다닐 때 종종 멈추어 쉬거나 털 고르기를 하던 성체 수컷들이 갑자기 활기를 띠고 공동체 영역의 외곽 지역을 향해 출발할 때가 있다. 이런 갑작스러운 목적 의식, 이 무언가를 결단한 분위기는 인접 무리의 소재를 조사하려는 참이라는 뜻이다. 이때 이 수컷들과 함께 여행하던 암컷들과 어린 것들은 대개 뒤에 처진다. 단, 발정기의 암컷은 바로 뒤에 붙어서 따라다닌다.

순찰단 수컷들이 낯선 존재를 감지하면 초목의 냄새를 맡고 아무리 작은 소리라도 경계하면서 조심스럽게 움직이기 시작한다. 먹고 버린 열매 껍질 무더기나 버려진 흰개미 낚시 도구를 발견하면 즉각 주의를 집중한다. 방금 사용했던 잠자리가 보이면 보통 올라가서 철저하게 조사한 뒤 가지를 옮겨 타며 격한 과시 행동으로 완전히 망가뜨려 놓는다. 인접 공동체에 속한 침팬지를 실물로 보았을 때는 그 무리의 규모에 따라 반응이 달라지는데, 특히 성체 수컷의 수가 중요하다. 둘 중 한 무리의 구성원이 훨씬 많은 경우에는 대개 작은 무리가 조용히 조심스럽게 더 안전한 곳으로 물러난다. 상대 무리의 수컷들이 이를 알아차리면 크게 소리 지르며 쫓아갈 것이다. 하지만 달아나는 무리 안에 수컷이 1마리 있는 경우에는 쫓아간다고 해도 따라잡으려는 것은 아니다. 그저 힘을 한번 과시하는 데 만족한다. 양쪽 무리의 규모가 동등하다면, 즉 양쪽 순찰단의 수컷 수가 비슷하고 무리의 전체 수가 비슷하다면 상대를 위협하는 행동을 주고받는다. 두 무리는 차례차례 덤불을 헤치고 다니며 땅을 손바닥으로 때리고 발을 구르고 나무 몸통을 두드리고 돌을 던지면서 이런 행동을 하는 내내 큰 소리로 맹렬하게 외침을 이어 간다. 이런 행동을 1시간가량 한 뒤에는 양쪽 모두 안전한 자기네 본래 영역의 중심부로 퇴각한다. 이 격렬하고 소란스러운 행동은 자기네가 그 영역의 임자임을 선언하며 이웃 무리에게 겁주기 위한 것이어서 반드시 물리적 격투로 이어지지는 않는다.

실제로 맹렬하고 무자비한 공격이 벌어지는 때는 2마리 이상의 수컷이, 혼자 있는 이방 침팬지나 새끼를 데리고 있는 이방 암컷을 만났을 때다. 영역 외곽 쪽에서 새끼의 외침이 들려오면 순찰 돌던 수컷들은 인접 공동체의 어미가 있을 것이라고 생각해, 몰래 다가가서 1시간 이상 따라다니다가 사냥을 시도하는 경우가 있다. 여기서 성공하면 공격할 것이다. 이방 수컷도 공격당하는 경우가 있지만, 우리가 곰베에서 연구한 몇 년 동안 직접 목격한 것은 단 2회였다. 이웃 공동체의 수컷을 대상으로 한 공격은 이방 암컷을 18회 맹렬하게 공격한 것에 비하면 느슨한 편이었다. 어쨌거나 수컷이 훨씬 상대하기에 위험한 적이다. 모르는 상대여서 그들의 강점과 약점을 모른다면 더더군다나 그렇다. 물론 수컷이 혼자면 무리 지은 수컷들에게 공격당할 수 있다. 하지만 싸움이 벌어지면 혼자서 공격자 한두 마리에게 심각한 부상을 입힐 수도 있다. 반면에 암컷은, 특히나 새끼를 보호하는 어미의 경우에는 공격자들에게 전혀 위협적인 요소가 되지 못한다.

이 암컷들은 어째서 그렇게 잔혹하게 공격받는가? 포유류 가운데 사자나 랑구르원숭이를 예로 보자면, 상대 무리의 우두머리를 물리치고 암컷들을 차지한 수컷이 어린 새끼를 모조리 죽이는 경우가 있다. 운이 좋으면 새로 차지한 암컷이, 정상적으로 새끼를 키우고 젖을 뗀 경우보다, 더 빠르게 교미에 응할 것이다. 이는 신임 우두머리에게 2배로 유리하게 작용한다. 첫째, 앞으로 자기 무리 안에서 태어날 모든 새끼의 아버지가 될 것이며, 둘째, 패배시킨 경쟁자의 후손을 제거함으로써 생존해 자신에게 위험이 될 잠재적 경쟁자를 미리 없애는 것이다. 장래 개체군 내에서 이 수컷의 혈육 비중이 높아진다면 진화론적 관점에서 이 행동은 번식에서 우위를 부여할 것이다.

곰베에서 우리가 관찰한 공격 사례들은 매우 뚜렷하게 성체 암컷에게 집중되었다. 새끼들이 살해된 사례도 4건 있었지만, 전부가 그 어미를 잔인하게 공격하는 과정에서 부수적으로 발생한 사건인 듯하다. 공격자들로부터 어미가 도망쳐 나온 뒤에 그 현장이 육안으로 확실하게 보였던 경우, 어미들은 심하게 부상을 당했어도 그 새끼들은 불운했던 4마리를 제외하면 멀쩡해 보였다. 수컷에게는 혼자 힘으로도 어미에게서 새끼를 낚아채 죽이는 것이 상대적으로 쉬운 일이다. 그렇게 하겠다고 작정한다면 말이다. 이 행동은 한 공동체 소속 침팬지가 다른 공동체 소속 침팬지를 볼 때 유발되는 증오심의 표현인 듯하다. 타 공동체를 향한 적대성은 암수 구분 없이 나타나지만, 위협적이지 않은 암컷들이 훨씬 더 자주 공격받는다. 이런 공격으로 수컷들은 타 공동체의 암컷들이 (살아남았을 경우의 이야기지만) 자기네 영역으로 돌아갈 의지를 꺾으며, 그 영역 내 먹이 공급원을 자기네 공동체의 암컷들과 어린 것들 몫으로 지킬 수 있다.

하지만 암컷들이 타 공동체의 야만적인 공격 행위로부터 안전한 경우도 있다. 암컷 침팬지들은 사춘기 말이 되면 보통 발정기에 인접한 공동체의 영역으로 들어간다. 본토 성체 수컷들이 봐줄 뿐만 아니라, 암컷들의 생식기가 완전히 부풀어 오른 시점이면 순찰단 수컷들이 성적으로 강하게 자극되어 적극적으로 그들을 데려갈 수도 있다. 이런 어린 암컷들이 임신해서 새 공동체에 남는 경우도 있다. 이는 쉽지 않은 결정이 될 것이다. 우선 토박이 암컷들에게 적어도 초반에는 이 낯선 암컷이 극도로 불쾌한 존재이기 때문이다. 또 본래 가족과 어린 시절 난쏵 친구들과는 유대가 완전히 단절된다. 출산하고 나면 본래의 공동체로는 돌아갈 수 없어지기 때문이다. 돌아가려 했다가는 잔혹하게 공격받을 위험을 감수해야 한다. 다시 생식기가 분홍빛으로 부풀어 올랐을 경우를 제외하면 말이다. 우리는 한 공동체의 수컷들이 발정기의 타 공동체 암컷과 마주치는 상황을 몇 차례 목격했다. 얼마간 공격은 있었지만 교미도 다

수 이루어졌다. 하지만 암컷이 발정기에 들면 무리 내 수컷들이 철통같이 방어하므로 흔히 발생하는 사태는 아니다.

타 공동체와의 만남에 크게 매료되는 수컷들이 있다는 데에는 의문의 여지가 없다. 14~18세의 젊은 수컷들에게 특히나 더 신나는 일이다. 피건과 세이튼과 어린 셰리가 당시 강력한 칼란데 공동체와 영역이 접치는 음켄케 계곡의 최남단 능선을 따라 남쪽으로 여행할 때 따라간 적이 있다. 피건이 갑자기 털을 곤두세우고 남쪽을 응시하면서 큰 소리로 경계의 외침을 날렸다. 피건의 시선을 따라가 보니 적어도 7마리는 되어 보이는 성체 침팬지 무리가 보였다. 명백히 칼란데 소속 무리였다. 피건의 외침에 경계 태세가 된 이들이 격렬하고 요란한 과시 행동을 벌이기 시작했다.

카세켈라의 세 수컷은 소리 내지 않고 남쪽으로 한동안 달리다가 멈춰 서서 돌아보았다. 이방 무리가 다시 과시 행동을 하면서 우리 쪽으로 이동하자 피건과 세이튼은 돌아서서 소리 없이 안전 지대로 도망갔다. 하지만 갓 사춘기를 벗어난 셰리는 일행을 바로 따라가지 않고 전진하는 이방 무리에 매료되어 꼼짝없이 굳어서 바라보았다. 돌진해 오는 두 성체 수컷과의 거리가 50미터 안팎이 되어서야 몸을 돌려 일행 쪽으로 달리기 시작했다. 같은 날 오후에 셰리는 피건과 세이튼을 떠나 혼자서 음켄케 계곡 능선으로 돌아갔다. 같은 지점에 도달한 셰리는 높은 나무에 올라가 앉아서 남쪽 방향을 30분가량 응시했다. 꼭 한번 다시 보지 않고는 못 배기겠다는 듯이.

젊은 카세켈라 수컷 스니프(Sniff)도 완전한 성체 수컷이 적어도 3마리는 되는 큰 규모의 칼란데 침팬지 무리를 약 올린 적이 있다. 일행 둘은 달아나고 스니프 혼자 남아서. 칼란데 무리는 경사 가파른 얕은 협곡의 덤불 속으로 돌진하며 크게 부름 소리를 외쳤다. 스니프는 저음으로 포효하듯 야유의 괴성을 지르며 협곡 정상 근처의 길을 따라 웅장한 과시 행동을 수행했다. 그러고는 칼란데 무리를 향해 큰 돌을 13개 남짓 던졌다. 덤불 밑에서 이따금 돌멩이나 막대기 같은 투사물이 날아왔지만 스니프에게 미치지 못한 거리에 떨어졌다. 스니프는 칼란데 수컷 둘이 자기를 향해 달려오기 시작하자 후퇴했다. 그러면서도 대담하게 야유의 괴성을 멈추지 않았고 땅바닥을 손으로 두드리고 발로 쿵쿵 구르고 나무 몸통을 탕탕 두드리다가 겁쟁이 일행과 합류했다.

1974년은 곰베의 '4년 전쟁'이 시작된 해다. 곰베에 들어오고 10년 뒤, 내가 속속들이 알게 된 카세켈라의 구성원들이 분열되기 시작했다. 마이크의 우두머리 통치기가 끝나 가던 시점이었다. 완전한 성체 수컷은 14마리였는데 그 가운데 휴와 찰리 형제, 나의 오랜 친구 골리앗을 포함해 6마리가 공동체 영역 남부에서 보내는 시간이 늘어났다. 당시 사춘기였던 스니프와 어린 것을 데리고 있던 성체 암컷 셋도 우리가 '남부 무리'라고 칭한 무리의 성원이 되었다. 규모는 '북부 무리'가 훨씬 커서 성체 수컷이 8마리, 새끼가 있는 성체 암컷이 12마리였다.

몇 달이 흐르는 사이에 두 무리의 관계는 점점 더 적대적으로 변했다. 북부 무리는 갈라져 나간 무리가 이용하는 구역을 멀리했지만, 휴와 찰리를 필두로 한 남부 수컷들은 가끔 북부로 들어갔다. 이들이 약탈하러 갈 때는 거의 항상 짜임새가 탄탄한 조직으로 움직이는데다 휴와 찰리가 워낙 두려움을 모르는 성격이어서 북부의 수컷들은 웬만하면 이들을 피했다. 하지만 북부 최고 연장자 수컷 마이크와 로돌프(Rodolf), 남부의 최고 연장자 수컷 골리앗은 함께 사이좋게 돌아다니곤 했다.

최초의 분열 조짐이 나타난 지 2년 만에 저마다 별도의 영역을 갖춘 두 공동체로 확연하게 갈라졌다. 남부 카하마 공동체는 한때 서식하던 영역의 북부를 포기했고, 카세켈라 공동체는 과거에 자유롭게 누비고 다니던 남부의 구역에 더는 들어가지 못하게 되었다. 두 공동체의 수컷들이 중첩 지대에서 마주치면 소란스러운 모욕 행동을 주고받고 장시간 격렬한 과시 행동을 보이다가 저마다 새로 분리된 영역 내 안전한 중심부로 퇴각했다. 하지만 고령자 수컷 셋은 이런 와중에도 여전히 모여서 우정을 다지곤 했다.

  1년 동안 상황은 이런 식으로 흘러갔다. 그러던 중 처음으로 카세켈라 수컷들이 카하마 수컷을 잔혹하게 공격한 사건이 벌어졌다. 힐랄리와 다른 현장 직원이 이 현장을 목격했다. 카세켈라의 성체 수컷 6마리가 순찰을 돌다가 나무에서 먹이를 먹고 있던 어린 수컷 고디(Godi)를 발견했다. 얼마나 소리 없이 움직였는지 고디는 공격자들에게 붙잡히기 직전까지 이들의 존재를 전혀 알아채지 못했다. 하지만 이미 늦었다. 고디는 나무에서 뛰어내려 달아났지만 험프리와 피건, 육중한 호메오가 어깨를 나란히 하고 뒤에 바짝 따라붙었고 나머지가 그 뒤를 따랐다. 험프리가 먼저 고디의 다리 하나를 붙잡아 땅에다 내리쳤다. 피건, 호메오, 세리, 에버레드가 고디의 머리를 깔고 앉아 사지를 붙잡고 주먹질하고 발길질했다. 고디는 자기를 방어할 수도 달아날 수도 없었다. 카세켈라의 최고령 수컷 로돌프도 틈이 보일 때마다 때리고 물어뜯었고, 그 자리에 있던 지지도 난투 지점을 오락가락하며 공격에 가세했다. 모든 침팬지가 고성을 질렀다. 고디는 공포와 고통으로, 공격자들은 광적인 격분에 휩싸여.

  10분 뒤에 험프리가 고디를 놓았다. 나머지도 공격을 멈추고 우르르 떠들썩하게 떠났다. 고디는 그대로 얼마간 움직임 없이 누워 있다가 천천히 일어나 가냘픈 소리로 낑낑거리며 떠나간 공격자 무리를 바라보았다. 얼굴에 깊은 상처가 생겼고 한쪽 다리와 오른쪽 가슴도 심하게 다쳤다. 무자비하게 주먹질을 당했으니 온몸에 피멍이 들었을 것이다. 고디는 이날 부상으로 죽은 듯하다. 카하마 공동체 영역에서 일하는 현장 직원이나 학생 그 누구도 다시는 고디를 보지 못했다.

그 후 4년 동안 우리는 이런 유형의 공격을 네 차례 더 목격했다. 두 번째 희생자는 젊은 수컷 데(Dé)였다. 데는 20분에 걸쳐 벌어진 호메오, 셰리, 에버레드의 협공에 마찬가지로 심한 부상을 입었다. 지지는 이번에도 현장에 있었고, 수컷들이 공격할 때 실제로 가세했다. 데는 풀려났지만, 공격당한 지 1개월 만에 여러 부상 부위가 여전히 아물지 않은 상태로 마지막으로 목격되었다. 그 뒤로는 마찬가지로 영영 자취를 감추었다.

세 번째가 나에게는 가장 비극적인 사건이었다. 다름 아닌 나의 오랜 친구, 가까이 다가가는 것을 허락해 준 두 번째 침팬지, 골리앗이 그 희생자였다. 마이크의 우두머리 수컷 시기 전까지 줄곧 상위 서열을 차지했던 골리앗은 성체 수컷들 가운데 가장 대담하고 용감했다. 공동체가 분열되던 시기에 골리앗이 남부를 택한 이유는 무엇이었을까? 그것은 나에게 풀리지 않은 수수께끼로 남아 있다. 카하마의 다른 수컷들은 처음부터 서로 긴밀하게 협력하고 많은 시간을 함께 보냈다. 하지만 골리앗은 카세켈라 수컷들하고 더 친하게 지내다가 마지막에 이르러 그들에게 느닷없이 잔인하게 공격을 당했다. 이 시기에 골리앗은 건장했던 몸은 쪼그라들고 검게 빛나던 털은 칙칙한 갈색으로 바래고 이빨은 다 닳아서 밑둥밖에 남지 않은, 늙고 쇠약한 침팬지였다.

학생 에밀리가 골리앗을 죽음에 이르게 한 이 공격 현장에 있었다. 피건과 페이븐, 험프리, 세이튼, 호메오, 이 다섯이 골리앗을 공격할 때 발산한 무시무시한 분노와 적개심이 에밀리에게는 무엇보다도 충격적이었다.

"확실히 죽이겠다고 작정한 행동이었어요." 에밀리가 나중에 우리에게 말했다. "페이븐은 심지어 다리를 빙빙 꼬고 비틀었죠. 사냥한 성체 콜로부스원숭이의 팔다리를 갈기갈기 찢으려고 했을 때처럼요."

에밀리는 공격이 끝나 북부로 가는 이들을 따라가 열광적인 흥분 상황을 기록했다. 그들은 반복적으로 나무 몸통을 두드려 대고 돌을 던지고 나뭇가지를 땅에 끌다가 던져 댔고, 시종 의기양양하게 부름 소리를 외쳐 댔다.

골리앗은 다른 희생자들처럼 끔찍하게 다쳤다. 간신히 일어나 앉았으나 왕년의 동료들이 떠나가는 뒷모습을 바라보며 격심하게 떨었다. 한쪽 손목이 부러진 듯 다른 손으로 받치고 있었고, 전신이 상처투성이였다. 그다음 날 우리 연구 팀 전원이 수색에 나섰으나, 골리앗 역시 사라지고 없었다. 자취도 없이.

골리앗이 죽은 뒤로 카하마 수컷은 3마리밖에 남지 않았다. 찰리, 이제 성년 초기에 든 스니프, 1966년에 유행한 소아마비로 여전히 몸이 마비된 상태인 윌리윌리(Willy Wally). 휴는 사라졌는데, 다른 침팬지들에게 살해되었을 것으로 보인다.

찰리가 다음이었다. 찰리가 공격당하는 모습을 본 사람은 없지만, 어부들이 험악한 소리를 들었다고 보고했고 3일 동안 일대를 수색한 끝에 현장 직원이 카하마 개울 근처에 누워 있는 찰리의 사체를 발견했다. 끔찍한 상처의 상태만으로도 카세켈라 수컷들의 손에 죽었다는 증거로 충분했다.

그쯤 되면 카하마 수컷들의 운명도 뻔해 보였다. 남은 둘도 조만간 잡혀서 죽음을 당하리라고. 하지만 다음 희생자가 이 둘 중 하나가 아니라 세 암컷 중 하나인 마담 비(Madam Bee, 1947~1975년)였을 때는 정말 큰 충격이었다. 이방의 암컷들을 잔인하게 공격하는 광경을 이미 봐 왔으니 이럴 줄 알았어야 하는 것일까. 하지만 마담 비는 이방 침팬지가 아니었고,

이미 경쟁 관계인 카하마 수컷들을 처분했으니 적대적 위치로 '이탈'했던 세 암컷은 다시 받아들일지도 모른다고 생각했다.

마담 비는 골리앗처럼 고령이었다. 그뿐만 아니라 소아마비로 한쪽 팔을 쓰지 못했고, 몸은 훨씬 더 약했다. 그 치명적 공격에 앞서 여러 차례 표적이 되었다가 당한 부상이 아물기 전이었기 때문이다. 그런데도 이 무방비 상태의 암컷에게도 공격은 똑같이 잔인한 방식으로 이루어졌다. 밟아 뭉개고 때리고 발길질하고 땅으로 질질 끌고 다니고 이리저리 굴리고. 마지막 한 방을 맞은 마담 비는 그대로 엎어져 꼼짝도 하지 않았다. 죽은 것 같았다. 하지만 공격자들이 괴성과 함께 과시 행동을 하며 멀어지자 힘겹게 일어나 몸을 질질 끌며 무성한 풀숲 속으로 들어갔다.

우리가 할 수 있는 일은 아무것도 없었다. 마담 비가 죽지 않고 회복되었더라도 미래는 없었을 것이다. 한창때의 건강한 수컷들조차 카세켈라 원수들이 품은 잔학한 적개심은 피할 수 없었으니까. 우리는 마담 비가 조금이라도 편안하게 세상을 뜰 수 있도록 누워 있는 곳으로 먹을 것과 마실 것을 가져다주었지만 거의 받아들이지 못했다. 오직 곁에 사춘기 딸 허니 비(Honey Bee, 1965년~?)가 곁에 머물러 주는 것만이 위로가 되는 듯했다. 그 고통스러운 마지막 며칠 내내 허니 비는 곁을 떠나지 않고 털 고르기를 해 주고 상처 부위로 날아드는 파리를 쫓아 주면서 어미를 지켰다.

다음으로 윌리윌리가 사라졌다. 스니프는 그로부터 1년 동안 유일하게 살아남은 카하마 수컷이다. 그는 북쪽으로는 카세켈라의 땅과 아래 남쪽으로는 강력한 칼란데의 땅 사이에 끼인 작은 구역에서 갇힌 듯이 살아갔다. 나는 스니프가 이 모든 역경을 넘어서서 살아남기를 간절히 빌었다. 어떻게든 칼란데 신분을 획득하기만 해도 될 텐데. 아니면 국립 공원 경계선 바깥쪽의 강 동쪽에 있는 임자 없는 땅으로 들어가기만 해도 될 텐데. 스니프는 너무 어렸고, 모두에게 사랑받는 침팬지였다.

1964년에 스니프의 어미가 처음 우리의 캠프를 찾아온 일이 기억난다. 어미가 빈터 끄트머리 작은 숲에서 초조해하며 서성이는데, 호기심 넘치는 스니프가 내 천막으로 다가와 덮개를 들더니 고개를 디밀었다. 나를 보고도 겁먹지 않은 듯 빤히 내려다보는 것이 아닌가! 우리는 스니프가 애교와 장난기 넘치는 유아기부터 강건한 사춘기까지 성장하는 모습을 지켜보았다. 어미가 죽었을 당시 8세이던 스니프가 14개월 된 여동생을 자기 아이로 받아들이는 모습에 우리는 깊이 감동했다. 아직까지 어미 젖에 의존해야 했기에 그 새끼는 3주밖에는 더 살지 못했지만, 그 시간 내내 스니프는 어디를 가나 새끼를 업고 다녔고 자기 먹을 것을 나눠 주고 밤에는 자기 잠자리에서 재우며 캠프의 바나나를 차지하기 위해 걸핏하면 싸움을 벌이던 침팬지들로부터 새끼를 보호하기 위해 최선을 다했다.

스니프도 다른 수컷들처럼 잔혹하게 살해당했다. 잡혀서 공격당해 셀 수 없이 많은 상처를 입고 다리 하나가 부러져 꼼짝하지 못하는 상태로 버려졌다. 우리는 이번에도 다 같이 수색하러 나갔으나 죽음을 맞이한 위치는 역시나 찾아내지 못했다. 스니프의 죽음으로 카하마 공동체는 종말을 맞았다. 얼마 동안은 남은 두 성체 암컷과 그 새끼들을 가끔 볼 수 있었는데, 그러다가 그들도 사라졌다. 그들도 이 작은 공동체의 나머지 구성원들에게 닥친 불운한 운명을 피할 수 없었던 것이 아닐까? 오로지 사춘기 암컷들만 카세켈라의 거친 폭력성에서 처음부터 벗어나 있었다.

고디가 공격당한 1974년 초부터 1977년 말 스니프가 살해될 때까지 4년은 곰베 역사에서 가장 암울한 시기였다. 침팬지 공동체 하나가 통째로 절멸되었을 뿐만 아니라 패션과 폼이 행한, 갓난아기의 살을 뜯어먹으며 즐기는 소름 끼치는 동족 포식 공격까지 일어났다. 곰베의 모래 해변으로 잠입한 자이르의 폭도가 우리를 그 악몽의 몇 주로 몰아넣었던 것도 같은 시기였다. 이 인간계의 만행이 비록 정신적으로는 이루 다 말할 수 없는 고통을 낳았으나, 적어도 생명을 희생당하지 않았으니 감사한 일이었다.

정신적으로 고통스럽고 충격적인 사건이긴 했어도 인간의 본성에 대한 내 생각을 납치가 바꿔 놓지는 못했다. 역사에는 납치와 인질 관련 기록이 수두룩하며, 특히 근래에는 이런 유형의 사건이 그 당사자 개인에게 남기는 영향을 다룬 연구가 다수 이루어졌다. 물론 직접적인 경험으로 나는 새로운 시각을 얻었고, 악몽의 시간을 겪은 우리 모두가 이런 일로 삶을 침해당한 이들에게 더 깊이 공감하게 되었으리라고 믿는다.

하지만 곰베의 침팬지 사회에서 목격된 타 공동체에 대한 공격성과 동족 포식 행위는 이전까지 기록된 바 없으며, 침팬지의 특성에 대한 나의 생각이 완전히 바뀌는 사건이었다. 침팬지에게는 으스스할 정도로 사람과 비슷한 면이 많지만, 전반적으로는 우리 인간보다 '순하다'는 것이 나의 오랜 믿음이었다. 그런데 한순간 이들도 우리 못지않게 잔인해질 수 있다는 것, 그들의 본성에도 어두운 일면이 있음을 깨달은 것이다. 속이 쓰라렸다. 물론 침팬지들이 때로는 험악하게 싸워서 서로에게 상처를 입힌다는 사실은 알았다. 나는 성체 수컷들이 돌격 과시 행동으로 광란할 때면 고삐 풀린 듯 암컷과 어린 것들, 심지어 전진에 방해되면 조막만 한 새끼들까지 공격하는 현장을 공포에 떨며 지켜보곤 했다. 지켜보는 이에게는 충격적이지만 이런 폭발적 공격이 심각한 부상을 야기하는 경우는 드물었다. 타 공동체를 공격하고 동족 포식 공격을 할 때 드러나는 폭력성은 완전히 다른 종류였다.

몇 년 동안 나는 이 새로운 깨달음을 사실로 받아들이기가 쉽지 않았다. 밤에 잠에서 깨어날 때면 온갖 끔찍한 영상이 머릿속으로 밀고 들어왔다. 세이튼이 스니프의 턱 밑에 손을 대고 얼굴에 난 큰 상처에 고였다가 떨어지는 피를 받아 먹던 장면. 평소 그렇게 온순하던 늙은 로돌프가 두 발로 서서 이미 바닥에 고개를 박고 쓰러진 고디를 향해 2킬로그램은 나가 보이는 돌덩어리를 던지는 장면. 호메오가 데의 허벅지 살을 쭉 잡아 찢던 순간. 고통으로 온몸을 벌벌 떠는 어린 날의 영웅 골리앗을 들이받고 때리고 또 들이받고 때리던 피건. 아마도 최악은 패션과 폼이었을 것이다. 길카의 새끼를 게걸스럽게 뜯어 먹느라 입가가 피범벅이 된 그들의 모습은 내가 어릴 때 읽었던 전설 속 흡혈귀처럼 괴기스럽기만 했다.

하지만 나는 몇 년에 걸쳐 서서히 받아들이는 법을 배웠다. 침팬지들의 기본적인 공격 패턴이 인간과 놀라울 정도로 비슷한 면이 있는 것은 사실이다. 하지만 자신의 공격 행위가 상대방에게 야기하는 고통에 대한 이해는 우리와 판이하다. 침팬지에게는 동료의 욕구와 호오를 적어도 어느 정도까지는 공감하고 이해할 능력이 있다. 하지만 고의로, 즉 상대방에게 신체적, 정신적 고통을 가하겠다는 의도를 가지고 학대를 행할 수 있는 것은 인간뿐이다.

카세켈라 침팬지들은 나를 그렇게 걱정하게 만들어 놓고는 아무 일도 없다는 듯이 자기네 삶을 살아갔다. 그리고 그들에게는 응보가 기다리고 있었다. 스니프가 죽은 뒤로 카세켈라 수컷들은 암컷들과 어린 것들을 데리고 새로 합병한 영역 안에서 불안에 떠는 일 없이 먹이를 구하고 잠자리를 만들고 활개를 치고 돌아다녔다. 이 영역의 면적은 12~15제곱킬로미터로 확장되었다. 하지만 이 같은 행복한 상황은 오래가지 않았다. 카하마 공동체가 카세켈라 공동체와 남부의 강력한 칼란데 공동체 사이에서 완충 역할을 했던 듯하다. 그런데 남부 공동체가 이제 점차 북쪽으로 밀고 올라오기 시작했다. 카세켈라 수컷들은 스니프에게서 최종 승리를 거둔 지 1년 만에 힘에 밀려 퇴각하기 시작했다. 카하마 침팬지들을 잔혹하디 잔혹하게 공격해 탈취하고 마음껏 돌아다니던 영역에서 칼란데 순찰 무리와 마주친 것이다. 그러면서 경계심이 높아져 서서히 남쪽으로 이동했고, 카세켈라 침팬지들의 영역은 다시 쪼그라들었다.

우리는 카세켈라 무리와 칼란데 무리가 맞닥뜨리는 인상적인 장면을 몇 차례 목격했다. 예를 들면 피건의 무리 다섯은 수적으로 더 많은 칼란데 무리에게 완패하자 안전한 북쪽으로 조용히 달아났다. 카세켈라 수컷 둘은 자취를 감추었다. 첫해에는 힘센 젊은 수컷 셰리가, 이듬해에는 늙은 험프리가 사라졌다. 확실하게 알 길은 없으나 공동체 간 공격 행동에 희생되었을 가능성이 높다. 카세켈라 공동체에서 살아남은 성체 수컷은 5마리뿐이었다. 카세켈라 공동체는 남부 쪽 영역이 계속해서 축소되었을 뿐만 아니라 규모가 큰 미툼바 공동체가 영역 확장 기회를 노리고 남진하기 시작하면서 북부에서도 땅을 잃었다. 스니프가 죽고 4년 뒤인 1981년 말, 카세켈라의 영역은 8제곱킬로미터 남짓으로 쪼그라들었는데, 성체 암컷 18마리와 그 가족들이 먹고살기에는 턱없이 좁은 땅이었다. 저러다가 이 공동체가 완전히 사라지는 것은 아닌지 겁이 났다. 무리에서 겉돌면서 남쪽으로 자주 가던 외톨이 암컷 둘이 새끼를 잃었다. 셰리와 험프리 때와 마찬가지로 칼란데 수컷들의 소행으로 추측했다.

이듬해에 상황은 중대 국면을 맞았다. 칼란데 수컷 4마리가 캠프로 직접 들어와 멜리사를 공격했다. 아마도 이곳 환경이 익숙하지 않았기 때문일 듯한데, 다행히 공격은 가벼웠고 멜리사의 새끼는 다치지 않았다. 몇 주 뒤, 에슬롬이 낚시하러 나갔을 때 캠프 바로 남쪽에 위치한 음켄케-카하마 계곡에서 칼란데 수컷들의 외침이 들려왔다. 아마도 미툼바 수컷들이 캠프 북쪽으로 계곡 바로 건너편에 있는 린다-카세켈라 계곡에서 보낸 응답이었을 것이다. 카세켈라 침팬지들은 같은 방법으로 행해지는 보복의 대상이 되어 있었다. 이 외침을 들은 날로부터 며칠 동안 그들은 소리 없이 돌아다녔다. 심지어 카콤베 개울가의 열매가 주렁주렁 달린 나무마저 두고 떠났다. '원수들'이 다가오는 소리를 들을 수 없는 세찬 물줄기 탓에 이 자리에서 식사를 할 수 없었던 것이 아닐까 추측된다.

다행히도 당시 카세켈라 공동체에서는 이례적으로 많은 어린 수컷들이 성장하고 있었다. 이들이 차츰 어미와 떨어져서 성체 수컷들과 함께 북부와 남부로 여행하는 시간이 늘어났다. 이들 어린 수컷(머스터드, 아틀라스, 베토벤, 프로이트)에게는 싸움이 벌어졌을 때 비록 아직 힘은 약하고 사회적 경험이 부족해도 연장자 수컷들에게 우렁찬 외침을 보내거나 과시 행동을 할 때 요란한 소리를 질러 이웃 공동체에 카세켈라 공동체가 실제보다 더 강해 보이는 착각을 일으킬 수 있었을 것이다.

이 어린 수컷들의 활약으로 위기를 넘긴 카세켈라 순찰 무리는 다시 남으로는 카하마로, 북으로는 루탕가 너머 구역까지 여행하기 시작했다. 인접 공동체의 수컷들과 마주칠 때면 양쪽 모두 예전처럼 서로를 향해 과시 행동을 벌였으나 더는 눈에 띄는 추격전은 볼 수 없었다. 성체 수컷이 실종되는 일도, 외톨이 암컷들이 새끼를 잃는 일도 더는 발생하지 않았다. 예전의 형세를 회복한 듯이 보였다.

11장

엄마와 아들

사진 제공: The Jane Goodall Institute.

영역 경계 구역 순찰은 어린 수컷 침팬지가 커서 쓸모 있는 사회 구성원이 되고자 한다면 반드시 배워야 하는 임무 가운데 하나다. 수컷이 성체가 되어 경험하는 삶은 암컷 성체의 삶과 아주 다를 것이다. 따라서 사회적으로 성숙하는 동안 거쳐야 할 이정표가 암컷이 성숙하는 과정과 다른 것도 당연하다. 물론 젖 뗄 때는 과정이나 가족 안에 새로운 새끼의 탄생처럼 암수가 공유하는 요소도 있다. 하지만 어미와 떨어져 성체 수컷들과 떠나는 첫 여행은 어린 암컷보다 어린 수컷에게 더 일찍 찾아오며 훨씬 더 중요하다. 성체가 되었을 때 필요한 여러 가지 기술을 이 여행에서 배울 수 있기 때문이다. 어린 수컷은 공동체 내 암컷들과 하나나 대결을 벌여야 하며, 그 전부를 제압하고 나면 다음으로 성체 수컷들의 서열 대결에 돌입해야 한다. 어린 수컷이 각 단계의 과제를 풀어 가는 방식, 한 이정표에서 다음 이정표로 넘어가는 시기는 초기 가족 환경과 사회적 경험의 성격에 크게 좌우된다. 피피의 두 아들 프로이트, 프로도와, 패션의 아들 프로프의 발달 과정이 그 차이를 확연하게 보여 준다.

앞서 이야기했듯이, 프로이트는 첫째로 태어났지만 상대적으로 사교적인 유아기를 보냈다. 피피의 동생 플린트가 프로이트의 생후 첫 2년 동안 중요한 역할을 해 주었다. 플린트는 새끼 조카에게 매료되었고, 인내심 강한 어미 피피는 겨우 생후 2개월 된 새끼랑 놀아 주고 소중히 업고 다녔다. 피피의 두 오빠 페이븐과 피건도 자주 새끼를 봐주었고, 프로이트는 이 서열 높은 수컷 둘과 우정 어린 유대를 형성했다. 이렇듯 프로이트는 피피가 그랬듯이 어린 시절의 대부분을 힘이 되어 주는 가족과 함께했다. 어미 피피처럼 프로이트도 또래와의 관계에서 자신감 넘치고 자기주장 강한 모습을 보였다.

플린트가 8세 반이 되었을 때 어미의 죽음으로 인한 상실감에서 헤어나지 못하고 죽자 프로이트는 가장 가까운 놀이 친구를 잃은 동시에 사춘기 시절의 본보기가 될 선배까지 잃었다. 그럼에도 상대적으로 활발한 사회 생활을 유지할 수 있었다. 가족을 단결시키는 자석과도 같던 플로가 세상을 떠난 뒤에도 피피는 여전히 오빠들과 어울려 지내곤 했다. 프로이트는 피건 삼촌을 보면 항상 달려와 인사했는데, 품 안으로 뛰어들거나, 심지어 가끔은 잠깐 등에 올라타기도 했다. 피피는 붙임성이 좋아서 다른 침팬지들과 어울리는 시간이 많았을 뿐 아니라, 플로가 죽은 뒤로 (어쩌면 바로 그 직접적인 결과로) 자기 또래의 어린 암컷인 윙클과 친해졌다. 윙클의 아들 윌키는 프로이트보다 1년 아래였는데, 두 어미가 모이면 그 새끼들은 끝도 없이 샘솟는 에너지로 지칠 줄 모르고 까불고 뛰놀았다. 외동들은 곁에 다른 침팬지가 없으면 끊임없이 어미의 관심을 요구한다. 이처럼 피피와 윙클이 만나 함께하는 시간은, 모처럼 편안하게 식사하거나 쉴 수 있는 어미들에게도 이득이었을 뿐 아니라 어린 자식들에게도 이득이었다.

물론 프로이트도 이유기 우울증을 겪었다. 피피가 쉬고 있으면 바짝 붙어서 털 고르기를 해 달라고 조르며 어떻게 해서든 이 낯설고 불편한 감정을 달래고자 애썼다. 피피에게도 젖 떼기가 처음인 까닭에 서로 협조하는 원활하고 효율적인 모자 관계가 무너진 이 시기가 불편하기는 매한가지였다. 이 모자는 서서히 이 상황에 대처하는 법을 배워 나갔지만, 프로이트 출산 이후 처음으로 피피가 다시 성적 매력을 발산할 때 프로이트는 여전히 우울한 상태였다. 프로이트는 어미가 성체 수컷과 짝짓기를 할 때마다 극도의 흥분 상태가 되어 이들을 향해 돌진해 낑낑거리거나, 비명을 지르며 어미의 상대를 떠밀기까지 했다. 피피의 생식기가 분홍빛으로 팽창한 첫 두 시기에 프로이트는 짝짓기 현장을 한 번도 놓치지 않았다. 프로이트가 심적으로 고통스러워하고 어미의 짝짓기를 강박적이다 싶을 정도로 훼방하는 모습을 보니 그 나이대의 피피를 보는 듯했다. 대다수 어린 침팬지들은 그 정도로 불안해하지는 않았다. 다만 어미가 짝짓기할 때는 모두가 예외 없이 훼방을 놓았다.

피피의 다음 출산 무렵에 프로이트는 이미 젖 떼기와 어미의 성적 인기로 인한 스트레스 및 긴장 상태를 극복했다. 갓난쟁이 동생 프로도에게 푹 빠져 있었고, 피피가 허락해 주면 바로 프로도를 어미 품에서 끌어와 앉아서 털 고르기를 해 주거나 같이 놀아 주었다. 이 어린 동생을 거의 항상 다정하게 대했지만 자기 뜻대로 이용하는 경우도 많았다. 예를 들어 프로이트가 피피보다 먼저 이동할 준비가 되어 출발했는데 피피가 따라가지 않으려고 버티면 되돌아와서 프로도를 자기 품에 안고는 그대로 떠나 버린 일이 여러 번 있었다. 때로는 이 수법이 통해서 피피가 한숨을 쉬며 일어나 터벅터벅 걸어 두 아들 뒤를 따라갔다. 하지만 피피가 프로이트를 쫓아가 새끼를 도로 빼앗아 돌아와서 하던 일을 계속 하는 경우도 많았다. 프로도가 형의 뜻에 따르지 않고 제 발로 어미 곁으로 아장아장 돌아가는 경우도 있었고.

첫째 프로이트와 그다음에 태어난 동생의 생후 초기 경험은 천양지차였다. 다른 첫째 새끼들과 대조적으로 프로이트는 두드러지게 사회적인 환경에서 자랐는데도 긴 시간을 어미 피피와 단둘이 보냈다. 피피가 자신의 어미 플로처럼 잘 놀아 주는 어미이긴 했어도 자기 일에 너무 바빠서 프로이트에게 주의를 기울이지 못하는 경우도 흔했다. 프로도의 경우에는 사정이 완전히 달랐다. 우선 어미 피피와 단둘이 있어 본 적이 없다. 형이 항상 같이 있었다. 또 형이 놀이 친구이자 보호자, 위안을 주며 본보기가 되는 존재가 되어 주었다.

피피에게도 둘째를 키우는 것은 확연히 다른 경험이었다. 심심하다고 줄기차게 놀아 달라고, 털 고르기 해 달라고 보채면서 심심해하는 새끼로부터 자유로워졌다. 이따금 자유로운 것이 아니라, 플로가 죽은 뒤로 윙클과 힘을 합치면서 늘 자유로운 몸이 되었다. 그저 가만히 앉아서 느긋하게 프로이트와 프로도가 노는 모습을 지켜볼 수 있게 된 것이다. 피피가 생각에 잠긴다면, 당연히 생각을 했겠지만, 외부의 방해 없이 자기만의 생각에 몰입할 수 있었을 것이다. 그럼에도 원체 놀이를 즐기는 성격인지라 마땅히 할 일이 없을 때면 아들들 노는 데 못 참고 끼어드는 듯했다.

프로도는 프로이트가 하는 거의 모든 행동을 신기하게 여겼다. 형이 하는 행동마다 골똘히 지켜보았고, 본 것을 흉내 내어 직접 해 보곤 했다. 아직 두 발로 서는 것조차 불안정하던 9개월 때였다. 프로이트가 어느 키 큰 나무의 땅으로 노출된 뿌리 부분을 발로 쿵쿵 굴러 댔다. 프로도는 눈이 휘둥그레져서 이 소리 요란하고 인상적인 과시 행동을 지켜보다가 자기도 해 보려고 했지만 몸이 따라 주지 않아 균형을 잃고 비탈 아래로 굴러떨어지면서 공포로 비명을 질렀다. 어쩌면 좌절감과 분노였을까? 어쨌거나 성체 수컷의 행동을 따라 하려는 시도는 불명예스럽게도 어미의 구조로 끝났다. 또 한번은, 프로이트가 어린 비비를 공격적으로 데리고 놀고 있었다. 프로도는 어미 곁에서 떨어지지 않으면서 형이 비비를 몰면서 땅을 발로 구르고 커다란 마른 나뭇가지로 도리깨질하듯이 땅바닥을 때려 대는 모습을 지켜보았다. 모든 것이 끝나고 어린 비비도 떠나 조용해지자, 프로도는 형이 내버린 무기 쪽으로 달려갔다. 자기도 얼마나 무섭게 휘두를 수 있는지 보여 주고 싶었을 것이다. 그러나 가지가 무거워 땅바닥에서 꿈쩍도 하지 않았다.

프로이트는 동생을 무척이나 아끼고 과잉 보호했다. 프로도가 대담해져서 피피의 손이 닿지 않는 높이로 올라갈 때면 프로이트가 따라가곤 했는데, 어린 동생을 감시하기 위해서였을 것이다. 프로도가 호기를 부렸다가 궁지에 처해 자지러지게 우는 일이 한두 번이 아니었기에 재빨리 구할 수 있도록 밀착해서 보호했을 것이다. 프로도는 2세 무렵에 비비 데리고 노는 것을 좋아했다. 어린 비비까지는 괜찮은데 가끔은 흥분해서 성체 비비한테 과시 행동을 할 때가 있었다. 털을 곤두세우고 발을 구르고 나뭇가지로 도리깨질을 벌이는 프로도에게 화가 치민 성체 비비가 손바닥으로 땅을 내려치고 무시무시한 송곳니를 내보이며 위협했다. 프로도는 겁에 질려 비명을 질렀고, 그러자 프로이트가 달려와 구해 주었다. 어미 피피의 역할을 대신한 것이다. 프로이트는 동생을 밀착 보호하는 어엿한 보호자가 되어 있었다.

프로도는 남을 구하고 말고 할 주제는 아니었으나, 형이 몸을 다치거나 기분이 상하면 걱정하는 모습을 보였다. 프로이트가 7세가 되자 피피가 식사 규율을 가르쳐야 하는 상황이 발생했다. 예를 들어 프로이트가 어미 몫으로 할당된 먹이를 먹으려 들 때가 있었다. 고집 부리며 땅바닥에 드러누워 소리 지르는 등 역정 내는 아들을 약하게 위협하는 상황이 두 차례 발생했다. 피피는 아들의 행동을 무시했지만, 어린 프로도가 달려와 껴안아 주고 형이 진정될 때까지 곁에 머물렀다. 1년 뒤, 프로이트가 발을 심하게 다친 일이 있었다. 발을 땅에 디딜 수 없어서 처음 며칠은 아주 느리게 움직였다. 피피는 프로이트가 도중에 멈추어 쉬면 대부분은 기다려 주었다. 하지만 그냥 먼저 출발하는 때도 있었는데, 그러면 프로이트는 뒤늦게 다리를 절며 쫓아갔다. 이런 상황이 세 차례 발생했는데, 프로도는 걸음을 멈추고 프로이트와 어미를 번갈아 보다가 낑낑 울었다. 프로도가 울음을 멈추지 않자 피피가 다시 걸음을 멈추고 돌아보니 프로도가 형 옆에 앉아서 다친 발을 보며 털 고르기를 해 주고 있었다. 프로이트가 마침내 기운을 내자 온 가족이 다 같이 다시 출발했다.

피피의 두 아들이 성장해 모두가 공동체에서 점점 더 높은 서열로 올라가는 과정을 지켜보는 일은 무엇보다도 흥미로웠다. 프로이트는 7세가 되면서 공동체 암컷들에게 위협적인 존재가 되기 위한 기나긴 여정을 시작했다. 암컷을 보면 달려들거나 암컷들 주위를 돌면서 나뭇가지를 휘두르고 돌을 던지는 사춘기 수컷의 전형적인 행동을 보이기 시작했다. 처음에는 자기보다 연상의 유년기 암컷이나 사춘기 암컷을 건드렸는데, 전부가 피피보다 서열 낮은 어미의 자식들이었다. 그럴 때면 그런 암컷의 어미가 프로이트에게 반격을 가하는 경우가 많았는데, 거의 매번 피피가 나서서 위협하거나 공격함으로써 자기 아들에게 가한 경솔한 보복 행위를 혼내 주었다. 이렇게 자신감을 키운 프로이트는 점차 더 성숙한 암컷들에게 도전했다. 프로이트의 표적이 된 암컷들은 이 보잘것없는 공격자를 외면하고 쫓아 버리거나 누들겨 패기까지 했다. 아들 일이라면 거의 빠지지 않고 나서던 피피는 갈수록 다른 암컷들과 충돌하는 일이 늘었다.

프로이트는 욕심이 과한 경우도 있었다. 예를 들면 배짱 좋게 서열 높은 멜리사에게 덤볐다가 호되게 경을 친 적도 있다. 피피는 멜리사보다 나이도 서열도 아래였지만, 어미 플로가 그랬듯이, 강경하고 두려움을 모르는 성격이었다. 괴로워하는 프로이트의 비명을 듣자 털을 곤두세우고 위협적인 우아아 함성을 뱉으며 달려갔다. 멜리사는 곧장 상대를 프로이트에서 피피로 바꾸었다. 두 어미가 맞붙더니 몇 바퀴를 굴렀다. 프로이트가 쫓아가 고음으로 공연히 우아아 고함을 쳤다. 피피에게는 안타까운 일이었지만, 멜리사의 사춘기 아들 고블린이 근처에 있다가 어미의 비명을 듣고 달려와 반격해서 피피를 쫓아냈다. 프로이트도 같이.

하지만 프로이트는 사춘기를 거치면서 덩치가 커지고 힘도 세지고 남성 호르몬인 테스토스테론 수치도 높아지면서 점차 공격적인 성격으로 바뀌었다. 9세 무렵에는 어미가 싸움에 연루되면 거들 수 있을 만큼 강해졌다. 피피가 서열 높은 패션과 싸움이 붙었을 때는 프로이트와 폼이 가세해 각자의 어미에게 힘을 보탰다. 이 싸움에서 프로이트는 폼을 쫓아내 버린 뒤 돌아와 패션에게 큰 돌을 던졌다. 패션이 놀라서 어쩔 줄 모르는 틈을 타 피피가 승리를 거머쥘 수 있었다. 몇 해가 지나자 피피와 프로이트 모자 둘 다 무리 내 서열이 상승했다.

어린 프로도도 성장했다. 프로도는 자기한테 나쁜 일이 생기면 피피나 프로이트가, 혹은 둘이 같이 와서 자기를 도와주리라는 확고한 믿음 속에서 아주 이른 나이에 공동체 암컷들에게 덤벼들기 시작했다. 어쨌거나 그동안 내내 프로이트를 관찰하면서 따라 배웠고 또 가끔은 실제로 '돕기'도 했으니까. 프로이트가 가여운 암컷을 겁주고 거드름 피우며 과시 행동을 펼칠 때면 프로도도 번번이 끼어들었다. 털이란 털은 한껏 빳빳이 세우고 그 불안정한 다리로 깡총거리며 땅을 구르고 가느다란 나뭇가지를 잡고 흔드는 본새를 보노라니 디즈니 만화 주인공이 따로 없었다.

프로도는 겨우 5세 때부터 혼자서 암컷에게 덤벼들기 시작했다. 물론 몸은 여전히 아주 작았지만 돌을 요령 있게 사용하면 위협 효과를 극대화할 수 있다는 사실을 빠르게 습득했고, 얼마 지나지 않아 일등급 투석꾼이라는 평판을 얻었다. 어린 침팬지 다수가 상대를 위협하는 과시 행동을 할 때 돌을 던지는데, 프로이트의 과시 행동에서도 돌 던지기가 특기였다. 형을 따라 배운 프로도도 이런 행동을 벌일 가능성이 높았는데, 오히려 자기만의 던지기 기술을 완성함으로써 단기간에 동료들에게 두려움의 대상으로 떠올랐다. 서열 낮은 어린 암컷들은 프로도가 어슬렁거리며 손에 돌을 들고 다가오기만 해도 달아나기 바빴다. 프로도는 명중률이 높았는데, 더 정확하게 조준해서가 아니라 다른 침팬지들보다 몇 걸음 더 접근해서 던지는 기법 덕분이었다. 프로도는 이런 식으로 얄미운 기법을 개발했다.

피피와 리틀 비(Little Bee, 1960~1987년), 이들의 가족을 따라다니던 날이 지금도 기억에 선명하다. 리틀 비가 느닷없이 가파른 비탈 위쪽을 올려다보더니 작은 소리로 비명을 지르기 시작했다. 그 위쪽 몇 미터 떨어진 곳에서 프로도가 거들먹거리는 몸짓으로 과시 행동을 시작한 참이었다. 털을 곤두세우고 손에는 돌을 들고. 우리를 향해 돌을 던졌지만 다행히 리틀 비와 나 사이에 떨어져 아무도 다치지 않았다. 프로도가 겨냥한 표적이 리틀 비였는지 나였는지 잘 모르겠다. 프로도에게 나는 처음부터 다른 암컷들과 다를 바 없는, 제압해야 할 대상에 지나지 않았다. 그러더니 큼직한 바위를 밀기 시작했다. 집어서 던지기에는 너무 컸지만, 프로도는 이럴 때는 경사 아래쪽으로 굴리면 된다는 사실을 알았고, 그대로 실행에 옮겼다. 바위는 우리를 향해 데굴데굴 굴러오면서 점점 속도가 붙었지만 잇달아 나무 몸통에 맞고 튕겨서 비껴 나갔다. 우리 중에 누구 하나라도 맞았더라면 그 자리에서 바로 까무러쳤을 것이다. 최악이면 즉사였을 것이고. 어디로 달려야 하나 당황한 사이에 프로도가 다음 바위를 굴려 보냈다. 세 번째 바위를 굴리기 시작할 무렵, 우리는 '걸음아, 날 살려라.' 하고 달아났다. 리틀 비와 나는 말할 것도 없고 피피까지도. 다행히도 이 융단 폭격식 바위 굴리기는 상습 공격 행동으로 자리 잡지는 않았다. 하지만 돌멩이나 작은 바위를 던지는 행동은 그 뒤로도 몇 해 동안 계속되었다.

어린 수컷이 성장기에 거쳐야 하는 가장 중요한 이정표 가운데 하나가 어미와 떨어져 공동체의 다른 구성원들과 여행을 떠나는 것이다. 어미의 영향력에서 벗어나는 것은 어린 암컷보다 어린 수컷에게 훨씬 더 필수적인 단계다. 어린 암컷은 성체가 되어 잘 살아가기 위한 거의 대부분의 요소를 가족 환경 안에 머무르면서 배울 수 있다. 어미와 어미 친구들이 자식 보살피는 모습을 관찰할 수 있을 뿐만 아니라 직접 거들면서 자기가 자식을 낳았을 때 필요한 것을 상당 부분 경험할 수 있기 때문이다. 또 어미의 생식기가 분홍빛인 기간에는 성교를 비롯해 그와 관련된 많은 일을 배울 수 있다.

수컷은 다른 것을 배운다. 순찰, 침입자 물리치기, 원거리 먹이 장소 찾기, 일련의 사냥 기술 등 공동체 성원으로서 수컷이 이행해야 할 의무를 배워야 하는데, 전부는 아니지만 주요한 의무에 해당하는 요소들이다. 어미 품 안에만 머무른다면 이와 관련된 경험을 충분히 쌓을 수 없다. 반드시 어미 곁을 벗어나 수컷들과 시간을 보내야 배울 수 있다. 프로이트는 유아기 내내 성체 수컷들의 세계에 깊은 관심을 보였다. 걸음마를 떼자마자 어미와 같이 있는 수컷이 보이면 아장아장 다가가 인사했고, 그들이 떠날 때면 짧은 거리나마 따라갔다 돌아오는 경우도 많았다. 험프리가 피피에게 털 고르기를 해 준 뒤 떠나자, 비틀거리며 따라가던 프로이트의 모습이 기억난다. 같이 떠날 생각이 없는 피피가 뒤따라가 데려오려고 하면 풀 줄기나 나뭇가지를 꼭 붙들고 낑낑 울면서 격하게 저항하곤 했다. 떼어 내려 할수록 반응이 거세져, 피피는 하는 수 없이 험프리를 따라가는 아들 뒤를 지척거리며 따라가야 했다. 하지만 프로이트는 금세 힘이 빠져서 도로 어미 등에 올라탔고, 어미가 원하는 방향으로 돌려서 출발해도 얌전히 있었다. 프로이트는 시끌벅적하게 모인 침팬지들의 흥분된 외침이 들릴 때마다 끼고 싶어 했다. 겨우 4세 때 있었던 일이다. 평화로운 아침이었다. 일행은 우리 셋뿐이었다. 정오 무렵 피피는 땅에 큰대자로 누워 쉬고 있었고, 프로이트는 나뭇가지 위에서 활발하게 놀고 있었다. 갑자기 계곡 끄트머리 쪽에서 열띤 외침과 고함 섞인 팬트후트 소리가 터져 나왔다. 성체 수컷 여러 마리가 모여 있는 것이 분명했다. 피건과 세이튼, 험프리, 호메오는 쉽게 식별되었다. 암컷들과 새끼들도 섞여 있었다. 프로이트는 골똘히 듣더니 고음으로 새끼 팬트후트로 응답했고 피피도 일어나 앉아 외침으로 답했다. 프로이트는 나뭇가지 그네를 타며 내려와 곧장 무리의 소리가 들려온 방향으로 출발했다. 하지만 피피가 꿈쩍도 하지 않자 10미터쯤 가다가 뒤돌아보더니 걸음을 멈추고 작은 소리로 낑낑 울었다. 그런데도 피피는 아들의 호소를 무시하고 드러누워서 휴식을 이어 갔다. 실망한 프로이트는 되돌아와 어미 곁에 앉더니 한 손을 들었다. 털 고르기를 해 달라는 뜻이었다.

5분 뒤에 다시 무리의 외침이 들려왔다. 프로이트는 또 적극적으로 응답했고, 이번에는 달리면서 발 구르기로 소소한 과시 행동을 펼치더니 자기도 무리의 일원으로서 또래의 놀이에 끼고 싶은 열망에 열띤 외침이 들려오는 쪽을 향해 출발했다. 피피는 여전히 꿈쩍도 하지 않았다. 프로이트는 아까보다 조금 더 가서 멈추고 돌아보더니 돌아오지 않고 서 있었다. 15미터쯤 되는 그 지점에서 길이 휙 꺾여서 프로이트가 피피의 시야에서 사라졌다. 흐느끼듯 낑낑거리는 소리가 점점 잦아지고 커지더니 커다란 울음소리가 들려왔다.

프로이트의 간청 때문이었는지 아니면 그저 자신도 무리에 끼어 즐기고 싶은 마음이 들었는지, 피피가 일어나 아들이 간 길로 따라갔다. 10분 뒤, 둘은 시끌벅적하게 열광하는 무리 속에 섞였다. 피피는 기쁨으로 나지막이 헐떡거리며 카세켈라 침팬지 절반 이상이 성찬을 즐기는 나무를 타고 올라가 과즙이 풍부한 무화과를 먹었다. 프로이트는 신이 나서 다른 어린 침팬지들의 자유분방한 놀이에 뛰어들었다.

어린 수컷이 점점 독립하고 있음을 보여 주는 한 가지 명확한 징표가 어미 없이 이런 유형의 회합에 참여하는 횟수가 늘어나는 것이다. 어린 수컷을 이렇게 큰 규모의 떠들썩한 무리로 불러들이는 것은 풍족하게 먹을 수 있는 맛있는 열매인 경우도 있고, 성적으로 인기 높은 암컷인 경우도 있다. 이런 유형의 모임은 개체들이 수시로 드나들어 구성원이 바뀌면서 보통 일주일 남짓 지속된다. 침팬지들에게는 이런 모임이 많은 면에서 사회 생활의 중심으로 기능한다. 공동체 구성원들이 만나 서로 어울려 놀이를 하고 털 고르기를 해 주고 과시 행동을 펼치고 떠들썩하게 소리 지르는 등의 상호 작용이 이런 모임에서 이루어진다. 특히나 생식기가 분홍빛으로 부풀어 오른 암컷들이 왔다 하면 거의 난장판의 축제 분위기가 된다.

피피의 기질이 사교적이어서 프로이트는 영아기와 유년기일 때 무리의 모임에 자주 참여했다. 그 덕분에 프로이트는 일찌감치 사회적 경험을 쌓아 성체 수컷들이 긴장으로 신경이 날카로울 때 자리 피하는 법을 (보통은 고생하면서) 터득했고 쉽게 공격적으로 돌변할 수 있었다. 나이를 먹으면서 이런 상황에 대한 자신감도 높아져 9세가 되었을 때는 수컷들 모임에 어미 없이 혼자서 거의 정기적으로 참여했다. 프로도는 형보다 더 어린 나이에 이런 모임에 참석하기 시작했는데, 긴장이 고조되는 상황이더라도 형이 같이 있으면 문제없었다. 겨우 5세 때 어미 없이 며칠씩 걸리는 성체 수컷들의 여행에 참여한 적도 있다. 물론 프로이트도 같이.

프로프의 어린 시절은 프로이트와 사뭇 달랐고 프로도와는 더욱더 달랐다. 패션이 이 둘째 자식에게는 훨씬 더 주의를 기울이고 훨씬 덜 엄했지만 관심과 염려, 인내심, 활발하게 같이 놀아 주는 정도에서는 피피에 비할 바가 아니었다. 그뿐만 아니라 패션은 시간이 흐르면서 갈수록 비사회적으로 변해 갔다. 폼이 영아기였을 때 바나나를 먹기 위해 우리 캠프로 침팬지들이 대규모로 모이던 것은 과거지사가 되었다. 패션에게 윙클 같은 친구가 없으니 프로프도 또래 새끼와 어울려 놀 기회를 갖지 못했다. 물론 누나가 있었지만, 이유기의 우울증을 겪고 난 뒤로 폼이 아기 남동생에게 관심을 보이기는 했어도, 동생 프로도가 아기였을 때 형 프로이트나 플린트가 죽기 전에 프로이트에게 해 주었던 역할까지 기대하기는 역부족이었다.

따라서 프로프는 프로이트나 프로도만큼 사회적 상호 작용을 배울 기회를 자주 갖지 못했다. 아마도 또래와 자주 어울려 놀지 못해서 놀 기회가 와도 자신감이 부족했을 것이다. 또 또래와 놀이를 하다가도 갈등이 생겨 분위기가 거칠어지는 경우에 자기를 방어하지 못했다. 패션은 물론 폼도 대개는 프로프를 도와주지 못했다. 하지만 이 세 수컷 침팬지의 영아기와 유년기의 사회 경험에서 가장 중대한 차이점은 프로프가 성체 수컷들과 상호 작용할 기회가 훨씬 적었다는 점을 꼽아야 할 듯하다.

프로프에게 이유기는 누나와 마찬가지로 절망의 시기였지만, 수컷이어서 자기 털을 잡아 뜯고 땅에서 뒹굴고 격렬하게 생떼를 부리며 훨씬 공격적으로 굴었다. 침팬지 가족 대부분의 경우, 자식의 생떼는 즉각적으로 어미의 반응을 유발한다. 버릇없는 아이로 자란 프로도도 마찬가지로 격렬하게 생떼를 부리곤 했는데, 내가 보기에 자기 뜻대로 되지 않는 데 대한 분노에서 나온 행동에 가까웠다. 피피는 그런 프로도를 방치하는 법 없이 곁에 있어 주기 위해 다가왔다. 프로도는 달래 주는 어미를 뿌리치고 땅에 드러누워 발버둥친 적이 많았지만, 피피는 프로도를 품에 꼭 안고 가만히 있었다. 분노가 아무리 맹렬했다 해도 조금 있으면 안정을 찾았는데, 아마도 직관적으로 어미의 메시지를 이해했을 것이다. '젖을 줄 수는 (또는 내 등에 올라탈 수는) 없어. 그래도 엄마는 널 사랑한단다.'

매정한 패션은 프로프가 떼를 쓸 때 완전히 무시하는 경우가 많았다. 이런 행동은 또 다른 형태의 거부다. 그 때문에 프로프의 생떼는 점점 더 심해졌고, 소리 지르면서 덤불 속으로 뛰어들거나 경사진 길로 몸을 던져 구르기도 했다. 한번은 개울 속으로 곤두박질친 적도 있다. 어린 침팬지들은 빠르게 흐르는 물을 무서워하는데 말이다. 그런데도, 좌절감으로 떼쓰는 것이 아니라 공포의 비명임이 분명해 보이는데도, 패션은 계속 무시했다. 안 그래도 자신감이 부족한 프로프에게 이처럼 괴로운 어린 시절의 경험은 별로 도움이 되지 않았으리라! 하지만 폼과 달리 프로프는 동생 팍스가 태어나기 전에 이유기의 절망에서 회복했다. 프로이트가 그랬듯이, 프로프도 새끼 동생에게 관심을 기울였다. 폼이 자신에게 보여 준 관심보다 더 많이.

프로이트와 거의 같은 나이에 프로프가 암컷에게 덤벼드는 모습이 처음 목격되었다. 하지만 프로이트가 암컷을 제압하는 과업에 첫발을 디딘 뒤로 반복적 과시 행동을 점점 더 자주 행한 것과 대조적으로, 프로프의 과시 행동은 덜 반복적이었고 반복 간격도 더 멀었다. 프로이트와 동생 프로도가 보여 준 결단성과 박력도 찾기 어려웠다. 심지어 프로프의 두 번째 도전은 불명예스럽게도 상대 암컷이 다가오더니 목을 잡고 간지럼을 태워서 털을 곤두세웠던 공격은 간데없이 웃음을 터뜨리고 끝났다.

프로프는 새끼 때 분명히 프로이트나 프로도와 마찬가지로 성체 수컷들과 어울리고 싶어 했다. 하지만 성체 수컷을 따라 떠나도 패션이 절대로 같이 따라가 주지 않았기 때문에 어미한테 같이 가자고 설득하는 노력을 포기하는 경우가 많았다. 게다가 패션이 피피나 다른 사교성 좋은 암컷들이 좋아하는 대규모 모임을 피했기 때문에 어쩌다가 그런 모임에 참여하더라도 영 불편해 보일 때가 많았다. 따라서 프로이트나 프로도와 같은 자신감을 키우지 못한 프로프는 어미가 죽은 11세까지 주로 어미하고만 지냈다. 프로이트, 프로도, 프로프의 행동 차이는 주로 다른 성격, 어미들의 다른 양육법에서 출발했다는 점에는 의심의 여지가 별로 없을 것이다. 물론 이 세 어린 수컷의 유전적 차이도 감안해야 할 것이다. 기질적 차이는 분명 경험보다는 유전에서 온다. 하지만 우리는 어떤 특이 행동의 뿌리가 유년기에 있었던 하나의 충격적 사건으로 거슬러 올라가는 경우를 왕왕 경험한다. 예를 들어 프로프가 2세 때 사냥을 하다가 한 성체 수컷 콜로부스원숭이에게 공격당한 일이 있었다. 패션이 앉아서 프로프를 안고 구경하고 있었는데 갑자기 한 수컷 콜로부스원숭이가 흥분해서 달려들어 패션을 공격한 것이다. 패션은 다치지 않았지만 프로프는 발가락 하나를 물어뜯겼다.

고통과 공포가 동시에 수반된 그 경험이 프로프에게 원숭이에 대한 뿌리 깊은 두려움을 남겼을 것이다. 어린 수컷 침팬지는 대부분 유년기에 사냥을 시작한다. 프로이트는 겨우 6세 때 첫 원숭이를 잡았다.(피피에게 빼앗겼지만.) 프로프는 11세 이전에 원숭이 사냥에 나서는 모습이 목격된 바 없으며, 그나마 11세 때도 내키지 않아 하는 기색이었다. 우리가 관찰하기로는, 직접 자기 손으로 잡은 것은 1마리도 없었다. 흥미롭게도 프로프는 어릴 때 비비도 무서워했다. 프로이트나 프로도라면 어린 비비를 보면 털을 곤두세우고 거들먹거리는 몸짓을 보이며 공격적인 놀이를 했을 텐데, 프로프에게는 그런 행동이 전혀 나타나지 않았다. 가령 식사를 하고 있는데 덩치 큰 수컷 비비가 다가오면 무서워서 낑낑대며 패션 뒤에 숨었다. 콜로부스원숭이 공포가 다른 모든 원숭이와 비비에 대한 공포로 일반화한 것으로 볼 수 있을 듯하다. 물론 비비와도 충격적인 사건을 겪어서 2차 공포(second fear, 오스트레일리아 신경 정신과 의사 클레어 위크스(Claire Weekes, 1903~1990년)의 개념. 1차 공포는 트라우마 촉발제에 아드레날린이 전신으로 분출되는 반응을 말하며, 2차 공포는 자기 안의 부정적 사고로 불안을 키우는 공포로, 1차 공포로 인한 아드레날린 반응을 더욱 악화해 신경 질환을 일으킬 수 있다. — 옮긴이)를 갖게 되었을 가능성도 있다. 그런 사건을 겪을 기회는 얼마든지 있었을 것이다.

12장
비비

사진 제공: The Jane Goodall Institute.

우리가 곰베에서 관찰했듯이, 침팬지와 비비만큼 두 종이 다양하고 복합적인 상호 작용을 하는 경우는 드물다. 하나의 예외가 우리 인간과 다른 동물 종의 상호 작용일 것이다. 침팬지와 비비는 때로 먹이를 놓고 공격적으로 경쟁한다. 때로는 어린 비비가 침팬지들에게 살상되거나 잡아먹히기도 한다. 이 두 종의 어린 개체들은 때로 함께 어울려 논다. 어린 침팬지가 성체 비비의 털을 골라 주는 경우도 있고, 심지어 가지고 놀려고 드는 경우도 있다. 그들은 상대방의 의사 소통 신호의 상당 부분을 이해하며, 이 능력 덕분에 두 종이 힘을 합해 천적을 위협하고 물리치는 성과를 내기도 한다.

곰베에는 침팬지보다 비비가 더 많이 서식한다. 한 무리의 개체수가 평균 50마리로 일정하게 유지되기에 침팬지 공동체 1개 영역당 비비 공동체 12개가 북적거리는 셈이다. 이는 이 두 종의 개체들이 어떤 식으로든 마주치지 않고 지나는 날이 드물다는 뜻이다. 대부분의 만남은 평화롭게 지나간다. 침팬지와 비비는 저마다 볼일을 보면서 상대를 무시하고 지나치는 경우가 적지 않다. 물론 이들은 같은 먹이 공급원을 이용한다. 곰베에서는 1년의 거의 모든 계절에 침팬지와 비비에게 필요한 분량 이상의 식량이 공급되므로, 이런 경우에는 두 종이 티격태격 다툴 필요가 없다. 두 종의 개체들이 같은 나무에서 평화롭게 먹이를 즐기는 경우도 종종 있다. 하지만 서로 간에 크고 작은 공격 행위가 벌어지는 시기도 있다. 식량 공급이 상대적으로 부족한 건기인 6월부터 10월까지는 두 영장류 동물 간에 매우 공격적인 경쟁이 벌어진다. 간혹 비비 무리가 침팬지 3~4마리가 식사하고 있는 나무를 찾아온다. 비비들이 다가와 1마리씩 차례차례 나뭇가지로 오르면 침팬지들 사이에서 점차 긴장도가 올라가는 경향을 보인다. 그들은 빠른 동작으로 자리를 이동하면서 입안에 먹이를 최대한 많이 최대한 빨리 채운 뒤, 대개는 나무를 떠난다. 하지만 침팬지들이 항상 그렇게 쉽사리 포기하는 것은 아니며, 때로는 수적으로 불리해도 버틴다. 그 자리에 있는 개체들의 나이, 성별, 성격에 달린 일이다. 이런 상황에서 특히 더 과감해지는 침팬지들이 있는데, 비비들도 누가 그런지 바로 인지한다. 기억나는 일이 있다. 고블린, 세이튼, 험프리가 느긋하게 무화과를 즐기고 있을 때였다. D 무리 비비들이 도착해 나무에 오르기 시작하더니 성찬을 나눠 먹을 무리가 차츰 늘었다. 고블린을 필두로 세 침팬지가 비비 무리를 향해 계속해서 겁을 주었다. 나뭇가지에서 격한 충돌이 벌어지고 침팬지와 비비의 비명과 고함이 뒤섞이면서 아침의 고요가 산산이 부서졌다. 겨우 20분 경과했는데 침팬지들이 여기까지만 하기로 결정했다. 그들은 물러나면서도 큰 소리로 우후후 외치고 비비들 사이를 이리저리 돌진하며 강렬한 과시 행동을 펼쳤고, 땅에서 식사하던 비비들은 비명을 지르며 사방으로 흩어졌다.

그런가 하면 비비들과 마주쳤을 때 두려움에 떠는 침팬지도 있다. 비비들은 그런 정황을 바로 알아차리고 다른 침팬지들 앞에서는 하지 못할 무모한 짓을 감행하곤 한다. 침팬지들도 마찬가지로, 어떤 성체 수컷 비비는 함부로 다룰 수 없다는 것을 인식한다. 예를 들어 여러 해 동안

'캠프 무리'의 우두머리 수컷 월넛(Walnut)은 아무리 강심장 침팬지라도 두려움에 떨게 만들었다. 그도 그럴 것이 한 번씩 광포해질 때면 곳곳에 평화롭게 모여 있는 침팬지 무리 사이를 이리저리 돌진하면서 1마리도 남김 없이 달아날 때까지 표범의 포효만큼이나 무서운 기세로 사납게 으르렁거렸다.

귀한 먹이 공급원을 놓고 어쩌다가 극적인 대결이 벌어지기는 해도 대부분의 다툼은 서로 약간씩 위협적인 몸짓을 주고받는 것 이상으로는 번지지 않고 평화롭게 해결된다. 이 두 종 사이에 경쟁이 적은 데에는 비비가 침팬지보다 먹성이 더 좋다는 점이 크게 작용한다. 비비의 식단은 초목 줄기와 씨앗에서 꽃에 이르기까지 훨씬 다양하다. 먹이가 드문 건기에는 장시간 땅을 파고 뿌리를 캐 먹고, 나무 줄기에 맺힌 작은 옹이까지 뜯어 먹는다. 개울이나 산비탈의 바위를 뒤집어 게나 벌레를 잡아 먹기도 한다. 어마어마하게 강력한 턱으로 바위처럼 단단한 기름야자의 작은 종핵을 으스러뜨릴 수도 있다. 곰베 침팬지들은 강경 보수파인지라 전통적인 식단이 아닌 먹잇감에는 거의 관심을 보이지 않는다. 영아 침팬지들이 간혹 비비가 먹는 색다른 먹이에 호기심을 보이기는 한다.

지금도 뚜렷이 기억나는 일이 하나 있다. 폼이 두 살배기 아들을 재우고 있었고 곁에서는 팬이 놀고 있었다. 비비 여러 마리가 근처에서 한 가로이 먹이를 채집하고 있었는데, 그 가운데 성체 수컷 클라우디우스(Claudius)가 두 침팬지에게서 가까운 자리에 있었다. 팬은 클라우디우스 쪽으로 옮겨 클라우디우스가 기름야자 종핵 먹는 과정을 눈을 동그랗게 뜨고 구경했다. 클라우디우스가 종핵을 위아래 어금니 사이에 끼우더니 아래턱을 주먹으로 눌렀다. 그러자 단단한 껍데기가 아작 하고 깨졌다. 그러더니 열매는 꺼내고 이제 둘로 갈라진 속 빈 종핵을 땅에 떨구었다. 팬은 비비의 기분을 살피려는지 얼굴에 그대로 시선을 고정한 채 조심스럽게 다가가 손을 뻗어 깨진 껍데기 한 조각을 집었다. 팬은 자기가 그런 용기를 냈다는 데 감격하면서 서둘러 폼에게 돌아갔다. 그러고는 어미 털을 손에 쥔 채로 전리품을 뜯어본 뒤 혀로 핥았다. 팬은 땅바닥에서 또 다른 종핵을 골라잡은 클라우디우스를 아까처럼 호기심 가득한 눈으로 지켜보았다. 그 종핵도 아작 하고 갈라졌다. 그러자 팬은 한층 더 자신감 있게 클라우디우스에게 다시 접근해 버려진 껍데기를 집었다.

덤불 속에 열린 장과류 열매처럼 팬이 혼자서도 쉽게 구할 수 있는 먹이였다면 자기가 찾아서 집어 먹었을 것이다. 그런 식으로 비비에게 배움으로써 새로운 먹이 전통이 시작되었을 것이다. 하지만 바위처럼 단단한 기름야자는 새끼 침팬지가 해결하기에는 너무 힘겨운 문제였다.

1년 내내 한 그루씩 익어 가는 기름야자 열매의 영양 풍부한 과육은 침팬지와 비비 모두가 주식으로 섭취하는 먹이다. 기름야자나무 한 그루에는 식사를 할 만한 자리가 한두 곳밖에 없으며, 식량이 귀한 철이면 붉은 열매가 다발로 열리는 부분을 차지하기 위해 난폭한 경쟁이 벌어질 수도 있다. 피피를 추적 관찰하던 날이었다. 숲속에서 이동하던 피피가 느닷없이 멈추더니 털을 곤추세우고 높은 기름야자나무 위를 올려다보았다. 잠시 뒤 쏜살같이 나무 몸통을 타고 올라갔다. 피피가 꼭대기에 가까워지자 몸이 아주 작은 유년기 비비가 무서워 소리 지르며 이느 이파리에서 뛰어내렸다. 나는 숨죽이고 지켜보았다. 나는 피피가 새끼 비비를 잡으려는 줄 알았다. 24년 동안 암컷 침팬지가 비비 사냥에 참여하는 것을 단 한 번도 보지 못했으면서도 그렇게 생각했다.

하지만 피피가 원하는 것은 잘 익은 야자 열매가 다발로 매달린 자리를 차지하는 것이었다. 피피는 원하던 자리에 앉아 나지막이 기쁨의 헐떡거리는 소리를 내며 열매를 먹었고, 빳빳이 서 있던 털이 차츰 가라앉았다. 하지만 어린 비비는 곤경에 처했다. 아마 이 어린 비비도 피피가 공격적으로 접근하는 것이 자기를 잡아먹기 위해서라고 착각했을 것이다. 어쨌거나 자기를 그렇게 겁준 암컷 근처에는 절대로 가까이 가지 않으리라 결심한 듯 야자 이파리 끄트머리에 매달려서 달아날 길이 있는지 두리번거렸으나, 허사였다. 그 몸무게로는 이파리를 바닥 가까이까지 끌어내릴 수 없었기에 나무 몸통에서 3미터쯤 바깥으로 뻗은 이파리에 매달렸다. 쉽게 건너뛸 만한 가지가 없어서 거기에서 3분이 넘도록 그렇게 매달려 있었다. 그러다가 자신감이 생겼는지 소리 나지 않게 조심스럽게 이파리를 옮겨 타면서 다시 피피 쪽으로 올라가더니 가까운 이파리를 잡았다. 이 잎에서 저 잎으로, 너무나도 고요히, 옮겨 뛰더니 마침내 옆 나무로 건너뛰었고 그 길로 달아났다.

하늘을 덮은 주위의 임관(林冠) 가운데로 우뚝 솟아오른 키 큰 야자나무의 수관(樹冠)은, 상대적으로 드문 일이긴 하지만, 침팬지들에게 사냥당하는 비비에게 올가미로 사용될 수도 있다. 사냥꾼 침팬지가 들키지 않고 야자나무 몸통을 기어오르는 데 성공하면, 다른 침팬지들이 밑에서 대기하고 있어서 목표물이 된 비비는 도망가기가 어려워진다. 예를 들면 한번은 수컷 침팬지 6마리가 영토 남부에서 이동하던 중에 야자나무에서 아주 작은 새끼와 단둘이 열매를 먹고 있던 암컷 비비를 발견했다. 그 비비는 우리의 연구 대상 무리에 속하지 않아서 이름이 없었다. 무리를 이끌던 피건이 비비를 보더니 씩 웃으면서 나지막이 끽끽거리며 팔을 뻗어 세이튼을 쳤다. 수컷 6마리 전원이 위를 응시하며 털을 빳빳이 세웠다. 비비는 눈치 채고 먹는 것을 멈춤과 거의 동시에 작은 소리로 공포의 비명을 지르고 뒷걸음질하며 조난 신호를 보내기 시작했다. 호메오가 느릿느릿 움직여 야자나무 옆의 나무를 타고 목표물과 같은 높이까지 올라갔다. 비비와의 거리는 5미터가량 되었다. 호메오가 멈추고 뚫어져라 바라보니 비비가 큰 소리로 비명을 지르기 시작했지만 그 소리가 들릴 만한 범위 안에는 다른 비비가 없었다. 그 순간에도 나중에도 아무도 나타나지 않았다.

긴장감 감도는 10분이 흘렀고, 피건과 세리가 다른 두 나무로 유유히 올라갔다. 목표물이 건너뛸 만한 나무마다 사냥꾼들이 하나씩 자리를 잡은 것이다. 다른 세 침팬지는 땅에서 대기했다. 갑자기 호메오가 비비가 있는 야자나무로 껑충 뛰었다. 비비가 훌쩍 뛰어서 도착한 나무에는 피건이 있었다. 피건은 그 암컷 비비를 여유 있게 잡았고, 어린 새끼를 잡아 빼앗더니 단숨에 머리를 물어 죽였다. 어미가 옆 나무에서 절망적으로 소리 지르며 바라보는 가운데 여섯 사냥꾼은 새끼의 사체를 나눠 먹었다.

우리는 곰베의 비비도 연구한다. 그들의 흥미진진한 생애를 추적하면서 다섯 무리의 구성원들에게 이름을 다 붙여 주었기에 그들이 침팬지에게 잡아먹히는 사건은 늘 고통스럽다. 하지만 그런 사냥이 시작될 때면 우리 안에 긴장감이 고조되면서 흥분된 분위기가 감돈다는 것도 부정하지 못할 사실이다. 비비 사냥은 실패로 끝날 때가 더 많다. 피건 일당이 현장에 도착했을 때 그 비비 암컷이 속한 무리가 근처에 있었다면, 상황은 사뭇 다르게 전개되었을 것이다. 비비 수컷들은 흥분하면 아주 사나워지며, 위기에 처한 새끼나 어미가 지르는 고통스러운 비명을 들으면 곧장 구하러 달려와 포효하며 돌진해 눈에 띄는 대로 침팬지를 두들겨 팬다. 성체 암컷들도 참여해 끽끽거리며 질러 대는 공포와 분노의 비명으로 흥분을 한층 더 높이는 역할이라도 한다. 이처럼 소란스러운 맹공격을 당하는 침팬지들은 사냥 생각을 접고 달아나기 바쁘다. 방어의 수준이 이렇게 맹렬한데도 침팬지 사냥꾼들이 비비를 포획해 잡아먹는 일이 가능하다는 사실이 오히려 놀라울 정도다. 이보다 더 놀라운 것은, 사냥에 성공하는 장면을 관찰해 보면, 침팬지들이 격노한 수컷 비비들에게 붙잡혀 땅으로 끌려 내려가기는 해도 실제로 몸을 다치는 경우는 없었다는 사실이다. 하지만 비비는 자기 새끼를 사냥하는 포범이라면 확실하게 공격하며, 죽음에 이를 정도로 치명적 부상을 입히기도 한다. 침팬지는 상대를 향해 돌과 막대기를 던지는 능력 덕분에 지배 종의 지위를 확립할 수 있었던 것으로 보인다. 침팬지는 허세로 비비에게 자기네가 실제보다 더 강하고 위험한 존재라고 믿게 만든 셈이다.

비비도 사냥을 한다. 아프리카 대륙 내 비비들이 서식하는 거의 모든 영역에서 육식의 흔적이 발견된다. 곰베에서는 어미가 곁에 없는 임바발라 새끼를 가장 많이 잡는다. 임바발라 어미들은 새끼를 낳은 뒤에 높이 자란 덤불 속에 잘 숨겨 놓고 떠났다가 젖 먹일 때만 돌아오기 때문이다. 침팬지에 비해 비비는 이런 장소에서 먹이를 구하러 다니는 시간이 많을 뿐만 아니라 훨씬 더 넓은 지역을 다니므로 숨겨 둔 새끼를 발견할 확률이 더 높다.

비비가 사냥에 성공해서 포획물을 먹으려고 하면 보통은 빼앗으려는 동료들의 공격이 벌어진다. 싸움이 벌어지면 성체 수컷들이 돌아가며 사체를 차지하곤 한다. 그 와중에 비명과 포효, 부르짖는 소리로 소음이 일어난다. 이런 소동의 소리를 들은 침팬지라면 대개 하던 일을 멈추고 소리 난 곳을 향해 달려간다. 이윽고 한바탕 노략질이 벌어진다.

앞서 길카와 수컷 비비 소라브의 맞대결에 대해 서술했다. 작고 약한 길카는 포획물을 빼앗는 데 실패했지만 성공한 암컷도 있었다. 힐랄리가 들려준 사건은 아주 인상적이다. 힐랄리는 멜리사와 5세 아들 김블, 10세 딸 그렘린 일행을 추적하고 있었다. 갑자기 소음이 연달아 들려왔다. 근처에서 먹이를 찾아다니던 D 무리 비비들한테서 나온 소리였다.

조용하게 서로 털 고르기를 하던 침팬지들이 벌떡 일어섰다. 흥분의 미소를 지으며 짧은 포옹을 주고받더니 소음이 나는 곳을 향해 함께 달려갔다. 잠시 뒤, 그들은 임바발라 새끼 고기를 찢고 있던 성체 비비 클라우디우스와 마주쳤다. 다른 비비 수컷 3마리가 땅을 손바닥으로 두드리고 송곳니와 흰 눈꺼풀을 번쩍거리고 사납게 으르렁거리며 클라우디우스를 위협하고 있었다.

서서히 다가가던 멜리사와 그렘린은 먹이를 땅에 질질 끄는 클라우디우스를 지켜보았다. 클라우디우스가 멈춰 서서 또 한입 고기를 물어뜯자 멜리사와 그렘린은 큰 소리로 우아아 짖고 팔을 휘두르며 덤볐다. 클라우디우스가 포효하듯 헐떡거리며 맹렬하게 돌진하자 멜리사가 걸음을 멈추고 작은 소리로 몇 번 낑낑거리더니 땅에 떨어진 굵은 나뭇가지를 집어 들어 털을 곤두세우고서는 클라우디우스를 향해 던졌다. 그러자 클라우디우스가 옆으로 뛰어 피했다. 유리한 위치를 놓치지 않고 멜리사가 다시 덤볐는데, 이번에는 풀 무더기를 난폭하게 휘두르면서 껑충껑충 뛰며 다가갔다. 클라우디우스가 갑자기 먹이를 떨구더니 멜리사에게 달려들어 주먹질을 했다. 힐랄리는 클라우디우스가 멜리사 팔을 물어뜯을 것 같다고 생각했다. 멜리사는 이 힘센 적에게 큰 소리로 짖으며 팔을 휘두르고 주먹을 날리며 반격했다. 다른 수컷 비비들이 이때다 싶어서 먹이로 모여들자 클라우디우스는 고기를 되찾기 위해 멜리사를 놔줘야 했다. 멜리사는 잠시 지켜보다가 또 한 차례 과시 행동을 시작했다. 그렘린도 어미에게 합류해 다시 한번 팀으로 도발했다. 클라우디우스는 물러서지 않고 버티면서도 미친 듯이 고깃덩어리를 찢어 먹기 시작했다. 멜리사는 그 모습을 지켜보면서 한 번씩 풀 무더기를 흔들며 낑낑거렸다.

5분 뒤에 멜리사가 다시 과시 행동을 시작했는데, 이번에는 한층 더 격렬했다. 클라우디우스가 사체를 입으로 물고 더 멀리 끌어내리려고 했지만 덤불에 걸리고 말았다. 필사적으로 당겨도 소용없자 크게 한 조각 찢어서 달아났다. 그러자 멜리사가 후다닥 달려와 사체 앞다리를 잡았고, 클라우디우스가 되돌아와 다른 다리를 움켜쥐었다. 놀랍게도, 포효하듯 헐떡거리는 소리가 쩌렁쩌렁 울리고 송곳니가 눈앞에서 번쩍거리는데 멜리사는 비명을 지르면서도 악착같이 버텼다. 클라우디우스가 사체를 움켜쥐었을 때 나무 위로 부랴부랴 올라가 싸움이 벌어진 지점 위에 매달려 있던 그렘린도 어미 위에서 나뭇가지를 휘두르며 소란을 더했다. 그러자 멜리사가 사체를 놓치지 않으려고 안간힘을 쓰면서 딸 있는 곳으로 오르기 시작했다. 클라우디우스가 돌연 의지를 잃은 듯이 보이자 멜리사가 사체를 재빨리 어깨에 걸쳐 업고 더 위로 올라갔다. 클라우디우스가 포효하듯 헐떡거리며 멜리사를 잡겠다고 껑충거리며 뛰자, 그렘린이 마른 나뭇가지를 집어 부러뜨리더니 땅에 대고 거세게 도리깨질하다가 클라우디우스를 겨냥해 던졌다. 클라우디우스는 몸을 슥 비켜서 피하고는 멜리사를 향해 돌진했다. 하지만 멜리사는 이제 클라우디우스에 대한 두려움이 사라진 듯했고, 싸움 11분 만에 훔친 고기를 태연히 먹기 시작했다. 그렘린과 전 과정을 나무 위 안전한 자리에서 구경하던 어린 김블에게도 나눠 주었다. 클라우디우스는 한동안 근처에 앉아 위협하는 동작을 계속 하다가 다른 암컷 침팬지 둘이 고기를 얻어먹으러 오자 포기하고는 밑으로 내려가 떨어진 찌꺼기라도 찾겠다고 나무 아래에서 서성이는 다른 비비들에게 합류했다.

암컷 침팬지가 키도 더 작고 이빨도 뭉툭한데 무슨 수로 자기보다 송곳니가 2배는 더 크고 센 성체 수컷 비비에게 맞설 수 있었을까? 거기에다가 이기기까지? 그 거들먹거리는 과시 행동이 이 기적 같은 결과를 가져왔을까? 곤두선 털, 나뭇가지 거세게 흔들기, 걸핏하면 취하는 직립 자세였을까? 아니면 나뭇가지 도리깨질이나 던지기 같은 무기 사용 능력? 아마도 이 모든 능력의 총합에다가 다른 수컷 비비들이 현장에 없었다는 사실도 거들었을 것이다. 옆에 있어 봤자 고기 주인한테 도움을 주기는커녕 되려 자기네가 훔쳐 먹으려 들었을 테니, 당장 침팬지만 상대하기도 바쁜 마당에 주의만 흐트러뜨렸을 것이다. 수컷 비비들은 경쟁자 수컷들과 싸울 때면 자기 무리를 방어하는 데 협력하지만, 사냥할 때 협력하는 모습이 관찰된 적은 없다. 한몫 잡았을 때 나눠 먹는 일도 없다.

비비가 침팬지의 고기를 훔치는 것을 목격한 것은 딱 한 번이다. 패션이 다친 매를 죽였을 때였다. 날개 폭이 1미터가 넘어 보이는 큰 새였다. 패션이 폼, 프로프와 함께 고기를 먹고 있는데 캠프 무리의 비비인 헥터(Hector)가 다가와 가까운 곳에 앉아서 구경했다. 당시 7세이던 프로프가 어미에게 졸라 한쪽 날개를 통째로 얻어 낸 참이었다. 프로프는 좋아서 큰 소리로 헐떡거리며 먹을 자리를 찾아 몇 미터 옮겨 갔다. 헥터가 기회를 놓치지 않고 달려들어 프로프에게서 날개를 빼앗아 달아났다. 프로프는 숨이 넘어갈 듯이 울고 불고 분통을 터뜨렸다.

비비들이 먹잇감을 잡았을 때 내는 소리는 다른 공격적인 상황에서 들을 수 있는 고함과 굉장히 비슷하다. 그러다 보니 가끔은 침팬지들이 착각해서 성찬 즐길 생각에 군침 흘리면서 달려갔는데 정작 맹렬한 싸움판이 기다리는 경우도 왕왕 있다. 가령 발정기 암컷을 차지하기 위한 경쟁 같은, 침팬지에게는 그닥 흥미 없는 일 말이다. 다만 성체 수컷 침팬지는 생식기가 완전히 부풀어 오른 상태로 지나가는 암컷 비비를 감식가의 표정으로 바라보기도 한다. 이 암컷이 멈춰 서서 복종을 '나타내는' 영장류의 몸짓으로 자기한테 엉덩이를 들이대면 손을 내밀어 만지거나 적어도 엉덩이 냄새를 맡는데, 침팬지 암컷에게 하는 행동과 다르지 않다. 영아기나 유년기 수컷 침팬지는 암컷 비비의 부풀어 오른 생식기에 더 관심을 보이기도 하고, 나아가 짝짓기를 시도하기도 한다. 이 행동은 내가 지금껏 목격한 인간 외 다른 동물 종 간의 의사 소통 가운데 가장 경이로운 사건으로 이어진다.

이 드라마의 주인공은 7세 플린트와 호숫가 무리(Beach troop) 비비의 일원인 사춘기 암컷 애플(Apple)이다. 플린트는 분홍빛으로 봉긋한 애플의 자그마한 생식기 팽창부에 성적으로 흥분한 상태였다. 플린트는 애플의 환심을 사려고 수컷 침팬지들이 구애할 때 흔히 사용하는 몸짓과 자세를 취했다. 음경이 발기한 상태로 허벅지를 벌리고 앉아 팔로 작은 가지를 빠르게 흔들어 대면서 애플을 바라보았다. 발기한 음경 이외에는 수컷 비비는 이중 어떤 행동도 보이지 않는다. 그저 자기가 선택한 암컷에게 다가가 자기 볼일을 볼 뿐이다. 하지만 애플은 플린트가 무엇을 원하는지 이해한 듯했다. 애플 자신도 같은 것을 원했던지 가까이 가서 교미하기 위한 자세를 취했다. 비비들의 방식으로, 플린트에게 엉덩이가 보이게 네 다리로 똑바로 서고 시선을 어깨 너머로 돌려 플린트를 보면서 꼬리를 한쪽으로 잡은 자세였다. 하지만 침팬지 암컷은 이런 식으로 수컷에게 둔부를 내밀지 않고 땅에 납작 엎드린다. 플린트는 어쩔 줄 모르겠다는 표정으로 애플을 보았다. 다시 나뭇가지를 흔들었지만 효과가 없다는 판단에 직립해서 오른손 주먹 관절을 애플의 둔부, 꼬리의 뿌리 부분에 대고 밀어 내렸다. 놀랍게도 애플이 다리를 굽혔다. 아주 약간만. 플린트가 애플을 보며 다시 나뭇가지를 흔들더니 주먹으로 둔부 밀어 내리는 동작을 반복했다. 애플이 다리를 아까보다 약간 더 구부렸다. 이제 플린트의 요구를 받아들일 준비가 된 듯했다. 침팬지 수컷은 보통 몸이 어느 정도 직립한 스쿼트 자세에서 한 손을 암컷의 둔부에 살짝 댄 상태로 교미한다. 반면에 비비 수컷은 암컷의 발목을 뒷발로 잡고 양손으로는 허리를 잡고 올라타 본론으로 들어간다. 플린트는 애플의 오른

쪽 발목을 오른발로 잡고 왼발은 어린 나무에 디디더니 정말로 삽입에 성공했다.

이 과정은 처음부터 끝까지 믿어지지 않을 정도로 섬세하게 진행되었다. 플린트와 애플은 상대방이 정확히 무엇을 원하는지 이해하는 듯했고, 상대의 행동에 맞추어 자기 행동을 조정했다. 이는 심지어 피차 원래는 하지 않는 행동을 해야 할 때도 있다는 뜻이다.

어린 수컷 비비들은 때로 사춘기 암컷 침팬지를 보고 성적으로 흥분해 발목을 잡고 삽입을 시도한다. 하지만 플린트와 애플의 경우만큼 섬세한 과정을 본 적은 없다. 가장 재미난 사건은 미프(Miff)의 딸 모에자(Moeza, 1969~1996년)가 9세 때의 일이다. 모에자는 생식기가 부풀어 올랐다고 보기 어려운 상태였고, 어쨌거나 섹스 놀이를 할 기분도 아닌 듯했다. 일시적으로 어미를 잃어 걸핏하면 혼자 흐느끼던 시기였으니. 캠프 무리의 어린 헥터가 다가와 올라타고 3회나 삽입을 시도했지만 모에자는 우울하고 쓸쓸한 얼굴로 뻣정다리로 서서 헥터를 완전히 무시했다. 결국 짝짓기 시도는 실패로 돌아갔다.

침팬지는 비비가 몸짓이나 자세, 외침으로 전하는 많은 신호를 이해하며 상황에 맞게 대응할 수 있다. 우호적인지, 위협하려는 것인지, 복종의 의미인지, 짝짓기를 원하는지 등을 알아보는 것이다. 비비도 침팬지가 전달하는 비슷한 의사를 이해한다. 두 종의 개체들은 상대가 경고 신호를 보내면 경계 행동을 취한다. 다양한 원숭이 종, 심지어 조류가 보내는 경고 신호에도 주의를 집중하곤 한다. 자연계에서는 이런 일이 흔하다. 누군가가 먹이를 찾아 돌아다니는 표범을 발견하고 위험을 알리는 신호를 보내면 다른 종 개체들이 그 신호가 무슨 뜻인지 알아듣는 식이다. 육식 동물의 먹이가 될 수 있는 종에게는 매우 유익한 능력이다. 사냥에 나서는 포식자들에게는 화나는 일이겠지만.

하루는 피피의 가족을 따라 숲을 돌아다니는데, 계곡 건너편에서 캠프 무리의 비비들이 큰 소리로 다급하게 보내는 경고 외침이 들렸다. "와-후! 와-후! 와-후!" 소식을 알리는 첫 번째 외침이 나오고 그 뒤로는 동료들이 같은 메시지를 계속해서 반복했다. 어린 비비의 새된 목소리와 암컷들의 조금 낮은 목소리에 성체 수컷들이 거친 목소리로 알리는 이구동성의 메시지. 등에 플로시를 업은 피피가 동작을 멈추었다. 패니가 몇 걸음 뒤에서 소리가 난 곳을 유심히 바라보았다. 잠시 뒤 피피가 알아봐야겠다고 판단하고 오던 길에서 방향을 돌려 산비탈 아래쪽 뒤엉킨 덤불 속으로 뛰어들었다. 나는 피피를 따라가느라 엉금엉금 기고 꿈틀거리며 몸부림쳤다. 개울을 건너 경사를 오르기 시작했다. 소리 난 지점에 가까워지자 피피는 계속해서 멈추고 초목 사이로 앞을 확인했다. 갑자기 근처에서 부스럭 소리가 났다. 피피가 돌아서는데 공포인지 흥분인지 아니면 둘 다인지, 이를 온통 다 보이며 웃는 얼굴로 검은 형상을 향해 손을 뻗었다. 덤불 속에 보일락 말락 또 다른 침팬지가 있었다. 고블린이었다. 털을 세운 채 똑같이 웃는 얼굴로 손을 내밀어 피피의 손을 만졌다. 이 접촉으로 안심한 둘은 계속 이동했다. 다른 소리 없는 형상들이 따라 움직이는 것이 느껴졌다. 모두가 비비들이 미지의 위험을 맞닥뜨린 그 지점을 향하고 있었다.

첫 비비가 시야에 들어왔다. 낮은 가지에 앉아 숲 아래쪽을 응시하고 있었다. 수시로 누군가 새로 시작하는 "와-후! 와-후! 와-후!" 돌림노래가 들려왔다. 이제 8마리쯤 모인 침팬지가 나무에 올라가 이파리들 사이로 바닥을 내려다보았다. 뭐가 있기에 저러지? 나는 불편한 마음이 들어 필요할 경우에 올라갈 나무를 하나 점찍어 놓았다.

패니가 갑자기 약하게 "후!" 소리를 냈다. 신기한데 뭔지 알 수 없어서 약간 두렵다는 뜻의 소리다. 피피가 패니가 보는 방향으로 조금 더 가까이 접근해 내려다보았다. 피피도 "후!" 하더니 거의 동시에 등골이 오싹한 소리를 냈다. "우라아아!" 침팬지들의 경고였다. 이 소리와 함께 침팬지들과 나는 가공할 합창의 한복판에 서게 되었다. 순식간에 털을 곤두세운 수컷들이 이 가지, 저 가지 거세게 뒤흔들고 이리저리 건너뛰는 화려한 수상(樹上) 과시 행동이 펼쳐졌다.

나는 아직 아무것도 보지 못한 사이에 세이튼이 갑자기 서슬 퍼런 외침과 함께 땅으로 뛰어내렸다. 그때 일부나마 내 눈에도 보였다. 어마어마하게 큰 비단뱀이었다. 굵기가 사람 허벅지 둘레만 했을까. 위장이 얼마나 완벽했던지 세이튼의 과시 행동이 없었다면 햇빛이 만들어 낸 얼룩을 따라 느릿느릿 움직이는 녀석을 나는 결코 보지 못했을 것이다.

그 뒤로 20분 동안 침팬지들과 비비들은 어슬렁거리며 시간을 보냈다. 이제 두려움은 가시고 흥미와 호기심 어린 분위기였다. 1마리씩 나무에서 내려와 한발 한발 다가가다가 비단뱀이 움직이면 화들짝 놀라 소리 지르며 도로 나무 위로 뛰어 올라갔다. 하지만 비단뱀이 빽빽한 덤불 속으로 스르르 들어가 시야에서 사라지자 구경꾼들도 흥미를 잃었다. 비비들이 먼저 떠나고 이어서 둘씩, 셋씩 침팬지들도 현장을 벗어났다.

곰베에서 비단뱀이 어린 침팬지나 비비를 죽인 증거를 찾지는 못했지만 이론으로는 가능한 일이다. 많은 사람이 비단뱀이 대형 동물을 잡아 질식시키고 꿀꺽 삼킨 이야기를 전한다. 침팬지와 비비는 이런 유형의 위험 가능성을 서로 경고해 줌으로써 때때로 도움을 주고받는 듯하다.

침팬지와 비비 사이에 이루어지는 모든 상호 작용 가운데 관찰하기에 가장 재미있는 일은 어린 개체들의 활기 넘치는 놀이 시간일 것이다. 때로는 어린 비비와 어린 침팬지가 친해져서 기회만 나면 같이 노는, 아주 가까운 우정 어린 관계가 형성되기도 한다. 이런 우정이 가능하다는 것을 처음 안 것은 1960년대 초 길카와 어린 암컷 비비 고블리나

(Goblina)의 관계를 지켜보면서였다. 길카의 어미가 고블리나 무리 근처에 있을 때면 두 어린 암컷은 항상 서로를 찾았고, 손가락으로 서로 간지럼을 태우거나 턱으로 상대를 비비고 살짝 깨물면서 같이 놀기 시작했다. 둘의 놀이에는 늘 잔잔한 웃음소리가 따랐다. 슬프게도 고블리나의 첫 새끼는 침팬지 사냥꾼들에게 잡아먹혔다. 길카는 이 일에 참여하지 않았지만, 당시 현장에 있었다면 고기를 나눠 달라고 적극적으로 애원했을 것이다. 많은 농부가 적어도 한동안은 가족같이 지낸 돼지를 잡으면 다 같이 둘러앉아서 나눠 먹는다. 길카가 고블리나의 새끼 고기를 거부할 이유는 더 적었을 것이다.

그 뒤로 유년기 프로이트와 어린 비비 헥터도 친구로 발전했다. 두 암컷 친구만큼 온화한 관계는 아니어서 서로 달려와 몸을 부딪치고 거칠게 엉켜 뒹굴며 놀았다. 몸집이 더 작은 프로이트는 놀이가 점점 거칠어질 때면 미친 듯이 웃음을 터뜨리곤 했다. 길카와 고블리나가 서로에게 공격적으로 구는 모습은 본 적이 없는데, 프로이트와 헥터의 놀이는 공격적인 추격전으로 변질되거나 싸움이 벌어지는 경우도 흔했다. 보통은 헥터가 승기를 잡았고 프로이트는 소리 지르며 피피에게 위로받으러 달려갔다. 하지만 다음에 만나면 프로이트는 또 같이 놀고 싶어 했다.

침팬지와 비비의 놀이는 주로 쫓아다니기와 짤막한 주먹 대결로 이루어진다. 침팬지는 이 놀이를 할 때 특히 어린 수컷들에게 발로 땅 구르기, 나뭇가지 휘두르기, 돌 던지기 등 다양한 공격 패턴을 보인다. 놀이는 비비들이 소리 지르며 달아나는 것으로 끝나는 경우가 많다. 때로는 흥분한 비비들이 한 성체 수컷에게 다가가 안전하다고 느낀 뒤 돌아와 거친 놀이 친구를 위협한다. 이따금 어린 개체들의 다툼이 두 종의 성체들까지 끌어들여 치고받고 싸움이 벌어진다. 침팬지들은 팔을 휘두르고 나뭇가지로 도리깨질하고 우아아 소리 지르며 짖는다. 비비는 포효하듯 헐떡거리고 눈을 번득이고 무시무시한 송곳니를 과시하면서 상대를 향해 돌진한다. 하지만 이런 싸움에서는 '아무 의미도 없는 소음과 분노'만 일어날 뿐이며, 잠시 소강 상태가 되었다가 다시 놀이가 시작된다.

가장 특이한 사건은 폼과 캠프 무리의 비비 퀴스퀄리스(Quisqualis) 사이에 벌어진 일이었을 것이다. 폼은 어려서부터 줄곧 성체 수컷 비비나 무시무시한 송곳니에 대한 공경심이 없었다. 폼이 10세 때 일이었는데, 그날 폼이 한 짓은 그야말로 어처구니없었다. 침팬지와 비비 모두 함염 막대를 좋아해서 내가 가끔 캠프에 설치해 놓는데, 그 기간에 일어난 일이었다. 패션이 가족과 함께 한참 막대를 핥고 있는데 퀴스가 오더니 기를 쓰고 침팬지들을 밀어내려 했다. 웬만한 침팬지는 성체 수컷 비비가 진지하게 위협하면 핥기를 그만둔다. 패션과 폼은 그러지 않았다. 퀴스의 위협이 정말로 격렬해져도 매한가지였다. 퀴스는 과장된 하품으로 입을 더 크게 벌려 커다란 송곳니를 자꾸만 들이댔다. 뻣뻣하게 서 있는 침팬지들을 향해 흰 눈꺼풀을 번쩍이며 돌진하곤 했다. 퀴스는 또 서서 '으드득거리며' 일부러 잘 들리게 이를 갈았다. 무엇보다도 퀴스가 원하는 것은 침팬지들의 시선을 붙잡는 것이었다. 비비에게는 먼저 이글거리는 눈빛으로 상대방의 눈을 노려보기 전에 공격하는 것이, 불가능한 일은 아니더라도 어려운 모양이었다. 이를 위해서 퀴스는 빙글빙글 돌면서 하나씩 따로 겨냥해 위협의 동작을 취했다. 패션과 폼은 능청맞게 이 시도를 본 체 만 체했다. 어린 프로프만 겁을 먹고 성난 비비와 두 암컷 사이에서 분주하게 왔다 갔다 했다.

폼이 불현듯 핥는 것이 지겨워졌는지 막대를 버렸다. 자기한테 불손한 폼에게 자존심이 상한 퀴스가 곧장 몸을 굽히더니 송곳니를 폼의 얼굴 앞에 바짝 디밀었다. 하지만 폼은 이 근접한 무기 과시에 움츠러들기는커녕 팔을 뻗어 노한 비비의 코를 장난스럽게 한 방 때렸다. 퀴스는 깜짝 놀라 뒷걸음질 하더니 하품을 한 번 더 했다. 완전히 놀자는 표정이 된 폼이 한 방 더 때렸다. 퀴스가 계속 위협하는데도 폼이 앉았다 일어나 더 세게 때렸다. 하지만 얼굴은 그저 장난이라고 말했다. 이 도발적인 행동을 참을 수 없었던 퀴스가 노한 소리로 헐떡거리며 돌진해 폼의 머리를 때렸다. 이로써 폼은 장난기를 거두고 호전적으로 털을 곤두세운 채 야자나무 잎을 하나 집어 들더니 퀴스를 향해 거세게 도리깨질했다. 퀴스는 여기서 단념했다. 그러고는 한껏 위엄을 부리며 함염 막대를 침팬지들에게 넘기고 성큼성큼 걸어 나갔다.

가끔 어린 침팬지가 늙은 수컷 비비를 아주 방자하게 골리는 모습을 볼 수 있다. 프로이트가 5세 때 캠프 무리의 히스(Heath)를 괴롭히던 일을 나는 평생 잊지 못할 것이다. 히스는 그늘에서 조용히 앉아 자기 볼일을 보고 있었고 침팬지 7마리가 근처에서 휴식하면서 털 고르기를 하고 있었다. 프로이트가 히스 위쪽의 나무로 올라갔다. 그러더니 히스 머리 위로 그네를 타면서 장난스럽게 발길질을 하는 것이 아닌가. 히스는 한참 동안 인상적인 인내심을 보여 주었다. 프로이트의 발이 눈이나 귀를 찔러도 고개만 돌리고 말았다. 하지만 10분이 지나자 더는 참을 수 없었다. 나무 위로 껑충 뛰어올라 프로이트를 붙잡아 끌어내리더니 물었다. 프로이트가 고래고래 비명을 지르기 시작했지만 늙어서 이가 다 닳은 히스가 문다고 아프면 얼마나 아팠을까 싶었다.

7~8미터쯤 떨어져 누워 있던 12세 고블린이 벌떡 일어나 프로이트를 구하러 달려왔고 히스의 머리를 손바닥으로 때렸다. 프로이트는 나무 위로 도망쳤고 고블린은 쉬던 자리로 돌아갔다. 히스는 다시 같은 가지 아래에 앉았다. 평화가 돌아왔다. 오래가지는 않았지만. 몇 분 뒤, 놀랍게도 프로이트가 아까 했던 그대로 똑같이 늙은 비비를 괴롭히기 시작했고, 오히려 아까보다도 더 짜증 나게 굴었다. 히스는 다시금 놀라운 인

12장 비비 225

내심을 보여 주었다. 하지만 고블린은 아니었다. 잠시 뒤 일어나더니 프로이트를 향해 갔다. 털을 약간 세우고 노한 기색 가득한 얼굴로 팔을 뻗어 프로이트를 끌어내리고는 세게 쳤다. 프로이트는 군기가 바짝 들어서 몸을 낮추고는 소리도 지르지 않고 조용히 기어서 어미 곁으로 가 앉았다. 늙은 비비는 다시 안정을 찾고 늦은 오후의 햇살 속에서 자기만의 시간을 즐겼다. 고블린은 아직도 노기가 가시지 않은 얼굴로 아까 있던 자리로 돌아가 중단된 휴식을 재개했다.

13장

고블린

사진 제공: Kenneth Love, ⓒ NGS.

처음 고블린을 본 것은 1964년, 태어난 지 겨우 몇 시간 지나서였다. 당시 나는 이렇게 썼다. "…… 멜리사가 새끼의 자그마한 얼굴을 오랫동안 내려다보았다. 그렇게 우스꽝스럽게 오글조글한 것이 있으리라고는 상상도 못 했다. 커다란 귀에 작고 앙다문 입술, 보기만 해도 웃음이 나오는 못생긴 얼굴이었고, 엄청나게 주름진 피부는 분홍빛이 아닌 검붉은 색에 가까웠다. 눈부신 햇살에 두 눈을 질끈 감은 모습은 쭈글거리는 동화 속 난쟁이나 도깨비를 보는 것 같았다."

17년이 흘러 고블린은 카세켈라 공동체에서 누구도 토 달 수 없는 우두머리 수컷이 되었다. 결코 손쉬운 승리는 아니었다. 6년 동안 대부분의 시간을 자기보다 훨씬 덩치 큰 연장자 수컷들에게 도전하는 고단한 투쟁을 하는 데 바쳐서 일군 성취였다. 성공을 얻기까지 많은 것을 감수해야 했으며 승산이 높지 않아 보일 때도 드물지 않았다. 고블린의 이야기는 곰베의 역사 기록에서 중요한 부분을 차지한다.

돌이켜 보면 고블린은 일찍이 침팬지 사회에서 높은 지배적 지위를 보장하는 많은 자질을 보였다. 무엇이든 자기 뜻대로 해야 하고 누군가의 주도에 따르는 것을 싫어했고, 머리가 좋고 대담했으며, 서열 낮은 구성원들 간의 마찰을 허용하지 않았다. 12장 말미에 기술한 사건에서 고블린이 프로이트를 먼저 구해 주고 나서 기강 잡는 모습은 무리를 장악하려는 강한 통제욕을 잘 보여 주는 사례다.

이런 성격의 특성 외에도 고블린의 이른 성공에 핵심으로 작용한 요인은 우두머리가 되기 전과 후에 피건과 맺은 특별한 관계였다. 이 관계는 고블린이 어릴 때 시작되었다. 유달리 이른 나이에 다른 수컷들과 대결을 시작할 자신감을 고블린에게 심어 준 것은 의심의 여지 없이 옆에서 지켜 주고 지원해 준 피건의 존재였다.

의욕적인 사춘기 수컷들이 으레 그렇듯이 고블린도 이른 나이에 공동체 암컷들에게 정력적으로 덤벼들기 시작했다. 이 방면에서는 피건이 한 역할은 거의 없었다. 성체 수컷 앞에서는 암컷을 향한 과시 행동을 거의 수행하지 않으니까. 드문 일이었지만, 고블린이 서열 높은 강한 암컷에게 보복성 공격을 당할 때면 어미 멜리사가 도와주기도 했다. 하지만 어미가 항상 곁에 있는 것은 아니어서 고블린 혼자 맞서는 때가 많았다. 과시 행동이 격렬해질수록 고블린의 자신감도 높아져 연장자 암컷에게 덤볐다가 쫓겨나는 경우가 많았다. 임시 동맹을 맺은 암컷 둘에게 협공을 당하는 식이었다. 이런 상황은 진짜 싸움으로 발전했는데, 보통은 고블린의 패배로 끝났다. 고블린은 비명을 지르며 달아나고서는 다음에 같은 암컷을 만나면 또다시 덤벼들었다. 포기를 모르는 녀석이었다.

이 시기에 고블린은 나에게도 덤비기 시작했고 갈수록 심해졌다. 고블린은 플린트와 마찬가지로 영아 시절부터 인간을 '괴롭히는' 경향을 보였다. 4세 무렵 우리는 녀석이 진짜 골칫거리가 되리라는 것을 깨달았다. 나나 연구생에게 다가와서는 손목을 꽉 잡았고 우리가 뿌리치려고 하면 나무에 매달린 채로 더 세게 그러쥐었다. 고블린이 있을 때는 노트 기록이 어려웠다. 마침내 기름으로 무장하자는 아이디어가 나왔다.

다 쓴 엔진 오일이든 마가린이든 뭐든. 고블린이 다가오면 우리는 재빨리 손목과 손에 기름을 문질렀다. 고블린은 손이 기름으로 미끈거리는 것을 질색해서 금세 우리를 내버려두게 되었다. 하지만 사춘기를 거치는 동안 다른 방법으로 괴롭히기 시작했다. 아니, 그보다는 **나**를 괴롭혔다고 해야겠다.

침팬지는 인간 남자와 여자를 아주 분명하게 구별한다. 그뿐만 아니라 남자에게 훨씬 더 공손하며, 울림 있는 저음의 목소리를 가진 남자에게 특히 더 그렇다. 여자들에게는 제멋대로 군다. 내 생각에는 고블린이 나를 침팬지 암컷들하고 똑같이 제압해야겠다고 느낀 것 같다. 내가 다른 종이라는 사실에는 개의치 않는 듯했다. 그 바람에 고블린이 언제 덤불에서 뛰어나와 덤벼들지 않을지, 뒤에서 덮치지는 않을지, 때리거나 짓밟지는 않을지 몰라서 몇 년을 전전긍긍하며 지내야 했다. 시퍼렇게 멍든 것도 한두 번이 아니었다. 이 성가시고 때로는 고통스러운 행동은 얼마 뒤에 사라졌다. 나는 보복한 적이 없고, 아마도 이미 제압했으니 더는 신경 쓸 필요 없다고 여긴 것이 아닐까 싶다. 12세 무렵에는 침팬지 암컷들에게 공격적인 에너지 쏟는 일도 크게 줄었다. 암컷 대다수를 공격해서 이미 완승을 거두었으니 더는 수고할 필요가 없었으리라. 세 암컷, 패션과 피피와 지지를 향한 도발은 계속되었다. 종종 셋이 한꺼번에 공격했는데도 고블린은 패배를 대수롭지 않게 여겼다. 기회는 금방 또 올 테니까. 그러고는 13세 때 셋 가운데 가장 힘든 상대인 지지를 성공적으로 차지했다.

이제 서열이 가장 낮은 연장자 수컷, 험프리에게 주의를 돌려도 될 때가 되었다. 겨우 10대의 어린 녀석에게 도발을 당하는 가엾은 험프리, 폐군(廢君) 신세가 되었다. 처음에 고블린이 자신을 향해 과시 행동을 펼쳤을 때 험프리는 무시하거나 성내며 위협적으로 팔을 저었다. 고블린은 물러나지 않았다. 험프리도 이것이 보통 10대의 객기 쇼가 아님을 알아보았을 것이다. 한 시대가 저물어 감을 알리는 신호였다. 짜증이 긴장으로 바뀌고, 험프리는 고블린의 야단스러운 도전에 응전했다.

험프리와 고블린이 힘 겨루기에 들어가자 피건은 난처한 입장이 되었다. 이제 '절친 사이'가 된 험프리를 저버릴 수도 없고, 오랫동안 부자지간 못지않은 끈끈한 관계를 이어 온 젊은 고블린을 저버릴 수도 없는 노릇이었다. 피건은 절충안으로 둘 사이에서 과시 행동을 펼쳤고, 보통은 그것으로 다툼이 끝났다.

고블린과 험프리 사이에 처음으로 진짜 싸움이 벌어진 것은 1977년 말이다. 험프리가 고블린을 향해 과시 행동을 벌이자 고블린이 어린 나무를 뿌리도 뽑지 않은 채로 채찍처럼 휘둘러 때렸다. 험프리가 질주하며 지나쳤고, 고블린은 식사를 시작했다. 하지만 험프리는 30분 동안이나 앙이라도 품은 듯이 앉아서 이 어린 수컷을 노려보았다. 그러더니 다시 과시 행동을 시작했다. 이번에는 두 수컷 다 직립해서 털을 곤두세우고 서로 치고받았다. 험프리가 비명을 지르기 시작했지만 고블린 쪽은 거의 조용했다. 결국 험프리가 주눅 들어 계속 소리 지르면서 이 싸움의 승자인 고블린을 떠났다.

2차전은 훨씬 명쾌하게 고블린의 완승으로 끝났다. 험프리가 한 발정기 암컷과 막 짝짓기를 마치고 평화롭게 털 고르기를 해 주고 있는데 고블린이 다가왔다. 털과 음경이 곧추선 것이 자기에게 짝짓기 차례가 돌아왔기를 바라는 듯했다. 험프리는 보자마자 이 젊은이 경쟁자를 향해 거세게 쫓아내는 동작을 취했다. 하지만 고블린은 무서워하기는커녕 한 걸음도 물러서지 않았다. 둘이 나뭇가지 위에서 드잡이를 하다가 35킬로그램쯤 나가는 고블린보다 10킬로그램은 더 나가는 험프리가 바닥으로 쿵 떨어졌다. 그러더니 그대로 소리 지르며 달아났고, 고블린은 잠시 지켜보다가 그 암컷에게 돌아가 의연하게 짝짓기를 했다.

그렇게 고블린은 단 13세 나이에 성체 수컷의 지배층에 진입했다. 우리가 기록해 온 수컷들의 발달 연령보다 적어도 2년은 빨랐다. 험프리의 서열은 고블린 밑으로 내려갔다. 그 위로 다섯 수컷이 있었다. 고블린의 사춘기가 끝나 가고 있다는 점이 여러 면에서 분명해졌다. 다른 성체 수컷들과 털 고르기를 하는 데 보내는 시간이 길어졌고, 때로는 다른 수컷들이 답례로 털 고르기를 해 주었다. 무리가 새로운 먹이 장소에 도착했을 때나 두 무리가 마주쳤을 때 나오는 돌격 과시 행동에도 자주 가담했다. 성체 수컷들이 다 보는 곳에서 발정기 암컷과 짝짓기하는 일도 종종 생겼다. 암컷을 단둘이 있는 곳으로 데려가려고 애쓸 필요가 없어졌다는 뜻이다. 먹잇감을 잡아 죽였을 때는 연장자들에게 다 빼앗기지 않고 합당한 몫을 차지할 수 있었다. 그리고 순찰 임무에 진지하게 임하기 시작했다.

이 기간 내내 고블린은 피건과 끈끈한 관계를 지켜 나갔다. 우두머리가 과시 행동을 하면, 현장에 있는 경우에 대장의 뒤를 바짝 이어 고블린이 순서를 넘겨받아서 보통은 대장의 과시 행동을 흉내 냈다. 피건은 새벽에 과시 행동을 하거나 야간에 나무 위에서 과시 행동을 벌여 잠자리에 든 하위 서열 개체들을 고함으로 놀라게 만들곤 했는데, 그럴 때 고블린은 나뭇가지 사이를 헤치고 뛰어다니거나 나무 그네를 탔다.

이듬해에 고블린이 보여 준 성장은 가히 환상적이었다. 고블린은 조직적으로 연장자 수컷들에게 도전하기 시작했다. 첫 목표는 낮은 서열의 성격 느긋한 호메오, 그다음은 호메오의 어린 동생 셰리, 그다음은 세이튼, 끝으로 에버레드까지. 피건만 면제였다. 사실 고블린이 경험 많은 연장자 수컷들에게 도전할 수 있게 해 준 바탕은 피건과의 관계였다. 피건이 근처에 없으면 고블린은 이런 도전을 시도하지 않았고, 피건은 현장에 있을 때면 거의 예외 없이 이 젊은 추종자의 도전을 지원했다. 한번은 고블린과 에버레드가 나무 위에 있다가 싸움이 붙었다. 에버레드가 반격을 시도했을 때 둘이 나무에 매달려서 발길질하다가 바닥으로 떨어졌다. 이 싸움에서만큼은 패색이 완연해진 고블린이 비명을 지르기 시작하자 피건이 기운을 북돋워 주었고 에버레드는 달아났다.

피건이 근처에 없을 때 일어난 일도 있다. 무리가 함께 이동하는데 고블린이 세이튼을 앞질러 가려고 했다. 좌시할 수 없는 행동에 몸집이 훨씬 크고 육중한 세이튼이 이 손아래 수컷을 공격했다. 소리 지르며 달아났던 고블린은 1시간 뒤 피건이 무리에 합류하자 곧장 세이튼을 위협하기 시작했다. 세이튼은 우아아 소리를 지르며 과시 행동을 보였다. 하지만 우두머리가 틀림없이 자기한테 보복하리라는 생각에 불안해진 세이튼은 다급히 나무 위로 올라가 작은 소리로 낑낑거리며 앉았고, 고블린은 밑에서 씩씩대며 호통 쳤다.

고블린은 14세 생일이 지나고 얼마 지나지 않아 모든 연장자 수컷에게 **일대일**로 붙기 두려운 존재가 되었다. 물론 피건은 제외하고. 그러다 고블린이 처음으로 **함께** 있는 호메오와 셰리 형제와 대결하는 날이 찾아왔다. 고블린이 과시 행동을 하면서 털 고르기 하는 형제 곁을 세 차례 지나갔는데, 매번 거리가 조금씩 가까워졌다. 네 번째 시도에 실제로 호메오를 쳤다. 분노한 형제(둘 다 고블린보다 몸무게가 한참 더 나갔다.)가 고블린을 쫓아갔다. 이때는 달아났지만 포기한 것은 아니었다. 4개월 뒤 고블린의 15세 생일과 거의 겹치는 날, 격렬한 싸움이 벌어졌다. 호메오와 셰리는 털 고르기를 하고 있었고, 처음에는 자기네를 향해 과시 행동을 시작한 고블린을 무시했다. 아니면 최소한 무시하는 척이라도 했다. 하지만 정말로 바짝 다가오자 사납게 우아아 고함을 지르고 팔을 휘둘렀다. 긴장이 한참 고조되는데 성체 암컷 미프가 현장에 들어오자 곧바로 미프에게 맹렬한 공격이 쏟아졌다. 셰리가 선공하고 호메오가 이어받았다. 두 형제는 고블린에게 당한 것을 이런 식으로라도 분풀이해야 했던 듯하다.

고블린은 싸움이 흐트러진 틈을 십분 활용했다. 호메오가 바통을 이어받아 가엾은 미프를 패기 시작하자마자 고블린이 셰리에게 달려들어 사납게 공격했다. 호메오가 급히 미프를 놔두고 달려왔다. 하지만 위협적인 소리 말고는 별다른 도움을 주지 않았다. 고블린과 셰리의 싸움은 엎치락뒤치락 계속되었다. 소리 없는 싸움이 이어지다가 고블린이 셰리의 목을 깊이 물어뜯자 요란한 비명이 터졌고, 셰리는 떨어져 나와 달아났다. 호메오도 소리 지르며 따라갔다. 고블린도 쫓아갔다. 그렇게 20미터쯤 뒤쫓다가 앉아서 형제의 뒷모습을 뚫어질 듯이 바라보았다. 고블린의 눈은 강렬하게 빛났고 옆구리는 부풀어 있었다. 온몸이 침이며 공포 배설물(야생 영장류가 겁에 질리거나 불안할 때 다량 분출하는 물기 많은 대변. ― 옮긴이)로 얼룩져 있었다. 진정 놀라운, 그리고 결정적인 승리였다. 이 싸움 이후로 고블린은 두 형제를 지배할 수 있었다. 따로 있을 때도, 같이 있을 때도.

그다음 달 고블린과 왕년의 영웅의 관계가 달라졌다는 첫 신호가 보였다. 우리는 고블린이 피건에게 등을 돌릴 것이라고 예상은 했다. 다른 면에서는 그렇게 사회성 있고 노련한 피건이 어째서 고블린을 지원한 결과가 어떻게 될지 예측하지 못했을까? 아직도 풀리지 않는 의문이다. 배신의 첫 징후는 한가로운 어느 오후에 기록되었다. 피건이 오면 서둘러 마중하던 고블린이 모른 체하는 것이 아닌가. 그날 이후로 이런 모습이 점차 자주 보였다. 이런 은근한 도전을 감지했을 피건에게서 점점 긴장하고 초조한 모습이 나타났다. 하루는 고블린이 불쑥 나타나자 피건이 작은 소리였지만 두려움의 비명을 지르며 달려가 에버레드를 껴안으며 위안을 구했다. 피건이 턱을 닫은 채 이를 드러내는 두려움의 표정으로 도움을 구하려고 다른 연장자 수컷을 찾아 달려가는 모습은 차츰 더 자주 보였다. 이 일련의 사건을 계기로 상황은 서서히 피할 수 없는 결말로 나아갔다.

1979년, 건기 중에 피건이 어쩌다 오른손 손가락을 다치는 바람에 걸을 때 절룩거렸다. 고블린도 피건처럼 상위자의 약점을 빠르게 간파하는 능력이 있었다. 이제 피건에게 덤비는 태도가 진지해져서 고블린은 과시 행동을 거듭 반복했고, 돌진해서 때리고 지나가는 공격도 펼쳤다. 피건은 연장자 수컷이 보이면 달려가 지원을 요청했다. 이 행동은 피건에게 성공적인 전략이었다. 다섯 수컷들 사이에 단결 의식이 생겨난 것이다. 그들은 졸지에 대장 노릇을 하는 어린 고블린에게 맞서 옛 질서를 지키기 위해 똘똘 뭉쳤다. 피건이 이렇게 잠재적 협력자 넷을 얻은 반면에 오랜 후원자와 멀어짐으로써 혼자가 된 고블린이 의지할 것은 지칠 줄 모르고 반복하는 정력적이고 격렬한 과시 행동의 파괴력뿐이었다.

피건과의 돈독한 관계는 고블린에게 확실한 이득이었다. 고블린은 '지배력을 차지하는 팁' 같은 유용한 정보를 다수 획득했는데, 가령 이른 아침 격렬한 나무 위 과시 행동으로 잠든 수컷들을 놀라게 함으로써 심리적 우위를 차지할 수 있다는 것을 배웠다. 어떤 무리가 다가오는 소리를 들으면 덤불 속에 숨어 있다가 와락 덤벼들어 놀라게 하는 행동의 중요성도 배웠다. 야망 큰 어린 수컷에게는 두 기술 다 대단히 만족스러운 결과를 가져다주었다. 어지간히 기고만장한 시절이었으나 고블린에게도 스트레스는 많았다. 쌍으로 다니는 연장자 수컷들을 연거푸 상대하다가 쌓인 긴장을 난데없이 암컷 또는 어린 수컷을 향한 과시 행동으로 드러내곤 했고, 그런 상황에서 나도 빈번히 희생양이 되었다. 어느 날 데릭과 내가 고블린이 털 고르기 하는 세이튼과 에버레드를 상대로 겁주기를 시도하는 모습을 지켜보고 있었다. 고블린은 돌진해서 둘 곁을 지나고 나뭇가지를 땅에다 끌고 돌을 던지는 과시 행동을 총 7회 되풀이했다. 매번 몇 미터 앞까지 접근해 와도 둘은 돌아보지도 않았다. 고블린은 8회째 돌진한 뒤 울화가 치밀 대로 치민 상태로 데릭과 나를 향했다. 하지만 내 옆자리 땅에 앉아 있던 데릭을 피해서 방향을 틀더니 두 손으로 나를 있는 힘껏 밀치고는 쿵, 쿵 발을 두 번 구르더니 과시 행동을 하며 가서 앉아 찡그린 얼굴로 주변을 노려보았다.

9월 말, 피건과 고블린의 심각한 첫 싸움이 목격되었다. 나무 위로 도망간 피건을 발로 차서 낙하시킨 고블린의 거의 일방적 승리였다. 약 10미터 높이에서 땅으로 떨어진 피건은 비명을 지르며 달아났다. 일주일 뒤, 고블린이 피건 주위에서 과시 행동을 5회 펼쳤고, 피건은 이번에도 나무로 도망쳤다. 한때 곰베를 주름잡는 우두머리였던 피건이 시간이 흐를수록 초조해하고 불안해하는 모습을 지켜보던 그날이 잊히지 않는다. 피건은 안절부절못하고 몸을 긁적였다. 아주 조심스럽게 나무에서 한 차례 내려갔지만 털을 곤두세운 고블린이 험악한 얼굴로 올려다보자 두려움에 끽끽거리며 도로 올라갔다. 피건이 에버레드를 똑같은 방식으로 모욕하던 장면이 내 기억에 또렷했다. 이날 고블린의 기분과 관련해 흥미로운 점을 발견했다. 고블린은 피건이 있던 나무에서 내려와 근처 작은 숲에 앉아 있는 멜리사에게 갔다. 그러고는 은근하게 팔을 내밀어 어미 손가락으로 만지작만지작 장난을 치기 시작했고, 그렇게 멜리사와 간지럼 장난을 치며 편안하게 누워 평화로운 시간을 보냈다. 피건이 극도로 조심스럽게 나무에서 기어 내려가 멀어지자 시선은 선배 수컷을 따라갔지만, 놀이를 계속 이어 갔다.

피건은 이제 우두머리 수컷이라고 부를 수 없었다. 하지만 고블린도 아니기는 매한가지였다. 일대일로 만나면 연장자 수컷 누구에게라도 대장 노릇을 할 수는 있었지만, 둘이나 그 이상이 함께 있을 때는 여전히 상황을 통제할 수 없었기 때문이다. 15세에 이런 지위에 오르는 것은 대단한 일이었다. 하지만 이 대단한 야심가에게 이 정도로는 턱없이 모자랐다. 정상을 차지할 때까지는 만족하지 않을 것이며, 이를 위해 기회만 보이면 지칠 줄 모르고 연장자 수컷들 주위에서 끈기 있게 과시 행동을 펼칠 것이다.

11월 중순, 대격돌이 벌어졌다. 피건은 이 싸움으로 1년 가까이 우두머리 지위를 되찾았다. 시작은 긴장이 고조되어 공격적인 상황이 자주 벌어지는 육식 시간이었다. 고기가 없었던 고블린이 고기를 차지한 피건을 향해 과시 행동을 시작했다. 피건 주위로는 잠재적 협력자들이 버티고 서 있었다. 1분 넘도록 두 수컷의 이 가는 소리 말고는 아무 소리도 없이 격한 싸움이 진행됐다. 마치 작전 개시 명령이라도 떨어진 양 불시에 성체 수컷인 에버레드, 세이튼, 호메오, 험프리가 합류해 피건의 기치 아래 싸웠다. 5 대 1의 불리한 조건이 되자 고블린은 비명을 지르기 시작했고 빠져나가려고 몸부림쳤다. 마침내 몸을 빼내 달아났지만, 피건이 맹렬하게 쫓아갔고 나머지 수컷들은 흥분해서 소리를 지르며 앞뒤로 왔다 갔다 하면서 돌진했다. 고블린은 이 싸움에서 크게 다쳤다. 허벅지에 깊은 상처가 나서 1시간이 지나도 출혈이 멈추지 않았다.

그 싸움 이후로 피건은 왕년의 자신감을 다소 되찾았고, 고블린은 이 연장자 수컷이 있는 자리를 불편해했다. 대격돌이 벌어진 지 1개월 뒤, 피건은 자기의 과시 행동에 고블린이 비명을 지르며 허둥지둥 달아나는 모습을 흡족하게 바라보았다. 그보다 더 흡족한 것은, 나무 위로 피신해 비참하게 긴장한 채 있는 고블린을 20분 넘게 꼼짝 못 하게 해 놓고 자기는 평온하게 그 밑에 앉아 있는 것이었다. 형세가 역전된 것이다. 대격돌의 결과로 자신감을 얻은 다른 연장자 수컷들은 고블린에게 대항할 때 더 열심히 서로를 지원했다. 보통 수컷이라면 이처럼 중대한 좌절을 겪고 나면 싸움을 포기했을 것이다. 그러나 현재 자신의 처지가 못 견디게 못마땅한 고블린은 여간내기가 아니었다.

부상에서 회복된 고블린은, 한동안 피건과의 직접적인 대면은 피했으나 다른 연장자 수컷들에게 다시 도전하기 시작했다. 얼마 안 가서 반복적인 과시 행동, 끊임없이 무리 내 화합적 분위기를 파괴하는 행동이 다시 시작되었다. 대격돌 이후 10개월이 흐르는 동안 고블린은 점차 예전의 위치를 되찾으면서 혼자 있는 연장자 수컷들을 다시 압도할 수 있었다. 그러고는 우두머리로 복위하기 위한 작업에 착수했다. 가엾은 피건. 되찾았던 자신감이 아무리 좋은 날에도 불안정하더니 결국 꺾이고 무너졌다. '절친' 험프리가 (아마도 칼란데 수컷들에게 희생되어) 사라지자 호메오와 에버레드와 친구가 되고자 했다. 이들이 함께 지내는 시간은 많았으나 어느 누구도 진심으로 신뢰하지는 못했다. 고블린이 주위에 있을 때면 피건은 남은 세 연장자 수컷에게 더욱더 절박하게 도움을 요청했다.

고블린은 몇 달 안에 다시 어린 날의 영웅을 완전히 압도했다. 그로부터 얼마 지나지 않아서 피건도 사라졌다. 피건도 마찬가지로 공동체 사이에서 벌어진 공격 행위에 희생되었는지도 모르겠다. 어쩌면 어떤 병에 걸려 홀로 죽어 갔을 수도 있다. 우리는 영영 알 수 없을 것이다. 오랜 시간 알아 왔고 오랜 시간 높은 지능과 불굴의 정신에 감탄해 온 피건을 잃은 우리는 깊은 슬픔에 잠겼다.

피건이 사라진 뒤 고블린의 파괴적인 과시 행동은 갈수록 더 심해졌다. 그럴 때면 연장자 수컷들은 꼭 붙어 앉아서 거의 광적으로 털 고르기에 집중했다. 고블린이 털 고르기를 훼방하려 하면 할수록 이들은 더욱더 털 고르기에 집중했다. 그리고 털 고르기에 열중할수록 서로에게 더 큰 위로를 얻었고, 이들이 고블린의 열광적인 과시 행동을 오래 무시할수록, 아니면 무시하는 척할수록 고블린은 더 화가 치솟았다. 도망갈 생각도 없고 눈도 마주치지 않는 상대를 위협하기란 어려운 일이었다. 나아가 자기네 우정을 공공연히 과시하기까지 하니 고블린에게는 참기 어려운 일이었다. 어떤 대가를 치르더라도 이 털 고르기 행사를 해산시켜야 했다.

하지만 연장자 수컷들은 털에 눈을 바짝 붙이고서 무관심한 척하는 태도를 15분 넘게 유지할 수 있었다. 고블린은 그들을 향해 돌진했다가 지나치면서 무수히 과시 행동을 반복했다. 중간에 한 번씩 숨을 헐떡이며 앉아서 째려보기도 했다. 이제는 경고로 그치지 않고 과감히 털 고르기 하는 연장자 하나를 실제로 공격했다.

이런 싸움은 흥미로운 구경거리였다. 어느 날 고블린이 내가 오전 내내 따라다니던 무리 앞에 나타났다. 무리에는 세이튼과 호메오도 있었다. 고블린이 보이자마자 두 연장자는 으레 하듯이 바짝 붙어서 서로 털 고르기를 해 주기 시작했다. 고블린이 털을 빳빳이 세우고 노려보았지만 둘은 눈길도 주지 않았다. 몇 분 뒤, 고블린이 과시 행동을 시작했다. 두 연장자는 털 고르기를 계속했을 뿐만 아니라 거의 광적으로 열중했다. 암컷들과 어린 침팬지들이 좋다고 소리 지르며 나무 위로 뛰어 올라갔지만, 고블린에게 **그들은** 안중에도 없었다. 고블린이 노리는 것은 연장자 경쟁자들뿐이었다. 고블린은 잠시 쉬다가 다시 과시 행동을 하면서 두 연장자에게 조금 더 접근했다. 둘은 더욱더 미친 듯이 털 고르기에 열중했고, 계속 그런 식으로 흘러갔다.

고블린은 연달아 7회 격렬한 과시 행동을 하면서 격분 상태를 최고로 끌어올리더니 8회 차에 나무로 뛰어 올라가 세이튼의 머리를 발로 차 직접적인 공격을 시작했다. 털 고르기 탐닉꾼들이 대응하지 않을 수 없는 상황이 된 것이다. 그들은 우렁찬 고함과 함께 팔을 휘두르며 고블린에게 달려들었다. 세이튼이 49킬로그램, 호메오가 47킬로그램으로 훨씬 육중한데도 36킬로그램의 고블린은 물러서지 않고 둘을 상대했다. 1분 남짓 치고받고 격투가 벌어졌다. 놀랍게도 달아난 것은 세이튼과 호메오였다. 돌을 던지며 쫓아간 고블린은 의사를 확실히 밝히겠다는 듯 다시 세이튼을 공격했다. 그러고 나서는 긴장 상태가 과하게 느껴졌는지 무리가 있는 이 구역에서 혼자 떠나갔다.

또다시 비슷한 대결이 벌어졌을 때, 상대는 세이튼과 에버레드였지만 승부가 어느 쪽으로도 기울지 않고 끝났다. 고블린은 둘을 놔두고 이번에도 혼자 떠났다. 그러고서 1시간 뒤 피피와 마주쳤는데, 보자마자 바로 폭력적인 공격을 시작했다. 덤으로 프로이트와 프로도도 두들겨 팼다. 고블린은 비명과 우아아 소리를 지르며 과시 행동을 하면서 이번에도 홀로 떠났다. 피피를 떠나 45분 뒤 또 다른 암컷과 마주쳤고, 이 암컷도 험악한 공격의 대상이 되었다. 이 암컷은 당해야 할 이유가 전혀 없었는데도. 지금도 씩씩거리면서 숲 바닥을 쿵쿵 찧고 돌아다니고 있을 고블린의 모습이 눈에 보이는 듯하다. 세이튼과 에버레드한테 쌓인 분을 눈에 띄는 아무나 붙들고 풀고 있는 모습.

그 뒤로도 고블린이 연장자 수컷들과의 긴장된 대결을 하는 도중에 눈에 띈 무고한 제삼자한테 돌진해서 공격하는 일은 숱하게 벌어졌다. 그때 희생되는 대상은 보통 어린 수컷이나 암컷이었다. 물론 나도 그중 하나였다. 고블린의 기습이 시작될 것 같으면 나는 항상 일어나서 나무를 꼭 붙들고 대비했다. 그러면 고블린이 발로 차도 밀려서 넘어지지 않을 수 있었다. 엎어진 채로 침팬지한테 발길질 당하는 것은 생각조차 하기 싫었다. 보통은 등 몇 번 차고 지나갔지만 더 심한 경우도 세 번 있었다. 한 번은 나를 나무에서 떼어 내더니 땅에다 패대기치고 발로 찼다. 또 한 번은 나를 끌고 비탈을 내려갔는데, 발을 헛디뎌 앞서가는 고블린과 충돌할까 봐 벌벌 떨었다. 그랬다면 무슨 일이 벌어졌을지 생각만 해도 아찔하다. 세 번째가 최악이었던 것 같다. 내가 붙잡고 있는 작은 나무를 잡고 뛰어 올라가 내 등을 쿵 내려밟는 평소의 전술로 시작되었다. 하지만 이번에는 나무를 잡고 그네 타기로 빙글 돌더니 내 면전으로 내려오면서 가슴을 발로 찼다. 10센티미터도 안 되는 눈앞에 크게 벌린 입 속에서 날카로운 송곳니 4개가 번쩍거렸다. 고블린은 이따금 우리 현장 직원에게도 발길질을 했고, 우리는 고블린이 제발 하루빨리 우두머리 지위를 완전히 만족스럽도록 확정하기만을 간절히 빌었다. 그 마음은 사람이고 침팬지고 다르지 않았으리라.

이 무렵 고블린은 호메오를 상당히 체계적으로 못살게 굴었다. 호메오가 자기한테 복종하는 것이 확실해진 상황이었는데도 다른 연장자들과 결합하거나 무리가 흥분에 휩싸이는 시간 등, 기회만 있으면 달려들어 공격했다. 핍박이 얼마나 심했으면 다른 연장자 수컷과 함께 있을 때가 아닌 한 호메오는 고블린의 우후후 소리가 또렷이 들려올 때마다 무리를 떠나 한동안 돌아오지 않았다. 고블린은 곰베의 대표 헤비급을 비굴한 하수로 전락시키더니 갑자기 화해의 제스처를 취하기 시작했다. 갑자기 다른 수컷들을 제치고 호메오에게 털 고르기를 해 주는가 하면 먹을 것을 나눠 주고 스트레스를 받은 상황에서는 위안해 주기도 하더니 여행하거나 식사할 때 자주 동행하기 시작했다. 쉽게 말해서 둘이 친구가 된 것이다. 5년 전 피건을 배신한 이래 고블린에게 처음으로 협력사가 생겼다. 대단히 유능한 친구는 아니었지만 적어도 호메오와 함께 있으면 긴장을 늦추고 수컷 친구와 어울리는 시간을 즐길 수 있었다.

피건이 죽은 지 1년여, 결국 다른 수컷들이 항복한 듯했다. 반복적인 도발과 과시 행동에 피로해진 그들은 고블린이 원하는 대로 하게 해 주었다. 그렇게 고블린은 17세 나이에 명실상부한 우두머리 수컷이 되어 거의 모든 사회적 상황을 자기 뜻대로 통제할 수 있게 되었다. 과시 행동은 계속되었지만 예전만큼 맹렬하지 않았고, 공격 빈도도 마찬가지로 감소했다. 긴 고난 끝에 카세켈라 공동체의 침팬지들은 한결 평화로운 나날을 보낼 수 있게 되었다.

　이 흥미로운 이야기를 돌이켜 보니 마이크와 골리앗과 피건이 그랬듯이, 고블린에게는 유전 형질인지 획득 형질인지는 몰라도, 온갖 좌절에도 지배 서열 최고 지위에 올라 그 권세를 지키려는 의지와 이를 위해 필요한 용기와 끈기가 넘쳤음이 분명하다. 멜리사의 양육 방식에서 어떤 면이 이런 자질의 발달에 기여했다고 볼 수 있을까? 멜리사는 세심하게 보살피고 도와주면서도 결코 과보호하는 어미는 아니었다. 새끼 때 고블린이 걷거나 나무 기어오르기를 시도하다가 곤경에 빠질 때면 대개 혼자서 빠져나오도록 놔두었다. 낑낑 울어도 소용없었다. 다만 정말로 꼼짝 못 하는 상황이면 빨리 와서 구해 주었다. 엄격하지는 않았지만 방치하지도 않았다. 처벌적 훈육은 취하지 않았으며, 항상 즉각 복종을 명하는 것도 아니었다. 고블린은 일찌감치 포기하지 않고 계속 시도하면 원하는 것을 얻을 수 있다는 사실을 학습했다. 그러면서도 버릇없는 아이로도 자라지 않았다. 멜리사가 젖 떼기처럼 정말로 중요한 일에서는 어미로서 의지를 관철했기 때문이다. 양육 태도와 기술 전반을 볼 때 멜리사는 좋은 어미였다고 할 수 있다. 고블린의 행동을 유전된 것으로 볼 경우, 유전자의 50퍼센트는 멜리사가 기여한 것이니 이런 면에서도 좋은 어미였다는 데는 의문의 여지가 없다.

14장
호메오

사진 제공: The Jane Goodall Institute.

호메오의 성격은 고블린과 완전히 딴판이었다. 고블린이 높은 지위를 차지하고 유지하겠다는 의지가 광적으로 강했다면, 호메오는 사춘기 이후로 이런 사회적 야망을 거의 보이지 않았다. 몸무게가 50킬로그램에 육박해, 곰베에서 우리가 아는 가장 무거운 수컷인 호메오는 이웃 공동체 개체들에게 두려운 적이었다. 그런데도 자기가 속한 무리의 수컷들하고는 어떻게 해서든지 갈등을 피하려 들었다. 독특한 개성으로 독특한 생을 살았던 호메오, 참 알 수 없는 친구.

1960년대에 우리가 처음 만났을 때 호메오는 이미 어린 사춘기여서 유년기 이전에 대해서는 알지 못한다. 가족과 함께 있는 모습은 좀처럼 보기 힘들었다. 어미 보드카(Vodka)가 내성적인 데다가 주로 호메오의 동생 셰리, 막내 새끼 콴트로(Quantro)와 함께 공동체 영역 남부에서 지냈기 때문이다. 하지만 호메오는 우리 캠프의 단골이 되었다. 호메오의 사춘기는 거의 모든 면에서 완전히 정상이었지만 한 가지 특이한 점이 있었다. 캠프에 덩치 큰 수컷 한둘과 같이 올 때면, 다른 사춘기 수컷들과 마찬가지로 좀처럼 자기 몫의 바나나를 얻지 못했다. 그러다 보니 다른 사춘기 수컷들처럼 종종 혼자 왔다. 그러면 우리가 호메오에게 바나나를 직접 주었다. 호메오의 별난 행동이 나타나는 것이 이때인데, 바나나가 눈에 들어오는 순간 비명을 지르기 시작한 것이다. 흥분을 주체하지 못해 터져 나오는 작은 비명 몇 마디였으면 이해가 가고도 남았을 텐데 큰 소리로 한 2분을 쉬지 않고 질러 댔다. 당연히 근처에 있던 모든 침팬지가 무슨 일이 났나 싶어서 달려왔다가 호메오의 바나나를 쏵싹 챙겼다. 이 별난 행동이 최소한 6개월은 갔다. 그러다가 어느 날 갑자기 그러기를 그만두었다.

호메오는 9세 무렵 사춘기 수컷 침팬지들의 특징인 털 곤두세우기와 거들먹거리는 과시 행동으로 공동체 암컷을 겁주기 시작했다. 초반의 과시 행동은 활기 넘치고 진지하고 대담했다. 한번은 바나나 더미를 놓고 패션과 겨루는 과감함까지 보였다. 이 공격력 높은 최고 서열 암컷이 자신감 넘치는 태도로 바나나를 모으기 시작하자 털을 꼿꼿이 세우고 직립했는데, 원래도 큰 덩치가 2배는 더 커 보였다. 이때 호메오는 입술을 꾹 다물어 성나 보이는 표정으로 두 팔을 휘저으며 패션 앞에서 오락가락 활보했다. 패션은 (아직 어린애인 줄로만 알았던) 호메오가 저돌적으로 나오자 흠칫 놀라서 수집한 바나나를 거의 다 주었고, 호메오는 과시 행동을 벌이며 떠나갔다. 패션은 패잔병의 모습으로 흩어진 바나나를 주워 모았다. 하지만 호메오가 떠난 것은 무장하기 위해서였다. 근처에 떨어져 있던 큼직한 마른 나뭇가지를 쥐고 돌아와 한층 더 진지하게 거들먹거리는 몸짓으로 무기를 휘둘렀다. 패션은 그때까지 모은 바나나는 지키고 나머지를 가져가는 호메오에게 시비를 걸지 않았다.

그때는 호메오가 지배 서열에서 높은 지위로 올라갈 사다리를 튼튼하게 세운 것으로 보였다. 그러더니 무슨 일이 생겼다. 1966년, 패션과의 대결에서 성공적인 결과를 얻은 날로부터 몇 달 뒤 온몸에 심한 상처를 입고 절뚝거리며 캠프로 찾아왔다. 최악은 발바닥 전체가 깊이 파인 오른발의 열상이었다. 몇 주가 걸려 나았지만, 발가락이 아래로 굽어서 영구적으로 펴지지 않았다. 누가 혹은 무엇이 호메오를 공격했는지는 알아낼 수 없었지만, 그 사건이 호메오의 앞날에 중대한 영향을 미친 듯하다. 공동체 암컷들을 향해 거세게 몰아치는 과시 행동이 갑자기 중단됐고, 낮은 서열 암컷들에게조차 그러지 않았다. 그로부터 1년 뒤, 나는 호메오가 공동체 안에서 어떤 위치에 놓였는지를 말해 주는 사건을 목격했다. 패션의 새끼 폼이 식사 중인 호메오에게 가까이 다가갔다. 호메오가 더는 다가오지 말라고 호통 쳤지만 폼은 물러나지 않고 어미 쪽을 보더니 이 덩치 큰 수컷을 향해, 소리는 작았지만 반항조로 짖었다. 패션이 곧바로 호메오에게 으르렁댔다. 1년 전 행동과 현저히 대조적으로, 이번에 호메오는 패션을 피하더니 두려움의 비명을 지르면서 한 야자나무로 피신했다. 패션이 쫓아와 올라오자 호메오는 더 크게 비명을 지르며 다른 나무로 건너뛰다가 그만 땅에 떨어져 '걸음아, 날 살려라.' 하고 도망쳤다.

그 무렵 곰베에서 가장 무거운 수컷이 된 호메오의 겁쟁이 행동은 인간 관찰자들의 웃음 소재였다. 몸무게가 45킬로그램에 육박한 15세 때도 패션의 위협에 비명을 지르며 달아나곤 했다. 동생 세리가 없었더라면 상황은 아마도 평생 이런 식으로 흘러갔을 것이다. 호메오와 세리 형제는 1967년에 어미가 사라진 뒤로 함께 지내는 시간이 늘었다. 어미 보드카가 죽었는지 아니면 자주 가서 지내던 어느 변두리 구역에 남기로 결정했는지 우리는 알지 못한다. 보드카와 갓 태어난 딸은 언젠가부터 캠프에 오지 않았고 그 뒤로 다시는 보지 못했다. 세리와 호메오는 떨어질 수 없는 사이가 되었고, 많은 면에서 형이 부모 역할을 대신했다. 모든 어린 수컷들에게 흔히 있는 일이지만, 세리가 아직 어릴 때 암컷에게 겁주기를 시도하다가 위협당하면 호메오가 달려와 방어해 주었는데, 이는 어미 보드카가 해 주었을 일이다. 시간이 흐르면서 셰리가 점점 더 높은 서열의 암컷에게 도전하면서 호메오의 도움이 점점 더 자주 필요해졌다. 실제 싸움이 벌어지는 상황이면 호메오는 결코 무시할 수 없는 상대였다. 최고의 기술을 갖춘 싸움꾼은 아니었을지 모르겠다. 하지만 가장 몸집 좋은 셰리의 상대 암컷보다 최소한 10킬로그램은 더 나가는 육중한 체구로 **어디를** 때리거나 차도 부상을 입힐 수 있었다. 호메오가 자주 쓰는 전법이었는데, 상대를 공중으로 번쩍 들어 올렸다가 내동댕이치기라도 하면 차마 눈 뜨고 지켜보기 어려운 참상이 빚어졌다. 이로써 암컷들은 호메오를 존중하고 나아가 두려워하기 시작했고, 패션이 이 덩치 큰 수컷을 압도하던 시절은 막을 내렸다.

물론 과시 행동을 얼마나 자주 하느냐가 수컷 서열에서 지위를 결정하는 중요한 요소인 것은 맞다. 호메오의 과시 행동 빈도는 6년 전 끔찍한 부상을 입은 뒤로 거의 0으로 떨어졌다. 하지만 새로 자신감을 얻으면서 횟수가 늘기 시작했다. 가엾은 호메오. 과시 행동은 지켜보는 이의 심장에 두려움을 심어 놓으려는 행동이지만, 이 시기 호메오의 과시 행동은 침팬지들에게도 우리 인간 구경꾼들에게도 그저 재미있는 볼거리였을 뿐이다. 기술적으로 아직도 갈 길이 멀었다. 내리막길 돌진의 효과를 높이겠다고 바위 굴리기를 시도했을 때를 보자. 요란하게 쿵쿵거리며 비탈을 굴러가야 할 바위가 땅에 단단히 들러붙어 꿈쩍하지 않자 이 과시 행동은 완전히 다른 행사가 되고 말았다. 다른 수컷이었다면 어찌 됐든 간에 그대로 돌진했을 것이다. 호메오는 아니었다. 완전히 멈춰서 돌아서더니 바위를 들어 올려 밀어 보려고 힘을 썼다. 이윽고 바위가 있던 자리에서 들렸지만, 그것도 헛수고였다. 너무 커서 느리게 한두 뼘 구르다가 또 멈추었다. 의도했던 과시 행동 효과를 완전히 망친 호메오는 건성건성 달렸다. 바위는 놔두고.

또 한번은 어미들과 새끼들이 모여 있는 무리를 향해 돌진하다가 나무 뿌리에 걸려 넘어져 덤불 속에 큰대자로 뻗었다. 암컷들이 비명을 지르며 달아나야 이 어린 수컷에게 보람 있는 일이 되었을 텐데, 그들은 근처 나무로 조용히 올라갔고, 호메오가 추스르고 일어났을 때는 안전한 거리에서 그를 구경했다.

우리 인간의 시각에서 가장 재미있었던 일은 '마음처럼 되지 않는 묘목 사건'이다. 키는 작아도 꼭대기에 잎이 무성해서 돌진하는 수컷이 도리깨질하고 휘두르면 보기 근사할 법한 나무가 있었다. 호메오가 달려가면서 움켜쥐었으나 보기 좋게 꺾이지도 않고 뿌리가 뽑히지도 않았다. 내리막길 바위 때와 마찬가지로, 호메오는 공연을 멈추고 묘목을 붙들고 용을 썼다. 30초쯤 지나 결국 뿌리가 뽑혔다. 뽑히고 보니 효과적인 도구로 쓰이기에는 너무 커 보였다. (내 눈에는 그렇게 보였다.) 하지만 호메오는 '어떻게 싸워 이겼는데 버리랴, 기필코 이것을 사용하리라.' 하고 작정한 듯, 꿋꿋이 질질 끌며 돌진했다. 적어도 호메오의 의도는 그랬다. 하지만 곁가지가 너무 많아 계속해서 근처의 풀이며 나무와 뒤엉켜 버렸다. 호메오는 세 번 돌파를 시도하다가 결국 과시 행동을 포기하고 두 손으로 묘목을 받쳐 들고 돌아가야 했다.

하지만 몇 달이 지나자 호메오의 과시 행동은 점차 향상되었고, 자기만의 인상적이고 강력한 기술을 획득했다.

사냥에서도 상황은 같았다. 처음에는 어설프게 일을 그르쳤다. 성체 푸른원숭이를 사냥할 때였다. 빠르고 맹렬한 추격에 푸른원숭이가 필사적으로 옆 나무로 펄쩍 날아서 뛰었다. 그 나무 밑동 쪽에 있던 호메오도 따라서 몸을 공중으로 날렸으나 닿지 못했다. 당시 상황을 목격한 데이비드 바이고트(David Bygott)가 나중에 내게 이렇게 말했다. "중간쯤에서 점프가 모자랐어요." 가엾은 호메오. 한 1미터 아래로 떨어졌다. 호메오처럼 몸무게가 많이 나가는 침팬지에게 그 높이면 타격이 크다. 한동안 꼼짝도 하지 않고 있었다. 머리가 멍했을 것이고, 아마 부상도 당했을 것이다. 그러더니 일어나 빠르게 사라져 가는 점심 식사거리를 바라보다가 터벅터벅 자리를 떠나 무화과를 먹으러 갔다.

곰베 침팬지들은 사냥할 때 보통 영아나 유아 원숭이를 먹잇감으로 삼는다. 성체 원숭이를 죽이려면 고생하기 때문이다. 따라서 호메오가 잡은 성체 콜로부스원숭이 수컷도 꽤나 긴 시간을 끈질기게 물어뜯고 휘둘러 대고 두드려 패서야 나뭇가지에 축 늘어져 죽었다. 호메오가 이 힘겹게 얻은 포상을 한입 음미하기도 전에 연장자 수컷들이 모여들더니 낚아챘다. 이 드라마를 지켜보았던 랭엄이 들려준 뒷이야기가 기억난다.

"자기가 잡은 먹이를 다른 놈들이 나눠 갖는 걸 잠깐 앉아서 보더군요. 다들 흥분해서 소리를 질러 댔지만 호메오는 굉장히 조용했어요. 암컷과 새끼 무리로 가서 좀 달라고 애원하지도 않았죠. 그저 가서 피가 튄 곳에 떨어진 이파리를 몇 장 핥더니 떠나갔어요. 내가 다 울고 싶은 심정이었습니다."

그 뒤로도 호메오가 서열 높은 수컷들에게, 그리고 한 번은 지지에게까지 먹이를 빼앗긴 사례가 보고되어 우리 모두 호메오에게 측은한 마음을 가졌다. 하지만 사냥 도중이나 사냥이 끝난 뒤에 호메오가 사라지는 일이 잦다는 느낌이 들었다. 어쩌면 혼란스러운 와중에 새끼 원숭이를 잡아서 남들이 알아채기 전에 빠져나가는 것은 아닐까 하는 생각이 들었다. 어느 날 자신이 잡은 새끼 원숭이를 피건에게 빼앗긴 호메오가 평소처럼 사라졌다. 2시간 뒤 혼자 앉아 있는 호메오를 발견했는데, 배는 빵빵하게 불렀고 새끼 임바발라 사체의 잔재를 손에 쥐고 있었다. 호메오를 마냥 측은히 여길 일은 아니었던 것이다!

호메오는 암컷들이 더는 함부로 덤비지 못하는 권위를 얻었고 과시 행동 기술과 사냥 기술도 향상되었으나, 체면을 구기는 자잘한 사건, 사고는 계속되었다. 물론 그 모든 것이 호메오가 우리에게 사랑받는 이유였다. 하루는 내가 호메오를 관찰할 때였다. 무척이나 몰입한 표정으로 어떤 높은 나무를 기어오르고 있었다. 아침 내내 비가 와서 나무 몸통이 옻칠한 것처럼 반짝거렸고 몹시 심하게 미끈거렸다. 지상에서 7~8미터 위치, 가장 낮은 가지까지 올라가 손으로 잡았건만 미끄러지기 시작했다. 점점 가속도가 붙어 곤두박질치는데 그 괘씸한 몸통을 꽉 끌어안아 봤자 소용없었다. 쿵 하는 소리와 함께 곰베의 헤비급은 땅에 꼬라박혔다. 호메오는 잠시 미동도 없이 앉아서 눈앞의 나무 줄기를 노려보았다. 그러고는 머리 위의 높은 가지 쪽을 올려다본 뒤 분연히 떨치고 일어나 고난의 2차 도전을 시작했다. 기름칠한 장대를 기어오르는 서커스 곡예사가 이보다 더한 뚝심을 보일 수 있을까. 그러고는 호메오는 기어코 해냈다. 1시간 동안 여린 잎을 한껏 즐기고 내려갈 무렵 나무 줄기는 오후 햇볕에 잘 말라서 호메오는 위엄을 지키며 땅으로 내려갈 수 있었다.

콜로부스원숭이 사건도 있다. 콜로부스원숭이 성체 수컷은 암컷이나 새끼 보호에 용맹무쌍하다. 침팬지들이 무리 지어 사냥하고 있어도 무서워하지 않고 덤벼들어 습격하며, 보통은 성공적으로 몰아낸다. 아마도 콜로부스원숭이가 덩치는 작아도 길고 날카로운 송곳니로 상대의 생식기를 물어뜯는 기술을 쓰기 때문일 것이다. 나무 위에서 침팬지 한두 마리가 성난 콜로부스원숭이 쌍에게 맹렬히 쫓겨 고성을 지르며 이리저리 뛰는 모습은 드물지 않게 보는 광경이었다. 하지만 어느 날 호메오에게 일어난 일은 완전히 처음 보는 상황이었다. 호메오가 앉아서 열매를 먹으며 평화로운 시간을 즐기고 있는데 몸집 큰 수컷 콜로부스원숭이가 습격했다. 그야말로 불시에 일어난 일이었다. 바로 위쪽 가지에서 몸을 날린 콜로부스원숭이가 호메오 정수리 부근에서 희한한 고음으로 위협의 외침을 내지르며 머리를 때렸다. 호메오는 소스라치게 놀라 외마디 비명을 지르고는 냅다 달아났다.

"하지만 호메오가 누굽니까." 랭엄이 어느 날 저녁에 웃음을 터뜨리며 말했다. "새끼 고슴도치 셋이 바삭거리며 마른 풀밭을 지나가는 모습만 봐도 줄행랑칠 녀석 아닙니까!"

사실은 비극적인 사건이 호메오에게는 익살극으로 끝나는 경우도 허다했다. 호메오가 어떻게 된 일인지 왼쪽 눈을 다쳤다. 2주가 넘도록 눈이 떠지지 않을 정도로 부어오르고 진물이 끝없이 흘러내렸는데, 굉장히 고통스러웠을 것이다. 우리가 바나나에 항생제를 넣어 주어 상처는 나았다. 하지만 시력이 손상되었을 뿐만 아니라 반흔 조직으로 눈 절반이 하얗게 변하는 얼룩증이 생겼다. 그 결과 가끔 어둑한 시간대에 무성한 이파리 사이로 내다볼 때는 특히 눈빛이 사악해 보이기도 했지만, 그보다는 어딘가 방탕한 인상을 줄 때가 더 많았다. 가엾은 호메오. 성격만이 아니라 외모까지 광대로 변하고 말았다.

호메오는 성체 암컷들에게는 지배적 지위를 확실하게 다졌으나 다른 수컷들과의 관계에서는 지위를 높이려는 의사를 거의 보이지 않았다. 거의 동갑인 세이튼과는 예전부터 대립적인 관계를 지속해 왔다. 우리가 처음 그 징후를 본 것은 둘이 사춘기 말에 들어선 1971년이다. 먹이 경쟁을 벌이거나 무리가 재회해 흥분이 고조되면 서로를 향해 털을 곤두세우고 거들먹거리며 활보했다. 이 시기에는 둘의 사회적 지위가 거의 동등해 보였고, 이런 대결은 대개 서로 아랫니를 드러낸 침팬지 웃음을 지으며 포옹하는 것으로 끝났다. 1~2년 지나 세이튼이 몇 차례 싸움에서 이긴 뒤에는 자신이 우위임을 내세웠다. 다만 셰리가 형을 지원하는 경우에는 예외였는데, 팀으로 뭉친 형제와 대결해야 한다는 부담감에 세이튼이 후퇴했기 때문이다.

서열 낮은 연장자 수컷들에게 도전하기 시작한 셰리의 과시 행동은 열광적이고 대담하고 창의적이었다. 아무도 예상하지 못할 때 덤불에서 확 튀어나와 커다란 돌을 던지고 나뭇가지며 넓적한 잎으로 도리깨질하곤 했는데, 어찌나 사납고 광적인지 연장자들은 자리를 피해 빠져나갔다. 이렇게 자신감을 키운 셰리는 연장자들에게 더 자주 덤벼들었다. 셰리가 성급하게 굴다가 곤경에 처할라치면 거의 예외 없이 동생과 함께 있던 호메오가 바통을 이어받아 진지한 과시 행동으로 동생을 지원했다. 셰리가 지배 서열에서 정상에 등극할 것은 따 놓은 당상처럼 보였고, 조만간 셰리가 피건(당시의 우두머리 수컷)을 끌어내릴 것이라고 많은 이가 입을 모았다.

하지만 거기서 결정타를 맞고 말았다. 자기보다 어린놈이 줄기차게 벌이는 파괴적 과시 행동을 참다 못한 세이튼이 급기야 흥분해서 셰리를 맹렬하게 공격해 여러 군데에 부상을 입혔다. 호메오가 여느 때와 다름없이 셰리를 돕기 위해 달려왔지만, 실제로 공격하지는 않고 싸움 현장 주변에서 격렬한 과시 행동으로 세이튼이 동생 대신 자기를 쫓아오게 만들었다. 덕분에 셰리가 더 심하게 다치지 않을 수 있었을 것이다.

이 싸움은 역사적으로 중요한 싸움이었다. 이것으로 셰리가 상위 서열로 올라가고자 하는 시도를 그만두었으니까. 어쩌다가 연장자 수컷들과 싸움이 나기는 했어도 보통은 고기나 짝짓기 경쟁, 다시 말해 즉각적으로 물리적 보상이 주어지는 상황에서만 싸웠다. 향후 여생 몇 해 동안 셰리는 높은 지위 자체를 얻기 위해 전혀 노력하지 않았다. 역경을 맞은 셰리의 반응은 10년 전 보이지 않는 공격에 호메오가 보인 반응과 크게 다르지 않았던 셈이다. 이 형제와 다른 수컷들은 얼마나 달랐던가. 부단한 투쟁으로 서열의 최상위를 차지하고 그 지위를 지키기 위해 물불 가리지 않았던 마이크와 피건과 고블린과 이 형제는 어떤 점에서 달랐을까?

그렇다면 호메오가 암컷, 아니 발정기 암컷과의 관계에서 세운 공적은 어떠했는가? 수컷이 자신의 유전자를 후대에 충분히 발현시킬 수만 있다면, 현생에서 다른 방면의 모든 점이 부족했더라도 보상이 되고도 남는다. 아아, 호메오는 이 방면에서도 대체로 실패했다. 심지어 자식을 하나도 얻지 못했을 가능성도 있다. 호메오에게는 인기 높은 발정기 암컷을 둘러싼, 흥분한 무리 속의 다른 수컷들과 공격적으로 경쟁할 배짱이 없었고, 상위 서열 수컷들이 다른 일에 바쁠 때 틈을 노려 비밀리에 짝짓기할 상상력도, 호감 가는 암컷에게 낭만적인 둘만의 막간극을 즐기자고 설득하거나 을러서라도 끌고 갈 사회적 기술도 없었다. 특히나 이 셋째 요소에서는 기록이 매우 부진하다. 암컷을 데려가려는 시도를 종종 하기는 했지만 대체로 실패했다. 우리가 아는 한, 15년 동안 암컷과 밀월 여행을 떠난 횟수가 총 15회인데, 그마저도 거의 매번 암컷이 생식기 팽창기의 결정적 며칠이 되기 전에 빠져나갔다. 진짜 최악은 밀월 여행에 동행한 그 암컷 가운데 7마리가 이미 다른 수컷의 자식을 임신한 상태였다는 사실이다. 아, 가엾은 호메오.

별난 성격에 온갖 실패에도, 아니 어쩌면 그렇기 때문에, 호메오는 공동체에서 존경받는 고령자가 되었다. 수컷들의 서열 다툼에는 거의 관심이 없었기에 지위를 가장 중요하게 여기는 침팬지들에게 위협이 되지 않는 존재였다. 그렇게 해서 (험프리가 죽은 뒤) 피건의 '절친'으로 간택되었고, 그다음에는 고블린에게 간택되었다. 이 권력 지향적 수컷 둘 다 호메오를 우선 철저하게 복종시켜 자기 뜻대로 조종할 수 있게 된 다음에야 친구로 받아들였고, 호메오는 자기가 철저하게 복종한다는 것을 설득시키고 나면 다른 연장자 수컷들로부터 보호해 준다거나 식사 때나 성적 활동과 관련된 상황에서 어느 정도 관대하게 봐주는 등, 우두머리가 종복에게 하사하는 혜택을 누릴 수 있었다.

호메오는 어린 수컷들에게도 안심할 수 있는 대상으로 받아들여졌다. 어린 수컷들이 처음 어미를 떠나 여행할 때면 같이 있고 싶어 하는 성체가 호메오였다. 호메오가 자상하고 관대하다는 것을 이들도 알았던 것이다. 한번은 내가 한 먹이 장소에서 다른 먹이 장소로 이동하는 과정을 추적했는데, 5마리나 되는 사춘기 수컷이 호메오가 앞장서는 길을 평화로이 따라갔다. 함께 다닌 5시간 동안 호메오가 그들에게 위협적으로 구는 모습은 단 한 번도 보지 못했다. 식사 시간에 호메오한테 붙어 있을 때조차도. 한번은 호메오가 직립해서 손을 높이 뻗어 기다랗게 늘어진 다육 식물 가지를 골똘히 살펴보았다. 가지를 끌어당겨 말단을 씹기 시작하자마자 베토벤이 다가와 가지가 갈라진 부분을 붙잡고 씹기 시작했다. 베토벤이 가장 예뻐하는 아이인 줄은 알았지만, 아무리 그래도 하지 말라는 시늉조차 하지 않는 호메오가 놀라울 따름이었다.

나는 희한하게 어떤 종류의 지배욕도 보이지 않는 호메오의 흥미로운 성격에 대해 이런저런 물음을 던져 보곤 했다. 사춘기 때 다치지 않았더라면 상위 서열 수컷이 되었을까? 십중팔구는 아니었을 것이다. 동생 셰리도 똑같이 위기에 대처하는 능력이 부족하다는 것을 보여 주지 않았던가. 이 특성은 유전된 형질일까? 그럴 가능성도 있지만, 어미 보드카의 성격과 양육법에서 기인했을 가능성이 훨씬 크지 않을까? 내가 보드카에 대해 잘 알지 못한다는 것이 무척이나 안타까운 노릇이었다. 그렇게 내성적일 수 없었으니. 하지만 우리가 아는 한, 보드카는 대부분의 시간을 자기네 가족하고만 영역의 변두리 구역에서 보낸, 무척이나 비사교적인 암컷이었다. 또 다른 비사교적 암컷인 패션의 아들 프로프도 동료들에 대한 지배 욕구를 전혀 보이지 않았다. 반면에 서열 최상위에 올랐을 뿐만 아니라 좌절에 결코 오래 머물지 않았던 피건과 고블린의 어미들은 지배욕이 강했을 뿐만 아니라 매우 사교적인 암컷, 플로와 멜리사였다.

15장
멜리사

사진 제공: Hugo van Lawick.

멜리사는 곰베에서 가장 힘찬 우두머리 수컷의 어미라는 사실만으로도 특별한 관심을 받을 만했다. 하지만 다른 면에서도 멜리사는 주목할 만한 삶을 살았다. 우선 1977년에 곰베에서 유일하게 알려진 쌍둥이를 출산했다. 그 새끼들을 처음 본 순간을 나는 아직도 잊지 못한다. 형제 쌍둥이에게 우리는 자이어(Gyre)와 김블(Gimble)이라는 이름을 붙여 주었다. 멜리사는 늦은 오후 햇살 속에서 두 새끼를 그러안고 있었다. 품에 꼭 안겨 있어서 새끼들의 모습이 거의 보이지 않았지만, 한 녀석은 젖을 빨고 있었고 다른 녀석은 잠들어 있는 것 같았다. 멜리사가 출발하자 딸 그렘린이 뒤를 따랐고 나도 따라갔다. 그날 저녁 집에 도착해서야 멜리사에게 주어진 일이 얼마나 과중한지 실감할 수 있었다. 대부분의 영아는 생후 2~3주가 되면 잡아 주지 않아도 어미를 붙잡고 오래 버틸 수 있다. 이 쌍둥이도 붙잡고 버티는 힘은 충분했다. 하지만 실수로 어미가 아니라 자기네끼리 붙잡았다가 하나가 힘이 빠져 버리면 둘이 같이 넘어지면서 울음을 터뜨리고 난리가 났다. 그러면 멜리사가 곧바로 잡아 일으켜 한 팔로 둘을 꼭 붙들고 있거나, 이동할 때는 허벅지가 두 새끼의 등을 떠받쳐 줄 수 있도록 다리를 구부린 상태로 움직여야 했다. 어느 날 오후 쌍둥이 중 하나가 어정쩡하게 넘어져 머리가 땅에 부딪혔다. 고래고래 소리 지르며 울자 다른 녀석도 울기 시작해 몇 분 만에 멜리사가 겨우 진정시켰다. 잠자리 만드는 것도 큰일이었다. 나무들이 울창해서 잘 보이지 않았지만 새끼 울음 소리가 자주 들려왔다.

그날 저녁, 나는 데릭과 힐랄리, 에슬롬, 하미시와 불가에서 이야기를 나누었다. 하미시가 쌍둥이가 태어난 지 겨우 며칠 뒤 처음 관찰한 사항을 보고했다. 멜리사는 이동이 아주 더뎠다. 한 번에 몇 미터밖에 못 가고 도로 앉아서 1~2분 동안 쌍둥이를 안아서 흔들어 달래 준 뒤 다시 움직여야 했기 때문이다. 몹시 지쳐 보였고, 잠자리를 일찍 만들었다. 그 다음 날 아침에 에슬롬이 옆에 있던 나무로 가서 이들의 잠자리가 보이는 높이까지 올라갔다. 그렘린은 오전 7시에 앙증맞은 잠자리에서 나와 근처에서 식사를 시작했다. 하지만 멜리사는 1시간 30분 동안 기척도 없이 있다가 일어나 자기 털을 손질하기 시작했고, 중간에 한 번씩 쌍둥이에게 하나씩 털 고르기 동작을 했다. 10분 뒤에 출발 채비를 마치고 일어났지만 쌍둥이가 동시에 낑낑거리기 시작했다. 멜리사는 앉아서 난처한 표정으로 잠시 바라보더니 다시 누웠다. 15분 뒤에 또다시 출발을 시도했다. 또 아까처럼 쌍둥이 둘이 같이 울기 시작하자 멜리사는 안아서 흔들어 달래고 털 고르기를 해 준 뒤 또다시 누웠다. 같은 과정이 예닐곱 차례 반복되었고, 거의 2시간 만에 출발할 수 있었다. 쌍둥이를 꼭 붙들고, 미친 듯이 울어 대는 소리는 무시하면서, 필사적으로 서둘러 나무에서 내려왔다. 셋이 모두 안전하게 땅에 도착한 뒤에 비로소 멈추고 쌍둥이를 달래 주었다.

쌍둥이 생후 3개월까지 우리는 패션과 폼이 다시 공격하지는 않을지 걱정하며 만약 그럴 경우에 개입하자는 계획으로 매일 멜리사를 따라다녔다. 멜리사에게도 이전에 낳은 새끼를 그들이 가혹하게 공격했던 일이 기억에 선명하게 남아 있었던 듯하다. 쌍둥이를 데리고 이동하는 것이 보통 힘든 일이 아니었는데도 멜리사는 첫 1개월 동안 거의 항상 덩치 큰 수컷을 꼭 가까이에 두었다. 이 방법의 효과는 쌍둥이가 생후 거의 1개월 되던 어느 날 확인할 수 있었다. 나는 멜리사, 그렘린, 세이튼을 따라 슬리핑 버펄로라고 부르는 산등성이 꼭대기로 올라갔다. 11월의 춥고 우중충한 오후, 남쪽에서는 천둥이 우르릉거리는 날이었다. 이미 폭우가 한바탕 내린 뒤라 우리가 있던 계곡 상부는 찌푸린 구름에 덮여 아직 어둡고 한기가 느껴졌다. 내가 몸을 떨면서 위쪽에서 야자열매를 먹던 멜리사를 지켜보는데 갑자기 나뭇가지 꺾이는 소리가 났다. 홱 돌아보니, 세상에, 패션과 폼이 다가오고 있었다. 비에 젖어 말랑말랑한 숲 바닥으로 이동해, 거의 소리가 들리지 않았던 것이다. 둘은 멈추더니 움직임 없이 멜리사와 쌍둥이 새끼가 있는 곳을 올려다보았다. 위쪽 침팬지는 아무도 이 둘을 보지 못했다. 폼이 살금살금 멜리사 쪽으로 기어오르기 시작했다. 임신해서 몸이 무거운 패션은 오르다가 얼마 못 가서 멈추고 낮은 가지에서 지켜보았다. 폼이 소리 없이 점점 가까워지고 있었다. 내가 조심하라고 외치려는 찰나, 멜리사가 이들을 보았다. 멜리사는 즉각 큰 소리로 다급하게 소리 지르기 시작하더니 당황해서 앞뒤 재지 않고 옆 나무의 가장 가까운 가지를 향해 공중으로 몸을 날렸다. 새끼 둘을 허벅지만으로 떠받치고 몸을 날린 것이다. 심장이 쿵쾅거렸다. 하지만 셋 다 무사히 착지했고, 멜리사는 먹기를 중단하고 폼을 골똘하게 지켜보던 세이튼 옆에 황급히 붙었다. 멜리사는 한 손을 이 덩치 큰 수컷 어깨를 짚고 돌아서 폼을 향해 따지는 투로 짖어 댔다. 그렇게 새끼 사냥 시도는 저지되었다. 하지만 세이튼이 없었더라면 또다시 고공에서 끔찍한 전투가 벌어졌을 것이고, 내가 도울 수 있는 일은 없었을 것이다.

그 뒤 얼마 지나지 않아 쌍둥이의 배와 허벅지 안쪽에 상당히 심한 발진이 생겼고, 멜리사도 사타구니 부위의 털이 상당 부분 빠져 있었다. 전부가 대소변에 오염되어 생긴 증상이었다. 새끼의 배설물은 보통 앉아 있는 어미의 허벅지 사이로 깔끔하게 떨어진다. 실수하더라도 어미가 재빨리 이파리를 한 줌 집어 닦아 낸다. 하지만 쌍둥이가 되니 어림없었다. 멜리사 혼자 당해 낼 재간이 없는 것이다. 그것만이 아니었다. 자이어가 어쩌다가 발을 다쳤다. 통증이 얼마나 심했던지 멜리사가 움직일 때마다 거의 매번 비명을 질렀다. 고통스러운 바닷새가 고음으로 지르는 거친 울음 같은 이상한 비명이었다. 가엾은 멜리사. 쌍둥이 하나가 울어 대는 것만도 괴로운데 이따금 김블도 같이 비명을 질러 댔다. 아마도 형제의 심한 비명에 겁이 났을 것이다. 쌍둥이 둘이 같이 빽빽 울어 젖힐 때면 멜리사가 품에 안아 흔들어 진정시키곤 했다. 하지만 때로는 둘을 꽉 끌어안고 아주 빠른 속도로 이동하면서, 윽박지르는 듯 기침 같은 소리로 헉헉 짖었다. 그러면 새끼들이 보통 더 큰 소리로 울어 댔고, 몇 분 뒤 멜리사는 완전히 어쩔 줄 몰라 하거나 진저리치면서(아니면 둘 다) 아무 나무에나 올라가 마찬가지로 아주 빠른 동작으로 커다란 잠자리를 만들었다. 어미가 이 작업을 하는 동안 울음 소리는 더욱더 커져 멀리서도 들렸다. 하지만 멜리사가 쌍둥이와 잠자리에 누우면 바로 고요가 찾아왔다.

성체 수컷들과 보조를 맞추기가 힘들어지기 시작하자 멜리사는 많은 시간을 그렘린과 함께 캠프 근처에서 지냈다. 임신으로 몸이 무거워진 패션이 남의 새끼 잡아먹는 데 관심이 없어진 것이 다행이었다. 폼은 마음만 먹으면 별 어려움 없이 쌍둥이를 채 갈 수 있었겠지만, 서열 높은 어미의 지원 없이 연장자 암컷에게 덤벼들 만큼 배짱이 있지는 않아 보였다. 따라서 포식 공격의 위험은 멀어진 듯했지만, 우리에게는 또 다른 걱정이 있었다. 멜리사가 쌍둥이를 데리고 이동하고 달래 주는 일에 매이다 보니 식사에 할애하는 시간이 점점 짧아지는 것이 문제였다. 하루에 겨우 4시간밖에 먹지 못하는 날도 있었다. 보통 성체 침팬지가 식사하는 시간은 하루에 6~8시간 정도 된다. 우리는 멜리사에게 바나나를 별도로 더 주었고, 직원들이 제철 열매를 채집해서 가져다주기도 했다.

일주일 뒤 멜리사에게 항생제 투약을 시작해야겠다고 판단했다. 이것이 젖에 들어가 자이어의 발 염증이 깨끗이 나을 수 있기를 바랐다. 우리는 5일 동안 소량의 바나나를 들고 멜리사를 따라다니면서 규칙적인 간격으로 하나씩 건넸다. 가루약을 섞어서. 약효가 있었는지 자이어의 발 상처가 정말로 나았다. 멜리사는 이제 이전만큼 힘들이지 않고 일과를 꾸려 나갈 수 있었다.

하지만 자이어는 부상에서 완전히 회복하지 못해 성장에 큰 타격을 입었고 그때부터 김블이 자이어보다 발달이 훨씬 빨라졌다. 김블조차 정상보다는 한참 뒤처진 상태였다. 보통 영아라면 걸음마를 시작했을 생후 6개월째에 이르러 김블은 온갖 자세로 어미의 몸에 올라타기 시작했다. 연습을 시작하고 얼마 지나지 않아 멜리사의 등을 타고 오를 수 있었다. 이 기술에 숙달된 뒤로는 이동할 때 어미 등에 올라타고 다니거나 식사하는 어미의 어깨에 거꾸로 매달리곤 했다. 잠도 그 자세로 잘 때가 있었다. 온전히 차지하기 힘든 어미 무릎에서 벗어나서 좋았을 듯하다. 김블은 생후 10개월이 되어서야 처음으로, 멜리사에게서 떨어져 첫걸음마를 떼고 작은 가지를 타고 올라갔다. 하지만 자이어는 걷거나 기어오르려는 시도조차 하지 않았다. 늘 어미 무릎 위에 얌전히 앉아 있었고, 눈을 감고 있는 경우도 많았다.

1978년의 건기는 유독 가혹해 8월이 되자 곰베에는 평소보다 먹이가 귀했다. 쌍둥이에게는 가뜩이나 젖이 충분치 않았는데 이제는 상시적으로 허기진 상태로 지내게 되었다. 멜리사의 가슴에는 거의 온종일 절박하게 젖을 빠는 젖먹이가 매달려 있었다. 둘 다 매달려 있을 때도 있었고. 부족한 어미 젖을 더 힘세고 활동적인 김블이 항상 제 몫보다 많이 먹었고, 그러다 보니 자이어는 갈수록 무기력해졌다. 유행하던 감기에 걸렸을 때는 약해질 대로 약해진 몸이 이겨 내지 못했다. 감기는 폐렴이 되었고 어느 날 멜리사가 캠프에 왔는데, 자이어의 늘어진 작은 몸이 손에 들려 있었다. 어미에게 매달리지도 못할 만큼 약해져서 눈을 감은 채 힘겹게 숨만 쉬고 있었다. 나무에 오를 때 멜리사는 허벅지로 자이어를 지탱했는데 도중에 자이어가 쿵 하고 약 3미터 아래로 떨어졌다. 멜리사가 달려 내려가 품에 안고 털 고르기를 해 주었다. 아직 숨이 붙어 있었는데도 멜리사는 자이어가 이미 죽었다는 듯이 어깨에 들쳐 메고 떨어지지 않도록 뺨으로 누르면서 이동했다. 자이어는 멜리사의 어깨에서 예닐곱 차례 더 떨어졌고, 바닥에 움직임 없이 누워 있으면 멜리사가 다시 어깨에 들쳐 멨다. 자이어는 이튿날 아침에 죽었다.

나는 자이어의 죽음이 슬펐고, 야생에서 쌍둥이가 성장하는 과정을 기록하고 그 관계를 연구할 기회가 없어져서 아쉬운 마음도 들었다. 그럼에도 멜리사나 김블에게 차라리 잘된 일이라는 생각을 지울 수 없었다. 확실히 김블은 뒤처진 시간을 메워 가기 시작했다. 비록 나이에 비해 몸은 작았지만 나뭇가지 곡예를 연습하고 또래 새끼들과 어울려 놀기 시작했다. 점점 활발해져서 여기저기서 까불거리며 장난치고 발 구르기와 공중제비가 들어간 짧은 과시 행동을 펼쳤고, 낙엽 더미로 온갖 놀이를 즐겼다. 손으로 낙엽을 쓸어 모아 엄청나게 큰 더미를 만들기도 하고 뒷걸음질로 그 더미를 끌고 다니기도 했다. 또 앞으로 굴려 눈 더미처럼 거대한 덩어리를 만드는가 하면, 두 손 가득 잎을 퍼서 얼굴에다 던지거나 비비는 등 다양한 놀이를 했다.

멜리사에게는 여전히 문제가 있었지만, 이제는 다른 문제였다. 김블이 출발 준비가 된 어미 따라가기를 거부하는 일이 생긴 것이다. 멜리사는 억지로 끌고 가거나 기다려야 했다. 한번은 가자고 잡아끄는데 김블이 두 손으로 풀을 잡고 늘어졌다가 휘감겨 멜리사가 풀어 준 적도 있다. 결국 등에 업고 출발했지만 몇 걸음 못 가서 김블이 뛰어내리더니 놀겠다고 달려갔다. 멜리사가 다시 재빨리 붙잡아 끌고 갔다. 하지만 얼마 못 가서 또다시 달아나 장난을 시작했다. 멜리사가 쫓아갔지만 이번에는 잡히지 않고 피해서 나무 뒤에 숨었다. 멜리사가 따라가서 장난치며 노는 김블의 손을 잡으려다가 놓쳤다. 김블은 다시 장난치기 시작했다. 멜리사는 한동안 지켜보다가 살금살금 손을 뻗어 김블의 손을 잡아끌고 가기 시작했다. 그러자 어미 손을 깨물었다. 하지만 장난으로 살짝 문 것이고, 어미는 복수로 간지럼을 태웠다. 김블이 웃음을 터뜨렸다. 멜리사는 다시 한번 김블을 등에 업었고, 이번에는 얌전히 있었다.

김블의 영아기에 이 가족에게 없어서는 안 될 존재가 그렘린이었다. 곰베의 침팬지 사회에서 어미와 성장한 딸만큼 긴밀한 관계를 찾기는 어렵다. 어린 암컷은 어미 곁을 단 몇 시간도 떠나는 일이 거의 없다. 10세가 되어야만, 그것도 성적 매력을 발산하는 기간에만 떠난다. 어린 암컷은 어미 곁에 붙어 지내는 것이 확실히 이롭다. 우선 종종 자기보다 나이 많은 암컷과 붙었을 때 이길 수 있다. 딸에게 문제가 생기면 대개 어미가 개입해 주기 때문이다. 또 연장자 암컷에게 어린 수컷들이 과시 행동으로 도전해 올 때 보통 딸과 힘을 합해 대적한다. 하지만 좋기만 한 것은 아니다. 딸은 어미의 보호와 지원에 대가를 지불해야 한다. 빅토리아 시대 가모장(家母長)급이라 할 어미의 권위주의적 지배에 철저하게 따라야 한다. 이동 방향을 정하는 것도 어미, 빠르게 이동할지 천천히 이동할지 정하는 것도 어미, 먹이 장소와 먹이 종류의 선택권도 자동으로 어미 차지가 된다. 여느 어린 암컷들이 그랬듯이, 그렘린은 금세 이 이치를 깨달았다.

예를 들면 흰개미 낚시를 할 때 멜리사는 그렘린이 낚시하고 있던 자리와 자기 자리를 자꾸 바꾸거나 그렘린의 낚시 도구를 가로챘다. 그렘린도 처음에는 짜증을 부렸다. 한번은 그렘린이 재료를 구해 기다란 낚싯대로 근사하게 다듬었는데, 그걸 멜리사가 잡았다. 그렘린이 안 놓치려고 움켜쥐고 낑낑거리다가 작게 비명을 지르기 시작했다. 그러자 멜리사가 꼭 안아서 달래 주었다. 그러고선 그렘린이 진정되자 바로 낚싯대를 가져가 버렸다! 시간이 흐르면서 그렘린은 점차 달관했다. 어미가 자기 도구를 빼앗아 가면 조금 낑낑거리다가 다른 곳으로 옮겨 새 자리를 찾거나 다른 도구를 구했다. 멜리사가 그렘린 쪽을 한번 쓱 보기만 해도 그렘린은 흰개미 언덕 안의 작은 터널이라든가 열매가 주렁주렁 매달린 가지를 양도하는 경우도 종종 있었는데, 보나마나 어서 내놓으라는 눈빛이었을 것이다. 그렘린이 먼저 어떤 나무에 도착했는데, 잠시 올려다보고는 먹이 분량이 얼마 안 된다고 판단했는지 자발적으로 그 자리를 멜리사에게 남기고 떠난 적도 있다. 그래 마땅한 일이다. 딸을 키우고 먹이느라 몇 년을 바쳤으니 이제 다른 어린 것들을 먹이고 키울 힘과 영양소를 비축해야 할 어미가 가장 풍성한 먹이 장소를 차지해야 하지 않겠는가. 보살펴야 할 것이 건강한 자기 몸 하나뿐인 그렘린은 필수 영양 섭취량도 적을 뿐만 아니라 젊음의 기운이 무한히 넘쳐흐르지 않는가. 몸이 무거운 어미로서는 넘보지 못할 높은 곳의 호리호리한 가지에 올라가서 먹을 수도 있고.

물론 그렘린이 원했다면 언제든 독재자 어미를 떠날 수 있었다. 하지만 어미에게 공경을 표하는 다른 암컷들을 자기 마음대로 할 수 있다는 이점도 무시할 수 없었다. 그뿐만 아니라 멜리사는 먹이에 관해서는 이

기적이기 짝이 없었으나 다른 면에서는 딸을 엄청나게 지원해 주는 어미였다. 가장 극적인 사례가 세이튼이 그렘린을 공격했을 때의 일이다. 딸의 비명을 들더니 멜리사가 그 덩치 큰 수컷을 향해 그야말로 펄쩍 뛰어 달려들더니 때리고 물어뜯은 것이다. 멜리사는 이 싸움으로 몹시 다쳤다. 그렘린은 결국 보통의 딸들처럼 어미의 영향력 안에 남아 있기를 선택했다.

모녀의 유대가 어미에게도 대단히 이롭다는 데에는 이론의 여지가 없다. 그렘린은 어미를 지키는 임무에 충직하고 용맹하게 임했다. 아직 어린아이였을 때 세이튼에게 무자비하게 공격받는 멜리사를 구출하겠다고 덤벼든 적도 있다. 자기가 너무 작고 가벼워 아무 도움도 되지 않는다는 사실 때문에 용맹함까지 작아지는 것은 아니다. 그 큰 수컷한테 자기 몸을 던져 주먹질을 했고, 근처에 있던 고블린에게 달려가 싸우고 있는 어미 쪽을 보라고 계속 고갯짓하면서 손을 잡아끌었다. 도와 달라고 간청하는 몸짓임이 분명해 보였다. 하지만 당시에 세이튼과의 관계가 냉랭했던 고블린은 기사도를 발휘할 기분이 아니었는지 그저 앉아서 구경만 했다. 그러자 그렘린은 다시 그 연약한 몸으로 어미를 지키기 위해, 비록 소용없었겠지만, 용감하게 달려들어 세이튼을 향해 저항의 의지를 담아 큰 소리로 짖었다. 세이튼은 결국 으르렁대며 물러갔다.

멜리사가 패션과 폼으로부터 새끼 지니(Genie)를 구하려 했을 때도 똑같이 이렇게 용맹한 행동을 보였다. 이 살상자 암컷들에게 몇 번이고 반복해서 뛰어올라 작은 주먹으로 때렸다. 심지어 현장 직원들에게 달려가 도움을 청하기도 했다. 그들 앞에 직립 자세로 서서 눈을 들여다보고 멜리사가 목숨 걸고 싸우는 쪽을 돌아보는 식으로 상황을 알렸다. 직원들은 도와 달라는 뜻임을 알아들었고 개입해서 돕고 싶어 했다. 하지만 싸움이 이미 너무 광란 상태여서 속수무책이었다. 그렘린은 하는 수 없이 혼자 돌아가 멜리사에게서 새끼를 빼앗으려는 폼에게 덤벼들었다. 그렘린의 저항이 얼마나 거셌는지 일순간 멜리사가 새끼를 정말로 되찾기도 했다. 결국 다시 빼앗겼다. 영원히.

김블이 자랄 때 그렘린은 어린 동생 보살피는 일을 거들어 어미에게 또 다른 도움을 주었다. 쌍둥이 형제가 다 살아 있었을 때 멜리사가 그렘린에게 돕기를 허용하기만 했어도 얼마나 부담을 덜었을까. 하지만 새끼 둘을 돌봐야 한다는 부담에 짓눌려 혼란스러웠던 멜리사가 유난히 방어적으로 바뀌면서 그렘린조차 가까이 오지 못하게 했다. 하지만 김블이 3세가 되면서부터는 그렘린이 중간에 업고 다니지 않은 날이 거의 없었고, 가족이 다 같이 평화롭게 식사하는 시간이면 김블이 어미보다 누나 가까이에 있는 때가 많았다. 김블은 무슨 말썽에 휘말려 낑낑거리거나 고통스러운 비명을 지르는 일이 빈번했는데, 그럴 때면 그렘린이 달려가 챙기는 경우도 많았다. 그렘린이 사춘기 아틀라스와 짝짓기할 때, 김블이 둘 사이로 뛰어들자 아틀라스가 무섭게 호통 친 적이 있다. 그렘린은 격분해서 그 즉시 교미를 끝내더니 돌아서서 아틀라스를 공격했다.

그렘린의 김블 걱정은 도와 달라는 요청에 반응하는 정도로 그치지 않았다. 훌륭한 어미들이 그렇듯이, 그렘린은 문제가 발생하기 전에 앞서 생각하고 대비하는 법을 알았다. 김블이 어린 비비와 놀고 있으면 그렘린이 빈틈없이 감시하다가 놀이가 조금이라도 거칠어지면 김블이 아직 겁내는 기미도 보이지 않는데도 단호하게 김블을 데려갔다. 한번은 김블을 업고 숲길을 걷다가 앞에 작은 뱀이 있는 것을 보았다. 그렘린은 김블을 조심스럽게 등에서 내려 뒤에 세워 두고는 뱀을 향해 나뭇가지를 흔들어 쫓아 보냈다. 또 한번은, 늘 하던 대로 김블을 등에 업고 가다가 장대같이 높이 자란 풀밭에서 갑자기 발을 멈추었다. 멜리사는 그대로 직진했고, 킴블이 땅으로 뛰어내려 어미를 따라가려 했다. 그러자 그렘린이 급히 킴블을 막더니 먼저 킴블을 등 뒤로 보내고 풀을 몇 번 건드려 보았다. 그리고 나서는 풀밭에서 멀리 떨어뜨렸다. 다른 뱀이 또 숨어 있으려니 했는데, 웬걸 점 같은 진드기가 수백 마리 득시글거리고 있었다.

그렘린은 어린 동생에게 아주 관대했다. 흰개미 낚시철에 영아들에게는 성체 침팬지가 새 도구를 찾느라 잠시 비운 자리에서 낚시질할 기회가 생긴다. 아이들은 자리로 돌아온 원래 주인에게 살며시, 그러나 단호하게 밀려난다. 하지만 그렘린은 5분가량 그대로 앉아서 동생이 버려진 도구를 가지고 벌이는 다양한 실험을 구경하다가 제풀에 그만두자 자기 자리에 다시 앉았다. 킴블이 조금 더 컸을 때의 일이다. 누나가 낚시하는 구멍을 차지하려고 했다가 못 하게 하자 대담하게도 팔을 올리더니 아이 같은 소리로 우아아 짖으면서 누나를 위협했다. 그렘린은 이 건방지고 무례한 태도에는 콧방귀도 뀌지 않고 그저 살짝 옆으로 밀어낸 뒤에 하던 낚시를 계속 했다.

그렘린이 첫 새끼 게티(Getty, 1982~1986년)를 낳자마자 곧바로 효율적이면서도 안정감 있게 새끼를 다룰 줄 아는 좋은 어미가 된 것도 전혀 놀라운 일이 아니다. 게티와 할머니 멜리사 사이에도 좋은 관계가 형성되었다. 멜리사는 게티가 태어난 지 하루가 지나서야 게티를 처음 보았다. 출산 때는 곁에 없었다. 대부분의 암컷이 그러듯이, 그렘린이 가족을 떠나 혼자만의 장소를 찾아 출산했기 때문이다. 처음에는 멜리사가 다가오자 긴장하면서 뒷걸음질 쳤다. 독재적인 어미한테 이 소중한 새 소유물을 빼앗길까 두려워하는 듯했다. 딸이 가졌던 다른 것은 다 가져간 어미였으니. 하지만 멜리사가 조용히 근처에 앉아서 이따금 눈으로만 새끼를 보자 그렘린은 금세 마음을 놓았다. 게티가 10개월이 될 때까지는 멜리사가 손자 만지는 모습을 볼 수 없었다. 이때도 그렘린과 있으면서 잠깐씩 털 고르기 해 준 것이 전부였다.

그로부터 얼마 뒤에 나는 아주 놀라운 사건을 목격했다. 멜리사가 그렘린의 등 털을 손질하기 시작했는데 게티가 그 사이로 비집고 들어왔다. 멜리사가 내려다보더니 게티를 마치 자기 새끼인 것처럼 들어 올려 무릎에 앉히고 털을 골라 주기 시작했다. 그렘린은 두리번거렸고 긴장하는 듯했다. 아주 천천히 돌아앉더니 어미의 얼굴을 찬찬히 바라보면서 호소의 뜻으로 자그맣게 낑낑거리며 게티를 향해 팔을 벌렸다. 게티는 바로 응답해 그렘린의 품으로 올라왔다. 그렘린은 곧장 자리를 떠나 한 5미터쯤 거리를 두고 앉았다. 분명 멜리사가 소중한 아들을 훔치려 들까 두려웠던 것이다.

멜리사는 날이 갈수록 게티에게 빠져드는 듯했고 둘 사이의 유대도 더욱 두터워졌다. 멜리사와 그렘린이 털 고르기를 할 때면 게티가 할머니 머리 위로 늘어진 가지로 뛰어올랐다 내려갔다 하면서 계속 방해를 놓았다. 자신의 새끼들과는 그런 놀이를 해 본 적 없는 멜리사는 털 고르기를 멈추고 게티에게 간지럼을 태웠다. 할머니와 손자의 이런 놀이는 때로는 15분가량 이어졌는데, 그러는 동안 그렘린은 보통 앉아서 구경했다. 멜리사가 먼저 놀이를 시작할 때도 있었고, 심지어 어떤 때는 다른 새끼와 놀고 있는 게티를 따라가 자기랑 놀려고 데려올 때도 있었다. 게티는 이런 할머니가 반갑지 않은 때도 있었다. 그러면 발버둥 쳐서 할머니 품에서 빠져나와 자기가 선택한 놀이 친구에게로 돌아갈 줄 아는, 제법 자기 고집 또렷한 녀석이었다.

내가 아는 곰베의 모든 새끼 침팬지를 통틀어 게티만큼 사랑받은 새끼는 없었다. 활기차고 모험심 넘쳤고, 무리가 모이는 곳이면 어디든 끼고 싶어 했다. 혼자 놀기에도 능했는데, 그렘린이 흰개미 낚시를 하는 동안 게티는 혼자서 10분 넘게 모래를 가지고 놀았다. 모래 위에 드러누워 입을 크게 벌린 채 가느다란 모래를 두 손 가득 떠서 공중에서 몸과 입속에 그대로 뿌리는 놀이였다.

김블이 6세 때 할머니 멜리사의 성적 주기가 재개되었다. 이로 인해 일련의 엄청난 사건이 벌어진다. 이제 19세가 된 고블린에게 갑자기 자기 어미에 대한 근친 성애적 관심이 나타난 것이다. 멜리사의 이전 발정기 때는 다른 성숙한 아들들과 마찬가지로 어미와 짝짓기하려는 욕구를 보인 적이 없었다. 그런데 이번엔 달랐다. 생식기 팽창 기간이 절반 정도 지난 어느 날, 고블린이 멜리사에게 접근하더니 초목을 격렬하게 흔들어 대며 요구했다. 멜리사는 처음에는 무시했지만 고블린이 끈질기게 나오자 위협했다. 이 행동에 고블린이 성내며 험악한 얼굴로 덤벼들었다. 멜리사가 도망가자 쫓아가더니 실제로 등을 발로 내리쪽었다. 멜리사는 노발대발했고, 과시 행동을 하며 물러나는 고블린을 향해 발을 쿵쿵 구르며 숨이 넘어가도록 고함을 질렀다. 그날은 그렇게 떠났지만 그다음 날 고블린이 다시 멜리사를 불러냈고, 멜리사가 피하자 또다시 털을 빳빳이 세우며 위협했다. 그러더니 믿어지지 않는 일이 벌어졌다. 멜리사가 아들 앞에 교미 자세로 웅크린 것이다. 교미를 끝까지 마치지는 못했다. 멜리사가 몇 초 뒤에 괴성을 지르며 몸을 뺐다. 고블린이 다시 덤벼들어 어미 등을 발로 찍었다. 자기를 낳아 준 어미를! 나는 속에서 분이 끓어올랐다. 멜리사도 같은 감정이었으리라. 멜리사는 몸을 돌리더니 고블린을 치고 도망가 한 나무를 타고 높이 올라갔다. 고블린에게서 될 수 있는 한 멀리, 할 수 있는 한 높이. 고블린은 올라가지 않고 위를 올려다보며 나뭇가지를 거세게 흔들어 댔다. 멜리사가 꼼짝도 하지 않고 버티자 포기하고 떠났다.

그 뒤로 멜리사의 생식기 팽창이 끝날 때까지 우리가 매일 따라다녔다. 고블린이 그다지 성의 없이 몇 번 더 시도는 했지만 둘 사이에 더 이상의 폭력적 충돌은 보이지 않았다. 1개월 뒤, 다음 팽창기 때도 공격적으로 굴지 않았다. 두어 번 더 교미를 시도하기는 했지만 멜리사가 어떻게든 벗어날 수 있었다. 침범당하지 않고.

정상을 벗어난 고블린의 행동으로 이 둘의 관계는 완전히 변했다. 식사할 때나, 이동할 때나, 쉴 때나 많은 시간을 함께하던 모자였다. 털 고르기도 자주 함께했다. 고블린은 다른 암컷들과의 힘 겨루기 상황이 되었든, 웬 애송이 수컷에게 도전받는 상황이 되었든 어미에게 일이 생기면 급히 달려와 도와주던 아들이었다. 하지만 어미와의 짝짓기 시도 이후로 긴장되고 피곤한 관계로 바뀌었다. 더는 함께 시간을 보내는 일이 없어졌을 뿐만 아니라, 멜리사가 아들을 정말로 무서워하는 듯했다. 하지만 멜리사가 두 번째 생식기 팽창기 때 임신했고, 그 뒤로는 대다수 고령 암컷들이 그렇듯 멜리사도 더는 발정기가 나타나지 않았다. 그렇게 멜리사와 아들의 관계는 서서히 정상으로 돌아왔다. 그뿐만 아니라 불화가 최악으로 치닫던 기간에도 멜리사와 고블린의 마음속 깊은 곳에는 예전의 사이좋은 모자 관계가 여전히 살아 있음을 보여 주는 무언가가 있었다.

암컷 6마리뿐만 아니라 멜리사까지 자극적인 분홍빛 엉덩이를 뽐내며 돌아다니는 통에 무리 사이에 흥분이 최고조에 달한 시기에 일어난 일이다. 모든 수컷이 모여 있었고, 다른 공동체 수컷들도 있었다. 이 무리는 계곡을 사이에 두고 떠들썩하게 외침을 주고받으며 활기차게 이동하고 있었다. 완연히 축제 분위기였다. 성체 수컷들은 웅장한 과시 행동을 펼치고 사춘기 형님들과 영, 유아 동생들은 씨름을 벌이고 나무 사이로 쫓아다니고 까불며 뛰놀았다. 흥분이 끓을 대로 끓어오르면 어느 순간 함성이 터지고 공격적인 분위기로 바뀌곤 한다. 그렇다 해도 심각한 싸움이 벌어지는 경우는 놀라울 정도로 드물다. 그런데 그 드문 일이 바로 내 머리 위 나무에서 벌어졌다. 희생자는 멜리사였다. 가지에 조용히 앉아 어린 김블의 털을 골라 주던 멜리사에게 난데없이 에버레드가 달려들었다. 다른 암컷에게 구애하다가 세이튼에게 위협받고 쫓겨난 뒤였다. 멜리사가 비명을 지르며 도망치려는데 에버레드가 분홍빛으로 부풀어 오른 엉덩이 부위를 물어뜯어 피가 쏟아졌다. 그 순간 어디선가 굉음이 들리더니 고블린이 나를 밀치고 나무로 뛰어올라 갔다. 그러고는 숨 고를 틈도 없이 곧장 에버레드를 공격했다. 내 머리 위로 2미터도 안 되는 공중에서 셋이 뒤엉켜 난투가 벌어졌다. 내가 서 있는 곳이 가파른 바위 투성이 비탈인 데다가 내가 몸을 지탱하고 있는 곳이 저들이 난투를 벌이는 바로 그 나무의 몸통이어서 나는 움직일 엄두도 내지 못하고 그저 그 가지가 부러지지 않기만을 빌었다. 저 비명과 유혈의 현장이 나를 덮치지 않기만을. 다행히도 싸움은 끝났다. 시작한 나무 위 지점에서. 에버레드는 땅으로 뛰어내려 비명을 지르며 달아났다. 고블린은 잠시 머물면서 멜리사가 나뭇잎으로 피 흐르는 엉덩이 닦는 모습을 지켜보았다. 이윽고 평화가 돌아왔고, 고블린도 나무에서 내려와 떠났다.

　이튿날 멜리사의 부풀어 오른 생식기가 (전형적인 부상 반응으로) 쪼그라들자 높은 서열 수컷들은 멜리사에게 더는 관심을 보이지 않았다. 하지만 호메오는 아니었다. 이 둘을 나는 우연히 카세켈라 계곡에서 만났다. 김블도 같이 있었다. 가엾은 멜리사. 엉덩이가 염증 때문에 고통스럽고 보기도 흉했는데 계속해서 설사가 나오고 자꾸만 몸을 수그리고 배를 움켜쥐는 것이 위경련이 심한 듯했다. 거기에다가 방해 없이 회복에 집중해도 모자랄 판에 북쪽으로 따라오라고 강요하는 호메오까지. 이보다 밀월 여행이 가당찮아 보이는 쌍이 또 있을지 상상하기 어려웠다. 왜냐하면 호메오가 멜리사보다 더 형편없는 몰골이었으니 말이다. 얼굴

왼쪽이 턱부터 눈까지 겁나게 부어올랐고 팽팽하게 당겨진 피부 아래 살이 분홍으로 얼룩덜룩했다. 눈까지 얼룩증으로 절반이 하얗다 보니 거의 기괴해 보일 정도였다. 이 짠한 그림을 완성한 것이 이유기의 우울에 빠진 김블이었다. 김블은 쭉 내민 입술에 부루퉁한 얼굴로 어미에게 꼭 붙어 다녔다.

내가 도착했을 때는 멜리사와 김블이 나란히, 호메오는 몇 미터 앞에 자리 잡고 앉아 있었다. 호메오는 위쪽 어금니 쪽에 농양이 생긴 것이 분명했다. 내가 보는 순간 터졌는지 갑자기 손가락으로 잇몸을 문지르기 시작했다. 문지르고, 문지른 손가락을 핥고, 문지르고 핥고, 문지르고 핥고, 이렇게 계속했다. 김블은 이 성체 수컷이 아픈 입속을 처치하는 모습을 신기해하는 눈으로 구경했다.

호메오가 바로 일어나 몇 미터 이동해 멜리사에게서 조금 떨어졌다. 그러고는 돌아보면서 나뭇가지를 흔들었다. 멜리사는 이 호소를 완전히 무시했다. 그러자 호메오가 몸을 흔들고 활보하면서 온몸의 털을 빳빳이 세웠다. 저러다가 멜리사가 공격당하겠다는 생각이 들었다. 하지만 마지막 순간 멜리사가 응하며 복종의 우후후 우후후 소리를 내며 서둘러 호메오에게 접근했고, 자신의 털을 골라 주는 호메오의 허벅지에 입을 맞췄다. 10분 뒤, 호메오가 다시 자리에서 일어나 아까의 과시 행동을 반복하자 멜리사가 마지못해 몇 미터 또 다가갔다.

나는 그날 계속해서 이들 일행을 따라다녔다. 멀리 가지는 못했다. 멜리사가 그렇게 만들었다. 호메오는 계속 이동하려고 애썼지만 이따금 셋이 먹이를 먹었고 그저 앉아서 쉬어야 할 때도 많았다. 호메오는 잇몸을 문질렀고, 멜리사는 통증이 심한 듯 몸을 움츠리거나 웅크려 앉고 수시로 잎을 따서 엉덩이의 다친 부위를 문질렀다. 김블은 계속해서 어미에게 젖을 빨게 해 달라고 졸랐다. 아들이 부루퉁한 얼굴로 낑낑 울면서 애원하니 지치고 아픈 멜리사는 오래 저항하지 못했다. 결국 받아 주자 품 안으로 기어 올라와 젖을 빨았다. 내가 돌아갈 때, 멜리사는 눈을 감고 누워 있었고, 김블은 어미의 팔베개를 베고 젖꼭지를 꼭 물고 있었다. 호메오는 어금니 농양을 문지르며 근처에서 기다리고 있었다.

호메오가 평생 그랬듯이, 이번 구애도 성공하지 못했다. 2일 뒤, 이 일행이 카세켈라 영역 중앙 구역에 다시 나타났다. 그리고 그다음 달 멜리사는 세이튼의 구애를 받아 떠났고, 임신했다.

우리가 생각한 세이튼 새끼의 출산일 2개월 전에 멜리사가 크게 앓았다. 심한 기침에 가래가 나오고 고열이 오르는 증상으로 보아 폐렴으로 추정되었는데, 멜리사의 생명이 걱정될 정도였다. 며칠 동안 나무를 오를 수 없었고, 최악일 때는 땅에 몸을 질질 끌면서 움직이는 것조차 힘들어했다. 먹이도 입에 대는 둥 마는 둥 했고, 걱정된 현장 직원들이 주는 음식도 거부했다. 놀랍게도 회복은 되었으나 성대가 손상되어 영구적으로 쉰 목소리가 되었다. 그리고 완전히 낫기 전에 유산되었다.

하지만 3개월 뒤 멜리사는 다시 한번 침팬지 암컷의 성적 신호인 분홍빛 엉덩이를 뽐내며 산속을 돌아다닐 수 있었다. 그리고 거의 곧바로 임신했다. 마지막으로. 그때 임신하지 않았더라면 얼마나 좋았을까. 그 마지막 임신으로 기력과 체력이 쇠한 멜리사는 그루초(Groucho)를 낳고 난 뒤로 우리가 추정한 나이 35세보다 훨씬 쇠약하고 늙어 보였다. 그루초는 날 때부터 작고 무기력했다. 생후 9개월에 처음으로 멜리사의 품에서 벗어나 움직이고 단단한 먹이를 먹기 시작하고 가끔 김블과 격하지 않게 놀기도 했지만, 상태가 나빠졌다. 1세 무렵에는 대부분의 시간을 어미 무릎에 생기 없이 누워서 보냈다. 김블이 때때로 같이 놀자고 했지만, 그루초는 얼굴은 놀이 표정으로 화답했지만 너무 약한 상태여서 그 또래 새끼에게 적합한 거친 신체 놀이는 할 수 없었다.

그루초가 죽었다는 소식이 들려올 수도 있을 것이라 예상하고 있는데 키고마에서 전화가 왔다. 게티가 사라졌다고. 일주일 뒤 곰베에 도착해 전해 들은 이야기에 느낀 충격과 분노가 지금도 생생하다. 숲을 뒤져서 마침내 게티의 사체를 찾았으나, 끔찍하게 훼손되어 있었고 머리는 잘려서 없어졌다. 무슨 일이 있었는지는 알아내지 못했지만, 우리는 이 지역 원주민 와하(Waha) 부족이 뿌리 깊은 전통인 주술 의식을 행한 것이 아닌지 의심했다. 전무후무한 사건이다. 게티는 우리 모두에게 가장 사랑받는 새끼였기에 더욱 비통했다. 침팬지들 사이에서도 마찬가지여서 게티를 그리워하는 것은 직계 가족만은 아니었을 것이다. 게티는 장난 좋아하고 모험심 넘치는 기질로 우리 모두의 마음을 사로잡은 침팬지였다.

그렘린은 아들을 잃은 뒤로 의욕 없이 지내다가 2개월이 지나서 성적 주기가 재개되었다. 이 시기부터는 늙은 어미와 지내는 시간은 줄고 수컷들과 더 많은 시간을 보냈다. 김블도 멜리사를 떠나는 일이 잦아졌다. 하지만 고블린은 어미와의 관계가 회복되면서 주기적으로 함께 여행했다. 한 번에 장기로 떠나는 일은 없었지만. 어느 날 내가 숲으로 이동하는 멜리사와 고블린을 따라가고 있을 때 계곡 건너편에서 우후후 우후후 하는 팬트후트 소리가 들려왔다. 세이튼과 에버레드가 부르는 소리였다. 고블린이 우두머리 지위를 지키고 있었는데도 종종 세이튼과의 관계에는 긴장감이 돌곤 했다. 고블린이 소리 나는 쪽을 노려보면서 털을 곤두세우더니 이를 다 드러낸 두려움의 표정으로 어미를 돌아보며 팔을 뻗었다. 멜리사가 바로 응답해 손가락을 만져 주자 고블린은 안정을 찾았다. 영아기 내내 어미가 만져 주면 진정되던 것처럼. 그러고는 돌아서서 앞에서 기다리고 있을 도전에 응하기 위해 움직였다. 멜리사는 따라가다가 얼마 못 가서 멈추고 쉬었다.

몇 달 뒤, 카콤베 계곡을 따라 걷다가 김블이 뭔가 큰 물체를 지고 나무로 올라가는 것을 보았다. 어린 그루초의 사체였다. 멜리사와 그렘린은 땅에서 서로 털 고르기를 해 주고, 김블은 죽은 그루초를 무릎에 앉혀 흔들어 주고 열심히 털을 골라 주었다. 가족이 먼저 출발하자 김블도 나무에서 내려와 사체를 어깨에 들쳐 메고 뒤를 따랐다. 사체가 곧바로 어깨에서 떨어졌다. 그러자 한 팔로 땅에 끌어 운반했다. 일행이 얼마 뒤 다시 멈추어 쉴 때 멜리사가 축 늘어진 그루초를 조심스럽게 이어받아 자기 등에 업었다. 죽은 새끼를 그렇게 이틀 더 업고 다니다가 깊은 숲에 버렸다.

새끼가 죽은 뒤 멜리사는 살아갈 의지를 잃은 듯이 보였다. 원래도 마른 몸이었지만 이제 거의 아무것도 먹지 않으니 야윌 대로 야위어 갔다. 오전 10시까지 잠자리에서 나오지 않는 날도 많았고, 가끔은 오후 4시에 잠자리에 들기도 했다. 그 사이의 몇 시간 동안에는 적어도 그날 누워 잠들 하루짜리 잠자리를 만들었고, 몇 시간 내리 멍하니 나뭇잎만 쳐다보고 있는 때도 많았다. 김블은 어미와 같이 있을 때도 있었지만 따분하고 배고플 때가 많으니 점점 더 수컷들과 어울려 지내는 시간이 늘었다. 그렘린도 더는 위안이 되지 못했다. 그루초가 죽은 날 저녁, 멜리사는 마지못해 세이튼의 구애를 받아들여 2주 동안 떠났다.

새끼를 잃은 지 10일 만에 멜리사는 마지막 남은 힘을 끌어 모아 잎이 무성한 큰 자두나무의 아주 높은 가지로 올라가 그곳에 슬로 같은 자줏빛 열매 다발로 테두리를 장식한 큼직한 잠자리를 만들었다. 이것이 멜리사가 마지막으로 만든 잠자리가 될 터였다. 이튿날 멜리사는 하루 종일 거의 움직이지 않고 누워 있었다. 다른 침팬지들은 풍부한 과육에 이끌려 도착해서 1시간가량 열매를 먹은 뒤 떠났다. 김블은 해 뜬 뒤부터 여러 시간 어미 곁에 있으면서 이따금 털 고르기를 해 주었다. 하지만 오후에는 떠났다.

저녁이 되자 멜리사 혼자 남았다. 잠자리에서 빠져나와 허공에 매달린 발 하나. 이따금 발가락이 꼼지락거렸다. 나는 떠나지 않았다. 목숨이 다해 가는 암컷 침팬지 아래 숲 바닥에 앉아서 간혹 말을 걸었다. 멜리사는 내가 거기 있다는 것을 알았을까? 알았다면, 조금이라도 위로가 되었을까? 밤이 깊어 갈 때 혼자 있게 하고 싶지 않았다. 그렇게 앉아 있노라니 열대의 석양이 빠르게 어둠으로 바뀌었다. 별은 점점이 늘어나고 하늘을 가린 나뭇잎 지붕 틈새로 더 초롱초롱하게 반짝였다. 계곡 건너 저 멀리서 침팬지들의 부름 소리가 들려왔지만 멜리사는 조용했다. 멜리사만의 목 쉰 부름 소리를 다시는 듣지 못할 것이다. 다시는 멜리사를 따라 이 먹이 장소에서 다음 장소로 돌아다니지 못할 것이다. 쉬거나 자식에게 털 고르기 해 주는 멜리사를 기다리면서 숲과 하나 되던 순간도. 별빛이 갑자기 흐릿해졌고 나는 오랜 친구의 죽음이 슬퍼서 울었다.

그다음 날 아침, 온 힘을 다해 마지막 숨을 몰아쉬는 멜리사를 지켜보았다. 온몸이 떨렸고, 이내 힘이 풀렸다. 그 마지막 몇 시간 동안 장난치는 어린 침팬지들과 감미로운 열매를 즐기는 성체 침팬지들로 나뭇가지가 내내 바스락거리고 휘청거렸다. **생의 한가운데에 죽음이 있다.** 멜리사의 죽음에 어울리는 배경이었다. 그 누구도 피해 가지 못할 자연의 섭리를 우화처럼 보여 주는. 멜리사는 힘든 삶을 살았고 많은 불운을 겪었다. 그러나 대부분의 시간은 살아 있음을 온전히 누리는 충만한 일생이었다. 암컷들 가운데 상위 서열을 획득했으며, 무엇보다 중요한 것은 확실한 후손을 남겼다는 사실이다. 몸은 작지만 의지 굳은 김블, 다른 새끼를 낳아 어미의 유전자를 전달하게 될 강인하고 건강한 그렘린, 그리고 공동체 최고의 우두머리 수컷 고블린까지.

16장

지지

사진 제공: B. Gray.

지지는 멜리사와 달리 후손을 남기지 않는다. 하지만 이 불임 암컷이 카세켈라 침팬지들, 특히 수컷들의 삶에 미친 영향이 어느 정도였는지는 아무리 말해도 과장이 아니다. 지지는 성적으로 성숙한 1965년 이래 거의 30일마다 매번 상당히 주기적으로 생식기가 분홍빛으로 팽창했다. 20년 이상 거의 끊임없이 카세켈라 수컷들의 성욕 충족에 도움이 되었다는 뜻이다. 그 시기에 성적 과로로 성기 피부가 부풀었다 쪼그라들었다 한 횟수가 약 250회에 이른다. 피피는 첫 생식기 팽창 이후로 20년 동안 30회밖에 팽창하지 않았다. 비정상적으로 반복적인 팽창과 수축을 겪은 지지의 현재 성기 부위를 곰베의 다른 암컷들과 비교해 보면 아주 거대하다.

지지는 처음부터 성적 매력을 발산했다. 성적으로 흥분한 수컷들의 대규모 모임의 중심에는 늘 지지가 있었고 공동체 수컷 대다수가 둘러싸곤 했다. 성체 수컷들은 자력에 끌리듯 성적으로 인기 높은 암컷에게 모여든 뒤에는 영토 주변부 구역으로 나가 경계 순찰을 수행할 확률이 훨씬 높았다. 지지의 위대한 생식기 팽창이 카세켈라 수컷들에게 영역을 수호하며 나아가 확장하는 임무를 수행하라고 용기 북돋우는, 일종의 전장 깃발로 쓰인 셈이다.

한 가지 점에서는 지지가 성적으로 높은 인기를 누리는 것을 이해하기 어렵다. 수컷 상대가 교미를 끝내기 전에 몸을 빼는 경우가 많았기 때문이다. 게다가 이렇게 해 온 기간이 20년이 넘는다. 수컷들은 그런 행동에 욕구가 좌절되어 짜증 나기는 하지만 그로 인해 지지를 향한 열정까지 꺾이지는 않는 듯하다. 수컷의 성적 요구를 따르기에 지지가 극도로 내키지 않는 반응을 보일 때가 있는데, 그럴 때면 구애하는 수컷들이 놀라운 인내심을 보이곤 한다. 피건이 지지와 짝짓기를 시도할 때가 생각난다. 지지는 땅바닥에 누워 있어서 분홍빛으로 부풀어 오른 도발적인 생식기가 무척이나 두드러져 보였는데, 정력적으로 나뭇가지를 흔드는 피건을 완전히 무시했다. 얼마 뒤, 털이 (그리고 다른 것도) 완전히 곤두선 상태로 직립한 피건이 드러누운 지지의 몸 위로 나뭇가지를 격하게 흔들었다. 지지는 본 체 만 체하면서 머리 위 나뭇잎 지붕을 응시하며 한 바퀴 돌아누웠다. 어리둥절해진 피건이 잠시 앉아 있었다. 이따금 작은 가지를 짜증 난다는 듯 발작적으로 빠르게 흔들면서, 이제 뭘 해야 하나 궁리했던 것 같다. 가지 흔들기가 점점 격렬해지면서 털이 (가능한 일인지 모르겠지만) 더 곤두섰고 눈에는 광기가 서려 더 무시했다가는 지지에게 흉조가 될 것 같다는 생각이 들었다. 지지도 같은 느낌이었는지 갑자기 일어나더니 피건에게 다가와 웅크려 몸을 댔다. 그러나 교미가 시작되자마자 다시 몸을 빼더니 소리를 지르며 달아났다.

그러더니 아까 그 자리에 그대로 있던 피건에게서 약 10미터 떨어진 거리에 다시 누웠다. 피건도 곧 누웠고, 1시간 동안 천지가 고요했다. 이윽고 피건이 다시 지지에게 접근했다. 지지는 이번에도 피건의 구애를 철저하게 무시했다. 피건이 주위를 돌며 거친 나뭇가지 흔들기와 거들먹거리며 걷기를 반복하자 결국 일어나 피건 앞에 몸을 대고 웅크렸다. 하지만 또 거의 동시에 몸을 빼고 달아났다. 피건이 이를 악물고 험악한 표정으로 따라가 구애했는데, 이번에는 명확한 위협이었다. 지지는 빠르게 응답했으나, 결과는 같았다. 다른 결과도 있었으니, 자극이 극에 달한 피건이 마침내 성행위를 완결했다. 허공에다가.

카세켈라에서 지지보다 더 많은 구애를 받고 떠난 암컷이 나올 리는 없을 듯하다. 상대는 매번 다른 수컷이었고, 공동체 영역 변두리 중에서도 해당 수컷이 선호하는 구역으로, 대체로 억지로 따라갔다. 지난 20년 동안 지지가 동행한 밀월 여행은 우리가 아는 것만 43회인데, 아마도 실제로는 더 많을 것이다. 지지든 수컷이든 번식에서 성공적인 결과를 가져오지 못했으니, 이 수컷들의 노력은 진화 생물학의 관점에서는 '시간 낭비'에 불과했다. 하지만 수컷들은 이를 알지 못한 채 신념을 품고 지지의 환심을 사기 위해 서로 경쟁을 벌였다. 게다가 내 생각에는, 수컷들이 그 결과를 **알았더라도** 압도적으로 지지가 있는 편을 택하리라는 데는 의심의 여지가 거의 없다.

한 가지 다른 면에서 지지는 공동체 수컷들에게 도움이 되었는데, 지지를 통해 영아기와 유년기 침팬지들이 성행위란 무엇인지 자세히 배울 수 있었다. 수컷 침팬지는 성적으로 매우 조숙하다. 아장아장 걷기 시작하면서부터 암컷의 부풀어 오른 분홍빛 생식기에 큰 관심을 보이며, 유아기 내내 그런 암컷과 열심히 '짝짓기'한다. 물론 다 연습이다. 수컷은 13~15세가 될 때까지 새끼의 아비가 될 능력이 없다. 하지만 지지는 영아나 유아 구애자들의 미숙한 성적 제안을 성체 수컷들의 적극적인 구애보다 선호하는 듯이 보이는 경우도 있었다. 어린 수컷 가운데 조그만 음경이 발기한 누군가가 작은 나뭇가지를 도도하게 흔들며 다가와 구애를 시작하자마자 바로 맞춰서 몸을 웅크려 주는 모습이 종종 보였다. 언젠가는 이런 일이 있었다. 갑자기 프로프와 윌키가 활기차게 장난치며 노는데, 지지가 프로프의 팔꿈치를 잡아채 놀이 친구에게서 데려가더니 팔꿈치를 잡은 채로 몸을 대고 웅크렸다. 그러더니 프로프가 자기의 욕구에 순응해 준 뒤에야 팔꿈치를 놓았다.

그런가 하면 이런 어린 구애자들이 아무리 조르고 매달려도 완전히 무시할 때도 있었다. 이런 경우 영아 수컷들이 일편단심으로 30분 넘도록 구애하는, 놀라운 끈기를 보여 주기도 한다. 생식기 팽창 절정기에 이른 지지를 초조한 소년 구애자 셋이 따라다니던 일이 떠오른다. 셋 다 혼잣소리로 낑낑거리며 탐스러운 분홍색 꽁무니를 따라다녔다. 셋 다 지지가 멈출 때마다 접근해서 나뭇가지를 흔들어 댔다. 그리고 셋 다 지지에게 철저히 무시당했다.

1976년, 지지의 성적 주기가 무슨 이유에선지 전만큼 규칙적으로 찾아오지 않았고, 같은 시기에 한동안 성체 수컷들에게 인기도 다소 시들해졌다. 호르몬에 따른 변화였는지도 모르겠다. 수컷들은 대개 임신한 암컷에게 성 주기가 나타날 때 그런 반응을 보인다. 그로부터 거의 2년이 지난 어느 날, 지지와 같이 있을 때였는데, 젤리 같은 조직의 이상한 핏덩어리가 흘러나왔다. 나는 그 분비물을 (당시 가진 알코올이 그것밖에 없어서 위스키에) 보관했다가 한 생식 생물학자에게 보냈다. 자궁 배출물이라는 답변을 들었는데, 인간 여성이 때로 고통스럽게 흘리는 것과 같은 종류일 수 있다고 했다. 이는 곧 지지에게 무슨 문제가 있는지도 모르겠다는 뜻이었다. 하지만 그 뒤로 다시 다른 암컷들과의 경쟁이 치열하지 않은 경우에는 수컷들 사이에서 인기가 조금 상승했다.

나이를 먹으면서 지지는 연하 수컷들과의 성적 관계에서 갈수록 변덕스럽고 예민해졌다. 여전히 수컷들의 구애 제안에 응했다가도 교미를 시작하면 바로 돌아서서 치거나 심지어 공격할 때도 있었다. 한번은 나무에서 교미를 시도하는 프로프를 드세게 밀어 약 6미터 아래 바위투성이 바닥으로 떨어뜨린 적도 있다. 프로프는 잠시 움직임 없이 앉아 있더니 마구 울화통을 터뜨렸다. 그런 프로프에게 누구도 관심을 보이지 않았고, 지지는 특히 더 그랬다. 이런 일이 점점 더 자주 발생하니 젊은 수컷들이 이 화 잘 내는 암컷하고 예전만큼 짝짓기에 열의를 보이지 않는 것도 새삼스럽지 않은 일이었다. 새삼스러운 것은 지지가 성행위를 주도하는 데 열을 올리기 시작했다는 점이다. 지지가 젊은 구애자에게 몇 번이고 접근해 짝짓기를 요구하는데 젊은 수컷은 피하는 경우가 많았다. 그러면 따라가서 다시 시도했다. 예를 들면 지지가 생식기가 완전히 팽창했을 때, 나무에서 식사 중인 영아 베토벤과 누나 하모니(Harmony)를 만난 적이 있다. 지지가 곧바로 베토벤을 보고 기어 올라갔지만 베토벤이 외면했다. 조금 지나서 다시 접근했지만 베토벤은 다른 나무로 건너뛰었다. 그 나무까지 쫓아가 세 번째로 시도했다. 그러더니 멈추고 식사를 하는 것으로 보아 지지가 포기했나 보다 생각했다. 천만의 말씀. 10분 정도 지나 다시 올라갔지만 베토벤은 또 한 번 외면했다. 지지는 잠깐 요구하다가 다시 식사를 시작했다. 남매가 나무에서 내려가 털 고르기를 시작했다. 지지가 곧장 따라 내려가 베토벤을 쫓아갔지만 베토벤은 누나 뒤로 숨었다. 베토벤이 빠른 속도로 나무 위로 올라가자 지지는 그 아래에 자리를 잡고 한 30분 동안 머물며 한 번씩 위를 응시했다. 아마도 아쉬움 가득한 눈빛이었으리라. 베토벤이 나무에서 내려오는 순간, 지지는 또다시 접근해 부풀어 오른 엉덩이를 앞에 대고 몸을 웅크렸다. 끈질긴 시도가 1시간 25분에 걸친 유인 끝에 드디어 결실을 맺었다. 지지가 상대를 때리지도 위협하지도 않은 것은 그때가 유일했다!

영아들만 지지에게 때때로 겁먹는 것은 아니었다. 성체 수컷들조차 지지 앞에서 졸아들 때가 많았다. 지지는 강하고 공격적인 암컷이 되면서 사춘기 수컷쯤은 대부분 꼼짝 못 하게 만들 수 있었다. 수컷 침팬지들이 암컷보다 공격 행동을 자주 하는 것은 사실이지만, 그렇다고 암컷에게 호전적인 성향이 없다는 뜻은 아니다. 사실 많은 사춘기 암컷은 매우 호전적인 단계를 거친다. 단, 출산 전까지만 해당하는 이야기다. 어린 새끼를 양육하는 암컷은 거들먹거리는 걸음걸이로 돌아다니거나 싸움을 벌여서는 안 된다. 소중한 새끼가 위험해지기 때문이다. 따라서 암컷들은 성숙기가 되면 대부분 눈에 띄게 호전적인 모습을 보이는 횟수가 줄어든다.

하지만 지지는 상황이 달랐다. 자기 주장이 강하고 지배적인, 타고난 성격을 억제해야 할 출산과 양육 경험을 겪지 않았기 때문이다. 지지는 많은 면에서 수컷처럼 행동했다. 도발 행동은 격렬했고, 과시 행동을 자주 선보였다. 웬만한 암컷이라면 피할 위협에도 맞섰고 수시로 싸움에 끼어들었다. 공동체의 암컷들을 제압하기 위해 필사적으로 덤벼드는 어린 수컷들에게는 최고의 난적이었다. 때로는 경계를 순찰하는 수컷들과 동행했는데, 생식기가 완전히 부풀어 올랐을 때만이 아니라 아주 납작할 때도 나갔다. 순찰 활동에서도 (생식기 팽창 기간에만 나가는) 다른 암컷들은 보통 앞장서는 수컷들 뒤를 따라가는데, 지지는 주도적 역할을 맡을 때가 많았다. 타 공동체 침팬지들의 잠자리를 파괴하거나 이웃 공동체의 암컷을 공격하는 수컷들의 활동에도 참여했다. 심지어 카하마 공동체와 벌인 전쟁의 무자비한 백병전에도 참여했다.

지지는 사냥 실력도 걸출했다. 어떤 암컷보다 많이 참여했고 사냥감 포획에도 훨씬 높은 성공률을 보였다. 또한 자기가 잡은 먹잇감은 성체 수컷들이 빼앗겠다고 아무리 거칠게 달려들어도 자기 힘으로 지킬 줄 알았다. 일례로, 어린 콜로부스원숭이를 잡았을 때 세이튼이 세 차례, 세리가 한 차례 폭력적으로 공격했지만 한사코 빼앗기지 않았다. 이렇게 버티는 동안 세 번이나 땅에 처박혔고 몸싸움 중에 세이튼에게 잡혀 꼼

피피와 피피의 첫아이 프로이트. 침팬지 유아들은 무한한 에너지를 발산한다. 피피는 보통 프로이트가 놀이를 시작하려고 하면 응해 준다. 하지만 아닐 때도 있다.

프로이트의 동생 프로도는 자라면서 형에게 점점 잘 맞는 놀이 친구가 되었다.

플로가 그랬듯이, 피피는 새끼들과 격하게 놀아 줄 줄 아는 어미다. 사진은 프로도와 몸으로 신나게 노는 모습이다.

프로프가 이유기 떼쓰기에 들어가자 어미가 철저히 무시하며 흰개미 막대를 핥고 있다.

아약스(Ajax)가 모에자에게 올라타고 있다. 어미 잃은 모에자는 아약스의 시도를 완전히 무시한다.

퀴스퀄리스가 폼을 위협하고 있다. 프로프의 손에 주목하자. 불안을 달래기 위해 함염 막대를 핥는 어미의 손을 잡고 있다.

원다와 '캠프 무리'의 어린 암컷 비비.

생후 4주의 비비 새끼와 어미.

비비의 털 고르기.

멜리사가 태어난 지 하루 된 아들 고블린을 내려다본다. (사진 제공: Hugo van Lawick)

고블린은 아주 어려서부터 핑크빛으로 부풀어 오른 생식기에 관심을 보였다. '연습' 중인 고블린과 사춘기 피피. (사진 제공: P. McGinnis)

어미를 떠나 성체 수컷들과 여행하기 시작하면서부터 고블린은 피건을 영웅으로 섬겼다. 피건도 이 꼬마 추종자를 아주 너그럽게 대해 주었다. (사진 제공: C. Packer)

최고위 서열인 고블린이 앞에 있다. 뒤에 앉은 세이튼은 덩치는 훨씬 크지만 아래 서열이다. 계곡 너머에서 들려오는 팬트후트에 응답하는 모습이다. (사진 제공: Kenneth Love, © NGS)

패티가 고블린 주위에서 아들 태핏을 쫓아간다. 고블린이 태핏의 아비임이 거의 확실하다.

고블린과 여동생 그렘린. 그렘린은 품에 게티를 안고 있다.

사춘기 시절의 호메오. 캠프로 혼자 와서 이상한 비명을 질러 바나나를 얻곤 했다. 비명을 어찌나 심하게 지르는지 목이 아파서 아무것도 삼키지 못하는 상태가 된 적도 있다. (사진 제공: Hugo van Lawick)

어금니 부위의 종양으로 얼굴이 부어오른 호메오.

호메오와 동생 세리. 둘은 몇 년 동안 떼려야 뗄 수 없는 관계를 유지했다.

멜리사는 아들 쌍둥이를 데리고 이동하는 데 큰 어려움을 겪었다.

쌍둥이 동생들의 생후 몇 개월 동안 고블린은 다른 어떤 성체 수컷보다 어미와 많은 시간을 보냈다. 두 모자는 친밀하고 서로에게 힘이 되는 관계였다. 다른 침팬지들의 경고 외침이 들려오자 어깨를 걸고 있다.

생후 9개월의 쌍둥이 형제. 더 활동적인 킴블이 9개월 때 어미 등을 타고 오르고 있다. 약한 자이어는 활기 없이 멜리사의 무릎에 그대로 누워 있다.

그렘린은 겨우 11세에 첫아이 게티를 출산했다.

게티를 출산한 뒤로도 그렘린은 계속해서 대부분의 시간을 어미 멜리사와 함께 보냈다. 멜리사 특유의 기울어진 고개는 소아마비를 앓은 뒤 목 일부가 마비되어 나타난 후유증이다.

게티는 이동하는 내내 그렘린의 팔에 끈질기게 매달려 다녔다.

그렘린이 멜리사의 털을 골라 주는 동안 게티가 야자수 줄기를 먹고 있다.

게티는 할머니 멜리사와 유대가 매우 돈독했다.

멜리사의 막내 그루초는 태어날 때부터 작고 생기 없었다.

지지. (사진 제공: B. Gray)

지지는 대다수 암컷보다 과시 행동을 자주 했다. 여기에서는 양치류 잎을 휘두르며 멜리사에게 도발하고 있다. 다른 암컷들은 싸움을 피해 나무 위로 올라가려는 중이다. (사진 제공: D. Bygott)

패티가 장난으로 귀를 물자 지지가 웃음을 터뜨린다. 프로이트는 지지의 발에 간지럼을 태우고 있다.

지지가 유아 수컷에게 교미하라고 엉덩이를 내밀고 있다. (사진 제공: P. McGinnis)

지지 이모 등에 올라타는 티타.

유아들은 어른의 행동을 지켜봄으로써 많은 사회적 행동을 배운다. 게티가 흥미로운 눈으로 패티가 그렘린의 털을 골라 주는 모습을 지켜보고 있다.

험프리와 아테나가 입 벌린 입맞춤으로 인사하고 있다.

플린트는 플레임이 태어난 뒤에도 플로 등에 업히겠다고 고집을 부렸다. (사진 제공: Hugo van Lawick)

플로가 젖을 빨지 못하게 하자 플린트가 격하게 떼쓰고 있다. (사진 제공: Hugo van Lawick)

플린트는 이미 8세였지만 어미 플로가 죽고 난 뒤로 살아남기 어려워 보였다. 우울증 징후가 나타났고, 쇠약해진 상태에서 앓다가 3주 뒤에 죽었다. (사진 제공: M. Thorndahl)

패션은 심하게 앓으면서 고통스러워하다가 몇 주 뒤에 죽었다. 4세이던 팍스는 죽은 어미의 젖을 빨려고 애쓰고 프로프는 털을 골라 주고 있다.

스코샤는 양모가 죽은 뒤 양모의 5세 딸 크리스털을 돌보았다.

원다와 3세 동생 울피는 어미가 죽기 전에도 유대가 아주 돈독한 남매였다. 아마도 이 관계 덕분에 울피는 다른 어린 고아들보다 우울증 징후를 거의 보이지 않았을 것이다. 원다는 울피를 어미처럼 돌봤다.

아주 병약했던 멜은 겨우 3세 때 어미 미프가 죽어 고아가 되었다.

멜은 어미를 잃은 지 3주 만에 12세 사춘기 수컷 스핀들에게 입양되었다. 스핀들은 어미가 자기 아기를 돌보듯이 멜을 보살폈다. 스핀들의 사타구니를 잘 보자. 멜이 매일 발로 짚고 움켜쥔 부위에 털이 다 빠져 있다. (사진 제공: D. A. Collins)

지지와 지지가 입양한 고아, 멜과 다비.

피피가 딸 패니, 두 아들 프로도, 프로이트와 함께 있다. 가족 구성원들 사이에는 친밀하고 안정적인 유대가 형성된다.

사이먼과 페기 템플러 부부에게 구조된 찰리가 영국에 있는 보호소로 가는 도중에 약물 주사를 시도하고 있다. (사진 제공: *The Star*)

메릴랜드 주 록빌에 있는 SEMA 사 실험실의 침팬지. 1988년에 촬영된 사진이다. 문에 미숙아 인큐베이터 상표명 'isolette'가 적혀 있는데, 이 안의 새끼 침팬지들은 외부 세계와 만날 기회를 박탈당한다. (사진 제공: © People for the Ethical Treatment of Animals)

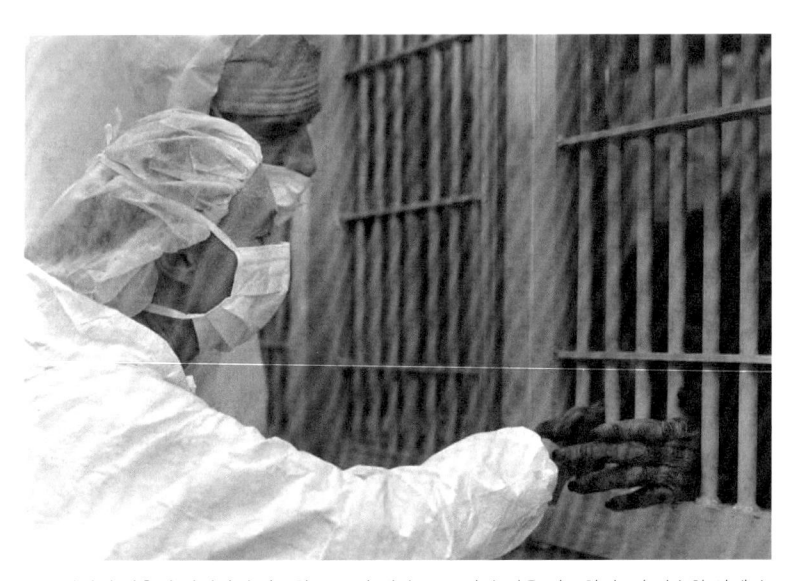

누군가와의 접촉이 절실하게 필요한 조조가 내 손으로 털 손질을 시도한다. 이 원숙한 성체 수컷은 10년 넘게 가로세로 1.5×1.5미터, 높이 2미터의 독방에 감금되어 살고 있다. (사진 제공: Susan Farley)

위스키는 힘이 세져 주인의 집 안에서 키울 수 없게 된 6세 무렵부터 부룬디의 한 차고에서 60센티미터 길이의 사슬에 묶여 지냈다. 위스키는 자이레에서 밀수되었으며, 어미는 밀렵꾼들이 식용으로 죽였다. (사진 제공:Steve Matthews)

에스파냐 남부 해변에서 사진사들이 관광객 기념 사진에 사용했던 침팬지 가운데 한 마리. 이 침팬지를 안고 있는 스티브 매튜스는 이 불법 상행위에 이용되는 침팬지를 찾는 활동을 벌이고 있다. 이 어린 침팬지의 왼쪽 눈 밑에는 반복적으로 담뱃불로 지진 흉터가 있다.

위스키와 포옹하는 나. (사진 제공:Steve Matthews)

마이크. (사진 제공: Hugo van Lawick)

아기 포스티노를 예뻐해 주는 피피.

숲에 있는 에버레드.

짝도 못 했는데도 먹이를 절대로 놓치지 않았고 결국 빠져나와 전속력으로 다른 나무로 달아났다. 셰리가 포획물을 두 손으로 붙잡고 있는 힘껏 당겼을 때도 놓치지 않았고, 세이튼이 둘 주위를 돌며 거친 과시 행동을 펼칠 때도 놓치지 않았다. 결국 셰리가 엉덩이와 뒷다리를 찢어서 가져갔다. 지지는 비로소 방해 없이 식사를 즐길 수 있었다. 세이튼이 지지에게 빼앗는 것은 포기하고 셰리를 따라갔기 때문이다. 차라리 셰리한테 얻는 편이 낫겠다고!

나는 두려움이라고는 모르는 강인함으로 오랜 기간 공동체에서 없어서는 안 될 존재라는 지위를 지켜 온 이 암컷을 수컷들이 진심으로 우러러보았다고 생각한다. 성적으로는 특이했지만 수컷들과 편한 관계를 누렸으며, 털 고르기 짝꿍으로도 인기 있었다. 지지는 수컷들처럼 흥분해서 떠들썩하게 무리와 어울리는 데 많은 시간을 보냈다. 대다수 암컷은 발정기를 제외하면 평화로운 분위기를 선호해 한 번에 며칠씩 가족끼리 모이는 시간을 보내며 주기적인 흥분 기간에만 큰 규모의 무리에 섞인다. 지지는 수컷들과 마찬가지로 상당 기간을 혼자서만 보내는 시간을 가졌는데, 보통 암컷은 첫 새끼를 출산한 뒤로는 (그 새끼가 살아남는다는 전제하에) 두 번 다시 고독을 경험하지 못한다. 여생 내내 항상 후손 하나둘과 함께 있게 된다. 나는 아이를 키워 본 경험이 있기에 말 못 하는 새끼일지언정 누군가가 나와 함께 있다는 느낌이 주는 안정감이 어떤 것인지 잘 안다.

이렇듯 지지는 독보적인 침팬지다. 많은 면에서 수컷과 비슷한 성격이지만 수컷은 아니며, 동지적 정서를 공유하는 수컷 사회에서는 결코 완전히 융화되지 못했고 앞으로도 그럴 것이다. 다른 암컷들처럼 가족 안에서 우애와 위안을 얻지도 못했다. 물론 지지도 한때는 가족의 일원이었지만 오래전 일이다. 내가 지지를 처음 만난 것이 8세 무렵이었는데,

그때 이미 친족이라고는 어린 수컷 윌리윌리가 유일해 보였다. 그리고 윌리윌리도 공동체가 분리될 때 카하마 수컷들과 함께 남부로 떠났다.

자기 새끼를 낳지 못한 지지에게는 특별한 유대를 나누는 친구 그룹, 즉 가족을 만들 기회가 없었다. 그 대신 공동체 내 영아들과 특별한 관계를 형성했다. 지지는 새끼들이 태어나 생후 1년 6개월 정도 될 때마다 마음을 빼앗겼다. 이 시기가 어미가 새끼에게 어느 정도 자유를 주어 가족이 아니어도 어울릴 수 있는 나이이기 때문이다. 지지는 당시에 특히 예뻐하는 새끼의 가족과 같이 있을 때, 어미가 허락하면 새끼의 털을 손질해 주고 놀아 주고 업고 다녔다. 새끼를 보호하는 데도 힘을 보탰다. 특히 손위 형제의 놀이가 거칠어지기 시작할 때 새끼로부터 떼어 놓는 데 열심이었다. 요컨대 그맘때의 영아들에게 돌아가면서 전통적인 비혼 이모의 역할을 한 것이다.

이 관계는 과도기적이다. 영아가 2세 반이 되면 난폭하고 시끄러워지고 고집이 세져 지지가 흥미를 잃기 때문이다. 하지만 몇몇 영아와의 관계는 변함없이 유지되었는데, 영아 남매만이 아니라 그들의 어미인 패티와도 친해졌다. 지지와 패티는, 패티가 새끼를 낳기 전이나 후에도 긴 시간을 함께 보내는 사이였다. 평생 처음으로 지지는, 어미로서 기술이 부족한 패티가 새끼를 키우는 데 크게 기여할 수 있었다.

패티는 1970년대 초에 카세켈라 공동체로 이주했기 때문에 패티의 어린 시절은 알 수가 없다. 1977년의 첫 출산은 사산된 것인지 생후 며칠 만에 죽은 것인지 수수께끼로 끝났다. 패션과 폼이 아직 신생아 사냥을 다니던 시기였던 만큼 이 모녀에게 희생되었을 수도 있다. 약 1년 뒤에 다시 건강해 보이는 남아를 출산했으나 제대로 돌보지 못해 죽고 말았다. 패티는 새끼를 돌보는 방법에 대한 지식이나 이해가 없는 무능한 어미였다. 이동할 때 새끼를 한 손으로 받쳐 주기는 했지만, 의도치 않게 배에다 새끼의 엉덩이를 밀착시키는 바람에 울퉁불퉁한 땅을 지날 때마다 쿵, 쿵, 쿵 머리에 충격을 입히곤 했다. 새끼의 한쪽 발을 잡아 질질 끌고 간 적도 있고, 식사 중에 열매를 따려고 팔을 뻗는 어미 허벅지와 배 사이에 눌려서 새끼가 기이한 고성으로 신음한 것도 여러 번이다. 그 새끼가 일주일도 못 살고 죽은 것은 결코 놀라운 일이 아니었다.

  1년 뒤 패티가 다시 출산했다. 태핏(Tapit, 1979~1983년)이라는 이름의 수컷이었다. 이번에는 더 나은 어미가 되었지만(그러지 않기도 어렵지 않겠는가!) 이 새끼가 살아남을 수 있었던 것은 패티의 보살핌 못지않게 새끼 스스로의 끈기 있고 강인한 정신력 덕도 컸다고 본다. 패티는 도대체 새끼에게 뭘 어떻게 해야 할지 모르는 것처럼 보이는 때가 부지기수였다. 안아서 재울 때 제대로 흔드는 법을 몰랐고, 털 고르기 하거나 식사할 때면 새끼가 그대로 뒤로 자빠지곤 했다. 그런데도 가만히 있다가 새끼가 울어야 후닥닥 와서 일으켰다. 한번은 패티가 이 나무에서 저 나무로 건너뛰는데 태핏이 거꾸로 업혀 얼굴이 어미 엉덩이에 붙어 있었다. 이 동작을 하는 내내 태핏이 큰 소리로 울었지만, 목적지에 도달하고 나서야 우는 새끼가 걱정되는 듯 안아서 달래 주었다. 새끼의 발은 어미 뺨에, 머리는 사타구니 쪽에 여전히 거꾸로 뒤집혀 있었다. 생후 초반 몇 달 동안에는 이런 일이 흔해서 패티가 나무를 탈 때면 태핏 우는 소리 듣는 일이 허다했다.

  품에 안아 흔들어 달랠 때는 동작이 하도 잘못되다 보니 태핏에게는 어미의 젖꼭지를 찾아 무는 것도 힘든 일이 되곤 했다. 어미 젖을 무는 것이 새끼의 가장 기본 욕구인데도 패티는 도움이 되지 못하는 듯했다. 엉뚱한 곳에 코를 박고 미친 듯이 비비다가 낑낑거리고, 그러다가 울음을 터뜨리면 패티는 태핏을 골똘히 들여다보면서도 젖을 물 수 있게 자세를 고쳐 잡거나 하는 모습을 거의 보이지 않았다. 태핏이 간신히 젖꼭지 위치를 찾아 젖을 빨기 시작해 봤자 어미가 조심성 없이 움직이는 바람에 천신만고 끝에 얻은 보상을 날려 버리기 십상이었다.

생후 6개월 무렵에 태핏은 어미의 가슴을 쉽게 찾아낼 수 있게 되었다. 그랬더니 이번엔 새로운 난관에 부닥쳤다. 숲에서 그늘진 구역을 지날 때였다. 패티가 대자로 누워 쉬는데 태핏이 젖을 빨기 시작했다. 만사가 순조로웠다. 그런데 패티가 느닷없이 웃음을 터뜨렸다. 놀라서 지켜보니, 킬킬거리는 소리가 점점 커지더니 태핏에게서 젖꼭지를 빼고 새끼의 머리와 얼굴을 살살 꼬집으며 간지럼을 태웠다. 하지만 태핏이 원하는 것은 놀이가 아니라 젖이었다. 낑낑 울면서 간신히 젖꼭지를 되찾았다. 물론 아직까지 웃음을 그치지 않은 어미가 도로 빼 버렸다. 태핏은 몇 분 더 시도하다가 포기했다. 적어도 얼마간은. 약 1시간 뒤 다시 젖을 물렸을 때는 방해하지 않았지만, 젖 물렸을 때 나오는 그 기이한 놀이 반응은 그 뒤로도 몇 번 더 나타났다. 태핏이 젖을 되찾기 위해 7분 넘게 버둥거린 날도 있었다. 그 시간 내내 계속해서 울었지만 어미는 간지럼을 태우며 킬킬거렸다. 이런 이상한 행동을 하는 이유가 무엇인지 이해하기 어렵다. 이유기가 한창일 때 어떤 어미들이 이런 놀이 작전을 쓰는 경우는 있었다. 이유기에 어미들은 새끼가 젖을 빨고 싶어 할 때나 등에 업혀 이동할 때 새끼의 주의를 딴 데로 돌리기 위해 격렬한 놀이를 한다. 하지만 그 작전은 새끼가 약 4세가 되기 전에는 쓰지 않는다. 패티가 뭔가 착각을 했을 것이다. 아니면 그저 새끼의 입술이 닿은 젖꼭지가 간지러워서 그런 놀이 반응이 나왔을 수도 있다.

패티는 태핏이 겨우 생후 4개월, 아장아장 걷기 시작한 직후부터 어미 곁에서 떠나도 내버려 두었다. 이때부터 계속 태핏이 하고 싶은 대로 하게 놔두고 자기는 근처에서 털 고르기를 하거나 먹이를 먹었다. 가파른 능선을 오를 때 어미에게 기어오르려 하거나 어미를 따라 이 가지에서 저 가지로 이동할 때 낑낑거리며 울어도 보통은 완전히 무시했다. 태핏이 거리가 뒤처져 소리를 질러도 그 방향으로 힐끗 보고 마는 경우도 많았다. 아들의 사회적 능력 발달에도 똑같이 무관심했다. 대부분의 어미들은 생후 첫 몇 개월 동안에는 새끼가 다른 개체들과 접촉하지 못하도록 극도로 조심한다. 패티는 그렇지 않았다. 겨우 생후 5개월이었을 때 태핏이 털 고르기 시간에 세이튼의 몸에 올라탔다. 당황한 듯한 태핏이 낑낑거리며 울었지만 패티는 신경 쓰지 않았다. 태핏은 계속 낑낑 울면서 건너가려고 세이튼의 몸을 타고 올랐다가 비명을 지르기 시작했다. 패티는 그제야 태핏을 데려갔다. 또 태핏이 아장아장 걸어 패티에게서 떨어지더니 아주 작은 나무에 조금 올라갔다. 그러고는 그렘린에게로 다가가 낑낑 울었다. 그렘린이 곧바로 안아 주자 몸을 빼고 비틀비틀 움직여 더 크게 울면서 지지에게 갔다. 지지는 아직 태핏과 유대가 형성되지 않았던 때라 무시했다. 태핏이 점점 더 크게 울자 패티가 자기도 약간 낑낑거리면서 건너가 태핏을 데려왔다.

생후 9개월 차, 패티에게 또 다른 기이한 행동이 나타났다. 나는 이 장면을 처음 보았을 때 놀라서 입이 다물어지지 않았다. 패티가 흰개미 낚시를 하고 있을 때 태핏은 근처 나무의 낮은 가지에 올라가 놀고 있었다. 끝낼 채비가 되어 직립한 패티가 정상적으로 태핏의 몸을 팔로 감아 안아 올리지 않고 발목 하나를 잡아 끌어당겼다. 물론 태핏은 어쩌지도 못할 상태로 붙들렸다. 어미가 계속 끌어당기자 태핏은 가지에 더 꽉 매달린 채 곧장 소리를 지르기 시작했다. 패티가 더 세게 당기기만 했기에 태핏은 억지로 손을 놓을 수밖에 없었다. 패티는 그러자마자 바로 태핏을 그러안아 배에다 단단히 고정했다. 거꾸로. 이 행동은 그다음 2개월 남짓 계속 반복되었다.

태핏이 1세가 될 무렵부터 패티는 가끔 아들을 놔두고 돌아다녔다.

한번은 초여름 저산 지대 능선을 거대하게 뒤덮은 달콤한 노란색 포포나무 열매를 찾으러 어슬렁거리며 걷다가 태핏으로부터 점점 멀어졌다. 태핏이 따라가기 힘들어 작은 소리로 낑낑거릴 때는 들은 척도 하지 않았다. 얼마 뒤 어미가 시야에서 거의 사라져 큰 소리로 비명을 지르자 비로소 주위를 두리번거리더니 돌아와 안아 주었다. 4개월 뒤에는 땅바닥에서 조용히 노는 태핏을 놔두고 혼자 나무에 올라가 열매를 먹었다. 5분 뒤 태핏이 어미를 따라가려고 했으나 나무에 오르기가 너무 힘들어서 낑낑 울기 시작했다. 패티는 반응하지 않았다. 울음 소리가 커져도 한 번 내려다본 것이 전부다. 태핏은 급기야 바락바락 악을 쓰며 드러누워 몸부림치고 머리를 쥐어뜯었다. 그제야 패티는 조금 내키지 않는 듯한 태도를 보이더니 먹던 것을 멈추고 구해 주러 내려왔다.

도저히 어미답지 않은 이런 행동은, 시간이 가면서 어미와 새끼가 때때로 떨어질 수 있음을 의미한다. 언젠가 수컷 무리와 여행하는 패티를 만났는데, 태핏은 털끝도 보이지 않았다. 무리가 식사하기 위해 멈추었고 패티도 무리 안에서 함께 식사했다. 상당히 침착했다. 15분이 지나서야 불현듯 '기억'이 떠오른 듯했다. 분명히 옆에 있어야 할 새끼가 어딜 갔지? 먹던 것을 멈추고 사방을 훑어보더니 낑낑 울기 시작했고, 큰 소리로 울면서 왔던 길로 달려갔다. 내가 따라갈 수 없는 속도였다. 하지만 그날 나중에 다시 만났을 때는 안전하게 태핏과 같이 있었다. 또 한번은 내가 멜리사 가족을 따라다닐 때였는데, 어미 잃은 아이가 실성한 듯 울어 대는 소리가 들려왔다. 그렘린이 소리 나는 방향으로 부랴부랴 달려가 새끼를 찾아서 안아 주었다. 물론 태핏이었다. 그렘린이 태핏을 중간중간 업어 주면서 어미를 찾을 때까지 곁에 있어 주었다.

태핏과 지지의 우정은 태핏이 1세 정도 되었을 때 시작되었다. 이들을 처음 본 순간이 선명하게 기억난다. 태핏은 평소처럼 어미 뒤 한 10미터 거리에서 비척비척 따라가고 있었다. 오후 늦은 시각, 영아들 대부분이 지쳐서 힘들어하고 태핏보다 큰 아이들조차 업어 달라고 조르는 시간대였다. 태핏이 낑낑 울기 시작했다. 패티는 으레 그렇듯이 무시했지만 오후 내내 이 모자와 함께 있던 지지가 곧장 돌아가 쪼그려 앉더니 손을 내밀어 등에 타라고 했다. 태핏은 영문을 몰라 뒷걸음질 쳤다. 그러고는 바닥에 드러누워 더 크게 울었다. 지지는 처음에는 비켜났지만, 태핏이 여전히 낑낑거리면서 일어나는 것을 보고 다시 옆에 쪼그려 앉았다. 이번에는 등에 훌쩍 업혔다. 지지는 태핏을 업어 패티에게 데려다 주었다.

이렇게 시작된 둘의 관계는 태핏의 영아기 발달에 중대한 역할을 담당한다. 그 뒤로 지지는 발정기가 아닐 때면 패티네와 자주 여행했고, 태핏이 어미에게 받지 못한 애정을 듬뿍 주었다. 업어서 이동하고 털 고르기 해 주고 같이 놀아 주는, 어미 못지않은 보호자였다. 언젠가는 태핏이 한 사춘기 수컷 비비를 향해 털을 꼿꼿이 세우고 과시 행동을 하면서 통통 튀는 영아의 기운을 뿜냈다. 비비가 더는 못 봐주겠다는 듯 태핏을 붙잡아 굴리고는 잠깐 땅에 끌고 다녔다. 이제 갓 1세였으니 당연한 일이지만 태핏은 겁에 질려 비명을 지르기 시작했다. 패티는 슬쩍 보고 말았지만 지지는 곧장 튀어나가 돌진해서 태핏을 품에 끌어안았다. 보호자가 나타나자 용기백배한 태핏이 지지의 품에서 빠져나와 다시 통통 튀는 기운으로 털을 세우고 비비를 향해 쿵쿵 걸었고 지지는 그런 태핏을 흐뭇하게 지켜보았다. 지지가 태핏을 낚아채 나무 위로 급박하게 올라가 가까스로 고블린의 공격을 피한 적도 있다. 세이튼이 패티를 공격해서 등에 업혀 있던 태핏이 비명을 질렀을 때는 지지가 실제로 나서서 과시 행동을 벌이고 세이튼을 발로 차 몰아냈다.

지지는 태핏에게 사실상 누나처럼 행동했다. 둘이 같이 있는 모습이 자주 보였고, 때때로 패티가 식사하거나 쉬는 자리에서 30미터가량 떨어져 있기도 했다. 내가 따라간 어느 날, 뜨거운 대낮에 태핏은 지지의 무릎에서 30분 넘게 잤고, 패티는 이 새끼 돌보미가 있는 환경이 기쁜 듯 조금 떨어진 나무에서 식사를 즐겼다. 패티는 지지가 있으면 아들에게 평소보다 더 주의를 기울이지 않았다. 일례로 태핏이 지지와 출발해서 100미터쯤 갔는데 패티는 여전히 성체 수컷들하고 털 고르기를 했다. 아들이 시야에서 멀어지고 무리는 무슨 일인지 놀라서 나무 위로 급히 올라갔는데도 패티는 태핏이 괜찮은지 어떤지 아무 생각이 없어 보였다. 30분쯤 지나 태핏은 지지의 널따란 등에 업혀서 나타났다.

태핏이 3세가 되면서부터 패티의 태도는 어떤 면에서 전보다도 더 무신경해졌다. 이동 중에 태핏은 종종 난이도 최상급의 나무 위 경로를 스스로 개척해야 했다. 어미가 가는 길이 보통 따라가기 어려운 것이 아니었기 때문이다. 비명을 질러도 돌아와 도와주는 경우는 드물었다. 옆 나무가 너무 멀어서 아무리 기를 써도 건너뛸 수 없을 때면 낑낑 울면서 땅으로 내려와 어미가 있는 나무로 총총 뛰어가기를 그 몇 번인지. 그래서 올라가 보면 어미는 태연히 식사를 하고 있었다. 어린 침팬지들은 4세, 아니 5세까지도 급류를 건너야 할 때는 습관적으로 어미 등에 업히는데, 패티는 알아서 건너라고 뚝 떨어진 둑에 남겨 놓고 가 버리기 일쑤였다. 태핏은 목 놓아 울면서 머리 위에 드리운 덩굴 식물에 매달려 어찌어찌 급류를 건넜다. 하지만 지지가 같이 있을 때는 업어서 건너 주거나 안심시켜 주니 그저 좋았다. 태핏에게 지지는 유아기가 끝날 때까지 많은 여행에 함께한 길동무이자 놀이 짝꿍이요, 보호자가 되어 주었다.

지지의 관심과 위안, 보살핌과 애정이 태핏의 삶의 질에 크나큰 변화를 가져다주었다는 데는 이론의 여지가 없다. 태핏은 아주 이상한 방식으로 양육되었지만 5세 무렵 젖을 떼고 기대대로 멋진 소년 침팬지가 되었다. 독립적이고 의지 강하지만 뭔가 잘못되면 갑자기 미칠 듯이 불안에 휩싸이는 매력적인 수컷. 그런데 패티가 다음 새끼를 출산하기 직전 태핏이 원인 불명의 질병으로 죽었다. 위험천만한 어미를 두고도 영아기를 악전고투 끝에 보내고 바야흐로 독립된 주체로 설 날이 눈앞인데 세상을 떠나다니, 이 얼마나 얄궂은 노릇인가.

하지만 태핏의 삶은 헛되지 않았다. 패티는 태핏을 통해 어미로서 새끼에게 어떻게 행동해야 하는지 많은 것을 배웠다. 실로 기쁘게도 다음에 낳은 새끼, 딸 티타(Tita, 1984년~)에게는 태핏과의 초기 관계를 설명해주는 희한하게 부적절한 행동은 전혀 보이지 않는 근사한 어미가 되었다. 이렇듯 태핏의 끈질긴 생명력은 미처 만날 수 없었던 동생들에게, 곰베 침팬지의 미래 세대에게 패티의 계보를 확장하는 데 크게 이바지했다.

지지는 티타가 한 돌이 되기 한참 전부터 이모 노릇을 시작할 수 있었는데, 아마도 패티가 이미 지지를 가족의 일원으로 받아들였기 때문일 것이다. 지지와 티타는 조기에 친해졌기에 여러모로 태핏보다 훨씬 친밀한 유대를 형성할 수 있었다. 두 성체 암컷의 관계도 점차 강해졌다. 여행이나 식사 활동으로 도중에 패티와 접촉이 두절되면 지지가 당황하고 심란해할 정도였다.

어느 날, 지지가 패티와 티타가 있는 곳에서 15미터가량 떨어진 곳으로 올라가 식사를 했다. 40분쯤 지나 내려와 패티와 티타가 있는 나무로 올라갔는데, 둘이 자리에 없었다. 둘은 몇 분 전에 자리를 떠서 소리 없이 덤불 속으로 들어간 터였다. 지지는 말똥말똥 바라보다 주위를 둘러보더니 어미 잃은 아이처럼 낑낑 울기 시작했다. 얼마 뒤, 자기가 있는 곳을 알리는 팬트후트를 외치기 시작하더니 거친 고함으로 끝을 냈다. 적어도 내 귀에는 '대체 어디로 간 거야?' 하고 힐난하는 뉘앙스가 느껴졌다. 잠시 뒤에 패티와 티타가 나타났다. 두 성체 암컷은 얼마간 서로 털 고르기를 해 주었다. 그런 뒤 지지가 티타를 향해 팔 벌리며 등에 올라타라는 몸짓을 한 뒤에 출발했다. 패티로서는 따라가는 수밖에 선택의 여지가 없었다.

또 하루는 내가 이 셋과 함께 보낸 날이었다. 정오의 열기가 지나간 뒤 패티가 식사하러 나무에 올라갔지만 지지는 땅에 대자로 누웠고 티타는 지지 곁에 남았다. 티타가 이 성체 암컷 위나 그 주위로 깡충거리며 뛰어다니다가 이파리 달린 작은 가지로 때리기 시작했다. 그러자 지지가 놀이 표정을 하고 그 가지 한쪽 끝을 잡아 줄다리기를 시작했다. 그러다 지지가 티타를 간지럽히자 티타가 바로 응해 지지가 간지럼 많이 타는 목을 앙 물었다. 둘이 같이 웃음을 터뜨렸다. 10분 뒤 티타가 충분히 놀았는지 나무에 올라가 혼자 놀면서 덩굴에서 그네를 탔다. 무척이나 평화로운 시간이었다. 패티가 식사하는 나무에서 나는 바스락 소리, 날카로운 매미의 합창 소리. 지지는 눈을 감고 잠들었다. 별안간 늦은 오후의 고요를 찢는 소음이 들려왔다. 인근의 비비 무리 사이에서 싸움이 터진 것이다. 티타가 놀라 소리를 지르기 시작했다. 지지가 벌떡 일어나 번개처럼 나무 위로 튀어 올라가 티타를 끌어안았다. 그러고는 등에 업고 땅으로 내려와 털 고르기를 시작해 티타가 눈을 감고 완전히 마음을 놓을 때까지 멈추지 않았다. 패티가 식사를 마치자 셋은 출발했다. 티타는 업혀 가면서 만사태평하니 자신감에 넘쳤다. 지지 이모의 든든한 등에 기대어.

17장

사랑

사진 제공: The Jane Goodall Institute.

가엾은 지지. 자기 새끼를 낳지 않아 어미 침팬지와 다 자란 자식 사이에 형성되는 안정적인 관계를 얻지 못했다. 영아들과 연이어 유대를 맺었으나 모두가 성장하면서 하나하나 멀어졌다. 자식들은 자기 어미와 결속한다. 그리고 이것이 가장 강하고 가장 의미 있는 유대다. 한 생명이 영아기와 유아기 초기에 받은 양육과 보호와 보살핌을 다시는 그 누구에게도 받지 못할 것이기 때문이다. 자식이 성장하면 어미와의 관계는 서로 돕고 의지하는 긴밀한 관계로 강화되며, 이 관계는 평생 유지될 수 있다. 수컷이면 형제, 심지어 친족이 아닌 공동체 내 수컷과 유사한 관계를 맺기도 한다. 하지만 암컷은 어미를 (죽음으로나 아니면 딸이 다른 공동체로 이주함으로) 잃고 나면 자기가 낳은 자식이 성장할 때까지 다시는 그런 관계를 만들지 못한다.

두 침팬지의 유대가 강할수록 그 관계가 위협받을 때 겪는 고통은 크다. 어미가 영아에게는 세상 전체이니 젖 떼기가 정점에 달했을 때 어떤 영아는 심한 우울에 빠지는 것이 새삼스러운 일은 아니다. 난생처음으로 경험하는 어미의 단호한 거절이기 때문이다. 젖 떼기 초반 몇 달 동안에는 순전히 고집으로 자기가 원하는 것을 거의 얻어 낼 수 있다. 하지만 시간이 지나면서 어미가 젖꼭지를 물지 못하게 하고 등에 업히지 못하게 하는 강도가 세지고 그 횟수도 늘어난다. 새끼는 작은 소리로 낑낑거리며 애원하다가 점차 불만과 좌절로 고함을 지른다. 이 일은 어미에게도 점점 힘들어지고, 더러는 어미도 새끼만큼이나 스트레스 받는 모습을 보인다. 첫아이의 젖 떼기는 경험이 부족한 탓에 특히 더 힘들며, 새끼가 수컷일 경우, 암컷보다 불만을 더 과격하게 표출하는 경향이 있어서 더 힘들다. 영아 수컷이 발작적으로 소리를 지르다가 어미에게서 갑자기 튀어 나가 엎드려 땅을 두드려 대고 자기 털을 쥐어뜯는데, 뭘 어떻게 할 수 있단 말인가? 대개는 쫓아가서, 턱을 반쯤 벌리고 이를 드러내는 두려움의 표정을 하고 새끼를 안아 준다. 새끼를 진정시키려는 행동인 듯하다. 하지만 아들은 어미의 거절에 화나고 원망스러워 벗어나려고 몸부림친다. 아들이 어미를 때리거나 물려고 해도 어미는 풀어 주지 않고 진정될 때까지 기다린다. 영아 암컷이 원하는 바를 얻는 방법은 훨씬 은근한데, 어미가 털 고르기 해 줄 때 슬그머니 접근해서 후딱 한번 젖꼭지를 빠는 식이다.

젖 떼기가 정점에 달하면 영아에게는 분명 어미와의 관계에서 또 다른 위협으로 인지되는 상황이 찾아온다. 어미의 분홍빛 팽창기가 재개되는 것이다. 이제부터 어미는 발정기에 수컷들의 구애와 짝짓기 요구며 그에 따른 온갖 소란한 활동으로 분주할 것이다. 보통은 처음 한두 차 주기가 최악이다. 처음 경험하는 상황이라 새끼는 낯설고 겁날 것이다. 영아 수컷은 근처에서 행해지는 짝짓기란 짝짓기는 죄다 방해하는 경향을 보인다. 대개는 꽤나 침착하게 그저 달려가서 상대 수컷을 밀치는 식이다. 하지만 그 암컷이 자기 어미일 때면 턱을 벌린 채 이를 드러내는 표정으로 끼익끼익 괴롭게 외치며 수컷 구애자를 때리는 등 광란에 가까운 행동을 보이기도 한다. 영아 암컷은 어미의 짝짓기에 더 당황하는 모습을 보이며, 자기와 상관없는 암컷의 성행위는 보통 무시해 버린다.

어미의 젖이 점차 말라 가는 과정과 다음 임신 전후의 호르몬 변화가 새끼가 젖을 빠는 빈도와 어떤 상호 관계가 있는지는 아직까지 알려진 바가 거의 없다. 어떤 영아는 어미의 임신 기간 내내 젖을 뺀다. 어떤 영아는 어미가 임신하기 전이나 임신 초기 몇 달 사이에 젖을 뗀다. 어쨌든 다음 새끼의 출생이 먼저 태어난 아이에게는 새로운 단계의 출발 신호가 되며, 따라서 일부 새끼가 위협을 느끼는 것도 결코 놀라운 일이 아니다. 더는 어미의 관심이 온전히 자기 것이 아니며, 어미 등에 업혀 다닐 수도 없고, 밤이면 따스한 안식처인 어미의 잠자리로 기어들 수 없을 테니까. 어미는 큰아이에게 애정을 다 쏟을 수는 없더라도 여전히 위안과 보호를 제공한다. 먹이를 달라고 호소하면 나눠 줄 것이고, 작은아이보다는 큰아이의 털을 더 자주 골라 줄 것이다. 이제 갓 홀로서기를 시작한 아이는 처음에는 당황하고 기분이 언짢더라도 대개는 빠르게 회복하며, 갈수록 새끼 동생에게 마음을 빼앗긴다.

정상적인 홀로서기 경로를 따르지 않은 침팬지가 둘 있었는데, 플린트와 마이클머스(Michaelmas)다. 각자 이유는 달랐지만 둘 다 동생이 태어난 뒤 어미에 대한 감정적 의존성이 이례적으로 강했다. 플린트는 플로가 고령이라는 사실이 영향을 미쳤던 것으로 보인다. 플로는 평생 자식들에게 최고의 어미였으나, 이 막내아들에게는 그러지 못했다. 플로가 다시 임신하지 않았더라면 플린트에게 좋았을 것이라고 나는 생각한다. 하지만 그 마지막 임신으로 체력과 기운이 고갈된 플로는 젖 떼기 자체를 수행할 수 없었다. 플린트는 서열 높은 가족들에게 둘러싸여 버릇없고 다루기 힘든 아이로 성장했고, 플로가 젖을 못 빨게 하거나 등에 업히는 것을 막으면 대단히 폭력적이고 호전적으로 떼를 썼다. 플로는 번번이 못 버티고 해 달라는 대로 해 주었고, 따라서 동생 플레임이 태어날 때까지 젖을 먹었다. 순전히 필요에 의해서 플린트가 떼를 쓰나 마나 젖에서 떼어 놓기는 성공했지만, 밤에 잠자리로 기어드는 것이나 등에 업히는 것까지는 막지 못하는 듯이 보였다. 가끔은 플린트가 플로의 배에 갓난아기처럼 매달리는 바람에 새끼가 밑에서 눌리곤 했다. 새끼 동생이 살아 있던 6개월 내내 그랬다. 그러다가 플로가 폐렴과 유사한 병에 걸렸고, 그 뒤로는 나무 오르기나 밤에 잠자리 만들기조차 할 수 없을 정도로 쇠약해졌다. 우리가 땅바닥에 누워 있는 플로를 발견했을 때, 플레임은 사라지고 없었고 다시는 보지 못했다. 플로는 회복해 정신적으로도 육체적으로도 새끼를 보살필 준비는 되었으나 플린트가 잠자리에 기어드는 것이나 등에 업히는 것은 말릴 시도조차 하지 않았다. 플린트가 어미 등에 업히지 않게 된 것은 8세가 되었을 때, 플로가 더는 플린트의 몸무게를 버틸 힘이 없어졌을 때다.

마이클머스의 상황은 사뭇 달랐다. 5세 때 어미 미프의 분홍빛 팽창기가 재개했다. 이 기간에 미프는 인기가 높아 많은 수컷에게 에워싸이곤 했다. 큰 무리가 모이니 분위기가 긴장되고 수시로 공격 행위가 일어났고, 때로는 미프가 공격당하는 일도 있었다. 마이클머스는 어떤 고난에도 어미에게 밀착해 어미와 구애자들 사이에 끼어들었을 뿐만 아니라 어미가 공격당할 때면 온몸으로 막았다. 어느 날 그런 소동 속에서 고관절이 탈골되는 바람에 다리를 절었고, 이동하는 가족과 보조를 맞출 수가 없었다. 이 사고 전까지는 완강하게 젖 떼기를 실행하던 미프가 마음이 약해져서 아들이 등에 업히는 것은 허락했다. 미프는 새끼를 출산한 뒤에도 마이클머스를 자주 업고 다녔다. 어미가 애달프게 낑낑거리는 소리를 무시할 때면 누나 모에자가 동생이 자기 등에 업히는 것을 허락했다. 아들의 불리한 신체 조건 때문이었겠지만, 미프는 마이클머스가 잠자리에 들어오지 못하게 막지 않았다. 마이클머스는 계속해서 어미와 어린 동생과 같이 잤고, 7세가 되어서야 자기 잠자리 만드는 법을 익혔다. 하지만 그 뒤로도 가끔 어미와 어린 여동생이 자는 침대로 기어 들어가곤 했다.

유아였던 자식이 홀로서기를 시작하면 어미와의 관계에 변화가 생긴다. 어미는 여전히 사랑과 도움을 주는 가까운 존재이지만, 그런 관계를 유지하는 의무는 갈수록 아이 몫으로 기운다. 유아였을 때는 어미가 이동할 채비가 다 되어도 기다려 주고 마음이 급하면 가서 데려올 것이다. 하지만 유아기를 벗어난 새끼는 어미에게서 눈을 떼면 안 된다. 물론 홀로서기를 했다고 어미가 매번 먼저 출발하는 것은 아니다. 아니, 그런 일은 결코 없다. 하지만 간간이 뜻하지 않게 둘이 떨어지는 일은 생길 수 있다. 그러면 보통 새끼는 몹시 당황해서 낑낑 울음을 섞어 가며 미친 듯이 소리 지르는데, 이는 어미와 떨어진 유아 침팬지들에게서 전형적으로 나타나는 행동이다. 어미들은 그런 울음 소리를 들으면 대개 멈춰 서서 기다리지만, 무슨 이유에서인지 응답 외침은 거의 하지 않는다. 따라서 유아 침팬지들은 두 가지를 배운다. 첫째, 비슷한 경험을 다시 하지 않도록 정신 똑바로 차려야 한다. 둘째, 어미와 잠시 떨어진다고 해도 세상이 끝나는 것은 아니다. 결코. 조만간 다시 찾을 테니까. 이렇듯 홀로서기 하는 시간은 보통 암컷보다 수컷에게 먼저 오며, 이는 곧 새끼가 의도적으로 단기간 어미를 떠나는 일이 시작된다는 뜻이다.

이런 교훈을 얻은 뒤에도 유아 침팬지는 **뜻하지 않게** 어미와 분리되었을 때 상당히 괴로워할 수 있다. 게다가 어미와 다른 방향으로 여행하고 싶은 상황이면 어미의 마음을 바꾸기 위해 갖은 노력을 기울이기도 한다. 설득에 성공해서 어미가 따라오면 최소한 일시적으로는 분리를 막을 수 있다. 1982년, 내가 피피의 가족인 프로이트와 프로도, 돌배기 패니와 함께 다니던 날이었다. 1시간가량 휴식을 취하던 중 당시 11세이던 프로이트가 일어나 피피를 응시하더니 패니를 품에 안고 북쪽을 향해 출발했다. 피피는 프로도에게 털 고르기를 해 주다가 둘의 뒷모습을 바라보더니 따라갔다. 패니가 몸부림쳐서 오빠의 품에서 빠져나와 어미 쪽으로 되돌아가기 시작했다. 피피는 프로이트가 돌아오니 도로 앉았다. 5분여 만에 피피가 일어나 패니가 아장걸음으로 따라올 수 있도록 남쪽 방향으로 아주 느릿느릿 걷기 시작했다. 프로이트는 순간 기회를 놓치지 않고 어린 여동생을 들어 올려 다시 반대 방향으로 출발했다. 피피는 가다가 멈추고 다시 남매를 보더니 돌아서서 따라갔다. 얼마 가지 않아 패니가 다시 프로이트를 벗어났고, 프로이트는 패니를 다시 붙잡아 잠깐의 밀고 당기기 끝에 자기를 앞서가도록 했다. 둘은 몇 미터 같이 갔지만, 패니가 또다시 달아나려 하자 프로이트가 패니의 발목을 잡아 끌어당긴 뒤 털 고르기로 안심시켰다. 피피는 그저 지켜보았다. 1~2분 뒤, 프로이트가 일어나더니 패니의 한쪽 팔을 잡았다. 그 순간 피피가 번개처럼 빠르게 패니의 다른 팔을 잡고는 조심스럽게 당겼다. 프로이트는 단념했고, 피피는 패니의 복부를 단단히 팔로 감아 안고 남쪽 방향으로 출발했다. 프로이트는 얼마간 어미의 뒷모습을, 아마도 섭섭한 마음으로 응시하며 북쪽을 바라보다 돌아서서 가족의 뒤를 따랐다. 한참 뒤 온 가족이 식사할 때 동쪽에서 침팬지들의 흥분 가득한 외침이 들려왔다. 프로이트는 즉각 소리 난 쪽을 향해 출발했지만 피피는 먹는 것을 멈추지 않았다. 프로이트가 돌아오더니 패니를 안고 다시 출발했다. 피피도 곧 따라갔다. 75미터쯤 가다가 패니가 오빠의 품에서 떨어져 나와 어미에게 돌아왔지만, 이번에는 피피가 프로이트와 동행했고, 온 가족이 큰 무리에 합류했다.

앞의 모든 요소(젖 떼기와 동생 출생, 일시적 분리)가 당시에는 당황스럽고 심란할지 모르겠으나 어미의 죽음에 비하면 아무것도 아니다. 돌이킬 수 없는 결정적 유대의 단절 말이다. 여전히 어미 젖에 상당히 의존하는 3세의 영아들은 당연히 살아남지 못할 것이다. 하지만 영양 측면에서 독립한 유아들도 우울이 심해 야위어 가다가 사망에 이를 수 있다. 플린트의 경우, 플로가 죽을 당시 8세 반으로 스스로 살아갈 능력이 충분히 있었다. 그러나 여전히 의존적이었고, 어미 없이는 살아갈 의지가 없어 보였다. 플린트에게는 세계가 어미 플로를 중심으로 돌아갔는데, 어미가 떠나고 없으니 사는 게 의미 없고 공허해진 것이다. 플로가 죽은 지 3일 뒤 개울가 어느 큰 나무로 느릿느릿 올라가던 플린트의 모습이 잊히지 않는다. 한 가지를 따라 올라가다가 걸음을 멈추더니 움직임 없이 어느 텅 빈 잠자리를 내려다보며 서 있었다. 2분쯤 지났을까, 나무에서 노인 같은 움직임으로 느릿느릿 내려오더니 몇 걸음 걷다가 바닥에 누웠고, 눈을 크게 뜨고 초점 없이 허공을 응시했다. 플로가 죽기 얼마 전 함께 썼던 잠자리였다. 플린트는 거기 서서 빈자리를 보며 무슨 생각에 잠겼을까? 행복하던 나날의 기억에 당혹스러움과 상실감이 더 뼈저렸을까? 우리는 알 수 없으리라.

플로가 죽은 뒤 바로 며칠 동안 피피가 멀리 떠나 있었던 것이 불운이라면 불운이었다. 처음부터 피피가 곁에서 플린트를 위로해 주었더라면 상황은 달랐을지도 모르겠다. 플린트는 한동안 피건과 함께 여행을 떠났는데, 큰형과 함께하면서 우울을 어느 정도 떨쳐내는 듯했다. 그러더니 갑자기 무리를 떠나 플로가 죽은 곳으로 달려 돌아오더니 더 깊은 우울 속에 잠겼다. 피피가 돌아왔을 무렵, 플린트는 이미 병이 난 뒤였다. 누나가 털을 손질해 주고 같이 떠날 수 있을 때까지 기다려 주었지만 플린트는 따라갈 힘도 의지도 없었다.

플린트는 갈수록 무기력해져 먹을 것을 거의 거부했고, 그 결과 면역 체계가 약해져 병에 걸렸다. 내가 마지막으로 본 플린트는 퀭한 눈에 비썩 마른 몸으로 완전히 의기소침해져서 플로가 죽은 자리 근처 풀숲에서 웅크리고 앉아 있었다. 나는 플로가 죽고 얼마 지나지 않아 곰베를 떠나야 했지만, 학생이나 현지인 조수 1~2명이 매일 플린트 곁을 지켰고, 식욕을 회복시키기 위해 온갖 먹을 것을 가져다주었다. 하지만 그 어떤 것도 어미 잃은 슬픔을 대신하지 못했다. 플린트는 마지막으로 짧은 여행을 떠났다. 몇 미터마다 한 번씩 쉬어 가면서 도달한 곳은, 플로가 묻힌 곳이었다. 플린트는 몇 시간을 머물며 흐르는 물만 보고 또 보았다. 그러고는 일어나 힘겹게 조금 더 가다가 몸을 웅크리고 눕더니 다시는 움직이지 않았다.

그런가 하면 유아 동생을 손위 형제자매가 키우는 경우도 있다. 침팬지 사회에서 우리가 만날 수 있는 가장 감동적인 이야기의 하나인 이 동기 간 입양은 어미 잃은 유아 동생을 보살피고 보호하며 부모 역할을 대신하는 유년기나 사춘기 침팬지의 다정한 태도를 잘 보여 준다. 어린 수컷도 암컷만큼이나 효율적일 뿐만 아니라 다정하고 관대한 보호자가 될 수 있는 듯이 보인다. 이런 모습을 나는 패션의 가족에게서 처음 봤다.

팍스는 겨우 4세에 어미를 잃었다. 패션은 몇 주 동안 앓으면서 갈수록 야위고 움직임이 점점 느려졌고, 고통에 수시로 몸을 웅크렸다. 4년 전 새끼를 사냥하고 다니던 시절에는 패션을 그렇게 미워했지만, 생이 다해 가는 모습을 보니 애처로운 마음이 드는 것은 어쩔 수 없었다. 마지막 밤에는 너무 약해져서 조금만 움직여도 몸을 부들부들 떨었다. 패션은 키 작은 나무에 겨우 올라가 자그마한 잠자리를 만든 뒤 지쳐서 드러누웠다. 그다음 날 아침은 납빛 하늘에서 추적추적 비가 내려 싸늘하고 어두웠다. 패션은 죽어 있었다. 밤사이에 나무에서 떨어져 얽히고설킨 덩굴에 한쪽 팔이 걸려 매달려 있었다. 생의 마지막 주 내내 함께 지낸 자식 셋이 어미를 둘러쌌다. 폼과 프로프는 그저 앉아서 죽은 어미를 바라보았다. 하지만 팍스는 어미의 시신에 연신 접근해 축축하고 차가운 젖을 빨려고 했다. 그러더니 점점 큰 소리로 고함을 지르며 성질 내더니 덜렁덜렁 매달린 어미의 손을 잡아당기기 시작했다. 얼마나 광포하게 당겼는지 팔이 덩굴에서 빠졌다. 질퍽덕한 땅에 큰대자로 떨어진 패션을 세 아이가 몇 번이고 살펴보고 확인했다. 3남매는 한 번씩 조금 이동해 생기 없이 먹은 뒤 서둘러 죽은 어미에게 돌아왔다. 하루가 저물 무렵 팍스는 서서히 진정되더니 더는 젖을 물려고 하지는 않았지만 우울한 듯 작은 소리로 울어 댔고 이따금 죽어서 늘어진 패션의 손을 잡아당겼다. 마침내 어둠이 내리고 셋은 함께 출발했다.

다음 몇 주 동안 팍스에게서 우울증 징후가 나타났다. 생기라곤 없었고 아예 놀지도 않았으며 모든 어린 고아가 그러듯이 복부 팽만 증상이 일어났다. 하지만 놀랍도록 빠르게 회복했다. 3남매는 1년 동안 거의 함께 지냈다. 프로프가 성체 수컷들과 일정한 기간 여행을 떠나면 팍스는 보통 폼과 같이 지냈다. 둘은 늘 가까이 붙어 있었는데, 팍스는 보호가 필요할 때면 언제나 폼에게 달려갔지만 무슨 이유에선지 절대로 등에는 업히지 않았다. 빠른 속도로 이동하는 성체 수컷 무리와 여행할 때면 뒤처져서 낑낑거리면서도 절대로 업히려 들지 않았다. 폼이 제발 좀 업히라고 호소해도 소용없었다. 처음에는 모성 본능이 발동해 억지로 등에 업으려 했으나 팍스가 초목을 붙들고 늘어져 발작적으로 비명을 질러 대니 그만둘 수밖에 없었다. 프로프도 어린 동생을 업으려 해 봤지만 팍스는 역시 똑같은, 우리가 알지 못하는 이유로 거부했다. 밤에 잠자리로 들어오라는 형이나 누나의 제안도 거부했다. 다정하게 팔을 내밀어도 딱 잘라 거부했다. 결국 팍스가 낑낑 울면서 자기 힘으로 자그마한 잠자리 만드는 모습을 지켜보기만 했다. 침팬지에 대해 우리는 얼마나 더 배워야 하는 것일까?

패션이 죽고 1년 뒤, 폼은 북부의 미툼바 공동체로 이주해 그곳의 일원이 되었다. 서열이 높았던 어미를 잃고 나니, 의심할 바 없이 패션에게 원한을 품었던 카세켈라의 여러 암컷에게 휘둘리는 신세가 된 것이 이유였던 듯하다. 침팬지는 기억력이 좋다. 하지만 누나가 떠나기 전에도 팍스는 형 프로프에게 딱 붙어서 어디를 가나 그림자처럼 따라다녔다. 둘의 관계는 다정했다. 프로프가 처음부터 팍스를 예뻐해서 자주 업어 주고 같이 놀아 주곤 했기 때문이다. 팍스가 우기에 감기에 걸린 적이 있다. 큰 소리로 연신 재채기를 하고 콧물이 흘러 지저분했다. 프로프가 얼굴을 바짝 갖다 대고 팍스의 콧물을 유심히 살펴보더니 어떤 이파리를 한 줌 따와서 찬찬히 닦아 주었다.

패션이 죽은 지 1년, 프로프는 많은 면에서 팍스를 어미처럼 보살피면서 이동할 때는 기다려 주고 지켜 주었다. 팍스는 6세가 되어서도 뜻하지 않게 프로프와 떨어지면 극도로 불안해했다. 프로프도 걱정했다. 한번은 큰 규모로 모여 식사하던 무리가 여러 방향으로 흩어지면서 둘이 헤어졌다. 어미를 잃은 지 만 2년 만에 처음 있는 일이었다. 팍스는 프로프가 없는 것을 알아채고 낑낑거리다가 울음을 터뜨렸다. 계속해서 나무의 높은 가지에 올라가 큰 소리로 울면서 사방을 구석구석 살펴보았다. 하지만 프로프는 이미 시야에서도, 소리가 들리는 범위에서도 벗어난 뒤였다. 팍스는 호메오 옆에 붙어 있다가 잠자리도 호메오 근처에 만들었다. 그러고도 내내 울었다 그쳤다 하면서 밤을 보냈다. 프로프는 무리가 흩어지자마자 무슨 일이 생겼는지 깨닫고 바로 팍스를 찾아 나섰다. 재회하는 현장은 보지 못했지만, 이튿날 정오 무렵 둘이 다시 같이 있었다.

이 일은 언제까지나 잊지 못할 것 같다. 팍스와 프로프 형제가 작은 무리에 끼여 여행할 때였다. 무리에는 발정기의 미프가 있었는데, 고블린이 우두머리 수컷으로서 다른 수컷들이 미프에게 접근하지 못하게 독점적 소유권을 행사했다. 하지만 미프에게 구애하는 팍스에게는 신경 쓰지 않았다. 어린 수컷은 어차피 위협이 되지 않았다. 미프는 이 하찮은 구애자가 거슬렸는지 끈질기게 반복하자 발로 걷어차 버렸다. 가엾은 팍스. 바닥에 패대기쳐져 덤불 속에 거꾸로 처박히더니 털을 쥐어뜯고 땅에 뒹굴고 악을 써 대는데, 팍스가 그렇게 격렬하게 생떼 부리는 모습은 처음 봤다. 이 소리에 짜증 난 고블린이 팍스를 노려보고 온몸의 털이 곤두서기 시작했다. 그때까지 좀 떨어져서 식사하던 프로프가 무슨 일이 났다 싶어서 달려왔다. 잠시 서서 상황을 살피다가 팍스가 중벌을 받을 위험에 처했다는 것을 깨닫고는 악쓰는 꼬마 동생의 손목을 잡아 황망하게 질질 끌고 갔다. 그렇게 20미터쯤 가다가 위험에서 벗어났다 싶을 때 놓아 주었다. 팍스도 악쓰기를 멈추고 형을 순순히 따라갔다.

멜리사가 죽었을 때 김블은 8세였다. 나이에 비해 몸집은 작아도 충분히 홀로서기가 되어 있었다. 그럼에도 어미를 잃자 망연자실해 형과 누나에게서 위안을 구했는데, 김블이 더 많이 찾은 것은 형 고블린이었고 머잖아 형이 가는 곳이면 어디든 따라다녔다. 종종 같은 나무에 나란히 앉아서 식사를 했고 고블린 근처에 잠자리를 만들었다. 김블의 처지에서 가장 중요한 것은, 자기가 다른 침팬지에게 위협당하거나 공격당할 때면 고블린 형이 와서 지원해 주는 것이었다. 이렇듯 우두머리 수컷이자 13세 위 형이 많은 면에서 어미의 빈자리를 채워 주었다.

윙클이 죽었을 때 누나 윈다가 동생 울피(Wolfi, 1984~1990?년)를 입양했다. 이 9세 암컷과 3세 남동생의 관계는 진정 놀라운 사례를 보여 주었다. 울피는 어린 나이에도 다른 고아 침팬지들보다 우울증 징후가 적게 나타났는데, 이는 윙클이 죽기 오래전부터 누나와 깊은 유대가 형성된 덕분이다. 윈다는 가족이 여행할 때면 울피를 자주 업고 다녔다. 모든 누나가 그렇듯이, 새끼 남동생을 몹시 예뻐했을 뿐만 아니라 울피도 아장걸음을 시작할 때부터 누나가 가는 곳이면 어디든 따라가고 싶어 했다. 원다는 자기 일을 보러 출발했다가도 어린 동생이 따라가려고 기를 쓰면서 슬피 우는 소리가 들리면 되돌아가 안아 준 뒤에 출발했다. 둘이서 함께. 울피가 누나와 긴밀한 관계를 유지했다고 해서 윙클이 어미로서 능력이 부족했다는 뜻으로 받아들이면 안 된다. 윙클은 사랑과 배려 넘치고 효율적으로 양육하는 어미였으며, 원다가 동생을 잘 돌볼 수 있었던 것은 분명 어미 윙클에게서 많이 배운 덕분이었다. 윙클이 죽었을 때 원다는 동생 양육 의무를 당연한 일로 받아들였다. 무엇보다 놀라운 것은, 아직 성적으로 미성숙한 이 어린 암컷에게서 유아 동생에게 먹일 젖이 실제로 나왔을 수도 있다는 점이다. 울피는 분명히 2시간마다 몇 분씩 원다의 젖을 빨았고, 원다가 못 빨게 하면 버럭 화를 냈다. 하지만 우리가 아주 가까이 다가가서 봐도 실제로 젖이 나오는지는 확신할 수 없었다. 어쩌면 젖꼭지를 입으로 무는 것으로 마음이 놓여서 그랬을 수도 있다.

스코샤(Skosha)는 첫째였고, 어미가 죽었을 때 돌봐야 할 동생이 없었다. 이 5세의 어린 암컷 침팬지는 첫 2개월 동안 성체 수컷 한둘과 대부분의 시간을 보냈다. 그러다가 몇 달 전에 첫아이를 잃은 암컷 팔라스와 애착이 생겼다. 팔라스는 스코샤의 어미와 아주 친한 길동무였다. 우리는 이 둘이 자매는 아닐까 종종 생각했는데, 그렇다면 팔라스가 스코샤의 생물학적 이모가 되는 것이다. 그렇든 아니든, 스코샤와 팔라스는 떨어질 수 없는 사이가 되었다. 팔라스는 훌륭한 양어머니였다. 여행할 때면 스코샤를 기다려 주고 업고 다녔고, 음식을 나눠 먹었고, 종종 뭔가 뜻대로 되지 않으면 심하게 떼쓰는 이 아이에게 놀라운 인내심을 보여 주었다. 그해에 팔라스가 다시 새끼를 출산했다. 그 새끼는 패션과 폼에게 희생되었음이 거의 확실하다. 하지만 이듬해에 팔라스가 낳은 새끼는 살아남았고, 이 무렵 스코샤는 완전한 한 가족이 되어 있었다. 참으로 사랑스러운 가족이었다. 팔라스가 아주 사교적인 암컷은 아니었어도 다정하고 새끼와 잘 놀아 주는 어미였고, 모험 좋아하는 다부지고 외향적인 새끼 크리스털(Kristal)을 우리 모두는 금세 가장 좋아하게 되었다. 하지만 불운이 팔라스를 놓아 주지 않았다. 크리스털이 겨우 5세 때 병에 걸려 죽은 것이다. 그렇게 스코샤는 어미를 잃고 양어미까지 잃었다.

나는 그 일이 일어난 지 얼마 지나지 않아 곰베에 들어갔다. 두 고아를 보고 있자니 마음이 찢어지는 것 같았다. 스코샤가 최선을 다해 돌보았지만 크리스털은 생기 없이 우울했고, 이제 10세가 된 스코샤 자신도 쓸쓸해 보이고 어쩔 줄 몰라하는 듯이 보였다. 모든 결정을 스스로 내려야 하는 상황이 스코샤에게는 분명히 힘겨웠을 것이다. 다음에는 어디로 가야 하지? 뭘 먹어야 하지? 잠자리는 어디에 만들어야 하지? 정처 없이 숲을 떠도는 동안 크리스털은 스코샤에게 꼭 붙어 다녔다. 숲속의 어미 잃은 새끼 둘. 우리는 크리스털이 살아남기를 간절히 바랐지만, 계속 무기력한 상태에서 벗어나지 못했고 명랑하던 성격도 돌아오지 않았다. 팔라스가 죽고 9개월 뒤 크리스털은 사라졌다.

1987년, 폐렴과 유사한 유행병이 곰베의 침팬지 군락을 덮쳤다. 카세켈라 공동체의 많은 개체가 병에 걸렸다. 에버레드와 피피, 그렘린처럼 멋지게 회복한 침팬지도 있지만, 아홉이 죽었다. 나의 오랜 친구 호메오, 세이튼, 리틀 비가 그때 죽었다. 1964년 유년기 시절부터 알아 온 미프도. 바로 몇 해 전만 해도 번창하는 가족이었는데. 맨 먼저 마이클머스가 (절던 다리도 다 나아 갔는데) 내부 기생충 중증 감염으로 앓다가 죽었고, 다음으로는 유년기 모(Mo)가 오랜 병치레 끝에 사라졌다. 그러더니 미프마저 죽었다. 병약한 3세 새끼 멜만 남겨 두고서. 멜은 천애의 고아가 되었다. 미프의 큰딸 모에자는 살아 있었지만 3년 전 미툼바 공동체로 이주해 곁에 없었다.

내가 연례 춘계 강연 차 미국에 있을 때 곰베에서 편지가 왔다. 멜이 아주 쇠약해진 상태라고 했다. 멜은 많은 침팬지 사이를 오가며 주로 성체 수컷 한둘과 돌아가면서 지냈는데, 모두가 관대했지만 특별히 관심을 가지고 돌봐 주는 성체는 없었다. 나는 멜을 다시 볼 수 있으리라고는 기대하지 않았다. 미프가 죽기 전에도 이미 너무 마른 몸에 복부 팽만이 심하고 항상 무기력해서 대변 샘플 분석을 의뢰한 바 있는데, 내부 기생충 중증 감염의 각종 유형을 열거한 보고서는 그다지 희망적이지 않았다. 그런데 전보가 한 통 왔다. **멜을 스핀들(Spindle)이 입양했다**는 소식이었다. 말문이 막혔다. 우리가 아는 한 미프하고는 혈연적으로 남남인 늙은 스프라우트(Sprout)의 12세 아들 그 스핀들? 그런 관계가 유지될 리가?

곰베로 돌아온 지 얼마 안 돼서 멜이 아직 살아 있음을 확인했다. 아직 스핀들과 함께 있다는 것도. 이 새끼 고아의 올챙이배에 앙상한 팔다리, 칙칙하고 성긴 털을 보니 온갖 역경에도 살아 버틴 그 굳센 투지가 경이로울 따름이었다. 보호자 스핀들이 보여 주는 사랑과 관심도 경이로웠다. 스프라우트가 미프를 비롯한 많은 침팬지의 목숨을 앗아 간 그 유행병 기간에 죽었으니, 스핀들도 어떻게 보면 고아였다. 물론 자기 하나는 충분히 건사할 수 있는 나이였다. 하지만 어쩌면 스핀들도 상실감과 외로움에 이 피 한 방울 섞이지 않은, 어미 잃은 유아와 있을 성싶지 않은 관계를 맺게 된 것은 아니었을까? 이유야 어쨌든 스핀들은 훌륭한 보호자였다. 잠자리와 먹을거리를 멜에게 나눠 주었고, 덩치 큰 수컷들이 모여 흥분하는 상황이 발생하면 급히 달려와서 데려갔다. 여행 중에 멜이 낑낑거리면 기다려 주거나 등에 올라타게 해 주었고, 비가 와서 추운 날에는 복부를 팔로 감아 안고 이동하기까지 했다. 얼마나 업고 다녔는지 발로 짚은 부위는 털이 듬성듬성했고 사타구니에는 하얀 탈모 얼룩이 생겼다. 양쪽에 각각 하나씩!

멜이 극복해야 할 가장 큰 문제는, 어미를 잃은 것과 과중한 기생충 부하, 전신 무기력 상태 말고도 스핀들이 성체 수컷들과 장거리 여행을 떠난다는 사실이었다. 그해 그 시기에는 떨어진 자두 열매를 찾아 매일 장거리를 이동하는 중이었다. 열매 채집 여행은 종종 영역의 북부 변두리로 나가는데, 이동하다가 강력한 미툼바 공동체 수컷들이 외치는 부름 소리가 들리면 아무 소리도 내지 않고 신속하게 본거지 중심으로 되돌아왔다. 이 과정이 어린 멜에게는 힘든 일이었다. 스핀들이 인내심 강한 보호자이기는 해도 매번 멜을 기다려 줄 수는 없었기 때문이다. 따라서 멜 스스로도 엄청난 거리를 자기 힘으로 걸어서 이동해야 했다.

다른 침팬지들은 멜에게 놀라울 정도로 친절하고 너그러웠다. 특히 성체 수컷들이 그랬다. 멜은 누구한테든 두려워하지 않고 접근할 수 있었고 먹을 것을 달라고 할 수 있었다. 심지어 사냥한 먹잇감을 놓고 치열한 경쟁으로 긴장이 고조되는 상황에 끼어들기도 했다. 이 대담함에도 성체들의 반응은 기껏해야 가볍게 겁주는 정도로 끝났다. 멜은 지지 않고 드러누워 떼를 썼고, 대개는 한몫 얻는 데 성공했다.

7월 말, 스핀들과 멜이 떨어지게 되었다. 멜은 굉장히 힘들어했다. 며칠 동안 한두 성체 수컷을 따라다녔고, 흥분된 분위기에서는 그들의 등에 올라타기도 했다. 그러다가 스핀들의 임시 대리자를 찾았다. 놀랍게도, 팍스였다.

패션이 죽은 지 5년, 팍스는 10세가 되었지만 어미를 잃고 살아남은 거의 모든 고아가 그렇듯이 나이에 비해 무척이나 작았다. 여전히 프로프에게서 떨어지지 않았고, 둘의 유대는 변함없이 단단했다. 그해 여름,

17장 사랑 315

두 형제와 새끼 멜과 함께 보낸 그 며칠을 나는 잊지 못할 것이다. 프로프가 거의 항상 앞장섰고, 팍스는 등에 꼭 달라붙은 멜을 데리고 무거운 걸음으로 숲길을 지나고 개울을 건넜다. 높은 나무를 탈 때조차 멜을 업고 올라갈 때도 있었다. 얼마 지나지 않아서 팍스에게도 무공 훈장이 생겼다. 양쪽으로 각각 하나씩, 사타구니의 하얀 탈모 얼룩! 프로프는 가끔 자기 먹을 것을 둘에게 나눠 주었다. 셋이 친해진 것 같더니 멜은 몇 주 뒤 스핀들과 다시 결합했고 몇 달 동안 떨어지지 않고 지냈다.

어미를 잃고 1년이 지나 멜은 약간 건강해진 듯했다. 팔다리가 이제는 젓가락 같지 않았고 올챙이배도 조금 납작해졌고 털은 숱이 좀 늘어나고 윤기도 흘렀다. 우울함이 덜하고 혼자 고립되는 경우도 줄었고, 가끔은 다른 어린 침팬지하고 과격하지 않은 놀이도 했다. 우리가 기생충약을 먹인 것도 상태가 호전되는 데 일조했겠지만, 스핀들의 보살핌이 멜을 살렸다는 데에는 의심의 여지가 없었다. 하지만 4세 무렵부터 점차 생명의 은인과 보내는 시간이 줄더니 그 이듬해에는 둘의 유대가 느슨해졌다.

이 무렵 멜은 지지와 함께 여행하는 빈도가 높아졌다. 그리고 멜과 지지의 일행에는 거의 항상 다비도 함께했다. 다비의 어미 리틀 비도 미프와 같은 유행병으로 죽었다. 다비는 하나 있는 오빠가 보살펴 줄 것으로 기대했는데, 어미가 죽은 직후 몇 주 동안 많은 시간을 같이 보내긴 했어도 정말로 가까워지지는 않았다. 다비는 오히려 암수 각각 하나씩 두 사춘기 침팬지와 일시적 애착 관계가 형성되었고 그 뒤로는 지지와 친해졌다. 지지가 다비, 멜과 함께 있는 모습, 그러니까 자식 없는 성체 암컷이 앞장서고 어미 잃은 두 새끼가 뒤를 따르는 모습은 점차 흔한 광경이 되었다.

지지와 이 두 고아의 관계는 지지가 과거에 다른 유아들과 맺었던 관계와 그 성격이 상당히 달랐다. 과거의 사례에서는 지지가 그 관계를 원했다. 새끼의 마음을 얻기 위해 노력해야 했을 뿐만 아니라 어느 정도는 그 어미의 비위도 맞춰야 했다. 하지만 지금의 관계는 멜과 다비가 애착 대상으로 지지를 선택한 것이었다. 지지는 대놓고 애정을 표현하는 일이 거의 없었고, 친밀한 상호 작용이라고 해 봐야 가끔씩 털 고르기 해 주는 정도가 다였다. 그러나 어린 고아에게는 너무나도 불친절한 세계에서 이들이 살아남기 위해 필요한 뒷배가 되어 주었다. 유년기나 사춘기 누구든 함부로 새끼 울린 놈, 호되게 경칠 테니 두고 봐라, 싸워야 할 상대가 지지다. 다비와 멜은 지지와 함께 있으면 이동 경로며 잠잘 장소 등등 모든 결정을 지지가 내릴 것임을 알았기에 어느 정도는 마음을 놓을 수 있었다. 하지만 지지가 생식기가 분홍빛으로 부풀어 성체 수컷들과 여행을 떠나면 매번 따라가지는 않았다. 오히려 큰 무리 안에서 일어나는 흥분과 소동을 피해 자기네끼리 있는 편을 선호했다.

두 고아는 살아남았다. 하지만 이들이 겪은 시련이 남긴 정신적 상처는 두고두고 이들을 따라다닐 것이다. 눈을 보면 안다. 그 또래 유아들의 호기심으로 가득한 반짝거리는 눈빛이 이들에게는 없다. 많은 면에서 이들은 성체처럼 행동한다. 몸놀림이 신중하고, 쉬고 털 고르기 하는 시간이 많다. 좀처럼 놀이를 하지 않고, 한다 해도 그 또래 새끼들이 왁자지껄하게 뛰어노는 거친 놀이가 아니고 조용히 앉아서 하는 놀이다. 또 전혀 아프지 않을 때도 기가 막히게 엄살을 부렸다. 유아기에 비슷한 충격을 겪은 침팬지들은 어떻게 해서 성체처럼 행동하게 되는 것일까? 답을 얻기 위해 우리가 할 수 있는 일은 참을성 있게 기다리고 또 기다리면서 기록하는 것뿐이다. 내가 처음 곰베에 들어가던 당시만 해도 1년 이상 지속되는 현장 연구는 거의 전례 없는 일이었다. 루이스 리키는 10년 뒤면 침팬지에 대한 이해가 시작될 수 있으리라 예측했다. 자신의 혜안에서 시작된 연구가 40년을 향해 가고 있다는 사실을 안다면 얼마나 기뻐할까?

18장
다리 놓기

사진 제공: The Jane Goodall Institute.

루이스 리키가 나를 곰베로 보낸 것은 우리와 가장 가까운 친척의 행동을 이해함으로써 우리 자신의 과거를 이해하기 위한 새로운 시각을 얻을 수 있으리라는 희망에 근거한 결정이었다. 그는 이미 방대한 증거를 수집해 아프리카 초기 인류의 신체 특성을 재구성할 수 있었고, 그들이 거주했던 지역에서 발견된 도구를 비롯한 다양한 유물의 구체적인 용도를 추정할 수 있었다. 하지만 행동은 화석으로 보존되지 않는다. 그가 대형 유인원에 대해서 알고 싶어 한 것은 현생 인류와 현생 침팬지에게 공통으로 나타나는 행동이 아마 우리의 공통 조상에게도 나타났을 것이며, 따라서 초기 인류에게도 그랬을 것이라고 확신했기 때문이다. 이런 생각은 당대 학계를 크게 앞질러 있었으며, 인류와 침팬지의 DNA가 겨우 1퍼센트밖에 다르지 않다는 놀라운 발견을 생각하면 그의 접근법은 오늘날 더 높은 가치를 발하는 듯하다.

침팬지의 행동과 인류의 행동에는 닮은 점이 많다. 가족 구성원들 사이에 애정 어린 유대를 형성하며 서로 돕고 의지하며 인내하는 관계, 유년기의 장기 의존성, 학습의 중요성, 비언어 의사 소통 패턴, 도구 사용과 제작, 무리의 협력으로 이루어지는 사냥, 미묘한 사회적 압력, 호전적 영역 다툼, 다양한 도움 행동 등 일부만 열거해도 이 정도다. 뇌와 중추 신경계 구조의 유사성은 우리 두 종의 유사한 지적 능력과 감수성, 감정 능력으로 이어졌다. 침팬지의 자연사(自然史) 관련 정보가 초기 인류 연구에 도움이 된다는 사실은 인류학 교재에서 곰베 침팬지의 행동을 자주 언급한다는 사실로 거듭 입증되고 있다. 물론 초기 인류의 행동에 관한 이론들은 추측 이상을 넘어설 수 없다. 우리에게는 타임 머신이 없기 때문에 조상들이 살던 여명기로 돌아가 그들의 행동을 관찰하고 발달 과정을 추적하는 것이 불가능하다. 이런 점을 조금이라도 이해하고자 한다면 빈약하나마 지금 구할 수 있는 근거를 토대로 최선을 다해야 할 것이다. 내가 아는 한, 초기 인류가 나뭇가지로 벌레를 찔러 잡고 나뭇잎으로 몸을 닦았다는 주장은 충분히 합리적인 생각이다. 우리의 초창기 조상들이 길에서 마주치면 입맞춤이나 포옹으로 인사하고 서로 안심했다거나, 영역을 지키고 사냥할 때 협력했다거나, 서로 먹을 것을 나눠 먹었으리라는 생각은 충분히 설득력 있다. 다정한 감정적 유대로 서로 연결된 석기 시대 가족 구성원들의 모습, 형제 간에 서로 돕는 모습, 10대 아들이 노모를 지키기 위해 자기 몸을 던지는 모습, 10대 딸이 새끼를 염려하는 모습을 떠올려 보면, 물리적 실체가 담긴 조상의 화석 유물들이 갑자기 생명을 얻어 살아 움직이는 듯하다.

　곰베 침팬지 연구는 선사 시대에 인류가 살았던 모습에 대한 추측을 뒷받침할 물리적 근거를 제공하는 데 그치지 않는다. 우리와 가장 가까운 현존 친척이 살아가는 방식을 바라보는 창은 자연 안에서 침팬지가 차지하는 위치만이 아니라 자연 안에서 **우리**가 어떤 위치인지를 이해하는 데도 도움을 줄 것이다. 한때 인간 고유의 능력이라 믿었던 인지 능력이 침팬지에게도 있다는 것을 알 때, 침팬지도 (다른 '어리석은' 동물들과 더불어) 추론할 줄 알며 감정이 있고 고통과 두려움을 느낀다는 것을 알 때,

우리는 겸손해진다. 우리와 동물계 나머지 존재들 사이에는 메워지지 않을 간극이 있다던 과거의 믿음은 틀렸다. 우리는 단 한순간도 잊어서는 안 된다. 우리와 유인원의 차이는 종류의 차이가 아니라 정도의 차이임을. 그리고 그 정도 차이가 엄청나다는 것을. 침팬지의 행동을 이해하면 인간에게 고유한 행동이 **어떤 것인지**, 우리와 다른 현생 유인원을 갈라 놓는 차이가 **무엇인지** 선명하게 보일 것이다. 가장 천재적인 침팬지의 지능조차 인간의 지적 능력 앞에서는 초라해지는 것이 사실이다. 인간의 뇌와 현존하는 우리와 가장 가까운 친척인 침팬지의 뇌 차이가 얼마나 거대한지. 고생물학자들은 인간과 유인원의 이 차이를 메워 줄, 유인원 절반에 사람 절반의 유골이 혹시 나오지 않을지 오랜 세월 찾아다녔다. 이 과정에 존재했을 일련의 뇌들이 사실 진화의 '잃어버린 고리'다. 매 단계 앞의 것보다 복잡해졌을 그 과정의 기록은 희미한 흔적을 간직한 화석 두개골 몇 점을 제외하면 영원히 유실되었다. 갈수록 복잡하게 얽힌 뇌의 회로들은 지능이 발달해 현생 인류까지 이어지는 과정을 연재 소설처럼 보여 주었을 것이다.

　인간과 영장류 사촌들을 구분하는 모든 특성 가운데 나는 고도의 언어 능력이 가장 중요하다고 본다. 우리 조상은 저 강력한 도구를 획득하자 과거에 있었던 일에 대해 **이야기하고** 만일의 사태에 대비한 복합적인 계획으로 가까운 미래와 장기적 미래를 대비할 수 있었다. 자녀들에게는 직접 시범 보이지 않고도 말로 설명해서 중요한 정보를 **가르칠** 수 있었다. 표현하지 않고 속으로 품고 있었다면 영영 실질적 의미 없이 모호한 무언가로 남고 말았을 생각에 언어가 실체 있는 내용을 부여했다. 생각과 생각이 오가면서 계획이 확장되고 개념이 정립된다. 나는 침팬지를 관찰하면서 그들이 생각은 하지만 인간이 지닌 것과 같은 언어가 없어서 표출되지 않는 것 같다는 느낌이 들곤 했다. 침팬지에게도 외침과 자세, 몸짓이 혼합된 풍부한 어휘로 이루어진, 복잡하고 정교한 의사 소통 체계가 있다. 하지만 이것은 비언어 의사 소통이다. 그들이 서로 말로 대화할 수 있었다면 얼마나 더 많은 것을 성취할 수 있었겠는가. 침팬지가 인간 언어의 기호나 상징을 습득할 수 있다는 것은 맞는 말이다. 이렇게 배운 기호들을 조합해 의미 있는 문장으로 만드는 인지 기술도 있다. 적어도 지적 능력 면에서는 침팬지가 언어 획득의 경계선에 서 있는 것으로 보인다. 하지만 인간이 언어를 사용할 때 작동하는 방대한 인지 처리 능력이 침팬지의 지능 형성에서는 아무런 작용도 하지 않는 것으로 나타났다.

또 다른 인간 고유의 행동인 전쟁에서도 침팬지와 우리는 경계선에 닿아 있다. **집단 간의 조직된 무력 충돌**로 정의되는 전쟁은 오랜 세월 인류의 역사에 심오한 영향을 끼쳤다. 인간이 있는 곳이면 어디서나 수시로 어떤 형태로든 전쟁이 벌어졌다. 따라서 최초의 인류도 원시적 형태의 전쟁을 벌였을 것으로 보이며, 이런 형태의 충돌이 인류의 진화에도 영향을 미쳤을 것으로 보인다. 학자들은 전쟁이 인류의 지능 발달과 점점 복잡해진 협력 행동에 상당한 선택압을 가했을 수도 있다고 본다. 전쟁 능력은 단계적으로 고조되었을 것이다. 지능과 용기가 높고 협력에 능한 집단일수록 싸움에서 상대 집단보다 유리해지기 때문이다. 다윈도 일찍이 전쟁이 인간의 뇌 발달에 막강한 영향력을 발휘했으리라고 보았다. 그런가 하면 전쟁이 인류의 뇌와 현존하는 우리와 가장 가까운 친척인 대형 유인원의 뇌에 엄청난 격차를 만들어 냈으리라고 보는 학자도 있다. 인간의 뇌가 열등했다면 전쟁에서 이길 수 없어서 멸종했으리라는 것이다.

침팬지들의 적대적이고 호전적인 영역 다툼이 초창기 인류의 원시적 전쟁 형태와 다르지 않다는 것은 흥미로우면서도 충격적인 이야기다. 예를 들면 일부 부족 집단은 습격할 때 "매복해서 몰래 다가가는 사냥을 연상시키는 전술을 구사한다." 세계 각지 인구 집단의 공격성을 연구한 동물 행동학자 이레내우스 아이블-아이베스펠트(Irenäus Eibl-Eibesfeldt, 1928~2018년)의 말이다. 우리 종의 전쟁은 정교한 형태로 발전하기 오래전, 선행 인류 조상들에게 협조적인 집단 생활, 협조적인 영토 다툼, 협조적인 사냥 기술, 무기 사용 등 오늘날의 침팬지들에게서 볼 수 있는 현상과 유사하거나 동일한 전적응(preadaptation) 단계가 있었을 것으로 보인다. 전적응 단계에 반드시 필요한 또 한 가지 요소가 타 집단을 향한 내재적 두려움 혹은 증오였을 것이다. 이 감정은 때로 호전적 공격성으로 표출되기도 하지만, 같은 종의 성체 개체를 공격하는 것은 위험한 행동이었다. 역사적으로 인류 사회에서는 각자에게 맡겨진 임무를 미화하고, 비겁함은 비난하되 전장에서 발휘하는 용맹한 기상과 전투 기술에 높은 보상을 하며, 유년기에는 '남자다운' 운동으로 몸을 단련하는 것의 중요성을 강조하는 등 문화적 수단을 통해 전사들을 훈련시킬 필요가 있었다. 하지만 침팬지, 특히 사춘기 수컷 침팬지들은 위험한데도 집단 간 충돌에 흥분하는 모습을 보인다. 선행 인류 소년들도 이같은 충돌의 상황에서 흥분했다면, 이것이 전사들과 전쟁 미화를 뒷받침하는 확고한 생물학적 기반으로 작용했을 것이다.

인간은 타 집단 구성원들을 상당히 명확하게 구분하며, 자기가 속한 개인과 타 집단의 개인을 다르게 대하는 경향이 있다. 심지어 타 집단 구성원을 거의 다른 종으로 여겨 '비인간화'하기도 한다. 이렇게 되면 비인간화의 대상이 된 개인에게는 자신이 소속된 집단 안에서 통하는 금기와 사회적 제재가 적용되지 않으므로, 자기 집단에서는 용인되지 않을 행동을 할 수 있다. 전쟁 때 벌어지는 잔학 행위도 바로 여기에서 나온다. 침팬지도 자기네 집단 구성원과 타 집단 구성원에게 하는 행동이 다르다. 침팬지는 집단 정체성이 강해서 누가 '우리'이고 누가 아닌지 명확하게 구분하며, 같은 공동체의 구성원이 아닌 침팬지를 사납게 공격해 부상으로 죽게 하기도 한다. 카하마 수컷들이 소속 무리에서 스스로 이탈한 것은 집단 구성원으로 대우받을 '자격'을 포기하는 듯한 행동이었다. 그런데 이 행동은 단지 '이방인에 대한 두려움'에서만 나오는 것만이 아니다. 카마하 공동체 구성원들은 카세켈라 공동체와 친숙한 관계였는데도 침입당했고, 잔혹하게 공격당했다. 그뿐만 아니라 타 집단 개체에게 행하는 사지 꺾기, 살갗 찢기, 피 마시기 등 일부 공격 패턴이 같은 공동체 개체들 간의 싸움에서는 관찰되지 않는다. 이런 공격 행동은 대개 침팬지가 성체 먹잇감, 그러니까 다른 종을 죽일 때 나타나므로 이렇게 희생된 침팬지들은 실질적으로 '비침팬지화'된 셈이다.

침팬지가 타 집단 개체들에게 보이는 극도의 적대성과 폭력성은 인류가 도달한 파괴 능력, 집단 간 조직적 갈등에서 행하는 잔인성과 막상막하다. 침팬지가 언어 능력을 획득했더라면 그 경계선을 뚫고 나와 우리와 전쟁을 일삼지 않았을까?

이 동전의 이면에는 무엇이 있을까? 사랑의 표현과 연민, 이타주의 면에서 우리와 비교할 때 침팬지의 위치는 어디인가? 폭력적이고 잔인한 행동이 극명하다 보니 침팬지가 실제보다 훨씬 더 호전적이라는 인상을 받기 쉽다. 하지만 호전적인 상호 작용보다는 평화로운 상호 작용이 훨씬 자주 일어난다. 위협 행동도 격한 경우보다는 약한 경우가 더 흔하며, 실제 싸움보다는 위협만으로 끝나는 경우가 잦다. 싸움도 부상을 입히는 심각한 충돌은 드물고 대부분은 짧고 가벼운 충돌로 끝난다. 그뿐만 아니라 침팬지는 공동체의 화합을 유지하거나 회복하며 구성원들 간에 유대를 강화하는 행동 목록을 풍부하게 갖추고 있다. 포옹, 입맞춤, 토닥이기, 손 잡기는 헤어졌다가 다시 만날 때의 인사법이기도 하고 상위 개체가 하위 개체를 공격한 뒤 안심시켜 주는 행동이기도 하다. 장시간 평화롭게 지속되는 휴식 분위기의 집단 털 고르기 시간도 있다. 또한 그들은 음식을 나눠 먹고, 아프거나 다친 구성원을 염려하고 보듬어 준다. 고통에 처한 동료를 보면 자기 목숨이나 팔다리를 잃을 위험을 무릅쓰면서까지 망설이지 않고 도움에 나선다. 이처럼 침팬지에게서 나타나는 이 모든 우애와 화해, 도움의 행동은 두말할 나위 없이 동정심과 사랑, 자기 희생 행동과 매우 닮았다.

곰베에서 아픈 침팬지를 돌보는 행동이 친족이 아닌 침팬지들 사이에서 나타나는 경우는 흔치 않다. 심하게 다친 비친족 구성원을 피하는 경우도 종종 볼 수 있다. 머리에 열상을 입은 피피가 무리 구성원들에게 계속 털 고르기를 요청했을 때 다들 (파리 구더기가 눈에 보이는) 상처를 들여다보고는 황급히 다른 데로 자리를 떴다. 하지만 젖먹이 아들은 상처 가장자리를 돌아가면서 세심하게 털 고르기 해 주었고 간혹 핥아 주기도 했다. 늙은 마담 비가 카세켈라 수컷들의 공격을 받은 뒤 죽어 갈 때 허니 비는 어미 곁을 지키며 날마다 털 고르기를 해 주고 끔찍한 상처 부위로 날아드는 파리를 쫓아 주었다. 사람에게 잡힌 침팬지들의 경우, 야생에서 함께 자라고 가족처럼 가깝게 살아온 개체들은 누군가 부상을 입으면 서로 열심히 고름을 짜 주고 상처에 들어간 이물질을 빼 준다. 다른 침팬지 눈의 티끌을 빼 준 사례도 있다. 한 어린 암컷은 작은 나뭇가지로 무리 침팬지들의 이를 닦아 주는 습관이 생겼다. 이 암컷은 친구들의 젖니가 흔들리는 것을 특히나 재미있어 했고, 심지어 발치를 두 차례나 시술했다! 이런 행동을 하는 것은 주로 그 활동 자체가 재미있기 때문이며 대부분 집단 털 고르기 활동에서 일어나는 일이다. 하지만 그 결과는 상대편에게도 이로우며, 보통은 가족 구성원들 사이에서 나오는 이런 관심과 염려의 행동을 비친족 개체에게 베푸는 습성은 인간 사회에서 온정적 건강 보호 제도(compassionate health care)가 출현하게 된 생물학적 기반으로 볼 수 있다.

인간 외 야생 영장류 동물은 성체끼리 음식을 나눠 먹는 경우가 드물다. 물론 어미들은 일반적으로 새끼에게 자기 먹을 것을 나눠 준다. 하지만 침팬지 사회에서는 친족 아닌 성체들이 서로 나눠 먹는 모습이 흔히 발견된다. 물론 친족이나 가까운 사이에서는 더 자주 나타나는 행동이다. 곰베에서 성체 침팬지들이 서로 나눠 먹는 모습이 가장 많이 보이는 경우는 사냥 포획물을 먹을 때다. 손을 내밀거나 그 밖의 나눠 달라는 몸짓에 고기 주인은 살점 일부를 떼어 가는 것을 허락하며 어떤 때는 자기가 한 점 찢어서 애원하는 손에 직접 건넨다. 나눠 먹기에 유독 관대한 침팬지들이 있는데, 그들은 바나나처럼 공급분이 넉넉지 않은 먹이도 나눠 준다. 사람에게 잡힌 침팬지들 사이에서도 나눠 먹기는 자주 발견된다. 쾰러는 '과학적 호기심에서' 어린 수컷 술탄(Sultan)을 먹을 것 없이 우리에 넣고 우리 밖에서 늙은 암컷 체고(Tschego)에게 먹이를 주었다. 체고가 식사하는 동안 술탄은 자기도 달라고 애원했는데, 낑낑거림이 차츰 비명으로 바뀌고 지푸라기를 집어 던지기까지 하며 애원이 점점 격렬해졌다. 아마도 허기가 다소 해소된 뒤였겠지만, 체고는 마침내 먹을 것을 한 더미 모아 술탄의 우리 속으로 밀어 넣었다.

침팬지의 나눠 먹기 행동에 대해 과학자들은 대개 단순히 짜증 나게 만드는 원인, 즉 먹을 것 달라고 애원하는 행동을 없애는 최선의 방법이라고 설명한다. 옆에서 줄기차게 달라고 보채면 얼마나 짜증 나겠는가. 하지만 탐나는 먹이를 가진 침팬지가 놀라운 인내심과 관대함을 보이는 경우도 있다. 예를 들면 늙은 플로가 고기를 뜯는 마이크에게 나눠 달라고 한 적이 있다. 플로는 두 손을 모아 그릇처럼 만들어 입가에 붙이고는 1분 넘게 구걸했다. 그러더니 주둥이를 점점 더 내밀어 마이크에게 달라붙을 정도로 밀착했다. 결국에는 보상을 받았는데, 마이크가 곱게 다져질 정도로 잘근잘근 씹은 고기를 자기 입에서 플로 입으로 넣어 주었다. 그러면 체고가 어린 술탄에게 나눠 준 행동은 무엇이었는가? 체고도 술탄이 떼쓰는 소리에 짜증 났을 수 있다. 하지만 그냥 우리 반대쪽 끝으로 가 버렸어도 될 일이다. 여키스는 우리의 막대 사이로 컵에 담긴 과일 주스를 건네받은 암컷 침팬지 이야기를 들려준다. 그 암컷은 옆 우리에서 낑낑거리며 애원하는 소리를 듣고는 주스를 입에 머금고 옆 우리로 걸어가 친구의 입에 넣어 주었다. 그러고는 원래 자리로 돌아와 같은 방식으로 또 한입 주었고, 이 행동은 컵을 다 비울 때까지 반복되었다.

마담 비의 마지막 여름, 곰베의 건기는 유달리 메말랐다. 침팬지들은 먹이 장소를 찾아 먼 거리를 이동해야 했다. 병들고 쇠약한 마담 비에게는 그 이동이 너무 고되어 목적지에 도착하고도 열매를 따러 나무 위로 올라갈 힘이 남아 있지 않았다. 두 딸은 기뻐서 부름 소리를 작게 외치며 득달같이 올라가 식사를 했지만 마담 비는 기진맥진한 채 그저 바닥에 누워 있었다. 큰딸 리틀 비가 10분가량 식사한 뒤 입과 한 손에 음식을 들고 내려와 어미 곁에 놓았다. 둘은 나란히 앉아 다정하게 음식을 나눠 먹었다. 리틀 비의 행동은 순전히 자발적으로 나눔을 할 수 있음을 보여 줄 뿐만 아니라 늙은 어미의 욕구에 공감했음을 보여 준다. 공감 없이는 연민도 동정도 있을 수 없다. 공감이야말로, 침팬지와 인간 모두에게, 이타적 행동과 자기 희생을 실행으로 옮기는 동력이다.

침팬지들이 위험을 무릅쓰는 일의 대부분은 가족 구성원을 위한 행동이지만, 친족 아닌 친구를 위해 부상당할 위험을 감수하는 사례도 적지 않으며 자칫했다가 목숨을 잃는 경우도 있다. 에버레드는 비비 사냥 도중에 성체 수컷 비비의 분노에 맞서 꼼짝없이 붙잡힌 사춘기 수컷 머스터드 구조에 나선 적이 있다. 지지는 강멧돼지 사냥 때 프로이트가 격분한 암퇘지에게 잡히자 목숨 걸고 구해 냈다. 암퇘지 앞발에 붙잡혀 깔린 프로이트가 새끼 돼지를 버리고 비명을 지르며 빠져나오려고 발버둥 치는데 지지가 털을 곤두세우고 돌진했다. 암퇘지가 방향을 돌려 지지에게 달려들자 프로이트는 피를 줄줄 흘리며 나무 위로 달아날 수 있었다.

동물원 중에는 깊은 해자(垓子)로 둘러싸인 인공 섬에 침팬지를 가둬 두는 곳이 있다. 이런 곳에서도 놀라운 영웅담이 탄생하곤 한다. 침팬지는 헤엄을 칠 줄 몰라서 깊은 물에 빠졌다가는 누군가 구해 주지 않는 한 익사할 수밖에 없다. 그런 침팬지들이 때로는 물에 빠진 동료를 구하기 위해 숭고한 행동에 나서기도 한다. 성공하는 경우도 있다. 하지만 어설픈 어미가 방치하는 바람에 물에 빠진 새끼 침팬지를 구하려고 한 성체 수컷이 뛰어들었다가 목숨을 잃은 사례도 있다.

부모가 자식 키우는 데 시간과 에너지를 바치는 모든 동물 종이 자식을 지켜야 하는 상황에서는 팔다리는 물론 목숨을 거는 위험을 감수한다. 성인 혹은 성체가 혈육 아닌 남에게 이타적 행동을 보이는 경우는 훨씬 드물다. 혈육은 자신과 같은 유전자 일부를 공유하는 존재이기에 그들을 돕는 것은, 그 과정에서 자기 자신이 해를 입을지언정, 분명 자신의 씨족이 살아남는 데 일조하는 행동이다. 이렇듯 더없이 순수한 이타적 행동, 즉 자기한테나 자기 집안에 아무런 이득도 되지 않을 상황에서 남을 돕는 행동의 뿌리에는 이기적 동기가 있다.

침팬지의 조상들이 (그리고 덧붙여 말하자면 우리도) 점차 복잡한 뇌로 진화하면서 의존적인 유년기가 점점 길어졌고 그 결과 어미가 새끼를 키우는 데 더 많은 시간과 에너지를 소모해야 했다. 어미와 새끼의 유대도 그만큼 오래 지속되었다. 어미가 헌신적으로 보살피고 지원할수록 자손은 더 잘됐고, 자손들 또한 새끼를 잘 키우는 유능한 어미로 성장해 더 많은 자손을 얻는 경향이 있었다. 보살핌을 덜 받은 새끼들은 생존에 덜 성공했으며, 그들 또한 상대적으로 형편없는 어미로 성장해 많은 자손을 얻을 가능성이 떨어졌다. 유전적 측면에서 볼 때 사랑과 양육은 더 이기적으로 행동할 때 성공할 확률이 더 높다. 누군가를 돕고 보호하는 행동은, 성공적인 자식 양육을 위해 진화되어, 무한히 긴 시간에 걸쳐 서서히 침팬지의 유전자 구성에 스며든 형질이다. 오늘날 우리는 혈육은 아니지만 친숙하고 사이좋은 공동체 구성원이 고통을 겪으면 순수하게 염려하며 진심으로 돕는 침팬지들의 모습을 어렵지 않게 볼 수 있다.

연민과 자기 희생은 오늘날 서구 사회에서 가장 중시하는 덕목에 들어간다. 타인을 위해 자기 목숨을 거는 사람들이 있다. 이런 이타적 행동은 어려움에 빠진 친구를 돕고자 하는 침팬지 특유의 도움 행동과 같은 뿌리를 공유할 것이다. 하지만 그런 이타적 행동에는 문화적 요소가 영향을 미치는 경우가 많은데, 그런 경우에는 그 행동의 진짜 동기를 알아보기가 쉽지 않다. 우리는 타인, 특히 가까운 친척이나 친구가 고통 받는다는 것을 알면 감정적으로 심란해지고, 나아가 답답하고 괴롭다. 그 사람을 도와야만, 아니면 적어도 돕기를 시도해야만 이 괴로움을 덜 수 있다. 그렇다면 이타적 행동이란 그저 자신의 양심을 진정시키려는 행동에 지나지 않는가? 타인을 돕는 행동은 결국 자기 마음의 평화를 얻고자 하는 이기적 욕구의 발현일 뿐인가? 사람이 타인을 돕는 동기를 분석하자면 끝도 없을 것이다. 왜 우리는 굶주리는 제3세계 어린이들에게 돈을 보내는가? 사람들이 박수 쳐 주고 내 평판이 좋아질 행동이라서? 아니면 굶는 아이를 생각하니 마음이 불편해서? 이타적 행동의 동기가 사회적 입지를 다지기 위해서라거나 혹은 마음의 불편함을 완화하기 위해서라면, 근본적으로는 이기적 행동이 아닌가? 그럴 수도 있다. 하지만 나는 사회적 모범이 되는 수많은 이타적 행동을 이런 식의 환원적 사고로 폄훼해서는 안 된다고 생각한다. 생면부지의 타인이 처한 역경에 괴로운 마음이 드는 사실 자체가 모든 것을 설명해 주지 않는가?

우리는 실로 복잡하고도 무한히 흥미로운 종이다. 우리의 유전자 안에는 머나먼 과거에서부터 전달된 공격 성향이 깊이 뿌리내려 있다. 우리의 공격 행동 패턴은 우리가 침팬지에게서 발견하는 바와 별로 다르지 않다. 침팬지가 공격 행동을 함으로써 상대가 당하는 고통을 어느 정도 인지한다면, 나는 오직 우리만이 진짜 학대, 즉 살아 있는 생명체에게 의도적으로 육체적, 정신적 고통을 가할 능력이 있다고 생각한다. 인간은 상대가 어떤 고통을 느끼는지 정확히 알면서도, 아니 어쩌면 알기 때문에 가학을 행한다. 오직 우리만이 고문을 행할 능력이 있다. 오직 우리만이, 물론, 악을 실행에 옮길 능력이 있다.

하지만 우리 영장류의 유산 속에는 사랑과 동정심도 마찬가지로 깊이 뿌리내리고 있음을, 우리에게는 침팬지보다 훨씬 고차원의 감수성이 있음을 잊지 말자. 몸과 마음이 **완전히** 하나 되어 이르는 무아지경은 열정과 공감, 다정함을 가져다준다. 인간의 사랑이 도달하는 경지를 침팬지는 경험하지 못한다. 침팬지들은 친구가 고통을 당해 즉각 도움이 필요하면 위험을 감수하고라도 바로 대응한다. 하지만 그 행동에 따를 대가가 무엇인지, 당면한 대가만이 아니라 보이지 않는 미래에 치러야 할 대가까지 **철저히** 인지하고도 자기 희생을 행할 수 있는 것은 인간뿐이다. 침팬지에게는 순교자가 될 개념적 능력이 없다. 다시 말해 침팬지는 대의를 위해 자기 목숨을 바치는 행위를 할 수 없다.

우리의 '악함'은 우리와 가장 가까운 친척이 행할 수 있는 최악의 악보다도 헤아릴 수 없이 더 악하지만, 우리의 '선함'이 견줄 수 없이 더 선할 수 있다는 사실에서 위안을 찾자. 더구나 우리에게는, 하고자 한다면, 유전된 공격성과 증오 성향을 제어하게 해 줄 고등한 메커니즘이 발달했다. 뇌 말이다. 슬프게도 이런 면에서 우리의 성과는 형편없다. 그럼에도 이 행성에서 우리의 생물학적 본성을 의식적 선택으로 극복할 능력이 있는 생명체는 오직 우리뿐이라는 사실을 기억해야 한다.

침팬지는 어떤가? 현재가 진화의 최종 지점인가? 아니면 밀림 서식지에서 그들이 받는 압력이 그들을 우리의 선사 시대 조상들이 취한 길로 가도록 촉진할 것인가? 그럴 것 같지는 않다. 진화는 대개 반복되지 않기 때문이다. 십중팔구, 침팬지는 끊임없이 **달라질** 것이다. 가령 좌뇌는 줄고 우뇌가 더 강화될 수도 있다.

하지만 이것은 순전히 학문적 영역의 의문이다. 아마도 무한히 긴 시간이 지나야 답을 얻을 수 있으리라. 하지만 **지금** 이 순간에도 아프리카의 밀림 서식지는 현저히 줄어들고 있다. 침팬지가 야생에서 살아남는다 해도 고립된 몇 개 구역으로 축소된 현실, 그 결과 다양한 무리 간의 유전자 교환 기회가 제한되거나 아예 불가능해질 현실을 받아들일 수밖에 없을 것이다. 당장 서두르지 않는다면 우리와 가장 가까운 친척, 침팬지가 존재할 곳은 동물원밖에 남지 않을 것이다. 인간에게 종속된 저주받은 종으로, 우리에 갇힌 포획물로.

19장
인간의 어두운 그늘

사진 제공: Steve Matthews.

인간의 가차 없는 영토 확장 행진에 곰베의 침팬지들마저 위협받고 있다. 최근 곰베를 방문했을 때 이 문제를 생각하지 않을 수 없었다. 나는 큰 규모의 침팬지 무리를 따라 층애에 둘러싸인 열곡의 정상 근처, 바람 몰아치는 탁 트인 초원에 올랐다. 목적지인 거대한 무한데한데나무(muhandehande tree, 아프리카 동부, 남부, 중부에 서식하는 야생 식용 식물. ― 옮긴이) 숲에 도착하니 숨이 찼다. 침팬지들이 환호성을 지르며 풍성하게 매달린 달콤한 과즙의 노란 열매를 먹기 시작하자 나는 발육이 멈춘 왜소한 나무가 그늘을 드리운 바위에 자리 잡고 앉았다. 아직까지 밤공기를 머금은 듯 선선했다. 우리가 선 곳은 옅은 아침 하늘 아래 펼쳐지는, 가히 침팬지 세계의 최고봉이었다. 발아래로는 비탈이 가파르게 내려가다가 다소 완만해지면서 청회색 드넓은 탕가니카 호수로 이어진다. 반들반들한 황갈색 둔덕과 물기 없는 위쪽 능선 밑에서 시작되는 초록빛 이랑이 차츰 짙어지고 굵어지다가 한 점으로 모이고, 이 점은 다시 미로처럼 얽힌 도랑과 협곡으로 이어져 울창한 계곡 숲과 만난다. 남으로 북으로 계곡에서 계곡을 타고 서쪽을 향해 달리는 급류는 꼭대기 분수령에서 호수로 흘러 내려간다.

곰베 국립 공원은 지세가 험준하고, 폭이 가장 넓은 구간이라야 3킬로미터 정도 되고, 호수 동안(東岸)으로 이어지는 구간이 15킬로미터 남짓한, 좁다랗게 길쭉한 땅이다. 침팬지 공동체 세 무리가 활동하는 근거지라니, 안쓰러울 정도로 협소하다. 아직 자유롭게 돌아다닌다고는 해도 사실 갇힌 신세나 마찬가지다. 이들의 안전 지대라는 곳이 3면은 사람 사는 마을과 농지로 둘러싸이고, 제4면인 호수 기슭에는 1,000명이 넘는 낚시꾼이 진을 치고 있다. 그래도 이곳의 침팬지 160여 마리는 아프리카 야생에 서식하는 어느 침팬지들보다 안전하다. 그 외에는 이 종의 영역 중심부라 할 완전한 오지에 남아 있는 몇몇 구역이 전부다. 곰베에는 그나마 밀렵꾼이 없다.

나는 신선한 바람을 맞으며 숨을 고르면서 갈수록 축소되는 침팬지의 영역을 굽어보았다. 내가 처음 곰베에 왔던 1960년에 열곡 꼭대기로 기어 올라가 둘러보면 침팬지 서식지가 동쪽으로 저 끝까지 뻗어 있었다. 야생 생물에게 성소(聖所)와 같은 숲과 삼림지도 호수의 북부 끝자락에서 탄자니아 국경 남서부까지, 그리고 그 너머까지도 거의 끊긴 데 없이 펼쳐져 있었다. 그 시절 탄자니아에 서식하는 침팬지가 많을 때는 1만 마리까지 되었지만 오늘날에는 2,500마리가 넘지 않는다. 하지만 현재 남아 있는 침팬지 다수는 곰베, 그리고 남부에 자리 잡은 마할레 산의 훨씬 큰 두 국립 공원에서 보호되고 있다. 또한 숲 지대 침팬지 보호 구역 여러 곳에서 상대적으로 안전하게 살아가고 있다. 탄자니아에는 침팬지를 잡아먹는 부족이 없으며 살아 있는 침팬지 밀무역이 성행한 적도 없다. 하지만 아프리카 대륙 내 침팬지가 서식하는 대다수 국가의 상황은 이보다 훨씬 암울하다.

19세기 말, 침팬지는 아프리카 25개국에서 수십만 마리가 발견되었다. 이 가운데 4개국에서 침팬지가 완전히 사라졌다. 다른 5개국에서는 개체군이 너무 작아져서 이 종의 생존이 오래갈 수 없는 상태가 되었다. 7개국에서는 개체수가 5,000마리가 넘지 않는다. 침팬지의 중점 근거지로 남은 4개국에서도 계속되는 인구 증가로 침팬지 서식지는 사정없이 축소되고 있다. 주거와 경작에 필요한 땅을 확보하기 위해 숲을 파괴하고, 벌목과 채굴 활동이 점점 더 자연 서식지 안으로 밀고 들어오고 있다. 거기에 침팬지가 쉽게 걸리는 인간의 질병까지 따라온다. 게다가 침팬지 개체군이 점점 파편화되면서 유전적 다양성이 상실되어 가며, 그러다가 소수만 남아 무리가 더는 존속하지 못하는 사례가 늘고 있다. 서아프리카와 중앙아프리카 몇몇 국가에서는 사람들이 고기를 먹기 위해 침팬지를 사냥한다. 침팬지를 먹지 않는 지역에서는 총이나 덫으로, 혹은 개 떼를 풀거나 심지어 독약을 먹여 암컷을 잡는다. 새끼를 포획해 밀수꾼에게 팔기 위해서다. 밀수꾼들은 포획된 새끼를 세계 연예 공연단이며 제약사로 보내거나, '애완용'으로 사겠다는 사람이 있으면 아무한테나 판다.

가장 가까운 나무에서 작은 웃음소리가 들려왔다. 무뎌진 식욕이 살아난 피피의 두 딸 패니와 플로시가 놀기 시작했다. 올려다보니 피피가 가장 최근에 낳은 새끼 포스티노(Faustino, 1989년~)가 손을 뻗어 어미가 씹고 있는 노란 열매 하나를 만져 보고는 손가락을 빨았다. 허기를 채운 침팬지 몇 마리가 내려와 땅에 누웠다. 그렘린과 갈라하드가 나와 가까이 있었고, 새끼 포스티노는 내가 지켜보는데도 어미가 털 고르기 해 주는 부드러운 손길에 곯아떨어졌다. 1.5미터 정도밖에 안 되는 거리에 앉아 있는 내게 침팬지들이 보여 주는 신뢰에 마음이 찡하면서도 그런 만큼 내 책임이 얼마나 큰지 절감한다. 저 신뢰를 저버리는 일은 절대로 없어야 한다고. 갈라하드가 꿈을 꾸었는지 갑자기 어미의 털을 움켜쥐었다. 그렘린이 즉각적으로 반응했다. 잠에서 깨지 않도록 꼭 안고 토닥여 주니 갈라하드는 다시 느긋해졌다. 지금도 자주 하는 생각이지만, 그들을 보면서 수백 마리 아프리카 침팬지들의 암울한 운명은 어찌 될지를 생각했다. 밀렵꾼들에게 죽은 어미들, 팔을 잡혀 충격을 받고 다치고, 겁에 질려 가혹하고 쓰라린 새 삶으로 끌려가는 새끼들. 그것은 삭막하고 차디찬 삶이 될 것이다. 언제고 위로가 되어 주던 어미의 손이, 언제까지나 품어 주고 안심시켜 주던 어미의 가슴이 이제는 없으니 말이다.

새끼 침팬지 밀렵이라는 이 구역질 나는 사업은, 그 목적이 무엇이 되었든 잔인할 뿐만 아니라 끔찍하게 비경제적이다. 밀렵꾼들이 사용하는 무기 대부분이 낡고 신뢰성 낮은 것들이다. 어미들은 다친 채로 도망쳐도 나중에 부상으로 죽고 마는 경우가 많으며, 새끼들도 거의 대부분이 죽는다. 어미를 겨냥해도 새끼까지 맞곤 하는데, 무기가 못이나 금속 조각을 채운 구식 화승총인 경우에 특히 그렇다. 다른 침팬지들이 어미와 새끼를 지키려고 쫓아오면 결국 그들까지 희생되곤 한다.

아주 가끔은 밀렵꾼들이 좌절을 겪는 경우도 있다. 어린 침팬지를 찾으러 나갔던 두 밀렵꾼 이야기가 있는데, 실화다. 수색 3일 만에 어미 넷을 쏘아 그중 셋이 총상을 입은 채 도망갔고 하나는 새끼와 함께 죽었다. 다섯 번째 침팬지를 찾아내 또 죽였다. 어미는 쓰러졌지만 새끼는 살아 있었다. 밀렵꾼이 총을 내려놓고 새끼를 잡으려 했지만, 새끼가 겁에 질려 비명을 지르면서 온 힘을 다해 버티면서 죽어 가는 어미에게서 절대로 떨어지지 않았다. 이때 갑자기 덤불 속에서 쿵 하는 소리가 들리더니 성체 수컷 침팬지가 전신에 털을 곤두세우고 달려들었다. 그러더니 거세게 주먹질을 하며 움켜쥐는 동작으로 밀렵꾼 한 사람의 머릿가죽을 벗겨내다시피 잡아 뜯었다. 나머지 밀렵꾼은 붙잡아서 바위 위에 집어 던져 갈비뼈 여러 대를 부러뜨렸다. 수컷 침팬지는 새끼를 안고 숲으로 사라졌다. 처음 이 이야기를 들었을 때는 그 새끼 침팬지가 죽었으려니 생각했다. 하지만 그것은 우리가 스핀들이 어린 멜을 돌보는 모습을 보지 못했을 때 한 생각이다. 우리는 어미의 원수를 갚아 준 그 수컷에게도 새끼를 보살피는 아비의 마음과 양육 기술이 있기를, 구출된 새끼 침팬지에게는 멜처럼 질긴 생의 의지가 있기를 빌었다. 두 밀렵꾼은 병원으로 실려 갔고, 회복된 뒤에는 감옥에 갔다.

하지만 그런 사례가 흔한 일은 아니다. 대다수 새끼 침팬지는 갑작스런 어미의 죽음과 함께 숲에서의 삶을 끝내고 무시무시한 새 경험을 시작해야 한다. 어미와 그렇게 잔인한 분리를 겪은 새끼는 가장 먼저 밀매꾼의 고향 마을이나 캠프까지 악몽 같은 여행길을 견뎌야 한다. 밧줄이나 쇠줄로 손발이 포박되어 작은 상자나 바구니 혹은 숨 막히는 자루 속에서 몸부림치며 덜컹대는 차에 실려 이리 밀리고 저리 부딪치고 묶인 곳마다 쓰라린 고통을 견디며 숲에서 누리던 자유와 포근함, 삶의 기쁨으로부터 멀어져 가는 여행길 말이다. 그리고 새끼 침팬지는 인간 아기와 거의 똑같이 감정적으로, 정신적으로 고통을 느낀다는 사실을 잊지 말자.

포획된 새끼 침팬지 다수가 이 여행에서 살아남지 못한다. 생존에 필요한 돌봄과 보호를 거의 받지 못하기 때문이다. 살아남는다 해도 부상을 입는 경우가 많고, 예외 없이 심한 굶주림과 탈수 상태로 충격에서 헤어나지 못한 채 계류장에 도착한다. 살아서 도착한들 관리 기준이 극악한, 암울한 환경의 계류장은 이들에게 구원도 위안도 되지 못한다. 그리고 이곳에서 선박에 실려 최종 목적지로 향하는데, 이 과정에서 새끼 침팬지들은 또 죽어 나갈 것이다. 여기서 살아남은 새끼들은 세계 곳곳으로 또다시 먼 여행길에 들어설 것이다. 공항에서는 연착이 다반사이며 여기에도 상자에 갇힌 이들을 돌봐 줄 인력이라고는 없다. 그렇기는커녕

19장 인간의 어두운 그늘

침팬지 밀수 자체가 불법이기에 이 일에 고용된 업자들이 침팬지의 존재를 감추려고, 아니면 최소한 화물의 실체를 감추기 위해 온갖 수를 동원한다. 이자들이야말로 악마다. 밀수업자들 말이다. 이자들은 죄 없는 동물의 피를 손에 묻히고 이들의 고통으로 배를 불리고 부를 축적한다. 과거에 노예 무역상들이 그랬다.

그 숨 막히는 항공 화물 상자에서 살아 나오는 새끼 침팬지가 있다면, 도리어 그것이 놀랄 일이다. 그런데도 그 역경을 뚫고 누군가는 살아남는다. 제3제국 포로 수용소의 생존자들처럼, 이 새끼 침팬지도 질기디 질긴 생명력을 보여 준다. 그러나 이국 땅에 도착한 것으로 모두에게 여행이 다 끝난 것은 아니다. 출발 국가명을 은폐하기 위해 고생스러운 노선으로 다시 여행길을 떠나야 하는 경우도 있다. 아프리카의 **야생에서 출생한** 침팬지를 합법적으로 수입할 수 없는 국가로 들여보내기 위해 **우리에서 출생한** 침팬지로 수입하는 것이다. 그리하여 또다시 많은 생명이 버려지는 암울한 상황이 이어진다. 최종 목적지까지 살아서 도착했으나 신체적으로 몹시 쇠약해지고 감정 손상이 너무도 심각해서 끝끝내 건강을 회복하지 못하는 침팬지도 적지 않다. 침팬지 밀무역 내부 사정을 잘 아는 이들은 최종 목적지까지 살아남는 1마리당 10~20마리가 죽었을 것으로 추산한다.

잘 먹고 잘 쉰 침팬지 무리가 출발해 비탈을 내려가기 시작하자 내 생각은 중단되었다. 피피의 가족을 따라 이동하면서 이들과 함께하는 기쁨이, 꼬리에 꼬리를 물던 암울한 생각을 잠재운 듯하다. 어미와 두 누나의 눈길을 한 몸에 받으며 즐겁게 노는 포스티노를 지켜보면서 이들과 비슷한 가족과 있다가 그렇게 순식간에 밀렵꾼들에게 포획된 그 모든 불운한 새끼들이 자꾸만 떠올랐다.

그 포획과 수송의 참상에서 살아남은 소수의 고아들은 어떻게 되는가? 그 학대를 견디고 살아남은 그들에게 우리는 무엇으로 보상해 줄 수 있는가? 통재(痛哉)라. 그들 대다수는 처음 사람 손에 잡혔던 그 초반에 죽는 것이 차라리 나았을 정도로 비참하고 불행한 삶을 살아간다. 우리 안에서 태어난 많은 새끼 침팬지들의 미래도 암울하기는 매한가지다. 이 수감자 침팬지들이 바랄 수 있는 최선은 양호한 동물원에 들어가는 것이다. 침팬지에게 정말로 좋은 환경을 제공하는 동물원은 극히 드문 것이 슬픈 현실이다. 성체 침팬지들은 힘이 세고 탈출에 능해서 이들에게 적절한 환경이 될 만한 큰 울타리를 세우려면 비용이 많이 든다. 그런 까닭에 전 세계에 흩어진 수많은 침팬지가 시멘트 바닥에 쇠창살로 막아 놓은 비좁은 독방에서 살아간다. 그 가운데는 동료 침팬지 한둘이 우리를 같이 쓰는 경우도 있지만, 길게는 50년 세월을 홀로 지독한 권태 속에서 살아가야 하는 경우도 있다. 그들은 욕구 불만에 시달리다가 무감각해지고 결국에는 정신 질환을 겪는다. 아프리카와 제3세계 많은 동물원 환경이 특히 열악하다. 그곳에서는 사람도 다수가 빈곤과 비참한 생활로 고통 받는다는 사실을 생각하면 놀라운 일은 아니다. 하지만 유럽과 미국에서도 많은 동물원이 여전히 충격적인 환경으로 운영된다는 현실은 어떤 식으로도 변명의 여지가 없다.

에스파냐 남부 해안 일대의 휴양지와 에스파냐령 카나리아 제도에서 벌어지는 어린 침팬지 학대도 변명의 여지는 없다. 이곳의 어린 침팬지들은 아프리카에서 불법으로 수입되어, 휴가철 관광객들에게 아동복 입은 귀여운 침팬지를 안은 스냅 사진을 찍어 주는 돈벌이에 여념 없는 사진사들의 손에 비참하게 살아간다. 작열하는 태양 아래서 보낸 행복했던 휴가 여행을 추억하는 기념품이 될 이 사진들은 야생 동물로 이국풍을 더할 것이다. 영국의 브라이턴이나 블랙풀의 산책 길에, 혹은 프랑스 지중해 코트다쥐르에 침팬지가 있을 리 없으니 말이다.

가벼운 마음으로 기념 촬영에 임하는 관광객은 이 가엾은 새끼 침팬지들이 어떤 고통을 겪는지 알지 못한다. 주간 영업 시간이면 뜨거운 햇살 아래 끌려다니고 야간에는 자욱한 담배 연기에 눈이 따갑고 쾅쾅 울리는 스피커 소음에 예민한 고막이 괴로울 나이트 클럽이며 디스코 클럽으로 끌려 다닌다. 침팬지의 발가락 형태에 맞지 않는 신발을 억지로 신기고 비닐 팬티 속에 (좀처럼 갈아 주지 않는) 기저귀까지 착용해서. 이 새끼 침팬지들 다수가 심각한 약물 남용 상태다. 상습적 구타로 훈련시키고, 심지어 담뱃불로 지지는 경우도 있다. 나이가 들면 손님이 물릴 위험을 없애기 위해 유치 송곳니를, 때로는 다른 치아까지 뽑는다. 5~6세가 되면 이런 일을 시키기에는 너무 크고 힘이 세지므로 죽이거나 매매업자에게 판다.

에스파냐에 거주하는 영국인 부부, 사이먼 템플러(Simon Templer, 1913~1997년)와 페기 템플러(Peggy Templer, 1920~1991년) 부부의 지속적인 노력 덕분에 현재는 당국이 허가증을 받지 않은 침팬지를 압수할 수 있도록 한 법안이 통과되었다. 템플러 부부가 에스파냐의 보호소에서 어린 침팬지 2마리를 잉글랜드의 보호소로 이송할 때 내가 동행했다.

그중 찰리(Charlie)는 우리가 도착하기 바로 몇 주 전에 구조된 침팬지다. 당시 나이가 6~7세였는데, 송곳니 3개와 이제 나기 시작한 어금니를 제외한 모든 이빨이 다 뽑히고 많이 야윈 상태였다. 동작이 느리고 조심스러운 것이 꼭 노인네 같았다. 제 나이보다 세상을 많이 아는 듯했고, 세상사의 무게에 짓눌린 모습이었다. 눈빛은 내면만을, 자신이 당하는 고통만을 응시하는 듯했다.

오랫동안 템플러 부부를 도운 영국인 수의사 케네스 팩(Kenneth Pack)이 찰리를 이동용 상자에 넣기 위해 바람총으로 마취제 화살을 쏘았다. 찰리는 팔에 꽂힌 화살(거기에 빨간 장식술이 달려 있었다.)을 지그시 바라보더니 천천히 뽑아서 자세히 살펴보았다. 거기서 바늘을 뽑았고, 다시 꽂으려는 것 같았다. 그런데 알고 보니 놀랍게도 자기 손으로 주사하려는 것이었다. 물론 실패했다. 바늘을 뽑아 놓았으니까. 찰리가 나에게 오더니 주사기를 건넸다. 내가 주사기를 받자 내 손을 살며시 잡아 자기 팔로 가져다 댔다.

템플러 부부는 당국에 압수되어 인도받은 어린 침팬지들 중 일부는 온갖 무시무시한 금단 증상을 겪는다면서 그것이 도착한 뒤로 몇 주 동안 지속되기도 한다고 설명했다. 찰리의 겉늙은 슬픈 얼굴을 바라보면서 나는 속이 메스꺼워졌다. 찰리는 약물 중독이었다. 자기 팔에 스스로 '뽕'을 놓으려는.

서커스나 영화 같은 연예 산업에 이용되는 침팬지도 있다. 침팬지는 친절하게 대해도 충분히 훈련이 된다. 하지만 타잔물이나 「프로젝트 X」, 「베드 타임 포 본조(Bedtime for Bonzo)」 같은 영화의 스타 침팬지들이 보인 빛나는 연기는 거의 예외 없이 가혹 행위의 결과물이었다. 실제 영화 촬영장에서 가혹 행위가 벌어지는 경우는 드물다. 그런 일이 용납될 수는 없기 때문이다. 그러나 사전 훈련 기간에는 이 비인간 배우 지망생들을 상습적인 구타로 철저히 복종시킨다. 훈련사들은 종종 가죽 채찍을 신문지로 감아서 사용한다. 인간 배우가 있는 촬영장에서 훈련할 때는 이 신문지로 감은 채찍이 즉각적 복종을 보장하는 상징이 된다.

포획된 새끼 침팬지 다수가 가정집에서 살게 되는데, 특히 아프리카에서 흔한 일이다. 대부분은 시장이나 길가에서 비참한 상태로 죽어 가다가 외국인들이 집에 들인 경우다. 밀렵꾼들은 어미들을 총으로 쏴 죽인 뒤 식용으로 판다. 새끼는 살이 없어 상품 가치가 없는데, 운이 좋으면 외국인 가정에 더 많은 돈을 받고 팔 수 있다. 이런 식으로 밀거래 관행이 맥을 이어 가고 있다.

어린 침팬지는 가정에서도 돌보기 쉽다. 기저귀 입은 새끼 침팬지는 살아 움직이는 인형처럼 순하고 다정하고 귀엽다. 영양 맞춘 식단과 보호를 제공하고 애지중지 잘 키워 주는 마음씨 좋은 주인을 만나면 자연 환경은 아니어도 행복하게 지낼 수 있다. 하지만 통제하기 어려워지는 4~5세 무렵이면 성가시고 부담스러운 존재가 된다. 이 시기의 침팬지는 힘이 세고 호기심이 많아 주변 환경을 탐색하고 싶어 한다. 커튼을 타고 올라다니고, 물건을 깨뜨리거나 고장 내고, 냉장고를 습격하고, 열쇠로 찬장을 잠근다. 점점 훈육 강도가 세지는데 벌 받기는 싫어한다. 난폭하게 떼쓰고 반항하고 주인을 물기도 한다. 그렇게 해서 집 안에서 쫓겨나 베란다의 작은 케이지 안에 갇힌다. 소크라테스(Socrates)는 몇 달 동안 우리에 갇혀 지내다가 나와 만났다. 3세라는 어린 나이에 살면서 겪은 고통이 이미 얼굴에 깊이 새겨져 있었다.

위스키(Whiskey)는 쇠사슬에 묶여 있었다. 차고 뒤쪽에 묶여 있는 모습이 담긴 사진을 이미 봤는데도 직접 만났을 때 그렇게 화가 치밀어오를 줄은 몰랐다. 콘크리트 바닥에 벽돌로 담을 쌓은 독방은 1평 남짓했다. 금방이라도 무너질 것 같은 지붕에는 커다란 구멍이 뚫려 있었다. 그 좁은 개방형 독방은 구덩이 하나를 절반짜리 문으로 가려 놓은 아시아식 변소와 나란히 붙어 있었다. 십중팔구 위스키의 '집'도 과거에는 같은 용도의 공간이었을 것이다.

"나한테는 아들과도 같은 녀석이죠." 웃는 얼굴로 내게 말하는 아랍인을 보면서 나는 말이 나오지 않았다. 용도 폐기된 변소 뒤에다가 두 뼘 길이 사슬로 쇠기둥에 묶어 놓은 '아들'을 소개하다니, 이 남자는 멍청한 것인가, 뻔뻔한 것인가? 위스키를 바라보았다. 뭔가 묻고 싶은 듯한 눈빛이었다. "밤에는 사슬을 조금 길게 해 줍니다." '아버지'가 말했다. "차고 안을 좀 돌아다니라고요." 어련하실까, 나는 생각했다. 침팬지는 밤에 잠자는 동물인걸. 나는 위스키에게 다가갔다. 위스키는 두 팔로 나를 감쌌다. 나의 포옹에 대한 인사였다.

내가 돌아 나오자 위스키가 쇠사슬을 당겨 대고 손발로 벽을 두드리며 몸부림쳤다. 나를 향해 팔을 뻗다가 바나나 껍질을 던졌다. 독방 안에서 구할 수 있는 것은 그것뿐이었다. 보통은 배설물을 던진다고 주인이 말했다. 하지만 내 방문을 앞두고 다 치웠다고.

이 가엾은 침팬지들이 몸이 정말 커지고 강해지는 사춘기가 되면 어떻게 될까? 혹은 주인들이 이 나라를 떠날 때는? 일부는 지역 동물원으로 보내지는데, 취지가 아무리 좋아도 재정 형편이 좋지 못한 경우가 대부분이다. 더구나 동물원 운영자들에게는 부양해야 할 가족까지 있다. 그런 까닭에 침팬지들은 굶주린 어린아이나 감지덕지할 소량의 음식밖에 공급받지 못한다. 동물원에서 받아 주지 않는 어린 침팬지들은 보통 죽음을 당한다. 대다수 국가가 현재는 침팬지 수출을 금지하는 법을 제정했다. 하지만 침팬지 반입이 합법적인 나라라고 해서 이들에게 안식처가 된다고 보기는 어렵다.

미국에도 집에서 침팬지를 키우는 가정이 많다. 버려야만 하는 날을 다만 며칠이라도 미루기 위해 각종 조치를 취하는 '사랑 넘치는' 주인이 많다. 이가 다 뽑힌 침팬지들이 있는가 하면, 한 암컷은 양손 엄지가 절단되었다. (그 '엄마'의 설명으로는) 커튼을 타고 올라가 망가뜨리는 것을 막기 위해서였다고 한다. 하지만 이들은 결국 인간 가족을 떠날 수밖에 없다. 그러나 이제 와서 침팬지로 살려고 해도 적응하기가 어렵다. 평생을 인간처럼 행동하도록 훈련받아 왔으니까. 가련한 추방자 신세가 된 그들은 이제 어떻게 되는가? 인간 가족과 살다가 주인이 더는 원하지 않아 버려진 침팬지에게 동물원은 결코 적합한 환경이 아니다. 침팬지들과 어울리는 데 서투를 뿐 아니라 번식 능력도 형편없기 때문이다. 그러다가 거간꾼에게 팔렸다가 영세한 사설 동물원에 넘겨져 옹색한 케이지 속에 전시되어 거친 관람객들에게 괴롭힘을 당하며 지낸다. 아니면 의학 연구 실험실로 간다.

의학 연구자들은 침팬지를 어떻게 대우하는가? 인간의 질병, 약물 중독, 정신 질환에 대해 알아내기 위해 생리적 특징이 인간과 아주 흡사한 침팬지를 생체로 실험하는데, 이를 귀빈 대접이라고 할 수는 없을 것이다. 대부분의 경우에는 구시대 죄수들이 살았던 환경과 별반 다를 바 없는 상태로 관리된다. 범죄를 저지르기는커녕 인간의 고통을 완화하는 데 기여하는 침팬지들인데 말이다. 번식군에게는 상대적으로 큰 야외 우리가 제공되는, 최상의 환경을 갖추었다는 연구소에서조차 실험에 투입되는 개체들은 소형 야외 우리 속의 갑갑하게 작은 상자에 수용한다. 내가 방문했던 일부 실험실은 좋게 말하자면 침팬지들의 욕구에 대한 이해가 전혀 없는 환경이요, 느낀 대로 말하자면 충격적으로 잔인했다.

내가 처음 방문했던 연구소는 미국의 수도 외곽 메릴랜드 주 록빌에 위치한 곳이었다. 허가 없이 잠입해서 촬영한 비디오 영상으로 이미 보긴 했어도 하얀 가운 차림의 사내들이 웃는 얼굴로 안내해서 들어간 곳에 악몽의 세계가 기다리고 있으리라고는 미처 예상하지 못했다. 내가 따라 들어가니 외부 출입문이 닫히고 하늘에서 들어오는 빛이 완전히 차단되었다. 어두침침한 지하 복도를 지나갈 때 보이는 모든 방에 낡아 빠진 작은 새장형 케이지가 여러 단씩 겹쳐 쌓여 있었다. 우리 안에서는 원숭이들이 원을 그리며 끝도 없이 맴돌고 있었다. 어느 방에서는 어린 2~3세 침팬지 둘이 비좁은 케이지 하나를 꽉 채우고 있었다. 가로세로 55센티미터에 높이 60센티미터라고 했다. 침팬지 둘이 옴짝달싹도 할 수 없는 크기였다. 게다가 아직 어느 실험에도 들어가지 않았는데 그렇게 3개월 이상 갇혀 지내고 있었다. 케이지는 전자 레인지처럼 생긴 금속 '인큐베이터' 안에 넣어서 침팬지들이 손바닥만 한 유리판을 통해 밖을 내다볼 수 있게 해 놓았다. 거기서 뭘 보라고? 맞은편의 민짜 벽? 대체 저 케이지가 침팬지들에게 무엇을 제공하는가? 자기만의 공간? 편안함? 자극? 아무것도. 자기네 배설물과 가끔씩 들어오는 먹이 말고는 아무것도 없다.

맞다. 한 케이지 안에 침팬지 둘이다. 최소한 서로에게 위안이 될 수는 있겠다. 하지만 그것도 오래가지 못한다. 어느 한쪽이 B형 간염이나 AIDS 같은 감염병에 걸리면 바로 분리될 것이고, 내가 그날 본 다른 침팬지들처럼 케이지로 격리될 것이다. 그 가운데 나이가 약간 든, 유년기 암컷이 있었다. 금속 격리 케이지 속에서 외부 세계와는 차단된 채 몸을 좌우로 흔들고 있었다. 상자 안은 어두컴컴했다. 들리는 소리라고는 그칠 줄 모르는 공기 주입 장치의 굉음뿐이었다. 기술자가 상자에서 꺼내니 생기 없이 아무 반응도 보이지 않은 채 가만히 있는 모습이 흡사 헝겊 인형 같았다. 그 암컷의 눈빛을, 그날 본 다른 침팬지들의 눈빛을 잊지 못할 것 같다. 탁하고 공허한, 희망이라고는 없는 눈빛이었다. 스트레스에 더는 버티지 못하고 자포자기한, 절망에 하릴없이 굴복한 이의 눈빛을 본 적 있는가? 나는 부룬디 내전 중에 온 가족이 몰살당한 아프리카 소년에게서 그런 눈빛을 보았다. 눈을 뜨고 있으나 세상을 보지 않는, 탁하고도 공허한 눈빛.

오래전부터 약속했던 변화가 실행되지 않는 한, 침팬지들은 앞으로도 3~4년은 그곳에서 지낼 것이다. 그 기간에 겪는 불안과 고통이 이들에게 정서적으로나 심리적으로 남기는 상처는 영구히 치유되지 못할 것이다.

이 실험실들이 사용하는 케이지는 동물 복지 규정을 준수하지 않았다. 준수했다 해도 달라질 일은 없었을 것이다. 그 많은 연구소 전문 인력과 과학자 들이 미국의 법정 최소 케이지 크기에 아무 문제도 느끼지 못하는 것을 보니 슬펐다. 침팬지 수백 마리가 가로 1.5미터, 세로 1.5미터, 높이 2미터 규격의 독방에 1마리씩 따로 갇혀 지낸다. 우리 인간과 비슷하게 감정을 느끼며 고도의 사회성과 인지 능력을 지닌 침팬지들이 이 창살 달린 금속 상자에 갇혀 평생 살아야 할 수도 있다. 50년 넘는 세월을.

그런 독방에 갇힌다고 상상해 보라. 사방을 쇠창살이 에워싸고 머리 위에도 쇠막대, 바닥도 쇠막대로 지어진 독방. 그런데 아무것도 할 수 없다. 긴 하루의 단조로움에서 벗어날 길이 없다. 같은 종의 누군가와 접촉할 기회도 없다. 다정한 신체 접촉은 침팬지에게 너무나도 중요한 활동이다. 무리가 대규모로 모여 장시간 편안하게 집단적으로 털 고르기 하는 시간이 침팬지에게는 너무나도 중요하다.

이런 실험실 표준 규격 케이지에 갇힌 어느 성체 수컷의 눈빛을 들여다본 순간이 지금도 잊히지 않는다. 그 감옥 같은 공간에서 그 수컷을 제외한 유일한 물건은 천장의 쇠막대에 매달린 폐타이어 하나뿐이었다. 어두운 지하실에 다른 수컷 침팬지가 9마리 더 있었다. 창문 하나 없는 그곳에서 보이는 것은 수감된 동료 침팬지들뿐이었다. 벽은 일률적인 흰색이고 문은 강철이었다. 우리(나와 수의사)가 들어오니 반가워하는 침팬지들의 인사 소리가 메아리로 울려 퍼졌다. 이들이 고함 치면서 쇠창살을 흔들고 때리는 소리를 듣고 있기가 힘들었다.

소리가 잠잠해졌을 때 조조(Jojo)의 눈을 들여다보았다. 증오는 느껴지지 않았다. 이 상황을 견디기에는 그 편이 더 나을지도 모르겠다. 조조의 눈빛 속에는 찾아와서 말 걸어 주어 견딜 수 없는 하루의 지루함을 깨뜨려 준 나에 대한 궁금함과 고마움만이 보였다. 자유롭게 숲을 돌아다니고 자유롭게 장난치고 털 고르기 하고 낭창낭창한 가지로 잠자리를 만드는 곰베의 침팬지들이 생각났다. 조조가 손을 뻗어 손가락으로 조심스럽게 내 뺨을 어루만졌다. 실험실 마스크 속으로 눈물이 흘러내렸다.

오스트리아 빈 외곽에 위치한 연구소 방문도 악몽이었다. 차로 구불구불 달리는 시골 길은 밝은 햇살을 받아 아름다웠다. 연구소 침팬지들은 지하에 갇혀 있었다. AIDS 연구를 위한 신축 건물이었다. 침팬지 구역으로 들어가는 모든 사람이 무거운 방호복을 착용해야 했는데, 우주복이라도 입는 양 낑낑거렸다. 안내인이 내가 들어가는 방마다 설치된 호흡기 장치와 연결된 호흡관 주둥이를 제대로 부착하지 못하면 질식한다고 알려 주었다. 안전모를 눌러쓰니 곧바로 뒤에서 누군가 쌩 하고 지퍼 채우는 것이 느껴졌다. 그 순간 공포가 엄습했다. 안내인이 방호복을 살균하는 소독실로 사라졌다. 나는 규정에 맞추어 몇 분 동안 대기한 뒤 복면 유리로 내다보면서 안내인의 뒤를 따라 더듬더듬 이동했다.

무거운 문이 딸깍 닫혔다. 안내받은 3칸의 작은 실험실마다 침팬지 2마리가 각각 1.5제곱미터짜리 케이지에 따로 갇혀 있었다. 플렉시글라스 같은 플라스틱 유리가 케이지들 사이로 설치되어 있어 침팬지들이 이 유리로 서로를 볼 수 있겠다 싶었다. 방으로 들어갔을 때 침팬지 대부분이 우리를 잠깐 바라본 것으로 기억한다. 한 암컷 침팬지가 흥분했는지 겁먹었는지 반응을 보였는데, 정확히 어느 쪽인지는 알 수 없었다. 그 암컷이 쇠창살 쪽으로 다가와 무거운 방호 장갑으로 어설프게 쓰다듬어 주는 손길을 받고 마음을 놓았다. 우리가 돌아서니 침팬지들은 다시 무관심 속으로 가라앉았다. 적어도 문이 닫힐 때 우리를 따라오는 소리는 없었다.

이 연구소의 어두운 지하 실험실을 돌아보는 내내 나는 이곳이 현실과 완전히 동떨어진 어떤 판타지 세계처럼 느껴졌다. AIDS 환자, 말하자면 인간 환자를 위한 병원, 의사와 간호사 모두 기괴한 우주복 차림으로 바삐 돌아다니는 곳, 방문객도 자기 옷을 전부 다 벗고 낑낑거리며 똑같은 방호복 속에 들어가는 곳을 상상해 보았다. 처음 이 괴물 같은 형상을 보았을 때 침팬지들은 얼마나 무서웠을까. 방호모로 왜곡된 음산한 목소리를 들었을 때는 또 얼마나 무서웠을까. 바깥 세계, 나무와 하늘이 있고 살아 있는 다른 존재들과의 다정한 접촉이 일상이던 진짜 세계는 그들에게 영영 돌아오지 않을 과거가 되어 있었다.

이 침팬지 감옥에서 일하는 사람들은 이런 환경을 어떻게 참지? 감정도 연민도 없는 사람들인가? 공감이라고는 할 줄 모르는 사람들인가? 그렇게 큰 덩치에 언제든 위험해질 수 있는 짐승을 통제하는 자신들의 막강한 힘이 기쁜 사디스트들인가? 나는 직원들의 태도는 과학적 제도에 의해 강제된 것이라고 생각한다. 일을 처음 시작한 사람들은 대개 눈앞의 현실에 당황하고 혼란스러워한다. 침팬지들이 겪는 고통을 보면서도 돕지 못한다는 무력감에 견디지 못하고 그만두는 사람도 있다. 계속 남아서 일하는 다수는 인류의 고통을 줄이기 위한 고된 싸움의 불가피한 일부라는 믿음으로 (혹은 스스로 억지로 그렇게 믿으며) 점차 이런 학대를 현실로 받아들인다. 일부는 이 과정을 겪으면서 '엄혹한 관행에 동정심이 말라붙어' 냉담하고 무정한 사람으로 변하기도 한다.

다행히도 이런 실험실 환경과 절대로 타협하지 않고 침팬지들에게 좋은 변화를 만들어 낼 수 있다는 믿음으로 남아서 버티는 사람도 많다. 자신이 맡은 250여 마리의 침팬지를 진심으로 염려하는 제임스 매허니(James Mahoney)도 그런 인정 많은 사람 중 하나다. 나에게 조조를 소개해 준 이도 제임스다. 그날 내가 눈물을 참느라 쭈그리고 앉아 있을 때, 다른 침팬지에게 가서 말을 걸던 제임스가 돌아와 슬퍼하는 나를 보고는 몸을 낮추고 팔을 얹으며 말했다. "그러지 말아요, 제인. 저는 평생 아침마다 이걸 봐야 합니다."

그 말에 괴로움이 더 커졌다. 제임스는 내가 아는 가장 자상하고 인정 많은 사람이다. 그런 그가 저 지옥을 견뎌야 한다고 생각하니 미처 보지 못했던 새로운 사실이 보였다. 이 실험실 환경을 개선해야 하는 것은 침팬지만이 아니라 침팬지를 돌보는 사람들을 위해서도 필요한 일이었다. 어미에게서 새끼를 빼앗는 일, 세상 근심이나 걱정 없던 젖먹이를 어미와 분리시켜 이 감옥에서 생을 시작하게 만드는 일을 무슨 수로 참고 감독하는지 물었을 때 눈물 글썽이는 실험 기사들을 위해서도. 나의 방문이 그들에게 환경을 개선하기 위해 싸울 희망과 용기를 준다는 것을 안다. 그들을 위해, 침팬지들을 위해, 나는 다시 찾아가고 또 찾아간다. 나에게는 지옥인 그곳으로.

안타깝게도 내부에서 일하면서 더 나은 환경을 위해 노력하자면 해결해야 할 어려우면서도 보람 찾기 어려운 문제가 산적해 있다. 그 하나가, 대다수 동료가 침팬지의 본래 습성을 전혀 이해하지 못한다는 사실이다. 그들이 아는 것은 **실험실** 침팬지뿐이다. 신체적 편안함과 정신적 자극을 얻기 위해 필요로 하는 거의 모든 것을 박탈당한 실험실 침팬지들은 성질이 고약해서 다루기가 어렵고 광포한 성향을 보일 때도 있다. 사람들에게 침을 뱉거나 배설물을 집어 던질 수도 있고, 움켜쥐거나 물어뜯을 수도 있다. 어느 정도는 좌절감과 공격성의 발현이지만 어느 정도는 사람과 일종의 접촉을 시도하는 것이고, 또 어느 정도는 정말로 다른 할 일이 없기 때문이다. 실험 기사나 수의사가 이들을 통해 침팬지라는 종에 대해 배웠다면 번듯하지 못한 대표를 만난 셈이니 그들이 침팬지를 싫어하고 무서워하는 것도 이상할 것 없는 노릇이다.

이런 결핍된 환경에서도 실험실 침팬지들이 꽤 건강해 보이는 경우가 있는 것은 사실이다. 동물이 건강해 보이고 잘 먹고 무엇보다도 준수한 번식 결과가 나오면 그 생활에 만족하는 것이며 따라서 그 환경이 그들에게 적합하니 변화는 필요 없다고 믿는 사람들이 있는데, 착각이다. 당연히 아니다. 인간의 경우에는 확실하게 아니다. 포로 수용소에서도 아기는 태어난다. 그런데 침팬지는 다르다고 믿어야 할 이유가 있는가?

연구를 수행할 실험 환경을 설계하는 과학자들 대부분이 그 실험이 살아 있는, 감각과 의식이 있는 존재를 다룬다는 사실을 망각한다. 그들은 동물도 전통적인 방식으로 다뤄야 한다고 주장한다. 그래야만 실험과 검사가 신뢰할 수 있는 결과를 낼 수 있다고 믿는다. 그들은 실험 동물에게는 음산한 무균 상태, 통제된 환경이 **필요하다**고 말한다. 케이지는 침구류나 장난감 없이 무미건조해야 한다고, 그래야만 병균이나 기생충 감염 확률을 낮출 수 있다고 주장한다. 물론 동물이 어지를 물건이 없어야 청소하기도 쉽다. 케이지 크기는 작아야지 그렇지 않으면 주사, 채혈 등의 처치를 용이하게 할 수 없기 때문이다. 또한 침팬지를 케이지로 따로따로 분리해 놓아야 교차 감염 위험을 피할 수 있다.

사실 꼭 그런 방식으로 해야 하는 것은 아니다. 훨씬 인도적인 접근법을 취해 환경을 개선한 연구소도 있다. 침팬지에게는 주사 놓을 때 가까이 와서 엉덩이 내미는 법, 채혈할 때 팔 내미는 법을 가르칠 수 있으니 케이지 크기는 더 키워도 된다. 다른 종류의 처치를 할 때는 더 작은 케이지에 들어가야 한다는 것도 가르칠 수 있다. 장난감, 담요 등을 교환하면 음식으로 보상받을 수 있음을 가르칠 수 있으니 물건을 두어도 케이지는 쉽게 청소할 수 있다. 심지어 한 케이지 안에 침팬지 1마리만 수용하는 것을 규정이 아니라 예외 상황으로 운영하는 연구소도 일부 있다. 최근 미국과 유럽의 걸출한 면역학자들과 바이러스 학자들이 발표한 논문에서는 실험을 수행할 때 침팬지를 케이지에 **1마리만** 수용한다는 전통적인 실험 프로토콜을 침팬지 **한 쌍**으로 변경해도 대부분 상당히 만족스러운 결과를 얻을 수 있다고 주장했다. 이는 현재 B형 간염과 AIDS 연구(동물 실험의 대다수가 여기에 쓰인다.)에 이용되는 모든 침팬지에게 적용되는 독방 수용 목적에 대한 검토가 이루어져야 함을 의미한다. 침팬지를 케이지에 수용하는 연구자라면 누구라도 마땅히 적격 과학자 심사단에게 그런 비인도적 환경의 필요성을 설득력 있게 증명해야 한다. 피험 동물에게 스트레스를 가하는 그런 환경이 잔인할 뿐만 아니라 실제로 실험 결과에도 **유해함**을 보여 주는 증거가 속속 나오는 상황을 고려할 때, 더욱더 그렇다. 스트레스는 면역 체계에 영향을 미치므로 스트레스 받은 피험체에게서 수집한 약효 관련 데이터에 왜곡이 생길 수 있으니 말이다.

실험실 동물의 환경을 개선하기 위해 싸우는 우리 모두가 기득권에 부딪히는 것이 안타까운 현실이다. 기득권은 보통 변화를 거부한다. 기득권은 실험 동물의 고통과 인간의 고통을 싸우게 만든다. 개혁에는 돈이 많이 든다는 것이 그들의 주장이다. 침팬지의 케이지를 키워 무리를 이루어 살게 하고 풍요로운 환경에서 양질의 돌봄을 받게 하려면 훨씬 많은 비용이 들어가고 그것이 위급한 실험을 중단시키게 만들 것이고, 결국 그 대가는 인간의 고통으로 치르게 될 것이라고 그들은 주장한다. 당연히, 그렇지 않다. 극히 중요한 연구와 실험은 계속될 것이다. 최고의 환경을 제공한다 해도 침팬지를 생체 시험관으로 **어떤 식으로든** 사용하는 것을 윤리적으로 정당화하기는 어렵다. 앞서 묘사한 실험실 환경에서 침팬지를 사용하는 관행을 이대로 계속 용인한다면, 우리 시대가 추구하는 윤리적 가치라는 것이 과연 있는지 비난을 면치 못할 것이다.

그럼에도 변화의 바람은 불고 있다. 우리 주위에서 벌어지는 온갖 학대 행위에 대한 경각심이 높아지면서 인간 아닌 모든 동물에 대한 대중의 인식에 변화가 생기고 있다.

전 세계 영장류 센터 가운데 여러 곳이 우리의 가장 가까운 친척에 대한 이용과 관리 관행의 윤리적 문제를 정규적으로 논의하고, 더 나은 환경을 마련하기 위해 노력해 왔으며 지금도 이러한 시도는 진행 중이다. 몇몇 연구소에서는 번식군을 위한 대형 야외 우리를 세웠고, 최소한 케이지에 한 쌍으로 수용하며 야외에서 뛰어다닐 기회를 제공한다. 점점 더 많은 연구소에서 실험 동물 삶의 질을 향상하며 침팬지만이 아니라 이들을 돌보는 직원들의 정신 건강까지 아우르는 프로그램을 도입하고 있다. 이런 프로그램을 운영하는 데 반드시 대규모 비용이 들어가야 하는 것은 아니다. 가령 침팬지에게 읽을 잡지 1권 혹은 머리빗이나 칫솔, 거울 같은 물건 하나만 있어도, 혹은 건포도나 마시멜로로 채운 단단한 플라스틱 튜브 하나에 이것을 찍어서 꺼내는 도구로 쓸 잔가지 한 묶음만 있어도, 하루가 얼마나 더 근사해지는지 모른다. 여기에서 한발 더 나아가, 좀 더 정교한 방법으로 지루함을 달래기 위한 비디오 게임 등의 방안도 현재 설계 단계다.

내가 침팬지 서식지 보존과 실험 동물의 복지 관련 활동에 점점 더 깊이 관여하면서 얻은 뜻밖의 보상은 같은 전선에서 싸우는 활동가를 여럿 만난 일이다. 그들은 포획된 침팬지들의 환경을 개선하고, 고통을 줄이고, 학대받거나 고아가 된 어린 침팬지를 위한 보호소를 만들기 위해, 그리고 야생 서식지를 보존하기 위해 헌신하는 다정하고도 이해심 많은 사람들이었다. 이 놀라운 사람들은 자신의 시간과 돈을 바쳐 가며 절박한 위기에 처한 침팬지들을 돕다가 때로 건강마저 바치기도 한다. 게자 텔레키(Geza Teleki, 1943~2014년)는 시에라리온 공화국 정부를 도와 침팬지를 위한 국립 공원을 설립하는 일을 하다가 강변실명증(흑파리를 중간 숙주로 한 회선사상충 감염으로 실명에 이르는 질병.—옮긴이)을 얻었는데, 치료법이 없는 질병이다. 이 사람들은 이미 많은 것을 이루어 냈는데, 막강한 권력을 상대로 혈혈단신 싸워야 했던 경우도 적지 않다. 그런데 마치 보이지 않는 지휘자가 갑자기 지휘봉을 휘두르기라도 한듯, 이제 많은 활동가가 힘을 모으기 시작했다. 이들의 연대 활동은 전 세계 침팬지들의 생존과 안녕에 중대하게 이바지할 것이다. (침팬지를 돕기 위한 이들의 노력은 「부록 2」에서 상세히 소개한다.)

아프리카 침팬지들의 현실적 미래는 어떻게 될까? 내가 너무도 친숙하게 알아 온 저 당당하고 자유로운 야생의 존재는? 우리가 바랄 수 있는 최선은 일련의 국립 공원이나 보존 구역과 충분한 인력이 지키는 완충 지대가 설치되어 침팬지를 비롯해 숲에 서식하는 많은 주민이 평화롭게 자연 속에서 살아가는 것이다. 나는 이 바람이 어떤 식으로든 이루어지리라고 믿어 의심치 않는다. 물론 그러기 위해서는 해당 국가들의 정부에 그럴 가치가 있음을, 자연 자원을 보존하는 것이 당장의 이익을 위해 개발하는 것보다 더 바람직함을 설득해야 한다. 연구 프로젝트는 훌륭한 외화 벌이가 된다. 관광은 훨씬 더 큰 외화 벌이다. 이 두 사업은 방문객의 유입이 연구 활동만이 아니라, 더 중요하게는 동물들의 삶도 저해하지 않는 선에서 기획되어야 한다. 지역 주민들의 인식 개선을 위한 교육 프로그램도 중요하다. 우리가 곰베에서 했던 것처럼 보호 구역 인근의 마을 주민을 고용해 지역 경제에 기여할 수 있어야 한다. 또 그만큼 중요한 일은, 주민들에게 이 일에 대한 열의가 생겨나고 그 열정이 그 가족과 친구들에게 전파되는 것이다. 이것이 곰베 침팬지들이 밀렵꾼들로부터 안전해진 한 가지 이유다.

우리는 야생 서식지로 지정된 보호 구역 인근 지역 주민들이 이 사업에 분개할 자격이 있음을 기억해야 한다. 머나먼 과거부터 조상 대대로 가꾸며 살아온 땅을 어째서 빼앗겨야 하는가? 서식지 보전이며 교육이며 관광 수입으로는 그 분노에 충분한 보상이 되지 못한다. 숲 지대 보존 구역과 국립 공원 일대에서, 가령 땔감용 수종, 목탄용 수종, 건축 자재용 수종 재배 등, 상상력을 잘 살려서 농림 사업을 펼친다면 토착 동식물 종을 보호할 수 있을 뿐만 아니라 주민들도 그 땅을 오랜 과거 못지않게 잘 이용할 수 있을 것이다. 환경 보호 활동가들은 잊곤 한다. 사람도 동물이라는 사실을!

이 장을 마무리하면서 꼭 들려 드리고 싶은 이야기가 있다. 나에게는 진정으로 상징적 의미를 지닌 사건으로, 포획된 침팬지 올드 맨(Old Man)에 관한 이야기다. 올드 맨은 8세 무렵 실험실 아니면 서커스단에서 암컷 셋과 함께 구조되어 플로리다의 한 동물원 인공 섬에서 살게 되었다. 몇 해 뒤, 마크 쿠사노(Marc Cusano)라는 젊은이가 침팬지 사육사로 왔다. 그는 이런 지시 사항을 받았다. "섬에는 들어가지 말아요. 저 야수들 포악해요. 죽을 수도 있어요."

마크는 한동안 지시 사항을 준수했고 먹이는 작은 배를 타고서 던져 주었다. 하지만 얼마 가지 않아 침팬지들과 어떻게든 친해지지 않으면 제대로 돌볼 수 없겠다는 생각이 들었다. 그래서 먹이 시간마다 조금씩 가까이 다가가기 시작했다. 어느 날 올드 맨이 손을 내밀어 마크의 손에서 바나나를 집었다. 곰베에서 데이비드 그레이비어드가 처음으로 내게서 바나나를 집어 갔던 날을 어찌 잊으랴. 내게 그레이비어드가 그랬듯이, 이 일을 계기로 마크와 올드 맨 사이에 상호 신뢰가 싹트기 시작했다. 몇 주 뒤에 마크는 섬으로 들어갔다. 마침내 올드 맨의 털을 골라 주고 같이 놀 수 있게 되었다. 하지만 암컷들(그중 하나는 새끼를 데리고 있었는데)은 꽤 데면데면했다.

어느 날 마크가 섬을 청소하다가 미끄러져 넘어졌다. 새끼 침팬지가 놀라서 비명을 질렀다. 보호 본능이 발동한 어미가 바로 마크에게 달려들어 공격했다. 바닥에 엎어져 있는 마크의 목을 물어뜯은 것이다. 가슴으로 피가 흘러내리는 것이 느껴졌다. 다른 두 암컷도 달려와 친구를 거들었다. 하나는 손목을, 다른 암컷은 다리를 물었다. 전에도 공격받은 적은 있었지만 이렇게 격렬한 공격은 처음이었다. 그는 이제 여기까지구나 하고 생각했다.

그때 올드 맨이 달려들었다. 살면서 처음 만든 인간 친구를 구하겠다고. 마크에게 달라붙어 있던 암컷들을 하나씩 떼어 내 집어 던졌다. 그러고는 다시 다가오지 못하게 자리를 지켰다. 그 사이에 마크는 느릿느릿 배에 올라탔다. 안전하게. "올드 맨이 제 목숨 구해 준 것, 아세요?" 마크가 퇴원한 뒤 내게 말해 주었다.

침팬지, 그것도 인간들에게 학대받은 침팬지가, 종의 장벽을 뛰어넘어 어려움에 처한 인간 친구를 돕겠다고 손 내밀 수 있다면, 더 심오한 공감 능력과 연민을 베풀 수 있는 능력을 지닌 우리가 그토록 우리의 도움을 절실히 필요로 하는 침팬지에게 그러지 못할 이유가 없다. 그렇지 않은가?

20장

맺음말

사진 제공: The Jane Goodall Institute.

침팬지 연구를 시작한 지 30년이다. 그 30년 동안 세상에는 많은 변화가 있었다. 우리가 동물과 환경을 생각하는 방식까지 포함해서. 그 세월, 어머니와 함께 뱃전에 서서 곰베 호숫가를 어서 밟고 싶어 발 동동 구르던 세상 물정 모르는 어린 영국 여자애에서 시작된 이 여행. 곰베의 평화로운 숲으로, 동물 복지와 보존 문제를 둘러싼 가시투성이 밀림으로, 참 먼 길을 왔다. 하지만 그 시절 그 아이는 지금도 있다. 이제는 성숙한 나의 일부로, 침팬지의 흥미로운 행동을 볼 때마다 혹은 새로운 행동을 발견할 때마다 흥분한 목소리로 내 귓속에 속삭이는 존재로. 곰베에서만이 아니라 포획된 침팬지를 볼 때도. 나는 지금도 설레고 떨린다. 갓 태어난 새끼 침팬지를 들여다볼 때, 길 잃은 새끼를 데리러 가는 어미의 근심스러운 표정을 바라볼 때, 성체 수컷이 털을 곤두세우고 입은 앙다물고 위풍당당 돌진해 내 곁을 지나칠 때, 나는 처음 연구를 시작하던 30년 전의 그 마음으로 돌아간다.

 침팬지와 함께한 나의 여행은 처음 시작할 때 상상할 수 있었던 그 어떤 것보다도 신나고 보람 있는 경험으로 풍요로웠다. 그들과 함께 많은 시간을 보냄으로써 우리는 우리와 가장 가까운 친척에 대한 이해라는 수확을 얻어 30년 전에는 거의 알려지지 않았던 많은 창을 열 수 있었다. 루이스 리키에게로 내 발걸음을 이끌었던 나의 운명은 얼마나 행운이었던가. 그와 함께 나는 아프리카에서 가장 안정적이고 평화로우며 자연 보존 의지가 가장 강한 탄자니아 정부의 도움과 지원을 받아, 침팬지 탐구를 계속 할 수 있었다.

우리는 곰베에서 수집한 정보와 더불어, 아프리카 다른 지역의 연구와 포획 침팬지 연구를 통해 획득한 정보로 우리와 가장 가까운 친척이자 우리와 모든 면에서 하나하나 너무나 닮은 존재를 멋지게 그려 낼 수 있었다. 물론 이 그림은 아직 완성되지 않았다. 우리는 침팬지에게서 나타날 수 있는 공격성의 깊이를 다 헤아리지 못했으며, 그들이 베풀 수 있는 연민과 보살핌의 한계도 다 측정하지 못했다. 연구의 역사는 여전히 짧다. 30년이라고 해도 침팬지 수명의 3분의 2밖에 안 되는 시간이다. 무엇보다도 우리가 곰베에서 한 경험은, 침팬지의 복잡한 사회를 이해하기 위해서는 장기 연구가 필요하다는 사실을 역설한다. 그들의 사회적 행동에 관한 의문의 많은 부분이 그들과 오랜 기간 함께 지내면서 성체들의 친족 관계를 파악하고 나서야 풀리기 시작했다. 우리는 오랜 기간 그 안에서 지낸 덕분에 한 해, 한 해 가족 구성원들 사이에 친밀하고 강고한 유대가 형성되는 과정을 기록할 수 있었다. 만약 연구가 10년에서 끝났다면 공동체 간 충돌 과정에서 발생할 수 있는 잔인성은 결코 목격할 수 없었을 것이다. 20년 연구로 끝냈더라면 사춘기 수컷 스핀들이 새끼 멜을 입양하는 감동적인 이야기는 결코 기록할 수 없었을 것이다. 그 이후의 10년이 무엇을 보여 줄지 누가 알겠는가? 1960년 이래로 매년 침팬지의 본성에 대한 새로운 발견과 침팬지의 정신 작용에 대한 새로운 통찰이라는 보상을 얻어 왔듯이, 앞으로도 놀라움은 계속되리라고 나는 믿어 의심치 않는다. 행동은 너무나 유연하고, 개성은 너무나 뚜렷한 우리는 시간이 가면서 점점 더 많은 침팬지, 그들 각자의 독특하고 선명한 개성과 친해졌다. 침팬지의 개성은 얼마나 다양한지! 그들은 타고난 유전자, 살면서 획득한 경험, 가족 환경과 태어난 시기가 복잡하게 작용해 저마다 다른 기질과 성격을 갖게 된다. 또한 침팬지에게는 인간과 마찬가지로 역사가 있다. 그들 공동체는 소아마비와 폐렴 유행병을 겪었고 인간 사회의 전쟁과 다르지 않은 공동체 간 폭력적 충돌을 겪었다. 어미들이 갓난아기를 데리고 평화로워 보이는 숲을 돌아다니는 것이 안전하지 않은, 패션과 폼의 암울한 동족 포식 시기가 있었다. 그런가 하면 수컷들 사이에서는 왕위 세습을 둘러싼 왕가 혹은 독재 국가의 권력 암투를 방불케 하는 우두머리 싸움이 벌어진다. 이처럼 파란만장한 집단의 역사를 기록할 문자가 없는 이들을 대신해 나는 1960년대 초부터 이들 사건을 기록하는 특권을 누렸다.

인간 사회와 마찬가지로, 침팬지 사회에서도 일련의 개체들이 공동체의 운명을 결정하는 데 핵심 역할을 맡는다. 놀라운 결단력과 용기와 지력을 발휘했던 성체 수컷 골리앗 브레이브하트, 깡통 대왕 마이크, 무자비한 험프리, 피건 대제, '열광왕' 고블린을 침팬지들의 역사 책은 빛나는 지도자로 기릴 것이다. 권력을 향한 그들의 지난한 투쟁과 찬란한 승리의 과정은 이들의 역사 책에 위대한 대서사시로 기록되었을 것이다. 이들의 역사에서 중대한 역할을 수행한 침팬지는 또 있다. 휴와 찰리가 아니었다면 카세켈라 공동체는 분열되지 않았을 것이다. 흥분한 수컷들이 노상 때 지어 따라다니던 지지가 아니었더라면 이웃 공동체를 대하는 그들의 태도는 훨씬 덜 공격적이고 덜 호전적이었을 것이다.

하지만 공동체의 수컷들은 강하고 승리는 장엄했다. 상상해 보자. 침팬지가 말을 할 수 있었다면 어땠을까? 불가에 모여 앉아 카하마 공동체 투항자들과 벌였던 4년 전쟁 이야기, 자기네만 살려고 오랜 벗들에게

20장 맺음말

등돌린 배신자 수컷들을 숙청한 격동적인 이야기를 떠들지 않았을까. 칼란데 공동체와 미툼바 공동체의 침입자들을 물리친 일, (소문으로 들었지만) 영역을 지키다가 목숨을 잃은 험프리와 셰리에 대해서는 또 어떤 이야기로 엮어 냈을까? 또 암컷들은 현존하는 전설, 비혼 여전사 지지의 찬가를 얼마나 즐겨 불렀을 것인가?

범죄학 문헌들에는 저 악명 높은 동족 포식자, 패션과 그 딸 폼의 기괴한 행동에 대한 분석이 빠지지 않았을 것이다. 그리고 어미들은 말썽꾸러기 자식에게 이렇게 위협했으리라. "엄마 말 안 들으면 패션이 와서 잡아간다."

침팬지 신화도 있었을 것이다. 그들의 신화도 최초로 땅을 개척하고 개미와 흰개미 잡는 도구를 만들고 돌과 막대기로 적을 위협하는 법을 개발했던 선조를 기릴 것이다. 청소년 침팬지들은 노한, 위대한 목신 판(Pan)을 달래고 숲에 사는 모든 야생 피조물의 요정을 섬기는 강렬한 폭포 의례를, 가장 깊은 숲에서 펼치는 장대비 춤을 익힐 것이다.

물론 어느 날 갑자기 자기네 한가운데로 뚝 떨어진 백색 영장류에 관한 신화도 있을 것이다. 처음에는 두려움과 분노로 맞았으나 그로 말미암아 머잖아 하늘이 내리신 양식, 바나나를 영접하게 된 이야기로 그렸으리라. 데이비드 그레이비어드도 그들의 전설에 등장했을 것이다. 백색 영장류를 두려워하지 않고 자신들의 세계인 숲으로 데려온 바로 그 침팬지로.

사실 루이스 리키가 1960년에 나를 곰베로 보내지 않았더라면 침팬지들은 안식처를 잃었을 수도 있다. 당시 지역 주민들 사이에서 지정된 보호 구역의 용도를 농지로 변경해 다시 이주해 들어가자는 운동이 일어나고 있었기 때문이다. 하지만 내 연구가 전 세계에 관심을 일으켜 곰베가 보호 구역 지위를 유지할 수 있었다. 침팬지들은 이 사실을 알고서 마땅히 나를 수호 성인으로 추대했으리라!

실제로 침팬지들은 나를 어떻게 **인식했는가?** 자기네 영역으로 들어와 자기네를 구경하고 자기네 역사에 끼어든 나와 다른 인간들을? 요새는 나를 당연히 있는 존재로 여긴다고 생각한다. 침팬지의 세계에서는 다른 침팬지들, 특히 가까운 가족과 벗들, 그리고 현재의 우두머리 수컷이 가장 중요하다. 원숭이, 강멧돼지 같은 동물도 하나의 식량원으로서 중요한 존재다. 비비는 보통은 무시하지만 식량이 귀한 철에는 잠재적 경쟁자로 간주한다. 단, 어린 비비는 어린 침팬지들이 잠재적 놀이 짝꿍으로 인식한다. 곰베에서 인간은 단순히 다른 동물 종, 침팬지 환경의 자연스러운 구성 요소의 하나로 간주된다. 그들에게 인간은 위협이 되지 않고 어쩌다 바나나를 주는 동물이다. 가끔은 성가신데, 덤불 속에서 시끄럽게 구는 경향이 있어서 그렇다. 하지만 대체로는 해 될 것 없는 순한 존재다.

물론 침팬지는 우리를 각각 다른 개인으로 인식한다. 그들 다수는 내가 있을 때를 다른 관찰자가 있을 때보다 편안해한다. 내가 예외 없이 혼자 따라다니는 편인 데다가 되도록이면 개입하지 않고 조용히 배경처럼 있기 때문이기도 하다. 내가 있는 것이 그 침팬지를 방해하거나 성가시게 만드는 것 같으면 뒤에서 추가 데이터를 수집하거나 특이한 행동을 사진으로 찍는다. 대부분의 경우, 침팬지들은 탄자니아 주민 직원들에게도 굉장히 너그럽다. 날이면 날마다, 달이면 달마다 해가 저물고 또 한 해가 와도 늘 자신들과 함께 움직이는 사람들이니까. 하지만 영역에서 낯선 아프리카 인을 마주치면 보통 불안해한다. 내가 침팬지들과 같이 있을 때 어부 한 무리가 호숫가에서 마을로 들어가는 길을 따라 이동하는 소리를 듣더니 덤불이나 기다란 풀숲 속으로 들어가서 다 지나갈 때까지 웅크리고서 꼼짝도 하지 않고 기다렸다. 일부 침팬지는 관광

객을 피한다. 수줍음 많은 암컷들은 이제 캠프에도 오지 않는다. 하지만 큰 무리의 일부로서 오는 경우는 있는데, 수적으로 많으면 안전하다고 느끼는 모양이다. 하지만 일부, 특히 연구소에 학생들이 쇄도하던 시절에 성장한 침팬지들은 실제로 관광객들이나 그들의 이상한 (그리고 어울리지 않는) 복장에 관심을 보이는 듯한 행동을 한다. 적어도 피피나 지지, 프로프는 카메라를 찰칵거리는, 볕에 그을린 피부 빛의 무리를 보면 가까이 다가갔고, 그 근처에서 서로 털 고르기를 해 주거나 가만히 앉아 있곤 했다.

곰베에서 우리가 견지한 연구 접근법 때문에 나와 침팬지의 관계는 경직된 면이 있었다. 우리는 의도적으로 침팬지들과 거리를 유지했다. 그들이 우리보다 훨씬 힘세고 인간에 대한 존중을 잃을 때는 위험해질 수 있기 때문이기도 했고, 침팬지의 본성에서 나오는 행동에 될 수 있는 한 영향을 미치지 않기 위해서이기도 했다. 아프거나 다친 침팬지가 있으면 약을 투여했지만 대부분의 경우에는 그저 관찰하고 기록하는 것이 전부였다. 침팬지들은 나에게 어떤 면에서도 의존적이지 않았다. 바나나를 받아 가는 것조차 매우 불규칙했다. 많은 사람이 내가 침팬지를 내 가족의 일부로 생각하지 않기 때문에 그럴 것이라고 여긴다. 나는 침팬지를 마음 깊이 염려하고 존중한다. 나는 침팬지의 행동이 무한히 흥미롭고 궁금하며 침팬지하고는 몇 시간이고 며칠이고 함께 지낼 수 있다. 심지어 내가 사람보다 침팬지를 더 좋아하는 것은 아닌지 자문하곤 한다. 답은 쉽다. 어떤 침팬지는 어떤 사람보다 더 좋고, 어떤 사람은 어떤 침팬지보다 더 좋다! 물론 침팬지가 되었건, 사람이 되었건 하나하나가 너무나 다르니까. 내가 알고 지낸 침팬지 중에서 가령 험프리와 패션처럼 한둘은 사실 무척이나 싫어했다. 데이비드 그레이비어드와 플로, 길카, 피피, 그렘린은 내 마음을 사로잡았고, 그들에 대한 나의 애정은 사랑에 가깝다. 하지만 이것은 본질적으로 자유로운 야생의 존재에 대한 사랑이다. 내가 그들과 같이 털 고르기를 하거나 어울려 노는 사이가 아니기에, 같은 편이 되어 싸우는 존재가 아니기에, 이것은 짝사랑이다. 침팬지들은 받은 사랑을 돌려주지 않는다. 인간 아기나 개하고는 다르다. 그렇다고 해서 그들을 향한 나의 마음이 쪼그라드는 일은 없다.

죽은 플로 곁에 앉아 있던 일, 그리고 약 10년 뒤 멜리사가 마지막 숨을 거두던 잠자리 아래 앉아 있던 일은 영원히 잊지 못할 것이다. 그들이 살아온 삶을 돌아보면서 나는 깊은 상실감을 느꼈고, 인간을 친구로 받아 준 이들의 죽음을 깊이 애도했다. 새끼 게티가 사체로, 심지어 끔찍하게 훼손된 채로 발견되었을 때는 충격과 공포로 멍해졌다. 그리고는 슬픔으로 가슴이 무너지는 것 같았다. 그 활기찬 모습을 두 번 다시 볼 수 없다니, 그 기발한 놀이를 더는 기록할 수 없다니, 그 두려움 모르는 모험 정신을 이제는 볼 수 없다니.

하지만 곰베의 침팬지들 중에서 내가 가장 사랑한 것은 데이비드 그레이비어드다. 그의 사체는 발견되지 않았다. 그저 캠프로 더는 찾아오지 않았고, 몇 주가 가고 몇 달이 지나면서 우리는 결국 그레이비어드를 다시는 보지 못하리라는 사실을 받아들였다. 나는 어떤 침팬지를 잃었을 때보다 깊은 슬픔에 잠겼다. 그때보다 마음이 아팠던 적은 없다. 그 전으로도 그 후로도. 하지만 차라리 다행이었다고 생각한다. 그레이비어드의 죽은 모습을 실제로 보았다면 얼마나 고통스러웠을까. 온화하면서도 결단 앞에서는 단호했던 데이비드 그레이비어드. 침착하고 두려움 없던 데이비드 그레이비어드. 침팬지의 세계로 통하는 첫 창을 열어 주었던 친구, 데이비드 그레이비어드.

그리고 내게 그곳은 마법과도 같은 세계였다. 현대 세계의 바쁜 일상에서 멀리 떨어져 평화와 에너지를 찾을 수 있는 세계, 지친 영혼을 치유하는 힘이 있는 세계. 숲에서는 시간이라는 개념 자체가 사라지는 듯하다. 우리와 너무나 닮았으면서도 너무나 다른 침팬지들의 삶에서는 아주 본질적인 실체만을 마주한다. 그들은 그저 살아간다. 때로는 상황이 아주 잘못되기도 하지만, 대부분은 삶을 충만하게 즐긴다.

데릭이 담대한 암과의 싸움에서 패한 뒤, 내가 위안을 구해 찾아간 곳이 곰베다. 데릭은 독일에서 생을 마쳤다. 우리는 기적적인 치료제가 나오기를 기다리며 한동안 그곳에 머물렀다. 비슷한 상황에 처한 사람들 수천 명이 이 한 가닥 희망에 필사적으로 매달렸다. 희망이 끝났을 때, 나는 사랑하는 이를 잃은 모든 사람이 경험하는 쓰라린 절망에 빠졌다. 잉글랜드에서 가족과 잠깐 지내다가 다르에스살람으로 돌아왔다. 슬픈 추억이 가득한 곳이었다. 인도양을 바라보며 다리는 장애로 불편했어도 그토록 아끼던 산호초 사이에서 헤엄치며 자유를 누리던 데릭을 날마다 생각했다. 집을 떠나 얼마간 곰베에 파묻혀 지내니 해방된 기분이었다. 예수 그리스도가 예루살렘의 언덕을 오른 이래 거의 변하지 않았을 오래된 나무들 사이에 아픔을 묻고 숲에서 새로이 살아갈 힘을 얻을 수 있었다.

이 시기에 나는 데이터 수집 생각일랑은 잊다시피 하고 주로 야외로 나갔고 침팬지들에게 그 어느 때보다 가까이 접근해서 지냈다. 관찰하고 새로운 지식을 얻기 위해서가 아니라 그저 그들이 곁에 있어 주기를 바랐다. 내게 바라는 것 없고 나를 가여워하는 눈으로 보지 않을 벗이 필요했던 것 같다. 그렇게 내 마음이 서서히 치유되었고, 침팬지들이 어떤 기분인지, 어떤 감정인지 직관적으로 공감하는 힘이 생겼다. 그 시기를 거치면서 나는 진정으로 자연과 하나로 연결된 느낌을 얻었다. 자연의 무한한 생명 주기 안에서, 상호 의존하며 살아가는 숲의 모든 생명체와 더불어.

내가 살아 있는 한 피피와 피피네 가족, 에버레드와 함께 보낸 그날 오후를 잊지 못할 것이다. 3시간을 따라다니는 동안 침팬지들은 평화로이 사이좋게 여기저기 돌아다니면서 식사했다가 쉬었다가 털 고르기를 했고 유아들은 뛰어놀았다. 오후가 저물 무렵 카콤베 계곡으로 들어가 카콤베 개울을 따라 동쪽, 무화과나무를 향해 걸었다. 지역 주민들은 음토보골로라고 부르는 이 나무는 카콤베 폭포 근처에서 자란다. 목표가 가까워지자 우렁찬 폭포수 소리가 연초록 공기 사이로 울려 퍼졌다. 에버레드와 프로이트가 털을 세우고 속도를 높였다. 나무들 사이로 불쑥 폭포가 시야에 들어왔다. 개울 바닥에서 4미터 떨어진 높이에서 물이 쏟아져 내리고 있었다. 영겁의 시간을 흘러내린 폭포수에 팬 절벽에는 깊은 절리가 만들어져 있고 절벽 양옆으로는 덩굴이 바위 면에 고리처럼 늘어져 있었다. 바위틈으로 쏟아지는 물이 만들어 낸 바람에 강렬한 초록빛 양치 식물이 쉴 새 없이 흔들렸다.

에버레드가 이를 보자마자 돌진해 공중으로 솟구치더니 늘어진 덩굴 한 줄기를 잡고 물보라를 맞으며 그네를 탔다. 잠시 뒤, 프로이트도 덩굴 그네에 올랐다. 둘은 이 줄기에서 저 줄기로 건너 타면서 공중에서 헤엄치듯 움직였다. 저러다가 가느다란 덩굴 줄기가 저 높은 꼭대기에서 툭 끊어지면 어쩌려고. 프로도는 개울가를 따라 달리면서 앞으로 계속 돌을 던지고 또 옆으로도 던졌다. 물보라를 맞아 털이 반짝거렸다.

셋은 10분 동안 열렬한 과시 행동을 펼치고, 피피와 새끼는 개울가 높은 무화과나무 위에서 그 모습을 구경했다. 그 행동은 자연을 향한 경외감을 표현한 것이었을까? 자연의 힘, 인류 초창기에 원시 종교를 탄생시켰을 그 힘을 경배한 것이었을까? 쉴 새 없이 달리지만 아무 데로도 가지 않으며 변함없으나 한 순간도 같지 않은, 살아 숨 쉬는 것 같은 저 불가사의한 물의 힘을?

의식이 끝나자 침팬지들은 개울에서 나와 피피가 앉아 있는 무화과 나무로 올라갔다. 모두가 으흐으흐 기쁨의 소리를 읊조리며 잘 익은 열매를 먹었다. 산들바람에 나뭇가지 살랑이고, 너울거리는 나뭇잎 지붕 사이로 작은 별빛이 어슴푸레 깜박였다. 취할 것 같은 농익은 무화과 향, 먹이를 찾아 비행하는 새들이 지저귀는 소리, 파닥파닥 윙윙 날갯짓 소리가 사방에 가득했다. 무화과나무의 거대한 가지는 하늘을 향해 자라는 덩굴 장식에 휘감겨 있었다. 꽃이 머금은 달콤한 즙은 나비들과 무지갯빛 태양새들이 날아와 먹었다. 침팬지들이 우적우적 먹고 뱉은 씨앗에서는 새 무화과가 자라날 것이다. 수많은 식물과 동물을 먹여 살린 이 나무는 언젠가 그 삶의 무게를 뒤로하고 땅에 쓰러질 것이다. 이 나무가 썩어 가면서 만들어진 비옥한 터전에서는 다시 수많은 새 생명이 탄생할 것이다. 사방 천지에서 생명은 생명과 연결되어 자라고 죽음과 결합하면서 침팬지의 보금자리 숲의 생명을 이어 간다. 태초의 나무만큼 오래되고 무한한 생명 주기. 새로운 형태로 끝없이 새로 태어나는 태고의 패턴.

그렇듯 풍요의 환경에서 침팬지와 닮은 생명체들이 최초의 인류가 되었으며, 서서히 진화했다. 남달리 모험심이 강한 이들이 먹을 것이나 새로운 영역을 찾아 숲에서 벗어나 주위의 사바나로 들어갔다. 모험을 끝내고 안전한 숲으로 돌아왔을 때 얼마나 안도했으랴. 그러나 초기 생명체들이 점차 바다와 호수, 강에서 독립해 살게 되었듯이, 초창기 인류도 숲에서 떠나 살 줄 알게 되었다. 동굴과 불을 발견했고 주거지 짓는 법을 배웠고 무기를 사용해 사냥하는 법, 말하는 법을 배웠다. 그러자 대담하고 오만해졌다. 자신들을 그토록 오랜 기간 보듬고 키워 준 숲과 그 주변 지역을 난도질하고 멋대로 개조하기 시작했다. 오늘날 인류는 지구의 표면을 활보하고 다니며 숲을 베어 없애고 토지를 황폐하게 만들고 비옥한 땅을 콘크리트로 덮고 있다. 인류는 자연을 길들이고 그 풍요를 약탈하고 있다. 이는 우리가 전능하다고 믿어서 벌이는 행동이다. 하지만 우리는 그렇지가 못하다.

생명을 부양해 주던 숲이 야금야금 황량하고 완고한 사막으로 무자비하게 대체되고 있다. 무수한 식물 종과 동물 종이 그 가치와 위대한 질서를 배우기 전에 세계에서 사라지고 있다. 세계의 기온이 치솟고 오존층이 파괴되고 있다. 주위를 돌아보라. 파괴와 오염, 전쟁과 비참, 손상된 신체와 일그러진 정신이 널려 있다. 인간의 세계나 인간 아닌 존재들의 세계나 다를 바 없다. 이 사막화가 계속되도록 방치한다면 우리는 파멸을 피할 수 없을 것이다. 이 대질서를 그렇게 망가뜨리고도 살아남기를 바랄 수는 없다.

이 끔찍한 현실을 큰 그림으로 생각하자니, 우리가 자연에 지은 죄, 우리의 동료 생명들에게 지은 죄의 무게를 차마 감당하기 힘들다. 이처럼 거대하게 무분별한 파괴 앞에서 나는, 아니 우리 누구라도, 무엇을 해야 하는가?

무화과가 내 발치에 떨어져 깜짝 놀랐다. 피피가 충분히 먹었는지 나무에서 내려와 내 곁에 누워 눈을 감는다. 이것은 사람과 동물이 나눌 수 있는 완전한 신뢰, 생명체와 자연 환경이 이룰 수 있는 완벽한 조화다. 포스티노가 아장아장 걸어서 내 쪽으로 오더니 눈을 크게 뜨고 응시하며 손을 뻗어 내 손을 톡 치고는 다시 피피에게로 돌아간다. 신뢰. 그리고 자유. 보금자리 숲을 잃고 전 세계 도처의 동물원에 갇히고 실험실에 수용된 수많은 침팬지를 생각한다. 올드 맨 이야기를 기억한다. 그리고 곤경에 처한 인간 친구에게 올드 맨이 어떻게 행동했는지를.

싸우겠다는 의지, 최후까지 싸운다는 의지가 불타올랐다. 침팬지에게는 그 어느 때보다 더 절실히 도움이 필요하다. 우리 각자가 조금씩만 움직여도 침팬지에게는 도움이 된다. 아무리 작은 일이라도. 지금 하지 않는다면 우리는 침팬지만이 아니라 인류까지도 배신하는 것이다. 그리고 우리는 절대로 잊으면 안 된다. 세계가 직면한 환경 문제가 극복하기 어려워 보일지는 몰라도, 우리가 힘을 합친다면 변화를 가져올 수 있다는 것을. 해야만 한다. 간단하지 않은가!

에버레드와 프로이트와 프로도가 나무에서 내려와 피피, 포스티노와 함께 평화로운 깊은 숲을 향해 출발했다. 그들의 뒷모습을 바라보다가 뒤돌아보았다. 울창한 초목 틈으로 난 창에 햇살이 들어오고 폭포 밑자락에 흩뿌리는 물보라 구름 위로 무지개가 나타났다.

그후 이야기

❖

『창문 너머로』가 출간된 뒤로 20년에 걸쳐 곰베의 침팬지 총 개체수는 감소해 왔다. 1970년대에는 침팬지 공동체가 4개 남아 있었다. 앞서 우리는 우리가 중점적으로 연구한 카세켈라 공동체의 수컷들이 충격적인 4년 전쟁 기간에 카하마 공동체를 절멸시킨 과정을 살펴보았다. 50마리 가량 되는 강한 칼란데 공동체는 카세켈라의 전승자들을 뒤로 밀어내면서 북쪽으로 이동했고, 마찬가지로 강한 미툼바 공동체는 북쪽에서부터 밀고 내려왔다. 그러고 나서 1987년에 독감 같은 무시무시한 유행병이 카세켈라 공동체의 많은 침팬지를 죽였고, 다른 두 공동체도 같은 병에 희생되었던 것 같다. 1988년 무렵에 이르자 50여 마리에 이르던 카세켈라 공동체는 38마리로 감소했다.

그러나 카세켈라 공동체는 점차 개체수를 회복해 지금은 성체 수컷 11마리를 포함해 약 60마리가 되었고, 영역도 확장해 현재는 국립 공원 절반 이상을 차지하고 있다. 카세켈라가 확장되면서 미툼바와 칼란데는 축소되었는데, 유행병 창궐로 개체수가 감소했을 뿐만 아니라 사람들의 농경지 개간으로 국립 공원 외부의 주요 침팬지 서식지가 사라졌다. 1993년 이래로 카세켈라 침팬지들은 영토를 더 획득했을 뿐만 아니라 이웃 공동체의 침팬지를 공격해 적어도 5마리에게 치명적 부상을 입혔다.

1997년에 이르러 미툼바 공동체의 개체수는 21마리로 감소했다. 어떤 이유에선지 미툼바의 수컷 일부가 패를 지어 공동체 내 수컷들을 죽이는 사건이 두 차례 발생한 바 있다. 겉보기에는 비적응적 행동으로 보이는 이러한 상황이 펼쳐졌는데도 미툼바 공동체에는 현재 25마리가 있으며 조만간 성체가 되어 영역 지키기에 힘을 보탤 어린 수컷이 6~7마리 있으니 앞으로도 살아남을 것이다. 규모 큰 카세켈라 공동체가 미툼바 수컷들의 공격을 받아 성체 암컷을 적어도 1마리 잃은 일도 있었다.

우리는 1999년 이래로 계속 관찰해 왔지만 인간에게 충분히 익숙해지지 않은 칼란데 공동체에 대해서는 많은 것을 알아낼 수 없었다. 1990년대 말까지도 30마리 이상이 있었을 것으로 보이지만, 오늘날 개체수는 최대 16마리가 넘지 않은 듯하다. 어쩌면 더 적을 수도 있다. 개체수 감소는 서식지 파괴, 유행병, 공동체 간 충돌의 결과였다. 또 한 개체는 인간에게 살해당했음을 짐작할 만한 근거가 있다.

침팬지 가족사

앞서 소개한 침팬지들의 뒷이야기를 간략하게 전하고 싶다.

G 가족

고블린과 멜리사의 다른 자식과 손자 이야기로 시작하자. 고블린은 1989년에 암컷 캔디(Candy, 1969년~)를 놓고 벌어진 험악한 싸움 끝에 윌키에게 우두머리 지위를 잃었다. 이 싸움으로 음낭에 심한 부상을 입었다. 회복하는 동안 다른 수컷들을 피해 지냈지만(HBO 다큐멘터리 「침팬지: 우리와 너무 닮은(Chimps: So Like Us)」에서 소개된 바 있다.), 종종 여동생 그렘린과 조용히 털 고르기 시간을 가졌다. 용감하고 결단력 있는 고블린답게 실권한 지위를 되찾기 위한 시도를 한 차례 감행했으나, 실패했다. 이번에는 공동체의 수컷 다수에게 공격을 당했고, 다시 한번 추방당해서 지냈다.

고블린이 다시 무리 안으로 돌아왔을 때는 안전하게 높은 서열 수컷들에게 극도로 복종하는 태도를 보였다. 다시 우두머리로 올라가려는 시도는 하지 않았으나 정치적으로 매우 영리하게 행동했다. 우두머리가 된 프로이트에게 비위를 맞추고 알랑거리면서 이 관계를 통해 권세를 얻고자 했다. 그 지위를 프로도가 빼앗았을 때는 주의를 재빨리 프로도에게로 돌렸다. 심지어 상위 수컷이 있는 자리에서 짝짓기를 할 수도 있었는데, 보통은 상위 서열 수컷을 힐끗 바라보거나, 털 고르기를 잠깐 해 주거나, 몸을 툭 건드려서 '허락을 구한' 다음에 가능한 일이었다. 우두머리 지위를 빼앗긴 뒤로, 기회는 많았어도 더는 후손을 얻지 못한 것으로 보인다. 우리는 고블린이 음낭 부상으로 불임이 되었을 것으로 본다. 말년에 이르러 이가 다 닳아 잇몸밖에 남지 않아서 무척 늙어 보였다. 2004년 8월, 40세 생일을 앞두고 병에 걸려 연구 센터 근처에 나타났는데, 도움을 청하는 듯했다. 이전에 다쳤을 때 우리가 음식과 약을 준 적이 있었으니까. 당시 곰베의 현장 감독 마이크 윌슨(Mike Wilson)은 이렇게 기록했다. "우리는 음식을 먹이고 항생제로 치료해 주었고, 심지어 표범이나 강멧돼지에게 공격받지 않도록 여러 사람이 나가서 밤에 함께 숲에서 지켰다." 마이크는 마지막 순간을 이렇게 적었다. "고블린은 숲길 옆 덤불 속에 누워서 움직이지 않았다. 고블린이 그렇게 약해진 모습을 보니 너무 슬펐다. 우리가 극진히 보살폈지만 결국 고블린은 죽었다."

고블린의 동생이자 멜리사의 쌍둥이 중에서 살아남은 김블은 날 때부터 작고 약했다. 멜리사가 죽은 뒤로 많은 시간을 고블린을 따라다니며 여행했다. 몸은 작았지만 인상적인 과시 행동을 할 줄 알게 되었고, 프로도가 우두머리가 된 초반에는 김블이 확실한 서열 2위였다. 그 뒤로는 점차 서열이 낮아졌다. 우리가 마지막으로 본 2007년에 김블은 겨우 30세였다.

고블린의 여동생 그렘린은 첫아이 게티를 잃은 뒤(지역 원주민의 '주술'이나 민간 요법의 용도로 희생된 것으로 보인다.), 또 다른 카리스마 있는 아들 갈라하드를 낳았다. 2000년에 독감 같은 유행병이 돌던 시기에 그렘린이 갈라하드마저 잃자 우리는 큰 충격을 받았다.

그 뒤로 그렘린의 액운은 반전되었다. 빌 왈라우어가 가이아(Gaia, 1993년~)의 출생을 영화로 제작했다. 그는 이 갓난아기를 피피와 지지, 패니가 공격하는 예상치 못한 살상 과정도 필름에 담았다. 패션과 폼의 비슷한 공격이 결국에는 일탈적 행동에 의한 우발적 사건이 아니었음을 이때 깨달았다. 다행히도 그 모든 역경 속에서도 그렘린은 가이아를 안전하게 지켜 냈다.

가이아가 5세가 되던 1998년(아이맥스 영화 「제인 구달: 침팬지를 사랑한 동물학자(Jane Goodall's Wild Chimpanzees)」를 제작하던 기간에) 내가 모처럼 곰베를 방문했을 때, 그렘린이 쌍둥이 딸 골든(Golden, 1998년~), 글리터(Glitter, 1998년~) 자매를 데리고 먹이 구역으로 들어왔다. 내가 이들을 본 최초의 인간이 되었다. 그 흥분된 순간이 순식간에 공포의 순간으로 돌변했다. 패니가 피피의 지원을 받아 두 새끼를 잡아가려 한 것이다. 왈라우어는 이 충격적인 사건도 촬영했고, 그렘린은 이번에도 새끼들을 지켜 낼 수 있었다.

그렘린은 쌍둥이에게 훌륭한 어미였고, 가이아도 많은 시간을 어미와 함께하면서 쌍둥이와 놀아 주고 털 고르기 해 주고 업고 다니는 등 큰 도움을 주었다. 가이아는 글리터를 더 아꼈고, 모험심 많고 씩씩한 골디는 오빠 갈라하드와 긴밀한 유대를 형성했다. 갈라하드가 비극적 죽음을 맞기 전까지.

골디와 글리터 쌍둥이는 무럭무럭 자랐다. 그렘린의 그다음 새끼 김리(Gimli, 2004년~)가 태어났을 때도 쌍둥이 자매는 문제 없이 동생을 받아들였다. 둘이 항상 같이 다녔기 때문인지 아니면 아빠가 강인한 프로도였기 때문인지, 쌍둥이 자매에게서는 독립의 징후가 일찍 나타났다. 이 자매가 성체가 되어 가면서 둘의 관계가 발전하는 양상을 지켜본다면 무척이나 흥미로울 것이다. 둘의 첫 구애 상황이 특히나 흥미진진할 것이다. 둘의 주기가 계속해서 서로에게 동조되어 나타난다면(그럴 가능성이 높은데) 각각 다른 수컷과 떠날 것인가? 한 수컷이 둘을 동시에 차지하려 들 것인가? 아니면 우리가 최초의 침팬지 더블 데이트 사례를 목격하게 될 것인가! (세이튼이 어린 암컷에게 구애할 때 노모 스프라우트와 동반 데이트한 사례가 있긴 하다!)

가이아는 2006년에 첫 새끼 고도(Godot)를 낳았다. 이때 일어난 일은 놀랍고도 경악스러웠다. 갓 태어난 고도를 그렘린이 '훔쳐' 간 것이다. 고도는 5개월을 살았지만 약한 아이였다. 그렘린의 아들 김리는 느닷없이 입양된 신생아 조카에게 너그러웠다. 이미 2세였던 김리에게는 자기 몫 이상으로 넉넉하게 젖 먹을 기회가 되었을 것이다. 1년 뒤, 그렘린이 가이아의 둘째 아이까지 빼앗아 갔다. 부검 결과, 바깥 공기 한번 호흡해 보지 못하고 사산된 새끼였던 것으로 밝혀졌다.

가이아는 2008년에 다시 임신했고, 기쁘게도 쌍둥이를 출산했다. G 가족 혈통에는 다태아 분만 유전자가 강력했던 모양이다. 하지만 흥분도 잠시뿐, 우리는 다시 경악했다. 그렘린이 세 번째로 딸의 새끼를 둘 다 빼앗아 갔다. 둘 다 살아남지 못해서 하나는 5일 만에, 다른 하나는 13일 만에 죽었다. 그렘린이 이런 행동을 하는 이유는 설명하기 어렵다. 처음 고도를 훔쳤을 때는 쌍둥이를 키운 것이 오래전 일이다 보니 김리 곁에 다른 새끼를 데려다 주고 싶었나 보다 하고 생각했다. 가이아는 품에 안고 있던 쌍둥이 동생을 그렘린이 데려가는 일이 워낙 익숙했기에 자기 새끼를 빼앗겼을 때도 비슷하게 반응했다.

최근 곰베에서 이 가족의 소식이 들려왔다. "기쁜 마음으로 소식 전합니다. 가이아가 다시 새끼를 낳았고 이 새끼는 잘 지내고 있습니다." 현장 감독 애나 모서(Anna Mosserr)의 편지였다. 2009년 6월 5일, 가이아와 신생아 아들이 큰 무리에 합류했다. 6일 정오에 그렘린이 처음으로 모습을 드러냈다. 그렘린은 손자에게 흥미를 보였지만, 가이아가 어미가 접근하지 못하게 새끼를 잘 지키고 있다고 했다. 애나는 이렇게 보고했다. "저희는 그다음 5일 동안 G 가족, 그렘린과 가이아, 새끼 골든, 글리터, 김리를 추적 관찰했습니다." 이 시기에 그렘린은 여전히 가장이었고, 편지를 쓰던 당시 그렘린의 아들은 아직 살아 있었다.

윌키는, 앞서 언급했듯이, 고블린에게서 우두머리 지위를 빼앗아 3년 3개월을 통치했다. 윌키는 털 고르기의 대가였고, 암컷과 짝짓기하려는 의지가 강했을 뿐만 아니라 그 노력의 결과 역시 성공적이었다. DNA 분석으로 윌키가 적어도 여섯 자녀를 얻은 것으로 나타났다. 가이아도 그의 아이였다.

F 가족

피피는 거의 50세까지 살았다. 2004년, 피피는 2세 딸 푸라하(Furaha, 2002~2004년. 스와힐리 어로 '기쁨'이라는 뜻이다.), 6세 딸 플러트(Flirt, 1998~2004년)와 함께 사라졌다. 피피 가족은 영역 북부에서 지내 왔는데, 명확한 증거는 없지만, 미툼바 수컷들에게 치명적 공격을 당한 것으로 추측한다. 그 전까지는 병에 걸리거나 건강이 나빠졌다는 징후를 보인 적이 없기 때문이다. 기쁘게도 어린 플러트가 몇 주 뒤에 모습을 드러냈다. 플러트는 종종 오빠 프로이트나 프로도와 함께 여행했다.

피피는 엄청나게 성공한 어머니였다. 1971~2002년에 자식 9마리를 출산해 이 글을 쓰는 현재 7마리가 살아 있다. 피피는 나이를 먹으면서 우두머리 암컷 지위로 상승했기 때문에 출산 간격은 점점 더 짧아졌다. 고블린이 아버지인 패니와 플로시 자매를 제외하면 전부 다른 아버지의 자식이었다. 피피는 아주 특별한 침팬지였다. 갓난아기 때 나와 처음 만난 이래 우리와 유달리 깊은 유대를 유지했다. 피피는 내게 곰베를 특별한 곳으로 만들어 준 침팬지다.

피피의 아들과 딸, 손자 들도 굉장히 두드러지는 침팬지들이다. 얼마나 놀라운 가족인가. 우리는 플로의 아들 피건이 형의 도움을 받으며 강력한 우두머리 수컷의 지위에 오르는 과정을 지켜보았다. 피피의 세 아들(플로의 손자이자 피건에게는 조카) 프로이트와 프로도, 퍼디난드(Ferdinand, 1992년~)가 모든 침팬지가 열망하는 우두머리 지위에 올랐다.

프로이트는 1993년에 윌키에게서 우두머리 지위를 빼앗은 뒤로 5년 가까이 통치했다. 우두머리치고는 무척이나 느긋한 편이어서 다른 수컷들과 털 고르기 하는 데 많은 시간을 보냈다. 하지만 격렬하고 반복적인 과시 행동으로 어린 시절 놀이 친구인 동생 프로도를 공포로 몰아넣곤 했다. 나는 프로도가 작은 소리로 낑낑거리며 야자나무 위에서 1시간 넘게 두려움에 떠는 동안 밑에서 평화로이 자기 털 손질에 몰두하는 프로이트를 목격한 적이 있다.

프로이트는 돼지옴 유행 기간에 전염되었을 때 우두머리 지위를 상실했다. 다른 수컷들을 피하기 시작한 프로이트를 어느 날 프로도가 무성한 덤불 속에서 찾아냈다. 이어지는 놀라운 상황을 왈라우어가 빠짐없이 비디오로 포착했다. 프로이트는 프로도가 방금 떠난 수컷 무리의 외침을 듣자마자 다른 곳으로 옮기려 했다. 하지만 프로도가 주위를 돌면서 과시 행동을 펼쳤고, 프로이트가 두려움에 비명을 지르는 동안 반복적으로 가지를 뒤흔들었는데, 암컷에게 구애하는 수컷이 따라오라고 설득할 때 하는 행동이다. 프로이트는 계속해서 두려움에 비명을 지르면서 번번이 달아나려 했지만 동생은 봐주지 않고 가차 없이 밀어붙여 이 병든 형을 흥분한 수컷 무리 속으로 들어가게 했다. 왈라우어는 이 무시무시한 집단 공격을 끝까지 목격하리라 단단히 마음먹었다. 그런데 놀랍게도 프로도의 태도가 바뀌어 흥분해서 과시 행동을 하는 수컷들을 향해 돌을 던지며 형을 지키는 게 아닌가.

프로이트는 기회가 많았는데도 우두머리 기간에는 자식을 얻지 못한 것으로 보인다. 하지만 그 뒤에 캔디가 낳은 코코아(Cocoa, 2004년~)의 아버지가 되었다.

1997년, 프로도는 앞서 말한 사건 이후로 프로이트에게서 손쉽게 우두머리 지위를 빼앗았다. 당시 프로도는 전성기인 21세로 우리가 만난 수컷 중에 몸집이 가장 컸다. 어릴 때 보였던 공격적 위협 행동이 성체가 되어서도 없어지지 않아 다른 침팬지들(은 물론 사람들)의 두려움을 받는 존재가 되었다. 프로도가 나타나면 다른 수컷들이 무리를 떠나는 경우가 흔했다. 유아들도 프로도가 근처에 오면 놀이를 멈추었다. 프로도는 다른 침팬지들과 좀처럼 털 고르기를 하지 않았고, 앉아서 다른 침팬지들이 자기한테 해 주는 편을 선호했다. 또 다른 침팬지들과 동맹을 구하지도 않았다. 혼자로도 충분했기 때문이다. 사냥에서는 삼촌 피건과 마찬가지로 대단히 유능했다. 한편 피건과 달리 유전자를 후대에 전달하는 면에서도 대단히 성공적이었다. DNA 분석은 우두머리 통치 기간 5년 동안 공동체 내에서 자녀를 적어도 일곱은 얻었음을 보여 주었다. 한 아이는 근친 짝짓기로 임신되었다. 피피의 일곱째 프레드(Fred)가 그 아이인데, 아직 유아일 때 앞에서 언급한 돼지옴 유행병으로 죽었다.

형 프로이트와 마찬가지로 프로도도 병에 걸려 우두머리 지위를 상실했다. 내가 2003년 말에 만났을 때는 어찌나 쇠약해지고 굳어 있는지 알아보지 못할 뻔했다. 왈라우어와 내가 프로도 옆에 앉아 있을 때 근처에서 수컷 무리의 외침이 들려왔는데, 프로도는 어깨 너머로 초조하게 힐끗거리면서 재빨리 소리 없이 덤불 속으로 미끄러져 들어갔다. 얼마 동안은 영 회복하지 못하는 것이 아닌가 싶었지만 결국 건강과 거친 고함을 되찾았다. 하지만 우두머리 지위는 되찾지 못했다.

포스티노와 동생 퍼디난드는 피피의 다섯째, 여섯째 자식이다. 윌키의 아들인 포스티노는 2005년에 서열 2위가 되었다. 하지만 심한 병을 앓으면서 아래 서열로 떨어졌다가 회복한 뒤 다시 다른 수컷들에게 도전하기 시작했다. 지금은 가장 강력한 도전자가 되었는데, 그 우두머리는 다름 아닌 2008년 3월 (연장자 수컷 크리스(Kris, 1982~2010년)로부터) 지위를 차지한 포스티노의 동생 퍼디난드다.

유아기에 친했던 패니와 플로시는 차츰 멀어졌다. 패니는 어미 피피와 같은 구역에 남았으며, 모녀가 함께 있는 경우가 많았다. 앞서 언급했던 그렘린의 새끼를 공격한 사건 때 피피를 지원한 것도 패니다.

패니는 내가 아는 어미들과 달리 세심한 어미가 되지 못해 첫아이 팩스(Fax)를 겨우 4세일 때 잃었다. 그 뒤로는 두 아들과 딸 하나, 즉 모두 수컷 셸던(Sheldon, 1983년~)의 자식인 퍼지(Fudge, 1996년~), 펀디(Fundi, 2000년~), 파밀리아(Familia, 2004년~)의 이유기를 성공적으로 넘겼고 현재 젖먹이 둘째 딸 파딜라(Fadhila, 2007년~)를 키우고 있다. 피피의 경우와 마찬가지로, 패니의 아이들도 최소 출산 간격으로 신속하게 태어났다.

플로시는 1996년에 출생 공동체를 떠나 미툼바 공동체로 이주했다. 공동체의 원래 암컷들의 반응이 공격적이었지만, 자신감 넘치는 태도로 수컷들에게 도움을 요청했다. 공동체의 주 영역인 미툼바 계곡 기슭에 빠르게 정착해 지금까지 자식 넷을 얻었는데, 1997년에 아들 포레스트(Forest), 2001년에 팬시(Fansi), 2005년에 딸 플라워(Flower)를 낳았고, 2009년에 새 새끼를 낳았다. 또한 F 가족 내력대로 출산 간격이 밭았다. 플로시는 최고령이 아닌데도 미툼바 공동체 암컷 가운데 서열 2위에 올랐다.

패션의 가족

패션이 죽은 뒤 지배적인 어머니의 지원이 사라진 폼은 다른 암컷들에게서 엄청난 공격을 당했고, 1년 뒤 미툼바 공동체로 이주했다. 안타깝게도 폼과는 접촉이 끊겼다. 1986년에 어린 새끼와 함께 있는 모습이 발견되었지만 그 이후로는 다시 보지 못했다.

우리가 예측한 대로, 프로프는 높은 지위를 획득하지 못했다. 동생 팍스와의 가까운 관계는 평생 지속되었다. 슬프게도 1998년 초에 사라졌다. 남부로 이주한 것으로 짐작되는데, 칼란데 수컷들의 공격에 희생된 듯하다. 확실하게 알 길은 없지만, 프로프가 사라진 뒤 팍스가 여러 차례 남부 탐험을 주도했다는 사실이 흥미롭다. 우리는 사라진 형을 찾아 나선 것일 수도 있다고 본다. 팍스는 보통 수컷들과 달리 성체 암컷보다 더 크지 못했으며, 새끼 때 입은 부상으로 평생 짝짓기를 하지 못했다. 프로프는 성격이 유달리 쾌활했다. 침팬지 옷을 입은 피터팬이라고나 할까.

패티의 가족

패티는 높은 서열에 올랐으며 어머니로서도 성공적이었다. 공동체의 중심이 되는 지위를 차지해 피피와 영역이 겹쳤다. 이 책에서 서술한 것처럼, 양육 기술이 처음에는 형편없다가 시간이 갈수록 크게 발전해 탕가(Tanga, 1989년~), 타이탄(Titan, 1994년~), 타잔(Tarzan, 1999년~)을 잘 키워냈다. 패티도 피피처럼 점점 더 많은 시간을 북부에서 보내기 시작했다. 2005년에 패티는 5세가 된 타잔과 함께 미툼바 계곡 북쪽 끝자락으로 프로도와 밀월 여행을 떠나는 모습이 목격되었다. 미툼바 공동체의 수컷 둘과 암컷 넷이 이들을 발견했다. 프로도는 달아났지만, 패티는 빠져나가지 못해 수컷들에게 심하게 공격당했다. 2주 뒤에 죽었고, 전신에 다수의 심각한 내상과 외상을 입은 것으로 확인되었다. 끔찍한 사건이었지만, 공격이 벌어지는 동안 한 젊은 미툼바 암컷에게 떠밀린 타잔은 어미 곁을 떠나 안전하게 호위를 받으며 현장을 떴다. 타잔은 이 덕분에 목숨을 구했을 것이다. 그 이후에 남부로 돌아와 현재 형 타이탄과 지내고 있다. 타잔과 타이탄 둘 다 프로도의 자식으로, 그 공격성을 상당 부분 물려받았다. 예를 들어 타이탄은 돌팔매질을 자주 하는데 매우 정확하다.

패티의 큰딸 티타는 미툼바 공동체로 이주한 뒤 출산했지만 새끼는 죽었고, 드문드문 보이다가 1998년 이후로는 사라졌다. 최근 칼란데에서 발견된 대소변 샘플 DNA 분석 결과는 티타가 살아 있으며 칼란데 공동체에서 아들과 살고 있음을 시사한다. 탕가는 카세켈라 공동체 영역 안 패티가 사는 구역에 남았으며, 두 아이 톰(Tom, 2001년~)과 타보라(Tabora, 2006년~)가 있다.

내가 가까이서 관찰하고 앞에서 기술한 거의 모든 고아 침팬지는 보호자와 함께 죽거나 사라지는 경우가 많았다. 지지는 1993년에 사라졌고 새끼 멜은 그로부터 1년 뒤 밝혀지지 않은 공격자에게 입은 상처 부위 감염으로 죽었다. 지지가 죽은 뒤, 한동안 지지와 긴밀한 관계였던 스코샤는 상당히 비극적인 암컷이 되었다. 모든 침팬지가 사냥에 성공한 뒤 고기를 나눠 먹는 동안 나무 밑에서 기어 다니며 잎에서 떨어진 핏방울을 핥아먹던(이것밖에는 할 수 없어서) 스코샤의 모습은 언제까지나 잊지 못할 것이다. 자식은 낳지 못했지만, 상황이 차츰 나아져 중간 서열을 획득했다. 33세에 사라졌고 그 뒤의 운명은 알지 못한다.

원다와 울피 모두 자취를 감추었다. 보고서는 나오지 않았지만 둘은 남매였을 수 있으며, 남부에 서식하는 공동체에 이주했을 수도 있으나 확인되지 않았다.

하지만 다비는 살아남았다. 모든 고아 침팬지가 그렇듯이 발달이 더뎌 13세가 되어서야 첫 생식기 팽창이 나타났다. 카세켈라 영역에 남아 있는 동안 줄곧 공동체 암컷들의 공격을 받았고, 결국 1998년에 미툼바 공동체로 이주했다. 8년 뒤, 마침내 건강한 새끼 메이비(Maybee)를 출산했다. 남동생 투비(Tubee, 1977년~)는 대체로 혼자 다니는 편이었다. 수년간 중상위 서열을 유지하고 있으며 지금까지 한 아이, 김리의 아버지가 되었다.

50년 뒤

최근 곰베로 돌아와 침팬지 무리와 만날 때면 나무를 올려다보기만 해도 거기 누가 있는지 곧바로 알아볼 수 있던 지난날이 그립기 그지없다. 현재의 젊은 세대 침팬지들과는 사귀지 못했기 때문이다. 지금 남은 것은 그렘린과 가이아뿐이다. 그리고 피피의 연장자 자손들. 그리고 윌키. 내가 그토록 잘 알던, 설레고 신나는 순간들 혹은 애통한 순간들을 그토록 오래 함께했던 벗들이 하나둘 떠나갔다. 나는 산꼭대기나 계곡 물가에 앉아 데이비드 그레이비어드와 골리앗, 플로와 멜리사를 생각하며 많은 시간을 보내고 있다. 새로운 발견에 흥분하고 미지의 영역을 탐험하다가 숲의 세계와 그곳의 매혹적인 주민들에 대해 배워 가던 시절을 기억한다. 50년이 지났다. 반세기다. 그 시절 우리는 곰베의 침팬지들에 대해 많은 것을 배웠다. 앞으로 다가올 시간에 우리는 또 어떤 비밀을 새로 발견하게 될까?

2009년 10월

제인 구달

감사의 말

❖

거의 30년이 지난 지금, 곰베에서 연구를 계속할 수 있도록 도와준 모든 분께 어떻게 다 감사할 수 있을까? 돌이켜 보면, 실제 연구에 주어진 도움과 나 개인의 행복에 주어진 도움을 구분하기가 쉽지 않다. 곰베에서 침팬지들이 살아가는 모습을 관찰하고 기록하는 일이 사적인 생활과 뗄 수 없이 얽혀서 구분한다는 생각 자체가 무의미하다. 내가 받은 도움과 지원에 대해서 다 말하려면 책을 따로 한 권 써야 할지도 모르겠다. 전 세계 사람들에게서 받은 친절과 관대함, 돕고자 하는 의지에 가슴이 벅차오르곤 한다. 그것이 내게 어려운 시기마다 헤치고 나아갈 힘이 되어 주었다.

곰베에서 연구를 시작한 첫 10년 동안 도와주신 모든 분께는 첫 책

『인간의 그늘에서』를 통해 감사한 마음을 전했으리라 믿으며, 그랬기를 바란다. 여기에서는 그 이후로 연구를 이어 갈 수 있도록 도움 주신 개인과 기관에 감사한 마음을 표하고자 한다.

무엇보다도 탄자니아 정부를 먼저 언급하지 않을 수 없다. 줄리어스 니에레레 전 대통령, 숲 서식지 보존 운동가이자 식물학자이며 현 혁명당 의장이자 니에레레의 후임자인 하산 음위니(Hassan Mwinyi, 1925~2024년) 대통령, 그리고 오랜 기간 도움과 지원을 아끼지 않았던 여러 정부 부처의 많은 공직자분께 감사함을 전한다. 언제고 도움을 아끼지 않은 키고마의 여러 지역 위원과 지역 발전 감독관 여러분, 와일드라이프(Wildlife) 소장 코스타 음라이(Costa Mlay)에게 특별한 감사를 전한다. 탄자니아 국립 공원 원장 데이비드 바부(David Babu)와 다수의 관리인, 탄자니아 야생 동물 연구소장 카림 히르지(Karim Hirji), 탄자니아 과학 연구 평의회 회장과 직원(특히 애디 리아루) 여러분께도 특별히 감사 드린다.

지난 20여 년 동안 많은 재단과 기관, 개인으로부터 기금 지원을 받았다. 수년간 연구 프로그램 전 과정에 기금을 지원하고 다양한 경로로 연구 작업을 지속적으로 지원한 전미 지리 학회(National Geographic Society)에 아주 특별한 감사의 말씀을 전한다. 전미 지리 학회는 몇 년에 걸쳐 잡지 기사와 텔레비전 프로그램, 그리고 최근에는 잡지 광고를 통해 곰베의 침팬지를 널리 알려, 나와 나를 도와 일하는 많은 사람이 다양한 침팬지 프로그램을 수행하기 위해 필요한 자금을 모으는 데 어느 곳보다도 큰 도움을 주었다. 그동안 너무나 큰 도움을 준 멜빈 페인(Melvin Payne, 1911~1990년), 길버트 멜빌 그로스베너(Gilbert Melville Grosvenor, 1931년~), 메리 스미스(Mary Smith), 네바 포크(Neva Folk)를 특별히 언급하고 싶다.

후한 보조금을 여러 차례 지원해 준 LSB 리키 재단(LSB Leakey Foundation), 티타 콜드웰(Tita Caldwell), 고든 게티(Gordon Getty), 조지 재겔스

(George Jagels), 콜먼 모턴(Coleman Morton), 데비 스파이스(Debbie Spies)의 지원과 우정에 특별히 감사한다.

1975년, 40명의 무장한 무리가 학생 4명을 납치한 사건(7장에서 설명했다.) 직후 그랜트 재단의 관대한 지원이 끝나면서 곰베에서 연구를 지속하는 데는 많은 개인의 기부가 큰 힘이 되었다. 기부자가 많아서 일일이 거명할 수 없지만, 그 한 분, 한 분께 진심으로 감사 드린다. 나누고자 하는 마음만큼은 고액을 쾌척하신 분과 작은 선물을 보내 주신 분이 하등 다르지 않다고 믿는다. 내가 가장 소중하게 기억하는 기부는 직접 돈을 벌면 더 보내겠다는 짤막한 문구와 함께 25센트짜리 동전을 종이에 붙여서 보낸 한 아프리카 소년의 편지다.

그리고 장기간 탄자니아 직원들을 위한 의약품을 보급해 준 나의 정든 친구 짐 카유에트(Jim Caillouette, 1927~2015년)에게도 고마운 인사를 보낸다. 많은 기업이 기부해 주었는데, 특히 침팬지의 행동을 현장에서 녹화할 수 있도록 다량의 비디오 카메라, 재생 기기, 테이프를 지원해 준 제프 월터스(Jeff Walters)와 소니 사에 감사를 표한다.

곰베에서 가장 가까운 키고마 시의 많은 분이 도움을 주었다. 특별히 블랑슈 브레스키아(Blanche Brescia)와 토니 브레스키아(Toni Brescia) 부부, 수바드라 다르시(Subhadra Dharsi)와 람지 다르시(Ramji Dharsi) 부부, 라마 리운디(Rahma Liundi)와 크리스토퍼 리운디(Christopher Liundi) 부부, 아스가르 렘툴라(Asgar Remtulla), 키리트 바이타(Kirit Vaitha)와 자얀트 바이타(Jayant Vaitha) 부부에게 감사한다.

제자 시절에 내 성질을 견뎌 주고 이후로도 도움과 지원을 아끼지 않았던 로버트 하인드에게는 언제나 감사한 마음이다. 또한 1972년 곰베와 스탠퍼드 대학교 사이에 협력 프로젝트 협상을 진행해 대규모 기금만이 아니라 매 학기 곰베에서 연구 조교로 일할 재능 있는 학생들을 확보하게 해 준 데이비드에게도 감사한다.

침팬지를 관찰하고 데이터를 수집하는 작업에 참여한 모든 학생과 조교의 이름을 언급하며 인사하기는 어려울 듯하다. 하지만 여러 해 현장에 남아 일하면서 크게 기여한 분들에게는 특별히 감사의 말을 전하고 싶다. 해럴드 바우어(Harold Bauer), 데이비드 바이고트(David Bygott), 패트릭 맥기니스(Patrick McGinnis), 래리 골드먼(Larry Goldman), 헤티 플루이즈(Hetty Plooij)와 프랜스 플루이즈(Frans Plooij) 부부, 앤 퓨지, 앨리스 소럼 포드(Alice Sorem Ford), 게자 텔레키, 미치 톤덜(Mitzi Thorndal), 캐럴라인 튜틴, 리처드 랭엄, 그리고 50일 동안 피건의 추적 관찰을 수행했던 커트 버시와 데이비드 리스에게 감사한다.

탄자니아 주민 직원들의 헌신적인 자세와 노련한 작업에도 높은 경의를 표한다. 그분들은 곰베에서 이 일을 생업으로 삼아 오랜 세월 일했다. 1975년의 납치 사건으로 우리의 연구가 끝나 버리지 않은 것은 순전히 이분들 덕분이다. 1968년에 곰베에서 일하기 시작해 현재는 데이터 수집을 관리하는 힐랄리 마타마, 10년 넘게 나와 함께 일한 하미시 음코노와 에슬롬 음퐁고에게 특별히 감사한다. 또한 야하야 알라마시(Yahaya Alamasi), 라마다니 파딜리(Ramadhani Fadhili), 브루노 헬마니(Bruno Helmani), 하미시 마타마(Hamisi Matama), 가보 파울로(Gabo Paulo)에게도 감사한다. 1988년에 별세한 음제 라시디 키크왈레(Mzee Rashidi Kikwale)에게 특별한 찬사를 바친다. 내가 처음 곰베에 와서 산과 숲을 탐험할 때 동행해 길을 알려 준 이가 라시디다. 내가 첫 침팬지를 만난 것도 라시디와 함께였다. 라시디는 긴 세월 성실한 일꾼이자 진짜 친구가 되어 주었다. 말년까지 현지 직원 캠프의 명예 대표로 활동하며 곰베에서 중요한 역할을 맡아 주었다. 라시디가 세상을 떠났을 때 힐랄리는 이렇게 애도했다. "우리는 이제 머리 없는 몸뚱이나 진배없습니다." 우리 모두 라시디를 그리워

한다.

곰베 연구에 중대하게 공헌한 두 사람을 꼽는다면, 크리스토퍼 뵘(Christopher Boehm, 1931~2021년)과 앤서니 콜린스(Anthony Collins)다. 크리스는 침팬지들의 일상 기록 장비로 처음 8밀리미터 비디오 카메라를 도입했으며, 탄자니아 현지 직원들에게 이것의 사용법을 가르쳤다. 그 덕분에 다수의 희귀 사건을 영상으로 포착할 수 있었으며, 내가 곰베를 떠나 있을 때 일어난 일의 상당수를 볼 수 있었다. 토니는 비비 연구 팀 현장소장이다. 연 2회 3개월씩 방문하면서 비비 연구에 헌신하는 한편, 긴 시간을 할애해 직원 복지, 임금, 보험 등 골치 아픈 행정 업무를 도맡아 처리해 준 토니가 얼마나 고마운지 모른다. 최근에는 영국 수의사 케네스 팩이 추가되었다. 케네스가 적기에 찾아옴으로써 아주 특별한 침팬지, 고블린의 생명을 구할 수 있었으며, 최근에는 우리가 연구하는 곰베의 비비 무리를 유행병이 덮쳤을 때도 능숙하게 치료해 주었다. 케네스에게 무한히 감사한다.

다르에스살람에서는 멋진 팀이 데이터 분석과 프로젝트 운영을 맡아 주었다. 모르는 게 없고 못하는 일이 없는 트루샤 판디트(Trusha Pandit)가 8년 동안 나의 오른팔이 되어 주었다. 최근에 남편과 함께 인도로 돌아갔는데, 그를 대체할 이는 없으리라. 데이터 분석은 물론 곰베(와 내)가 잘 돌아가도록 각종 업무에 귀한 시간을 들여 도와준 지니 딘(Jeanee Deane), 제니 굴드(Jenny Gould), 제니퍼 하네이(Jennifer Hanay), 앤 힝크스(Ann Hinks), 우타 수터(Uta Soutter), 주디 테일러(Judy Taylor), 여러분 모두 진심으로 고마워요. 데릭의 죽음에 만사를 제쳐 놓고 달려와 내게 힘을 불어넣어 준 친구들에게도 진심으로 고맙다.

물론 그 누구보다도 따뜻하고 든든한 후원자인 나의 가족, (바로 몇 달 뒤 개심술을 받아야 했던 어머니) 밴, 올리(Olly), 오드리(Audrey), 주디(Judy)에게도. 그리고 그럽, 온통 침팬지와 침팬지 이야기밖에 모르는 사람을 어머니로 둔 가엾은 녀석. 다르에스살람에는 데릭의 아들 이언(Ian)이 있었다. 그리고 클래리사 반스(Clarissa Barnes)와 거너 반스(Gunar Barnes) 부부, 제니 굴드(Jenny Gould)와 마이클 굴드(Michael Gould) 부부, 프라우케 하프너(Frauke Haffner)와 베노 하프너(Benno Haffner) 부부, 시지 맥마헌(Sigy McMahon)과 테드 맥마헌(Ted McMahon) 부부, 낸시 누터(Nancy Nooter)와 로버트 누터(Robert Nooter) 부부, 트루샤 판디트와 프라샨트 판디트(Prashant Pandit) 부부, 주디 테일러(Judy Taylor)와 에이드리언 테일러(Adrian Taylor) 부부. 그리고 내가 탄자니아로 돌아온 직후 비참했던 시절에 곁에 있어 준 아주 특별한 친구, 딕 비에츠(Dick Viets)와 그의 멋진 아내 마리나 비에츠(Marina Viets). 최근에 세상을 떠난 마리나가 무척이나 그립다. 많은 이들이 마리나를 사랑과 그리움으로 추억한다. 그 뒤로 큰 도움을 준 이들이 있다. 리즈 페넬(Liz Fennell)과 론 페넬(Ron Fennell) 부부, 캐서린 마시(Catherine Marsh)와 토니 마시(Tony Marsh) 부부, 퍼넬러피 브리즈(Penelope Breeze), 스티븐슨 매킬베인(Stevenson McIllvaine), 몰리 밀러(Mollie Miller)와 데이비드 밀러(David Miller) 부부, 줄리 피터슨(Julie Petterson)과 돈 피터슨(Don Petterson) 부부, 디미트리 만테아키스(Dimitri Mantheakis)와 그의 아들들.

다음으로는 연구, 보존, 교육을 위한 제인 구달 연구소(Jane Goodall Institute for Research, Conservation and Education)를 면세 기관이 될 수 있도록 애쓴 분들께 감사 드려야 할 것 같다. 덕분에 현재는 모든 기부금이 연구소로 전달되고 있다. 고(故) 하니에리 보우르본 델 몬치 상 파우스티누 대공(Ranieri Bourbon del Monte, Prince di San Faustino, 1901~1977년)과 그의 아내 제네비에브 대공비(Geneviève Bothin Lyman Casey di San Faustino, 1919~2011년)가 처음 이 방안을 제시했고, 하니에리가 죽은 뒤에는 제네비에브가 백방으로 노력해 훌륭한 친구들의 도움으로 고인의 유지를 실현시켰다. 시간이나 돈, 혹은 시간과 돈을 다 들여 힘써 준 조앤 캐스카트(Joan Cathcart), 바트 디머(Bart Deamer), 마거릿 그루터(Margaret Gruter), 더글러스 슈워츠(Douglas Schwartz), 딕 슬로토(Dick Slottow), 브루스 울프(Bruce Wolfe)에게 감사한다. 우리 연구소의 일부가 되어 준 충직한 후원자 친구들도 있다. 래리 바커(Larry Barker), 에드 배스(Ed Bass), 휴 콜드웰(Hugh Caldwell), 고(故) 셸던 캠벨(Sheldon Campbell), 봅 프라이(Bob Fry), 워런 일리프(Warren Iliff), 제리 로언스틴(Jerry Lowenstein), 제프 쇼트(Jeff Short), 메리 스미스, 베치 스트로드(Betsy Strode). 관대한 베풂으로 우리 연구소가 굳건히 설 수 있게 해 준 두 사람에게 아주 특별한 감사의 말을 전한다. 고든 게티(Gordon Getty)와 앤 게티(Ann Getty)가 1984년에 수여한 멋진 상과 부상(폴 게티 야생 동물 보전 리더십 상, J. Paul Getty Wildlife Conservation Leadership Prize)은 우리가 최초로 받은 기금이었다. 협회가 샌프란시스코에서 애리조나 투손으로 옮길 때 큰 도움을 주었던 윌리엄 클레멘트(William Clement)에게도 마음을 담아 고마움을 전한다. 과거 몇 해 동안 보잘것없는 보수에 그토록 열심히 일해 준 직원들에게도 감사를 전해야겠다. 햇병아리였던 협회가 비상하도록 도와준 수 엥겔(Sue Engel)에게. 그리고 제니퍼 케니언(Jennifer Kenyon)과 침팬주(ChimpanZoo) 코디네이터인 버지니아 란다우(Virginia Landau)에게. 많은 분이 시간과 노력을 관대하게 기부했는데, 특히 레슬리 그로프(Leslie Groff), 게일 폴린(Gale Paulin), 험프리 테일러(Humphrey Taylor)와 페니 테일러(Penny Taylor) 부부에게 감사한다. 과거 몇 해에 걸쳐 협회가 성장하도록 노력한 로버트 에디슨(Robert Edison)과 주디 존슨(Judy Johnson)에게 고마운 마음을 어떻게 다 전할 수 있을까. 봅은 특히 동물 복지의 가치에 대한 나의 믿음에 함께해 주었다. 다음으로, 시에라리온에서 돌아와 침팬지 보호 및 복지를 위해 일당백으로 싸운 뒤, 지금은 제인 구달 연구소와 협력하고 있는 게자 텔레키에게 감사한 마음을 전한다. 게자는 사실상 '워싱턴에서 뛰는 우리의 대표'로 침팬지 보전 및 보호 위원회(Committee for Conservation and Care of Chimpanzees, The Four C's)를 이끌고 있다. 게자와 헤더 맥기핀(Heather McGiffin)은 내가 미국의 수도를 방문할 때마다(근래에는 1년에 수차례씩 가는데) 푸짐하게 대접해 준다. 침팬지의 복지 개선을 위한 활동에 많은 분이 깊이 관여하고 있는데, 워싱턴에서는 마이클 빈(Michael Bean), 보니 브라운(Bonnie Brown), 로저 코러스(Roger Coras), 캐슬린 모조코(Kathleen Mozzoco), 존 멜처(John Melcher) 상원 의원, 론 노왁(Ron Nowak), 낸시 레이널스(Nancy Reynolds), 크리스틴 스티븐스(Christine Stevens), 엘리자베스 윌슨(Elizabeth Wilson)이 크나큰 도움을 주고 있다.

그 밖에도 각계각층에서 자신만의 방법으로 크게 기여해 준 모든 분께 감사한다. 특히나 모금 운동과 진정한 헌신으로 우리의 뜻에 함께하는 마이클 아이스너(Michael Aisner), 멋진 예술 작품으로 기여하는 마크 말리오(Mark Maglio), 그리고 근사한 조각상으로 기여한 페기 데트머(Peggy Detmer), 트렌트 메이어(Trent Meyer), 바트 월터(Bart Walter)에게.

최근 영국에서 탄생한 제인 구달 연구소(The Jane Goodall Institute, JGI, UK)가 시작부터 강한 조직이 될 수 있었던 것은 이사회 일원으로 기꺼이 참여해 준 명사들 덕분이다. 로빈 브라운(Robin Brown), 마크 콜린스(Mark Collins), 제네비에브 대공비, 로버트 하인드, 베르틸 예른베리(Bertil Jernberg), 가이 파슨스(Guy Parsons), 빅토리아 플레이델부버리(VictoriaPleydell-Bouverie), 로런스 반 데르 포스트(Laurens van der Post), 수전 프레츨리크(Susan Pretzlik), 카르스텐 슈미트(Karsten Schmidt), 존 탠디(John Tandy), 스티브 매튜스, 고(故) 피터 스콧(Peter Scott), 그리고 나의 어머니 밴. 자선 신탁 위원회를 통해 연구소를 안전하게 이끌어 준 카르스텐 슈미트와 더불어 가이 파슨스, 로버트 배스(Robert Vass)와 딜리스 배스(Dilys Vass) 부부, 스티브 매튜스, 수 프레츨리크, 밴이 과중한 업무를 맡아 주었다. 영국 제인 구달 연구소가 성공적으로 출범할 수 있었던 데는 로빈 콜(Robin Cole)과 제인 콜(Jane Cole) 부부가 조직하고 클라이브 홀런즈(Clive Hollands)와 그의 직원들이 각고의 노력을 기울여 조성한 콘도르 보존 신탁(Condor Preservation Trust)의 관대한 기부금, 그리고 마이클 노이거바우어(Michael Neugebauer)의 책자와 포스터 기부도 큰 힘이 되었다. 우리의 상서로운 출발이 영국에서 특히 어린이들에게 침팬지가 처한 곤경을 널리 알리는 계기가 되기를 희망한다. 그리고 존 이스트우드(John Eastwood), 팻 그로브스(Pat Groves), 닐 마저리슨(Neil Margerison), 피핏 워터스(Pippit Waters)를 위시한 많은 이가 우리를 돕고 있다.

별세한 나의 남편 데릭 브라이슨, 그로부터 받은 도움과 응원과 조언에 고마운 마음을 어떻게 다 표현할 수 있겠는가. 데릭이 없었다면 1975년의 납치 사건 이후 연구를 결코 지속할 수 없었을 것이다. 탄자니아에 대한 그의 방대한 지식과 깊은 이해는 현지인 직원 훈련과 수집 데이터의 재구성에 크나큰 도움이 되었다. 우리는 침팬지의 행동 가운데 당혹스러운 요소를 두고 자주 토론했는데, 농부의 관점에서 제시한 그의 의견은 종종 핵심을 꿰뚫었고, 나는 그를 통해 문제를 달리 바라볼 수 있었다. 그의 기여는 실로 심오했으니, 탄자니아에서 현재까지도 널리 사랑받고 존경받는 데릭의 명성이 나에게 특별한 지위를 부여해 주었다. 그이가 아니었다면 결코 다다를 수 없었을 명성이다.

이제 어머니 밴에게 고마운 인사를 해야겠다. 어머니는 내 어릴 적 꿈이었던 야생 동물 연구를 지지해 주었을 뿐만 아니라, 나아가 1960년에 처음 곰베로 갈 때 몸소 동행해 주었다. 그때부터 지금까지 때때로 격랑과도 같았던 시기에 어머니의 지혜와 조언은 가치를 헤아릴 수 없이 소중했다. 기금 모금 활동을 지원하고 원고를 읽고 논평해 주던 어머니는 언제까지나 내가 믿고 의지할 수 있는 기둥이었다. 물론 어머니 없이는 책 한 권 나오지 못했을 것이다. 어머니 없이는 할 수 없는 일이었다!

끝으로 침팬지들이 있다. 저마다 자기만의 독특한 개성으로 선명한 친구들, 플로와 피피, 길카와 지지, 멜리사와 그렘린, 골리앗과 마이크, 피건과 고블린, 호메오와 에버레드. 그리고 데이비드 그레이비어드. 행복한 사냥터로 떠난 지 20년도 넘었지만 여전히 내 마음속 깊이 남아 있는 친구.

부록 1

비인간 동물의 이용에 대한 몇 가지 생각

❖

비인간 동물의 습성, 특히 그들의 복합적인 뇌와 그에 상응하는 복합적인 사회적 행동에 대해 알아 갈수록 인간의 이익을 위해서, 그러니까 오락 산업의 '애완' 동물이 되었건 식용 동물이 되었건 의학 연구나 여타 용도로 사용하는 실험 동물이 되었건, 동물을 사용하는 관행의 윤리적 문제가 심각하게 다가온다. 이런 용도로 사용되는 동물들이 육체적으로, 정신적으로 극심한 고통을 겪는다는 사실을 고려하면 이러한 문제의식은 더욱더 선명해진다. 특히 동물 생체 해부가 그렇다.

살아 있는 동물을 사용하는 생물 의학 연구가 시작된 시기에는 동물이 통증과 감정을 느낀다고 생각하면서도 문외한인 경우 대다수가 그들이 겪는 고통에는 관심이 없었다. 과학자들은 동물이 통증, 그리고 인간이 느끼는 기분이나 감정을 느낄 줄 모르는 기계나 다름없는 존재라고 주장하는 심리학파인 행동주의에 경도되어 있었다. 따라서 실험 동물에게 필요한 것을 공급하거나 그들의 욕구에 응하는 것이 중요하다고 여기기는커녕 그럴 필요성조차 느끼지 않았다. 당시에는 스트레스가 내분비계와 신경계에 미치는 영향에 대한 이해가 없었는데, 스트레스를 받은 동물을 이용하는 것이 실험 결과에 영향을 미칠 수 있다는 사실을 연결 지어 생각하지 못한 것이다. 따라서 동물을 사육하는 환경, 말하자면 우리의 크기와 배치, 동물들의 사회적 활동을 위한 무리 감금이 아닌 단독 감금 등 사육사와 실험자의 편의를 우선으로 고려해 설계했다. 우리가 작을수록 제작비가 적게 들고, 단순할수록 감금 동물을 다루기가 쉬워지기 때문이다. 그러니 실험 동물을 비좁은 살균 우리에, 대개는 한 우리에 1마리씩 가두어 첩첩이 쌓아 두는 관행도 놀라울 것이 없다. 실험 동물에 대한 윤리적 문제를 절대로 안으로 들어오지 못하게 (잠긴) 문 밖에 못 박아 두는 것도.

시간이 흐르면서 비인간 동물 실험이 증가했다. 특히 인체 대상 의학 연구나 실험이 윤리적 근거에서 합법이 되기 어려워졌기 때문이다. 동물 실험이 모든 의학의 진보에 매우 중대한 요소라는 인식이 과학자들과 일반 대중 모두에게 널리 확산되었고, 오늘날에는 대체로 당연한 사실로 받아들여지고 있다. 질병의 치료와 예방에 대한 새로운 지식을 얻기 위한 방법으로, 또 인간이 사용하게 될 모든 제품을 상품화하기 전 단계에 테스트하는 방법으로.

한편으로는 동물의 지각과 지능의 특성 및 메커니즘에 대한 연구가 늘면서 대다수 사람들이 지금은 가장 원시적인 종을 제외한 모든 비인간 동물이 고통을 경험하며 '고등' 동물에게는 우리가 기쁨, 슬픔, 공포, 절망으로 분류하는 인간의 감정과 유사한 감정이 있다고 생각하게 되었다. 그렇다면 흰 가운을 걸치고 실험실 문을 닫는 과학자들은 어떻게 여전히 실험 동물을 '물건'처럼 취급할 수 있는가? 서구 문명국의 시민인 우리는 어떻게 실험실이 (수감 동물의 관점에서는) 포로 수용소와 다르지 않다는 사실을 견딜 수 있는가? 나는 이것이, 이 각성한 시대에도, 대다수 사람들이 지하층 실험실의 잠긴 문 뒤에서 무슨 일이 일어나는지 알지 못하기 때문이라고 생각한다. 동물 보호 운동 단체에서 공개하는 참혹한 실태 보고서를 보면 심란해하는, 상황을 아는 사람들조차 동물 실험이 인간의 건강과 의학 발전을 위해 불가피한 일이며 이에 수반되는 고통도 연구의 불가피한 일부라고 생각한다.

그렇지 않다. 슬프게도, 어떠한 의학적 진전을 일구어 낼 뚜렷한 목표 속에서 수행되는 연구도 일부 있으나, 상당수 프로젝트가 동물에게 극도의 고통을 야기하면서도 인간(혹은 동물)의 건강에 어떠한 효용도 가져다주지 못한다. 게다가 단순히 앞서 진행된 실험을 동일하게 수행하는 중복 실험인 경우도 많다. 그런가 하면 아예 지식 자체를 얻기 위해 수행되는 연구도 있다. 인간의 정교한 지적 성취를 추구하는 일이 꼭 (그들에게는 불운하게도) 우리가 지배하고 통제할 수 있는 다른 살아 숨 쉬는 존재들을 희생시키면서까지 해야 할 일인가? 그저 무엇이 자극이 되는지, 혹은 어떤 화학 물질이 어떤 효과를 발휘하는지 등등을 더 많이 알아내겠다고 동물의 몸을 째고, 찌르고, 약물을 주입하고, 몸속에 전극을 심을 '권리'가 우리에게 있다는 생각은 너무 오만한 가정 아닌가?

일반 대중이라면 실험실 안에서 무슨 일이 일어나고 있는지, 그 연구가 수행되어야 하는 이유가 무엇인지 잘 모를 수 있다. 독일 국민 다수가 나치의 강제 수용소에 대해 알지 못했던 것처럼. 하지만 실제로 실험실에서 일하면서 정확히 무슨 일이 벌어지는지 잘 아는 동물 기술자나 수의사, 연구 과학자 같은 사람들은 어떤가? 동물 생체를 표준 실험 장비의 일부로 사용하는 이들은 모두 다 피도 눈물도 없는 괴물인가?

당연히 아니다. 개중에는 그런 사람이 있을 수도 있다. 소수에 속하겠지만, 어떤 직군에도 천성이 잔학한 사람은 있게 마련이니까. 문제는, 우리가 사회에서 어린 사람들을 교육하는 방식에 있다는 것이 나의 생각이다. 소수의 선구적인 대학을 제외한 모든 곳에서, 그들은 학교 초등 교육 과정에서 시작되어 고급 과학 교과 과정을 통해 강화된 세뇌 교육의 희생자라고 할 수 있다. 대체로 학생들은 과학 시간에 동물에게 고문이 될 만한 행위를 과학의 이름으로 범하는 것이 윤리적으로 용인된다고 배운다. 학생들의 천성에서 우러나오는 동물에 대한 공감을 억제하도록 가르치며, 설령 동물이 통증과 감정을 지녔다 쳐도 우리와는 완전히 다르다고 생각하게 만든다. 이런 학생들이 실험실에 들어올 즈음이면 그 안에 만연한 고통을 그대로 수용하도록 학습된 상태가 되어 있는 것이다. 그런 젊은이들에게는 이 상황이 인류에게 이익이 되는 일이라는 근거를 가지고 이 고통을 정당화하는 것이 너무나도 쉬운 일이다. 고유의 특성이라고 자부하는 섬세한 공감과 연민, 이해 능력을 갖추도록 진화해 온 한 동물 종의 이익을 위해서 말이다.

사람들은 나를 '과격한 생체 해부 반대주의자'로 본다. 하지만 나의 어머니가 오늘날 생존해 계시는 것은 고장 난 대동맥 판막을 절제하고 돼지의 판막을 이식한 덕분이다. 문제의 판막(물론 '생물학적으로 화학 처리된' 판막)은 시중 도축장에서 처치된 돼지에게서 적출한 것이라고 들었다. 다시 말해, 어쨌거나 죽었을 돼지라는 뜻이다. 하지만 그렇다고 해서 그 돼지를 염려하는 마음이 없어지는 것은 아니다. (돼지는 내가 특별히 좋아하는 동물이다.) 나는 실험실 돼지가 겪는 고통과 비좁은 축사에서 사육되는 돼지들에게 특별한 관심이 생겨 현재 그에 대해 쓰고 있다. 그 글 「돼지 앤솔러지(An Anthology of the Pig)」가 이 지적인 동물들의 처지에 관한 대중의 인식을 높이는 데 힘이 되기를 희망한다.

물론 나는 실험실 우리가 텅 비어 있는 모습을 보고 싶다. 생물 의학 연구에 사용되는 동물들과 일하는 사람들 대다수를 포함해 동물을 사랑으로 보살피는 모든 사람의 마음도 그러할 것이다. 하지만 실험 동물 사용이 갑자기 전면적으로 중단된다면 많은 연구도 중단되어 한동안 엄청난 혼란이 벌어질 것이다. 이로 인해 인간이 겪는 고통이 커지는 것도 피할 수 없을 것이다. 이는 곧 동물 생체 실험의 대안이 널리 확립될 때까지는, 아울러 연구 과학자와 제약사가 그 대안적 방법을 사용하도록 법적으로 강제될 때까지는, 우리 사회가 계속해서 동물 학대를 요구하고 용인하게 될 것임을 의미한다.

실험 동물을 사용하는 많은 분야의 연구와 실험이 동물에게 고통을 야기한다는 우려가 확산되면서 조직 배양 기술, 비생체 시험관 테스트 기법, 컴퓨터 시뮬레이션 등 중대한 기술의 발전을 이루어 냈다. 종국에는 동물을 사용할 필요가 완전히 없어지는 날이 올 것이며, 그래야만 한다. 하지만 더 많은 기술이 더 신속하게 발전하려면 훨씬 더 큰 압력이 필요할 것이다. 이와 관련해 획기적 발전을 이루어 내고자 하는 연구에는 훨씬 더 많은 자금을 투여해야 하며, 그러한 노력은 마땅히 (적어도 노벨 상으로) 널리 인정해야 할 것이다. 그러기 위해서는 최고의 인재들을 유인할 수 있어야 한다. 그뿐만 아니라 이미 개발되어 검증된 기술을 사용하기 위한 조치도 필요하다. 동시에 실험 동물의 수를 과감히 줄이는 것이 중요하다. 불필요한 중복 실험을 피해야 하며, 어떤 동물을 사용해도 되고 안 되는지를 다루는 엄격한 규정이 있어야 한다. 동물은 다수의 사람에게 확실한 의료적 도움을 주며 인간의 고통을 중대하게 경감시키기 위해 긴급하게 필요한 프로젝트만을 위해 사용되어야 한다. 그런 목적이 아닌 곳에서는 실험 동물 사용이 즉각 중단되어야 한다. 화장품과 생활용품 테스트도 당연히 포함된다. 끝으로, 어떤 이유에서건 동물을 실험실에서 사용하는 경우에는 가장 인도적인 처우, 최상의 생활 환경을 제공해야 한다. 실험실 동물의 환경을 인도적으로 개선해야 한다고 주장하는 사람들을 지지하는 과학자는 왜 그리 적은가? 흔히 나오는 대답은 이런 변화를 꾀하자면 모든 의학 연구를 중단해야 할 만큼 많은 비용이 들기 때문이라는 것이다. 이는 사실이 아니다. 필수적 연구는 계속될 것이다. 새 우리 제작비나 개선된 동물 보호 프로그램을 도모하는 데 들어가는 비용이 상당하겠지만, 연구 과학자들이 오늘날 사용하는 정교한 장비에 들어가는 비용에 비하면 사소한 수준이라고 확신한다. 안타깝게도 구상부터 부실해서 완전히 불필요한 프로젝트가 많은 것이 현실이다. 이런 연구들은 동물 실험을 유지하는 비용이 증가하면 분명 어려움을 겪을 것이며, 동물 실험에 생계가 달린 사람들은 일자리를 잃을 것이다.

실험 동물의 인도적 생활 환경을 도입하는 데 드는 비용에 대해 사람들이 불평할 때면 나는 이렇게 대응한다. "우리의 생활 방식, 우리가 사는 집, 타는 자동차, 입는 옷을 보십시오. 우리의 직장이 있는 건물, 월급, 우리의 지출, 때맞춰 챙기는 휴가를 생각해 보십시오. 그걸 다 생각해 보고 나서 인간의 고통을 줄이기 위해 사용하는 동물들의 삶을 조금 덜 암울하게 만드는 데 들어갈 그 몇 푼을 아까워해야 하는지 말해 주십시오."

우리는 고도로 발달한 지적 능력, 이 능력이 가능하게 해 준 더욱더 심오한 공감과 연민 능력에 힘입어 다른 동물과 구분되는 존재가 되었다. 이런 우리 인간에게는 의학의 진보에 퇴비가 되어 준 동물의 고통과 절망을 한시바삐 근절하는 것이 분명 윤리적 책임의 문제로 남아 있다. 그 진보를 위해 우리와 가장 가까운 친척을 포로로 삼아야 한다면 더더군다나.

미국에서는 여전히 B형 간염 백신을 출시하기 전에 접종분 전량을 침팬지에게 테스트하도록 연방법에서 규정하고 있다. 그뿐만 아니라 탐닉성 약물의 효과 등 매우 부적절한 연구에 여전히 침팬지가 사용되고 있다. 영국의 실험실에는 침팬지가 없다. 영국 과학자들은 미국이나 유럽 연합의 자금으로 신설한 네덜란드의 침팬지 실험실인 TNO 영장류 센터에서 침팬지로 실험하기 때문이다. (영국 과학자들은 막대한 수의 다른 비인간 영장류 동물은 물론 개와 고양이, 설치류 동물 수천 마리를 사용하고 있다.)

침팬지는 다른 어떤 생물보다 우리와 닮았다. 많은 과학자가 오랫동안 우리 두 종의 생리학적 유사성에 대해 열광적으로 기술하면서 대다수 비인간 동물 종이 내성을 보이는 일련의 전염병 연구에 침팬지를 '모형'으로 삼게 되었다. 물론 뇌 구조와 신경계, 사회적 행동과 인지 능력, 감정 능력에서도 사람과 침팬지는 놀라울 정도로 닮았다. 비록 많은 이가 인정하고 싶어 하지 않지만 말이다. 우리 고유의 능력으로 믿어 온 높은 지능이 침팬지에게서 나타나기 때문에 인간과 나머지 동물 종을 명확하게 갈라놓는 것으로 여겨지던 선이 흐릿해졌다. 침팬지가 '우리'와 '그들' 사이를 이어 주는 다리인 셈이다.

자연계에서 침팬지가 놓인 자리에 대해 새로이 밝혀진 이런 사실이 현재 인간에게 속박되어 포로로 살아가는 수많은 침팬지 가운데 일부라도 구조할 수 있기를 희망하자. 침팬지가 애착 관계를 형성하고 기쁨과 재미를 느낄 줄 알며 두려움과 슬픔, 고통을 느낄 줄 안다는 사실이, 침팬지를 우리가 동료 인간들에게 행하는 것과 같은 연민과 공감으로 대우하게 만들기를 희망하자. 의학 연구 분야에서 침팬지를 심리적으로, 신체적으로 고통을 가하는 실험에 계속해서 사용해야겠다면, 그런 연구는 실상을 호도하지 않고 사실 그대로 부르는 정직함이라도 지키기를 희망하자. 무고한 희생자에게 가하는 고문이라고.

또한 침팬지에 대한 이해가 다른 비인간 동물 종에 대한 더 깊은 이해로 이어지기를, 우리가 지구를 나누어 쓰고 있는 다른 종들에 대해서도 새로운 태도를 갖게 되기를 희망하자. 알베르트 슈바이처(Albert Schweitzer, 1875~1965년)가 말했듯이, "우리에게는 동물까지 아우르는, 경계를 긋지 않는 윤리가 필요하다." 그런데 우리 시대의 비인간 동물 윤리는 편협하고 혼란스럽다.

서구인들은 농부가 비쩍 마른 늙은 당나귀를 채찍질해 가면서 감당하기 어려워 보이는 엄청난 크기의 짐을 끌게 하는 모습을 보면 충격을 받고 분노한다. 학대이기 때문이다. 하지만 어미 침팬지 품에서 새끼 침팬지를 빼앗아다가 황량한 실험실에 가두어 놓고 인간의 병원균을 주사하는데, 이 일은 과학의 이름으로 행해지며 학대로 여겨지지 않는다. 하지만 당나귀와 침팬지 모두 인간의 이익을 위해 수탈당하고 학대당하는 것은 매한가지다. 어째서 어떤 것은 학대이고, 어떤 것은 아닌가? 이는 오로지 과학이 존중받는 분야이고 과학자들이 하는 일은 인류의 이익을 위한 것이지만 농부는 사적 이익을 위해 가엾은 동물을 체벌하며 부리는 것이라고 생각하기 때문이다. 하지만 동물 연구도 이기적 동기로 수행되는 경우가 많다. 보조금을 계속 받기 위해 설계되는 실험이 얼마나 많은지 아는가.

그리고 서구에서는 가축 수백만 마리가 우리의 식단을 식물성 단백질 대신 동물성 단백질로 채우기 위해 집약적 축사에 감금되어 있다는 사실을 잊지 말자. 이런 실태는 보통 경제적 필요성을 근거로 용납되고 있으며, 심지어 건전한 축산업 형태로 보는 사람들까지 있지만, 이 역시 당나귀 체벌이나 침팬지 감금 못지않은 동물 학대다. 모피 농장도 마찬가지다. 반려 동물 유기도 마찬가지다. 불법 강아지 농장도. 여우 사냥도. 그리고 우리의 재미를 위해 훈련되는 동물들이 무대 뒤에서 당하는 일도. 그 목록을 다 열거하자면 끝도 없을 것이다.

사람들이 내게 묻곤 한다. 너무나 많은 인간이 고통받고 있는데 '동물' 복지에 시간을 바치는 것이 비윤리적이라는 생각이 들지 않느냐고. 굶주리는 아동, 매 맞는 아내, 노숙자를 돕는 것이 더 타당한 행동이 아니겠냐고. 다행히도 수많은 사람이 상당한 재능과 인도주의 정신과 모금 능력을 이러한 운동에 바치고 있다. 내가 가진 에너지를 필요로 하는 곳은 그곳이 아니다. 학대는 분명 인간이 범하는 가장 악랄한 죄다. 다른 사람을 대상으로 한 것이든, 사람이 아닌 존재를 대상으로 한 것이든, 어떤 형태의 것이든 학대에 맞서 싸우자면 우리는 우리 안에 도사린 비인간성을 직접 대면할 수밖에 없다. 학대를 공감과 연민으로 극복할 수 있을 때, 비로소 우리는 경계 긋지 않는 새로운 윤리를 정립할 수 있을 것이다. 그럴 때 비로소 생명 있는 모든 존재를 존중으로 대할 수 있을 것이다. 우리는 지금, 인류가 진화의 새 단계로 들어가는 문턱 바로 앞에 서 있다. 우리에게 가장 고유한 특성, 인류애를 구현할 단계에 마침내 다다른 것이다.

부록 2

침팬지 보호 운동과 보호소

❖

서구권과 제3세계의 많은 국가에서 동물과 환경에 대한 태도에 변화가 생기고 있다. 침팬지가 처한 곤경에 대한 인식도 몇 해 전보다 높아지면서 관심을 기울이고 돕고자 하는 사람도 늘고 있다. 도움이 절실히 필요할 때면 응답하는 개인들이 나타난다.

아프리카에서 침팬지 보호 캠페인과 지원 활동에 적극적으로 관여하는 곳이 '침팬지 보전 및 보호 위원회'다. 침팬지의 보호와 복지 문제를 염려하는 과학자들로 이루어진 이 단체는 위원장 게자 텔레키 박사가 니시다 도시사다(西田利貞, 1941~2011년) 박사를 비롯한 과학자들과 함께 아프리카 대륙 전역에서 위기에 처한 침팬지를 최대한 빨리 돕기 위한 실행 계획을 설계했다. 다음 지도는 현재까지 침팬지가 발견되는 지역을 보여 주는데, 관련 연구 프로젝트가 진행되고 있으며 일부(탄자니아의 곰베와 마할레 산지, 코트디부아르의 타이 국립 공원, 가봉의 로페 국립 공원 등지)는 오랜 시간에 걸쳐 진전을 보고 있다. 이 같은 프로젝트 모두가 인근 지역의 침팬지 보호에 요긴하게 이바지하고 있다.

오늘날 침팬지가 실제로 활동하는 영역을 찾아내려면 많은 국가에서 더 많은 조사가 이루어져야 한다. 일부 핵심 지역에서는 될 수 있는 한 빨리 연구 프로젝트를 수립하는 것이 중요하다. 보전을 위한 교육, 관광업, 농림업과 결합한 프로젝트를 실행하지 않으면 여러 국가에서 침팬지가 급속도로 사라질 위기에 처했다. 물론 연구 자체도 중요한 역할을 수행한다. 이를 통해 가장 흥미로우면서도 우리가 가장 모르는 침팬지의 행동 양상인 아프리카 서식지별 개체군의 행동 차이에 대해 더 많은 사실을 밝혀낼 수 있을 것이다. 침팬지 개체들이 수백 마리씩 사라지고 있는 현재, 서두르지 않으면 연구할 틈도 없이 이들의 문화가 사라져 버릴 것이다.

1989년에 나는 탕가니카 호수를 따라 북쪽으로 150여 킬로미터 떨어진 곳에 위치한 부룬디의 침팬지 보전 및 보호 활동에 참여했다. 이는 미국 외교관 제임스 대니얼 필립스(James Daniel Phillips, 1933~2008년)와 그의 부인 루시 콜빈 필립스(Lucie Colvin Phillips, 1943년~)가 침팬지 보호 운동에 적극적으로 관심을 보인 결과였다. 나는 필립스 부부의 초청으로 처음 부룬디를 방문해 피에르 부요야(Pierre Buyoya, 1949~2020년) 대통령과 베낭 밤보네호요(Venant Bambonehoyo) 사무총장을 비롯해 여러 부처의 장관들, 정부 인사들과 만났고, 이 아름다운 나라의 남은 숲 지대를 지키기 위해 이 정부가 기울이는 노력에 진심으로 감명했다. 그뿐만 아니라 침팬지 보호를 위해 취한 행정 조치도 인상적이었다. 부룬디 북부에서는 아름다운 열대 우림인 키비라 국립 공원에서 수개월째 침팬지를 관

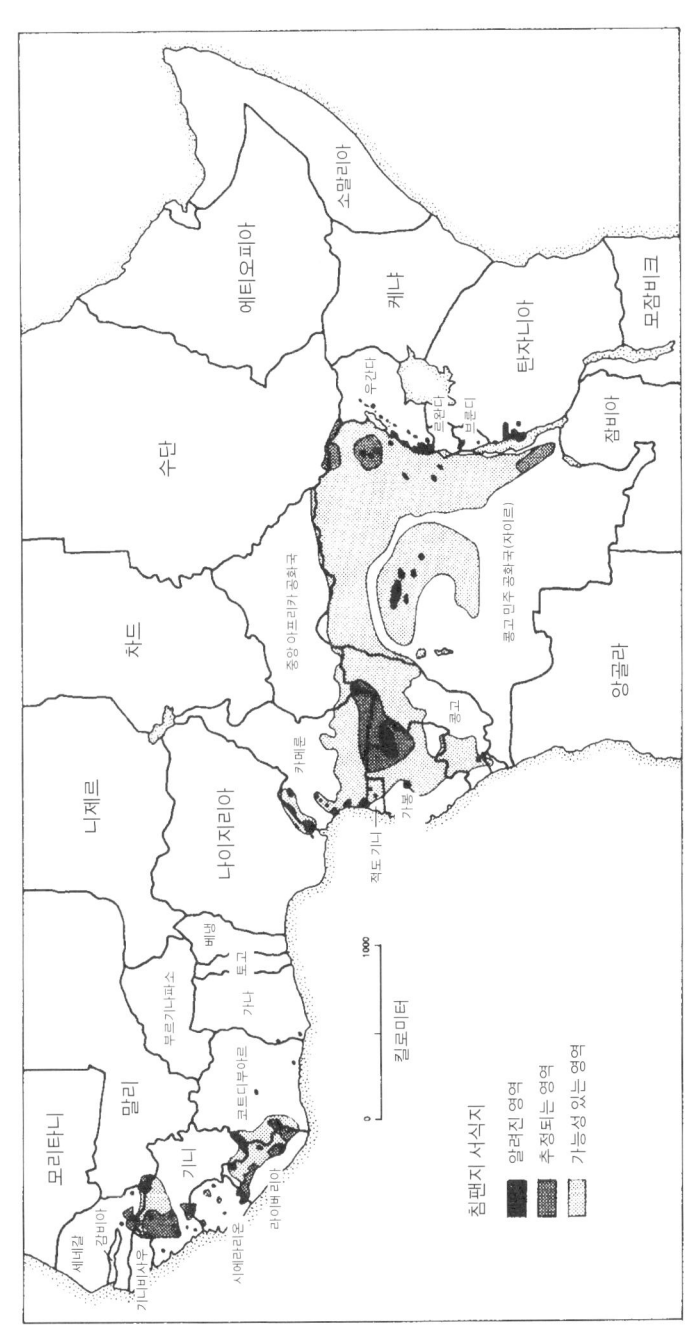

아프리카 대륙의 침팬지 분포. 아프리카에서 침팬지 개체군 밀도가 가장 높은 지역은 콩고민주공화국, 가봉, 카메룬처럼 넓은 숲 지대가 훼손되지 않고 남아 있는 국가들이다. (지도 제공: 제인 텔레키/ 박사와 침팬지 보전 및 보호 위원회)

찰해 온 생물 종 다양성 프로젝트(Biological Diversity Project)의 코디네이터 피터 트렌처드(Peter Trenchard)를 만났다. 남부에서는 폴 콜스(Paul Cowles)와 웬디 브롬리(Wendy Bromley)의 안내로 작은 침팬지 무리를 만났다. 많은 주민이 '침팬지 경비'로 고용되어 대상림(열대 초원 지대에 강이나 습지를 따라 복도처럼 형성된, 길고 좁은 숲. — 옮긴이)을 이동하면서 농경지를 가로지르고 주민들의 마을을 우회해서 가는 침팬지들을 관찰하고 있었다. 이곳에서는 침팬지와 마을 주민이 이렇게 가까이 공존하는 것이 드문 일이 아니지만, 자연 보호론자 로버트 클로센(Robert Clausen)의 선견지명으로 시작된 이 조치는 단연 독보적이다. 하지만 인근 지역 농민들에게 토지가 절실히 필요한 까닭에 위태로운 상황이다. 처음에는 미국 평화 봉사단 소속으로 일하다가 국립 환경과 자연 보존 연구소(National Institute for the Environment and Nature Conservation, INECN)의 가톨릭 구호 서비스 기술 자문이 된 폴 콜스가 자신이 참여 중인 농림 프로젝트를 설명해 주었다. 이들은 먼저 성장이 빠른 수목 종의 묘목장을 조성한다. 그런 다음 묘목을 마을에 심는다. 그렇게 하면 2년 이내에 나무를 사용할 수 있는데, 건축용 목재, 숯, 장작, 그늘 만들어 주는 나무, 그리고 질소로 토양을 비옥하게 만들어 주는 나무 등 다양한 용도로 쓰인다. 이를 위해 저마다 특별한 기능이 있는 수목 종을 선택한다. 이 프로젝트는 아직 남아 있는 천연 숲 지대 보호에 응용될 것이다. 웬디 브롬리는 폴과 함께 마을 주민들에게 이 새로운 개념을 알리는 일을 한다. 이 프로그램이 없었다면 국토는 좁고 인구 밀도가 그렇게 높은 부룬디에서 야생 침팬지를 보호하기는 불가능했을 것이다.

지역 주민들에게 추가 수입과 보상을 제공하기 위해서는 분명 방침에 따라 관리되는 관광 사업을 키울 필요가 있다. 첫걸음으로 제인 구달 연구소(영국)의 자금 지원을 통해 샬럿 울렌브룩(Charlotte Uhlenbroek, 1967년~)

이 부룬디 남부에서 침팬지 한 무리의 서식지를 세워 침팬지가 사는 모습을 대중에게 공개했다. 이 프로그램(물론 목표는 침팬지의 행동 데이터를 최대한 많이 수집하는 것이다.)을 운영하는 데에는 다수의 침팬지 경비를 곰베에 견학 보내 탄자니아 주민 현장 직원들의 침팬지 관찰 방법을 훈련받게 하는 것이 필수 과정이었다.

부룬디에서 침팬지에 대한 관심과 인식의 새바람이 불자, 수도 부줌부라와 전국 곳곳에 침팬지를 '애완용'으로 키우는 사람이 다수 있다는 사실이 드러났다. 이 새끼 침팬지들은 대부분이 옆 나라 콩고 민주 공화국에서 밀수된 것으로 보인다. 정부의 지원과 많은 개인 봉사자의 활동 덕분에 이제 제인 구달 연구소(영국)는 INECN과 긴밀하게 협조해 애완용으로 키워지던 침팬지나 어떤 형태로든 감금되어 있던 어린 침팬지를 모두 구출해 부줌부라 근교의 보호소로 보낼 수 있게 되었다. 이 보호소는 스티브 매튜스의 도움으로 위치를 선정하고 설계할 수 있었으며, 1990년에 착공할 것이다. 맨 먼저 구출된 두 고아 포코(Poco)와 소크라테스는 멜린다(미미) 브라이언(Melinda(Mimi) Brian)의 정원에 만든 임시 우리에서 지내고 있다. 지역 주민과 방문객이 침팬지와 그들의 행동에 대해 배울 수 있는 교육 센터는 이 보호소의 중추가 될 중요한 요소다.

같은 해에 캐런 팩(Karen Pack)이 정부가 사냥꾼들에게서 압수한 침팬지와 이전에 애완용으로 길러지던 침팬지들을 위한 보호소를 세우기 위해 콩고의 푸앵트누아르를 향해 출발했다. 캐런은 현재 푸앵트누아르의 동물원에 있는 제인 구달 연구소 소속으로 침팬지 8마리에게 윤택한 삶을 제공하기 위해 애쓰고 있다. 우리는 이 침팬지들이 제인 구달 연구소가 세운 보호소에서 이전에 애완용으로 길러지던 많은 침팬지, 감금됐던 어린 침팬지들과 만나기를 희망한다. 이곳에도 부룬디의 보호소와 같은 형태의 교육 센터가 계획되어 있다. 이 사업은 콩고 정부의 승인 및 전면적 지원 아래 진행될 것이다. 스티브 매튜스가 다시 한번 설계와 총지휘를 맡기로 했는데, 이 프로젝트는 순수하게 환경을 걱정하는 석유 회사 코노코 사의 관대한 후원으로 가능했다. 우리는 로저 심프슨(Roger Simpson)에게 특별히 감사의 마음을 보낸다. 보호소가 완공될 때까지는 자마르 부인(Madame Jamart)이 정부가 압수한 어린 침팬지들을 보살필 예정이다. 자마르 부부는 멋진 사람들이다.

학대당하거나 버림받은 침팬지를 위한 보호소는 이전에도 있었다. 아프리카 최초의 보호소는 1960년대 말에 에디 브루어(Eddie Brewer, 1919~2003년)가 시작했다. 야생을 담당하는 공무원이던 에디는 감비아(당시 침팬지가 이미 멸종된 국가였다.)를 통해 밀수되는 어린 침팬지들을 압수했다. 에디의 딸 스텔라(Stella)가 그 침팬지들을 세네갈로 옮겼다. 당시 세네갈에서는 침팬지를 다시 야생 서식지로 돌려보내려는 노력이 실행되고 있었다. 안타깝게도 야생 침팬지들이 자기네 영역으로 이들이 들어오는 것을 거부하는 바람에 감비아 강을 끼고 있는 바분 섬으로 다시 옮겨야 했다. 이 프로젝트는 몇십 년째 헌신적인 한 개인, 재니스 카터(Janice Carter)의 손으로 진행되고 있다.

잠비아에 거주하는 진정으로 훌륭한 영국인 부부 실라 시들(Sheila Siddle, 1931~2022년)과 데이비드 시들(David Siddle, 1928~2006년)은 자택을 감금되었던 침팬지의 대피소로 개조했다. 잠비아에는 본래 침팬지 서식지가 없으므로 고아 침팬지 대부분은 콩고 민주 공화국에서 밀수된 뒤 감금된 침팬지였다. 시들 부부는 자그마치 3만 2000여 제곱미터에 울타리를 둘렀는데, 그 울타리 안에 침팬지 무리 하나가 나름의 자유를 누리며 돌아다닐 수 있는 거대한 면적의 숲 지대를 언젠가는 조성한다는 원대한 계획을 품고 있다. 침팬지가 살아남은 아프리카의 거의 모든 국가에는 이 같은 고아 문제가 있다. 제인 구달 연구소만 해도 고아 침팬지를 위한 보호소 5개소를 운영하고 있다. 케냐, 콩고, 탄자니아에 하나씩, 그리고 우간다에 두 곳이 있다.

19장에서 학대받는 침팬지들을 돕는 사이먼과 페기 템플러 부부를 소개했다. 템플러 부부가 구출한 새끼 침팬지 일부는 감비아로 보내졌지만, 최근에 에스파냐 해변 유흥지에서 발견된 학대받던 고아들은 잉글랜드 도싯의 원숭이 보호소(Monkey World)로 피난했다. 이 보호소는 짐 크로닌(Jim Cronin, 1951~2007년)과 매튜스, 수의사 켄 파크(Ken Park)가 힘을 모아 건설할 수 있었다. 비참한 몰골로 왔던 어린 침팬지들이 제러미 킬링(Jeremy Keeling, 1956년~)의 보호 아래 잘 먹고 잘 놀면서 규칙을 익히고 사랑받으며 지낼 수 있게 되었다. 킬링은 세심한 보살핌으로 침팬지들과 각별히 교감하며 이들이 마음에 입은 상처를 치유하는 데 혼신의 노력을 기울였다.

전 세계에서 침팬지가 처한 상황은 암울하다. 아프리카에서는 조사와 연구, 보호소 설립 및 운영을 위한 자금이 절대적으로 필요하며, 조사와 연구를 수행할 능력을 갖춘 헌신적인 인원도 필요하다. 많은 국가에서 밀반출된 침팬지들이 압수되고 있을 뿐만 아니라 오락 산업과 야생동물 상거래 현장에서 적발된 개별 동물들, 은퇴한 실험 동물 등이 있어서 아프리카 밖에서도 보호소를 필요로 하는 곳이 늘고 있다. 하지만 집 잃은 침팬지들을 돕기 위해 그토록 많은 이가 나서서 보호소를 제공하고 사랑을 베풀었던 것처럼, 분명히 어디에선가 마음이 아름다운 헌신적인 이들이 또 나타날 것 같은 생각이 든다. 인간의 무지와 탐욕이 수많은 침팬지를 비참한 상태로 몰아갔다. 관심과 연민으로 실천할 때만 인간이 범한 잘못을 바로잡을 수 있을 것이다.

궁금한 점이 있는 분을 위해 연락처를 남긴다.

The Jane Goodall Institute for Wildlife Research,

Education and Conservation

4245 North Fairfax Drive

Suite 600

Arlington, VA 22203

1-800-592-JANE

(이 주소에는 현재 국제 자연 보호 협회(The Nature Conservancy, TNC)가 위치해 있으며 제인 구달 연구소 미국 본부(The Jane Goodall Institute, USA Headquarters)의 연락처는 다음과 같다. 1120 20th St. NW #520s Washington, DC 20036, 1-703-682-9220. — 옮긴이)

곰베 참고 문헌

❖

De Waal, F.B.M., ed. 2001. *Tree of Origin*. Cambridge, Mass.: Harvard University Press.
Goodall, J. 2000. *Africa in My Blood: An Autobiography in Letters: The Early Years*, edited by Dale Peterson. Boston: Houghton Mifflin.
_____. 2001. *Beyond Innocence, An Autobiography in Letters: The Later Years*, edited by Dale Peterson. Boston: Houghton Mifflin.
_____. 1992. *The Chimpanzee: The Living Link Between Man and Beast*. Edinburgh: Edinburgh University Press.
_____. 1986. *The Chimpanzees of Gombe: Patterns of Behavior*. Cambridge, Mass.: Belknap Press of the Harvard University Press.
_____. 2001. *The Chimpanzees I Love: Saving Their World and Ours*. New York: Scholastic Press.
_____. 1988, 2006. *My Life with the Chimpanzees*. New York: Simon & Schuster/Byron Press.

———. 1990. *Through a Window: My Thirty Years with the Chimpanzees of Gombe*. Boston: Houghton Mifflin.

Goodall, J. van Lawick. 1971. *In the Shadow of Man*. London: Collins.

———. 1967. *My Friends the Wild Chimpanzees*. Washington, D.C.: National Geographic Society.

Goodall, J., and M. Bekoff. 2002. *The Ten Trusts: What We Must Do to Care for the Animals We Love*. New York: Harper.

Goodall, J., and P. Berman. 1999. *Reason for Hope: A Spiritual Journey*. New York: Warner.

Goodall, J., and M. Nichols. 1999. *Brutal Kinship*. New York: Aperture.

———. 1993. *The Great Apes: Between Two Worlds*. Washington, D.C.: National Geographic Society.

Goodall, J., with T. Maynard and G. Hudson. 2009. *Hope for Animals and Their World: How Endangered Species Are Being Rescued from the Brink*. New York: Grand Central.

Goodall, J., with G. McAvoy and G. Hudson. 2005. *Harvest for Hope: A Guide to Mindful Eating*. New York: Warner.

Hamburg, D. A., and E. R. McCown, eds. 1979. *The Great Apes*. Menlo Park, Calif.: Benjamin/Cummings.

Heltne, P. G., and L. Marquardt, eds. 1989. *Understanding Chimpanzees*. Cambridge, Mass.: Harvard University Press.

Lindsey, J., the Jane Goodall Institute. 1999. *Forty Years at Gombe*. New York: Stewart, Tabori & Chang.

McGrew, W. 2004. *The Cultured Chimpanzee*. Cambridge: Cambridge University Press.

Packer, C. 1996. *Into Africa*. Chicago: University of Chicago Press.

Peterson, D. 1995, 2003. *Chimpanzee Travels: On and Off the Road in Africa*. Athens: University of Georgia Press.

———. 2006. *Jane Goodall: The Woman Who Redefined Man*. Boston: Houghton Mifflin.

Peterson, D., and J. Goodall. 1993. *Visions of Caliban: On Chimpanzees and People*. Boston: Houghton Mifflin.

Ransom, T. W. 1981. *Beach Troop of the Gombe*. Lewisburg, Pa.: Bucknell University Press.

Stanford, C. B. 1998. *Chimpanzee and Red Colobus: The Ecology of Predator and Prey*. Cambridge, Mass.: Harvard University Press.

———. 1999. *The Hunting Apes: Meat Eating and the Origins of Human Behavior*. Princeton: Princeton University Press.

———. 2001. *Significant Others: The Ape-Human Continuum and the Quest for Human

Nature. New York: Basic Books.

Teleki, Geza, Lori Baldwin, and Karen Steffy. 1980. *Leakey the Elder: A Chimpanzee and His Community*. New York: Dutton Children's Books.

Wrangham, R. W., and D. Peterson. 1996. *Demonic Males: Apes and the Origins of Human Violence*. Boston: Houghton Mifflin.

어린이를 위한 책

Goodall, J. 1989. *The Chimpanzee Family Book*. Salzburg/London: Neugebauer Press.

_____. 1972. *Grub: The Bush Baby*. Boston: Houghton Mifflin.

_____. 1989. *Jane Goodall's Animal World: Chimps*. New York: Macmillan, Atheneum.

_____. 1998. *With Love*, illustrated by Alan Marks. Zurich: North South Books.

_____. 2004. *Rickie and Henri: A True Story*, illustrated by Alan Marks. New York: Penguin Young Readers Group.

Teleki, G., and K. Steffy. 1977. *Goblin, a Wild Chimpanzee*. New York: E. P. Dutton.

곰베의 연구 활동과 지원

❖

제인 구달의 활동은 곰베에서 50년 전에 시작된 이래로 수많은 사람에게 감동과 영감을 안겨 주었으며 지금도 계속해서 강연하고 학회에 참여하면서 전 세계 수많은 사람들에게 감동을 선사하고 있다.

제인과 곰베 연구소는 여러 세대의 과학자들, 특히 많은 여성 과학자들에게 영감과 동기를 부여해 지구 곳곳에서 이루어지는 과학 연구와 보호 활동, 전 세계 대학에 영향을 끼치고 있다.

곰베 연구소를 통해 제인 구달은 물론이고 많은 과학자와 현지 주민 직원들이 방대한 분량의 연구 결과를 발표했다. 이 연구 활동에서 책과 논문, 영화가 다수 나왔다.

- 과학 논문 200편.
- 침팬지, 비비, 원숭이, 생태 환경을 주제로 한 박사 학위 논문 41편.
- 영화 16편. 디스커버리, 애니멀 플래닛, 내셔널 지오그래픽, BBC, HBO, PBS 등 유수의 방송사가 제작한 대형 화면용 다큐멘터리로 83개 국가 300만 명 이상이 시청했다. 또한 곰베에서 이루어진 제인의 연구 15주년을 맞아 전 세계 영화관에 배포된 영화가 1편 있으며, 일본·프랑스·독일·오스트리아·프랑스·헝가리의 제작 팀이 제인과 곰베에 관한 영화도 만들었다.
- 기사 수백 편.
- 단행본 38권. 제인 구달이 그 가운데 14권을 저술했다. (제인 구달은 어린이 책도 8권 썼다.) 다수가 외국어로 번역되었으며, 『인간의 그늘에서』는 52개 언어로 번역되었다.

공헌

곰베 강 연구 센터의 운영과 데이터 수집에 기여한 몇몇 분을 소개한다. 전체 명단은 제인 구달 연구소 웹 사이트에서 찾을 수 있다.

제인 구달과 더불어 가장 중대한 몫을 담당한 사람으로 다음 네 사람을 소개한다.

휴고 밴 러윅: 사진가이자 영화 제작자로서 곰베 침팬지와 비비의 많은 행동을 최초로 기록할 수 있었다. 내셔널 지오그래픽의 다큐멘터리와 잡지 기사에 그의 기록이 자료로 사용되어 (당시에는 대학 학위가 없었던) 제인 구달이 목격하고 관찰한 바를 사실로 입증할 수 있었으며, 연구소 본부를 설립하는 데 중대한 몫을 담당했다.

데릭 브라이슨: 국립 공원 소장으로서 1975년의 납치 사건 이후 곰베

에서 외국 학생들의 활동이 몇 년 동안 불가능한 상황에서 제인이 연구를 계속 해 가는 데 큰 도움을 주었다.

앤 퓨지: 1960년부터 현재까지 모든 데이터를 전산화하는 임무를 맡아 미네소타(와 현재는 듀크)의 제자들과 함께 작업해 곰베 침팬지 행동에 관한 유일한 데이터베이스를 구축했다.

앤서니 콜린스: 1972년부터 곰베에서 비비 연구를 지휘하고 수행했을 뿐만 아니라 중앙 및 지역 정부 관료들과 좋은 관계를 유지하고, 지역 주민 직원들과 객원 연구원들을 이어 주고, 곰베를 지역 사회와 탄자니아 전역에 알리고, 연구 센터의 연속성을 유지하는 등 핵심적 역할을 수행했다.

소장: 제인 구달, 앤서니 콜린스(비비 연구), 래리 골드먼(Larry Goldman), 셰드랙 카메냐(Shadrack Kamenya), 빌 맥그루(Bill McGrew), 애나 모서(Anna Mosser), 재닛 월리스(Janette Wallis), 마이클 윌슨(Michael Wilson).

임시 소장: 마이클 심프슨(Michael Simpson), 게자 텔레키, 리처드 랭엄.

관리자/조력자: 촐로 도 피수(Tsolo Do Fisoo), 자네스 카메냐(Janeth Kamenya), 주만네 라시디 키크왈레(Jumanne Rashidi Kikwale), 에타 로하이(Etha Lohay), 닉 픽퍼드(Nick Pickford), 제럴드 릴링(Gerald Rilling), 에밀리 반 지니크(Emilie van Zinnicq), 버그먼 리스(Bergmann Riss), 프랭크 실킬루와샤(Frank Silkiluwasha).

기고마의 조력자: 토니 브레스키아와 블랑슈 브레스키아 부부, 잠나 다스 다르시와 람지 다르시 부부, 자얀트 바이타와 키리트 바이타 부부.

연구원: 재러드 바쿠자(Jared Bakuza), 해럴드 바우어(Harold Bauer), 애나 보사커(Anna Bosacker, 비비), 팀 클러튼 브록(Tim Clutton Brock, 붉은콜로부스원숭이), 커트 버시, 데이비드 바이고트, 캐럴라인 콜먼(Caroline Coleman), 데이어스 사이프리언(Deus Cyprian), 케이트 데트와일러(Kate Detwiler, 붉

은꼬리원숭이와 푸른원숭이의 혼종), 카롤로스 드루스(Carolos Drews, 비비), 에드나 코닝 프로스트(Edna Koning Frost), 리아 가드너돔(Leah Gardner-Domb, 비비), 로이 지로(Roy Gereau, 식물), 이언 길비(Ian Gilby), 엘리자베스 그린그래스(Elizabeth Greengrass), 스튜어트 핼퍼린(Stewart Halperin), 헬렌 헨디(Helen Hendy, 비비), 케빈 헌트(Kevin Hunt), 소니아 아이비(Sonia Ivey), 러브 제인(Love Jane), 엘리자베스 론스도프(Elizabeth Lonsdorf), 매그덜레이나 루카시크(Magdalena Lukasik), 애들린 리아루, 프랭크 음바고(Frank Mbago, 식물), 팻 맥기니스, 크리스티나 뮐러그라프(Christina Mueller-Graf, 비비), 카슨 머리(Carson Murray), 린 내시(Leanne Nash, 비비), 수드 아투마니 은디물리고(Sood Athumani Ndimuligo), 펠리샤 너터(Felicia Nutter), 닉 오언스(Nick Owens, 비비), 크레이그 패커(Craig Packer, 비비), 릴리언 핀티어(Lilian Pintea, GPS 위성 지도), 프랜스 플루이즈, 팀 랜섬(Tim Ransom, 비비), 데이비드 리스, 데이비드 가드너 로버츠(David Gardner Roberts), 크레이그 스탠퍼드(Craig Stanford, 붉은콜로부스원숭이), 보니 스턴(Bonnie Stern, 비비), 캐럴라인 튜턴, 샬럿 울렌브룩, 빌 왈라우어(Bill Wallauer, 비디오 제작자), 섀런 와트(Sharon Watt, 붉은콜로부스원숭이), 크리스 위티어(Chris Whittier), 제니퍼 윌리엄스(Jennifer Williams).

객원 선임 연구원: 크리스 뵘, 크리스토프 보슈(Christophe Boesch), 피터 부어스키(Peter Buirski), 데이비드 거버닉(David Gubernick), 베아트리체 한(원숭이 면역 결핍 바이러스 연구), 마이크 허프먼(Mike Huffman), 캐시 커(Kathy Kerr), 한스 쿠머(Hans Kummer), 린다 머천트(Linda Marchant), 피터 말러(Peter Marler), 짐 무어(Jim Moore), 메리엘런 모어벡(Mary-Ellen Morbeck, 골격 연구), 레이 라인(Ray Rhine), 바버라 스뮈츠(Barbara Smuts), 젠 야마코시(Gen Yamakoshi), 에이드리엔 질먼(Adrienne Zihlman, 골격 연구).

선임 자문관: 데이비드 햄버그, 로버트 하인드.

지역 주민 직원: 우리의 탄자니아 인 직원들은 헌신적으로 열심히 일

했다. 곰베의 연구에 그들의 기여가 얼마나 컸는지 아무리 감사해도 부족하다. 모든 사람을 일일이 언급하는 것은 불가능할 것이다. 현재(2009년)의 팀만이 아니라 그동안 곰베에서 일했던 모든 사람이 연구에 중대하게 이바지했다.

현재의 지역 주민 직원(침팬지): 가보 파울로 질리카나(Gabo Paulo Zilikana, 침팬지 현장 직원 팀장), 카롤리 알베르토(Caroly Alberto), 사이디 하사니(Saidi Hassani), 람바 힐랄리(Lamba Hilali), 이디 이사(Iddi Issa), 카다하 존(Kadaha John), 하산 마타마(Hassan Matama), 주마 마조고(Juma Mazogo), 하미시 마타마 '음지 음롱웨(Mzee Mlongwe)'(식물), 토피키 미키다디(Tofiki Mikidadi), 발리와 이사 음퐁고(Baliwa Issa Mpongo), 마텐도 음사피리(Matendo Msafiri), 아바스 음웨헴바(Abbas M. Mwehemba), 이사 살랄라(Issa Salala), 메소디 비얌피(Methodi Vyampi), 레스피스 비얌피(Respis Vyampi), 셀레마니 야하야(Selemani Yahaya), 사이먼 요하나(Simon Yohana).

현재 비비 연구를 지원하는 지역 주민 직원: 마리니 브웬다(Marini Bwenda), 이사 루카마타(Issa Rukamata), 수피 하미시 루카마타(Sufi Hamisi Rukamata), 주만네 부싱와(Jumanne Bushingwa), 파리두 주마 음쿠크웨(Faridu Juma Mkukwe).

다년간 중대하게 기여했던 지역 주민 직원들: 힐랄리 마타마, 에슬롬 음퐁고, 하미시 음코노, 야하야 알라마시, 주마 음쿠크웨, 루게마 밤바가냐(Rugema Bambaganya), 다우디 길라기자(Daudi Gilagiza), 이사 음퐁고, 아폴리네르 신디음워(Appolinaire Sindimwo, 비비).

TACARE 프로그램과 그레이터 곰베 생태계(GGE) 분과장과 그 밖의 핵심 인력: 그레이스 고보(Grace Gobbo), 아리스티데스 카슐라(Aristides Kashula), 아마니 킹구(Amani Kingu), 메리 마반자(Mary Mavanza, TACARE 소장), 이매뉴얼 음티티(GGE 소장), 사니아 루멜레지(Sania Rumelezi), 조지 스트룬덴(George Strunden, TACARE 초대 소장).

마시-우갈라 생태계: 에밀 카예가(Emil Kayega, 소장), 수드 아투마니 은디물리고(Sood Athumani Ndimuligo, 보존 생물학자).

JGI 탄자니아(조력): 판크라스 은갈손(Pancras Ngalson, 이사), 프레더릭 키마로(Frederick Kimaro, 재무 관리).

제인 구달과 제인 구달 연구소(JGI)는 다음 기관에 특별한 감사를 표한다.

탄자니아 국립 공원(TANAPA): 관리자들.

탄자니아 야생 연구소(TAWIRI): 탄자니아에서 수행되는 모든 야생 동물 연구의 수장들.

탄자니아 과학 및 기술 위원회(COSTECH): 탄자니아 과학 연구 규제 당국과 조력자들.

다년간 우리를 지원해 준 탄자니아 연합 공화국 정부.

우리와 긴밀하게 협력해 온 키고마 지역과 키고마 행정구 지방 정부.

찾아보기

가

가드너 부부 53~54
가드너, 로버트 앨런 52
가드너, 베아트릭스 투겐트후트 52, 55
가모장 267
가이아 378~380, 387
가짜물코브라 67
간달프 138~140
갈라하드 31, 37, 39, 339, 378~379
강멧돼지 70, 329, 367, 378
강변실명증 356
게티 271~272, 278, 369, 378
고도 379~380
고디 179~180, 183, 185
고릴라 45
고블리나 222~223
고블린 28~31, 64, 109~110, 114~116, 131, 171~172, 197, 210, 221, 226 229~243, 247, 255~257, 269, 273~275, 278, 280, 295, 311, 365, 377~378
고아 36~37, 309, 311, 313~317, 342, 356, 386, 411~413
골든 378
골디 379
골리앗 32, 90, 94, 178, 180~182, 185, 243, 365, 387
곰베 강 연구 센터 34, 61, 66

공격 12~13, 15, 20, 29, 31, 35, 50, 52, 67, 79~80, 91~92, 95, 98~100, 109~110, 112, 114, 117~119, 130~131, 139~140, 142~145, 147, 156~158, 162~163, 165, 167, 172~176, 179~186, 194, 196~197, 199, 201~204, 210, 214~215, 218, 223~224, 230~231, 234~236, 238~243, 249, 255~256, 262, 264, 269~270, 274~276, 286~288, 295, 304, 311, 325~327, 332, 353, 358~359, 364~365, 376~378, 381~386
공동체 15, 18~20, 78~79, 85, 94, 100, 108, 111, 116, 119, 138, 153~154, 161~162, 164, 167~168, 171, 173~180, 183~187, 191, 196~197, 199, 201, 209, 229, 239, 243, 247~249, 274, 280, 283, 285, 288~290, 301, 310, 313~315, 326, 331, 338, 364~366, 375~377, 384~386
과시 행동 15, 29, 34, 89~92, 95~96, 98~101, 106, 108, 110, 116~118, 129, 131, 137, 140, 158~159, 163~164, 174, 177~179, 182, 184, 187, 194~201, 203, 210, 216~217, 222, 224, 230~234, 236~243, 248~252, 255, 266~267, 273~274, 276, 288~289, 295, 371, 378, 381~382
구애 34, 78, 80, 108, 131, 144, 162, 219,

275, 277, 279, 284~287, 302, 304, 311, 379, 382
군대개미 112~113
그럽 35, 61, 64~65, 67~68, 125, 133
그레이터 곰베 생태계 18
그렘린 20, 31, 36, 163~165, 215~217, 261~263, 267~272, 278~280, 293, 313, 339, 368, 377~380, 383, 387
그루초 277, 279
글리터 378~379
긴팔원숭이 45
길카 64, 133~134, 137~149, 153, 185, 223, 368
김리 379, 386
김블 29, 37, 215, 217, 261~267, 270~280, 378

나
나뭐 먹기 328
낚시 8, 32, 51~52, 55, 67, 79, 112~113, 174, 186, 268, 271~272, 293, 338
남부 무리 178
노프 79
니슨, 캐서린 헤이스 52
니에레레, 줄리어스 126

다
다르에스살람 14, 53, 84, 123~127, 132~133, 370
다르에스살람 대학교 61
다비 36, 39, 316~317, 386
다윈, 찰스 로버트 50, 324
데 180, 185
데이비드 그레이비어드 32~33, 43, 51, 358, 366, 368~369, 387
도구 8, 12~13, 33, 51~52, 55, 65, 174, 251, 268, 271, 321, 323, 356, 366
도미니크 63
도브 166~168

도브, 조지 61
독감 375~378
동물원 330, 343, 347, 358, 373
동족 포식 35, 142, 184, 365~366
돼지옴 383
DNA 11, 14~15, 45, 321, 380, 386

라
라시디 123
랑구르원숭이 175
랭엄, 리처드 월터 111, 252, 254
로돌프 178~179, 185
로하이, 에타 123
루시 43~44
루탕가 157~158, 187
룰리스 53~54
리스, 데이비드 111, 117~118
리아루, 애디 123
리키 168
리키, 루이스 세이모어 배제트 33, 35, 47, 317, 321, 364, 366
리틀 비 198~199, 313, 316, 329
린다-카세켈라 187
링컨 파크 동물원 13

마
마담 비 181~182, 327, 329
마시토-우갈라 생태계 18~19
마이크 52, 90, 92~94, 105~107, 110, 178, 180, 243, 255, 328~329, 365
마이클머스 303~304, 313
마타마, 힐랄리 128~129, 132, 215~216, 262
마할레 12, 18, 338
매허니, 제임스 352· 353
머스터드 171, 187
먹이 알림 21
메이비 386
멜 36, 39, 313~317, 341

멜리사 64, 186, 196~197, 215, 217,
　　229~230, 237, 243, 357, 261~280, 283,
　　369, 377~378, 387
모 313
모서, 애나 380
모에자 220, 304, 314
모자 53
무력 충돌 324
무한데한데나무 337
미국 124
미네소타 대학교 15, 17
미툼바 16, 153, 154, 167~168, 171,
　　186~187, 314~315, 366, 375~376, 381,
　　384~386
미프 220, 234~235, 304, 310~311,
　　313~314
밀랍 340, 342, 357, 341~342

바

바이고트, 데이비드 251
밴 33~35, 63, 363, 392, 395, 396~397, 401
밴 러윅, 휴고 34~35, 61, 64~65
밴 러윅, 휴고 에릭 루이(그럽) 35, 61,
　　64~65, 67~68, 125, 133
버시, 커트 111, 114~115, 118~119
베토벤 30, 187, 257, 287
보드카 247, 249, 257
봄비, 좀 64
부룬디 19
북부 무리 178
분변 14~16
붉은콜로부스원숭이 36, 132
브라이슨, 데릭 123, 125~127, 133~134,
　　139, 237, 262, 370
브램블 115
브로블렙스키, 에밀리 15, 180~181
비비 13, 36, 39, 63, 65~66, 68, 114~115,
　　146~147, 194~195, 204~205, 209~226,
　　270, 295, 329, 367

비인간화 325
비침팬지화 326
비키 52
뿌리와 새싹 19~20

사

4년 전쟁 178, 365, 375
사자 175
서커스 345, 358
선사 시대 322
새렝게티 61
세이튼 80, 107, 114, 129, 161~162,
　　171~172, 177, 180, 185, 210, 222,
　　233~234, 236, 238, 240~241, 254~255,
　　263, 269, 275, 277~279, 289, 293, 295,
　　313, 379
세리 110, 129, 132, 167~168, 177, 179~180,
　　186, 214, 233~235, 247, 249~250,
　　254~255, 289, 366
셀던 384
소라브 146~147
소아마비 91, 137, 144, 182, 365
소크라테스 346
수명 55, 364
수어 44, 52~56
술탄 328~329
스니프 177~178, 181~182~183, 185~186
스코샤 312~313, 386
스탠퍼드 대학교 14, 61~62, 64
스트룬덴, 조지 18
스프라우트 314, 379
스피츠, 르네 64
스핀들 314~316, 341
실험실 12, 45, 51, 55, 57, 348~353, 355,
　　358, 400~405

아

아이블-아이베스펠트, 이레내우스 325
아테나 158~159, 166

아틀라스 30, 187, 270
애플 219~220
앨라배마 대학교 16
약물 중독 345
얀고, 마올리디 68
에버레드 29~31, 64, 91, 95~96, 98,
    100~101, 105, 116~119, 129, 137~138,
    144~145, 147~148, 153~158, 160~161,
    165~172, 179~180, 233~239, 241, 275,
    278, 313, 329, 370~371, 374
에스파냐 343~344
여키스, 로버트 51~52
영국 125~126, 343~344
영장류 12, 43, 55, 63, 218, 328, 332, 366
오랑우탄 45
오리온 140~142
오스트리아 351
오타 139, 142
올드 맨 358~359, 373
올리 137~138, 153
와하 족 278
왈라우어, 빌 20, 378~379, 382~383
우두머리 15, 28~29, 35, 85, 90, 92~97,
    100~101, 105~111, 119, 129~132, 175,
    178, 180, 211, 230, 233~234, 237~239,
    242, 255~256, 261, 278, 280, 311, 313,
    365, 367~378, 380~383
울피 311, 386
위든, 파크 123
워쇼 53, 55~56
워쇼 프로젝트 52
원다 160, 311~312, 386
월넛 211
위스키 346~347
위컴의 윌리엄 73
윌리윌리 181~182, 290
윌슨, 마이크 377~378
윙키 30, 155~158, 192, 285~286, 380
윙클 155~158, 160~161, 167~168, 192,

311~312
유대 64, 79, 97, 176, 192, 269, 272, 290,
    293, 297, 301, 311, 315~316, 322, 326,
    330, 364, 379, 381
유인원 13, 45, 51, 56, 321, 323~324
『유인원의 정신』 51
유전 73, 204, 243, 257, 331~333, 365
유전자군 19
유전체 11316
음켄케 177
음켄케-카하마 187
음코노, 하미시 130, 153, 262
음티티, 이매뉴얼 18
음퐁고, 에슬롬 119, 186, 262
의학 연구 실험실 348~349
이방 168, 172, 175, 177, 181, 263, 326
『인간으로 자란 루시』 45
인도양 133, 370
인류학 322
잃어버린 고리 323
임바발라 146, 215, 252

자

자연사 322
자이르 27, 67, 123~124, 184
자이어 261~266
잔지바르 섬 126
전미 지리 학회 34, 389
전쟁 9, 35, 178, 288, 324~326, 365, 373,
    375
전적응 325
제2차 세계 대전 125
제인 구달 연구소 17~19
조조 350
존스, 줄리 115
지니 269
지지 31, 36, 112~114, 116, 118~119, 143,
    172, 179, 231, 283~290, 293~298, 301,
    316~317, 368, 386

찾아보기 427

진화 45, 51, 56~57, 175, 285, 323~324, 331, 333, 372, 401, 406

차
찰리(에스파냐) 344~345
찰리(곰베) 94, 178, 181, 365
체고 328

카
카나리아 제도 343
카부신디 153, 157
카세켈라 15, 30, 32, 36, 85, 100, 119, 153, 155~157, 161, 164, 171~173, 177~180, 182~183, 185~187, 201, 229, 243, 275, 277, 283, 290, 313, 326~327, 365, 375~376, 386
카콤베 32, 69, 141, 148, 187, 279, 371
카하마 116, 178~183, 185~186, 290, 326, 365, 375
칼란데 15, 177~178, 182, 185~186, 366, 375, 384, 386
캔디 377, 382
케임브리지 대학교 14, 47, 126
코코아 382
코트다쥐르 343
콘스터블, 줄리 15
콜로부스원숭이 109, 116, 181, 204~205, 252~253
콜린스, 토니 114
콩고 민주 공화국 27
콴트로 247
쾰러, 볼프강 51~52
쿠사노, 마크 358~359
퀴스퀼리스 224~225
크로커다일 67
크리스 383
크리스털 313
크리즈 66, 68~69
클라우디우스 211, 216~217

키고마 63, 123
키논도니 126~132
키데부 30
키품베 112
킬리만자로 산 126

타
타보라 386
타이탄 385
타잔 385
타카레 18~19
타투 53
탄자니아 11, 17~20, 62, 124~126, 128, 133, 338, 364, 367
탕가니카 아프리카 민족 연합 126
탕가니카 호수 27, 40, 67, 123, 337~338, 385
태양새 372
태핏 291~297
털 고르기 29, 31, 75, 95, 107, 117, 138, 141, 155, 158, 164, 168, 182, 192, 194, 199~201, 225, 232~234, 236, 239~240, 242, 272, 274, 279~280, 284, 289, 291~293, 295~296, 298, 306, 317, 327, 339, 350, 369, 371, 377, 380~381, 383
테멀린, 모리스 45
테멀린, 제인 44
테스토스테론 197
텔레키, 게자 356
템플러 부부 345
템플러, 사이먼 344
템플러, 페기 344
토끼 64~65
톰 386
투비 386
튜틴, 캐럴라인 111, 114
티타 297~298, 385

파
파딜라 384

파밀리아 384
팍스 31, 82, 308~311, 315~316, 384~385
팔라스 131, 312~313
패니 28~31, 35, 221, 305~306, 339, 383~384
패션 35, 74~75, 79~80, 82, 84~85, 134, 139~143, 145, 165~166, 184~185, 191, 197, 202~204, 218, 224, 231, 248~249, 257, 262~264, 269, 290, 308~310, 312, 315, 365~366, 368, 378, 384
패커, 크레이그 115
패티 30, 143, 290~298, 385~386
팩, 케네스 344
팩스 384
팬 82~84, 211~212, 297
팬시 384
팬트후트 30, 39, 79, 141, 173, 278
퍼디난드 381, 383
퍼지 384
펀디 384
페로몬 160
페이븐 34, 74, 91~92, 94, 97~98, 100, 101, 105~108, 112~119, 129, 132, 147, 154, 177, 180~181, 192
폐렴 304, 313, 365
포레스트 384
포스티노 333, 342, 374, 383
포코 411
폼 35, 64, 74~80, 82~85, 140~143, 165, 184~185, 202, 211, 218, 224~225, 249, 262~263, 269, 290, 308~310, 312, 365~366, 378, 384
표범 215, 220
표적 침팬지 128
푸라하 381
푸른원숭이 251
풍토병 13
퓨지, 앤 엘리자베스 14
프레드(비비) 36

프레드(침팬지) 383
프로도 28, 31, 191, 193~198, 201~204, 305~306, 371, 374, 377, 379, 381~383, 385
프로이트 28, 81, 116, 163~165, 187, 191~204, 223, 225~226, 230, 305~306, 329~330, 371, 374, 377, 381~383
프로프 31, 76~77, 140, 165, 191, 202~205, 218, 257, 285~287, 308~311, 315, 368, 384~385
플라워 384
플러트 381
플레임 78
플로 34~35, 43, 68~70, 74, 76, 78~79, 81, 84, 95~98, 111, 137, 159, 192, 194, 221, 303~304, 307~308, 328~329, 368~369, 381, 387
플로시 28~30, 33, 257, 339, 383~384
플린트 164, 68~70, 75~76, 78, 81, 91~192, 219~220, 230, 303~304, 307~308
피건 35, 46, 64, 85, 89~92, 95~97, 99~101, 105~119, 129~132, 137, 141, 147, 154, 158~159, 172, 179~180, 185, 192, 214, 233~239, 242~243, 252, 255~257, 284~285, 365, 381, 383
피크 32, 63
피피 28~36, 48, 69, 74~81, 84~85, 116, 143, 145, 191~204, 212~213, 221~222, 231, 283, 305~307, 313, 327, 339, 368, 370~371, 373~374, 379, 381, 383, 385, 387
핀티어, 릴리언 17

하

하모니 287
하산 63
하인드, 로버트 오브리 47~48
한, 베아트리체 16
함염 145, 224

햄버그, 데이비드 앨런 62
허니 비 182, 327
험프리 64, 91~100, 105, 107, 119, 129~130,
    132, 141, 165, 179~180, 186, 199~210,
    231~233, 238~239, 256, 365~366, 368
헤이스, 키스 제임스 52
헥터 218, 220, 223
호르몬 16, 197, 286, 303
호메오 107, 129, 171~172, 179~180, 185,
    213~214, 233~235, 238~242, 247~257,
    275~276, 313
호키티카 114
휘튼, 앤디 12
휴 94, 178, 181, 365
흰개미 8, 32, 51~52, 55, 79, 143, 174, 268,
    271~272, 293, 366
히스 225

옮긴이 **이민아**

이화 여자 대학교에서 중문학을 공부했고, 영문책과 중문책을 번역한다. 옮긴 책으로 『웃음이 닮았다』, 『HIIT의 과학』, 『온더무브』, 『색맹의 섬』, 『다정한 것이 살아남는다』, 『해석에 반대한다』, 『즉흥연기』, 『맹신자들』, 『어센튼』 등 다수가 있다.

사이언스 클래식 40

창문 너머로

1판 1쇄 찍음 2024년 11월 29일
1판 1쇄 펴냄 2024년 12월 13일

지은이 제인 구달
옮긴이 이민아
펴낸이 박상준
펴낸곳 (주)사이언스북스

출판등록 1997. 3. 24.(제16-1444호)
(06027) 서울시 강남구 도산대로1길 62
대표전화 515-2000, 팩시밀리 515-2007
편집부 517-4263, 팩시밀리 514-2329
www.sciencebooks.co.kr

한국어판 ⓒ (주)사이언스북스, 2024. Printed in Seoul, Korea.

ISBN 979-11-92908-06-9 03470